数字油田在中国丛书

数字油田在中国

——智慧油气田建设

高志亮　于　强　李美玉　崔维庚　等　著

国家“一带一路”智慧油气田国内示范建设理论研究成果
西安贵隆数字化工程科技有限责任公司外籍院士工作站研究成果

科 学 出 版 社
北　京

内 容 简 介

本书以智慧油气田建设为研究对象，全面论述了油气田如何从传统油气田、数字油气田、智能油气田走向智慧油气田建设的全过程。本书以智慧建设理论、原理探索引路，以建设落地为目的，将智慧油气田建设分为智慧采油、智慧油气藏等多个模块研究，探讨建设思想，给出建设方案，文图并茂，深入浅出，观点新颖，是《数字油田在中国丛书》系列之一。本书具有一定的前瞻性、探索性与实用性，能够满足油气田企业数字化转型发展并开启智慧油气田建设的需要。

本书可作为石油类大专院校本科生与研究生的大数据与人工智能专业教材使用，更是油气田企业领导、工程技术人员必备的参考资料。

图书在版编目(CIP)数据

数字油田在中国：智慧油气田建设 / 高志亮等著. —北京：科学出版社，2021. 9

(数字油田在中国丛书)

ISBN 978-7-03-069736-3

Ⅰ. ①数… Ⅱ. ①高… Ⅲ. ①数字技术-应用-油田建设-研究-中国 ②数字技术-应用-气田建设-研究-中国 Ⅳ. ①TE319

中国版本图书馆 CIP 数据核字（2021）第 182086 号

责任编辑：韦 沁 / 责任校对：王 瑞

责任印制：赵 博 / 封面设计：北京东方人华科技有限公司

科学出版社 出版

北京东黄城根北街 16 号

邮政编码：100717

http://www.sciencep.com

北京科印技术咨询服务有限公司数码印刷分部印刷

科学出版社发行 各地新华书店经销

*

2021 年 9 月第 一 版 开本：787×1092 1/16

2023 年 4 月第二次印刷 印张：20 1/2

字数：486 000

定价：188.00 元

（如有印装质量问题，我社负责调换）

《数字油田在中国丛书》编委会

作 者 名 单

高志亮　于　强　李美玉　崔维庚
孙　阳　张文博　高　倩　王嘉伟

丛书序 1

本丛书主编高志亮研究员是我多年的同事与朋友，他青年时先是学习油气地球物理勘探，后又考入清华大学学习运筹学与控制论，获理学硕士学位。他有着深厚的数理功底与缜密的思维才能。最近 10 多年来，他和他的团队倾注全部身心研究数字油田，而且在十分困难的条件下，从无到有，建立起数字油田研究所，并组织召开过多次数字油田高端论坛和相关会议，我都有幸应邀参加。在论坛会上我发现与会同仁对高志亮研究员创新奋进精神的敬佩以及对其辉煌成就的赞赏之情溢于言表。抚今追昔，高志亮研究员在数字油田研究与应用方面的奉献是十分突出的，现在他又组织力量将其研究成果提炼升华成系列丛书出版问世，这无疑又是一件好事！

我对数字油田研究知之不深，但对他的作用与功能十分赞赏。

人类传递信息一般主要通过三个途径——语言、文字和图件，但都需要通过数字来支持，例如裁缝量制衣服，就是通过数字量体裁衣。数字表达最具概括性、细微性和普遍性，但因数字的取得量庞大，关系复杂，而长期停滞在比较简单的事物和形体之中。随着电子计算机和传感技术的出现与发展，用其感知获得信息便成为可能，数字油田正是将传感器技术和互联网、数字化平台等技术整合，实施对油田数字的采集，如对油井、水井、气井、计量间、计量站、计量库以及集输管网生产对象进行全面感知和科学管理等。可以认为，数字油田是 21 世纪油田事业最先进的理念与技术，也是油田发展最好的抓手和推手，是油田管理的一次革命！

《数字油田在中国丛书》的出版发行，无疑对数字油田事业是一大贡献，不仅如此，数字油田的理论和实践成果也将有助于其他事业的吸纳与运用，互相促进，如将其作为运用于水资源开发利用、水事管理、交通运输事业等的借鉴。

在此，我祝这部丛书早日出版问世！祝编者们幸福快乐！

中国工程院院士 [signature]

2013 年 8 月 16 日于长安大学

丛书序 2

在油气田，无论地上地下，一切客观现实都是通过数据来表达或表征的。如油气藏描述，如果没有很多相应的数据做支持，就无法知晓深埋地下数百米、数千米的地质构造、砂体形态、储层与裂缝是如何展布的，油气储量有多少等，这些都需要依靠数据来完成。油田数据是客观存在的，是油气田最宝贵的财富与资源。但是，油气田数据的采、存、管、用过程是一个复杂的系统工程，其包含着非常复杂的专业技术、设备、方法和信息技术的业务过程。尤其在数据的应用过程中，需要很强的技术与能力进行关联和协调，只有这样才能保证数据发挥最好的作用。因此，需要很好地研究数据。

数字油田建设包括数据数字化处理、生产数字化管理与数字油气藏等内容，包含着油田数据的采、存、管、用的全过程。数字油田作为油田企业信息化的一个抓手，有力地促进了油田企业的信息化建设与发展，必将在油气田科技现代化建设与发展中起到无法估量的作用。

高志亮研究员和他的团队近 10 年来，一直致力于数字油田、智能油田、智慧油田研究，取得了很好的成绩。目前形成的《数字油田在中国丛书》系列就是对其研究成果的总结与概括。《数字油田在中国丛书》系列包括对数字油田理论、原理、技术和油田数据以及智慧油田的探索与研究，将会形成数字油田理论、技术与方法的完整体系。我希望通过《数字油田在中国丛书》的研究与出版发行，进一步推动数字油田建设与发展，使数字油田更加成熟，不断走向未来。

我和《数字油田在中国丛书》系列主创高志亮研究员，于 2012 年共同参加 863 计划项目“数字油田关键技术研究”咨询而相识于北京，之后还在相关的数字油田会议上见过面，特别是在 2014 年第三届信息化创新国际学术会议上，他作为智能油田专题会议的主持人，我们又一次相见，并作交流。高志亮研究员将数字油田作为一种事业执着地追求和探索，对数字油田的研究很深入，有其独到的见解。我衷心祝愿《数字油田在中国丛书》系列早日全部出版发行。

中国工程院院士 李阳

2015 年 6 月于北京

序

我国的数字油田建设已进入了“深水区”，主要表现在已不再是完成一个技术与方法都很成熟的油气田物联网建设，然后利用示功图实施诊断、计产与辅助决策；也不再是完成一般化的智能预测、预警与趋势分析，被认为是智能化建设了的建设，而是需要面向深部勘探、高效开发与大数据和人工智能技术应用，完成配产配注在油气田企业主营业务过程中的非线性决策问题。这是一个重大的课题，也是一个非常重要的、复杂的科学问题，我们必须面对并要深入地研究与创建。

我仔细地阅读了由高志亮研究员及其团队撰写的《数字油田在中国——智慧油气田建设》专著，其试图在成熟、完整的数字油气田和智能油气田建设的基础上，实施智慧建设，包括智慧采油、智慧联合站、智慧井区、智慧工程、智慧油气藏五大“模块”，还有知识图谱等，最终让油气田成为一个“简单、无人、美丽”的油气田，在“悄无声息”中构建一种油气田的新的组织架构与管理模式，这确实是一个非常有意义的探索。

我国正行进在数字化转型发展的大道上，智能油气田建设刚刚起步，方兴未艾，“碳达峰”与“碳中和”任务十分重大。在这种情况下，作者与他的团队抓住了数字油田建设发展的基本规律，超前研究与探索了智慧油气田建设，其难度可想而知。

但经过作者与其团队的潜心研究与探索，还是完成了这样一部非常不错的成果并汇聚成书，提出了很多好的理念、思想与方法，特别是对每一个建设都完成了基本的业务流程与要素的梳理，讨论了数字、智能建设后的成果与问题，然后给出了智慧建设的基本思想、方法与建设方案或考核指标，我认为这是一部难得的好书。

高志亮研究员是一个非常勤奋的人，也是一个很有想法的数字、智能油气田研究者。这么多年来他深耕在数字油气田建设与研究的田野中，行走在智能与智慧油气田建设与研究的道路上，锲而不舍，先后通过追踪研究出版了多部专著并构成了系列丛书。今天推出的这部书是系列丛书中的最后一部，也是非常重要的一部，很具有研讨与参考价值，是很值得研读与赞赏的书。

我愿意给这部书作序，希望这本重要的研究成果能够早日出版发行，并吸引更多学者来研讨，获得更多的研究成果问世，在智慧油气田建设研究中让我们国家走在世界的前列。

中国工程院院士 [signature]

2021 年 6 月于北京

前　言

这本书是写给石油人的，也是写给大众的，更是写给数字、智能油气田建设者们的。

中国数字油气田建设经历了22年，而我们团队追踪研究了18年。

在这18年中，我们的大部分精力都用在了观察、思考与追踪研究上。每每研究，都会深陷其中，不可自拔。主要是既具有责任感，又具有挑战性。

由于数字、智能、智慧油气田建设是一个新生事物。所以，我们所看到的、所写到的都是正在发生的事，并没有先例，我们和它一起成长。但它还在不断完善与进步，比我们写出来的书稿会先进一些，不过在理念、原理、技术等很多方面至今并不过时。因为，我们记录了现在，也探索了未来。

中国数字油气田建设如同一场球赛，可分为“上半场”和“下半场”。过去20多年算作是“上半场”，数字化建设取得了不错的成绩。现在已进入了下半场，但刚刚开启，这就是数字化转型发展，走向智能与智慧建设。

数字油气田建设是有规律可循的，这是一个“自然法则”，即数字化之后必然是智能化；继智能化之后必然是智慧化。但我们没有按照这样的序列去写作，如写一部“数字油田在中国——智能油气田建设”。原因很简单，因为已出版了较多这方面的著书，更重要的是数字、智能建设与智慧建设完全不一样。数字、智能过程是发现问题、解决问题的过程，如示功图诊断、全面感知等，而智慧建设是完全利用智慧对油气田进行科学管理决策的过程，是一种少人、简单、美丽油气田的全新状态与经济形态。但是，智能化建设之后的智慧油气田建设却是一个空白。为此，我们需要一部超前探索智慧建设并能够给出基本解决方案的著述。现今，《数字油田在中国——智慧油气田建设》一书正式问世，希望能够对中国的数字、智能与智慧油气田建设有所帮助，做出贡献。

我们知道，数字油气田建设已进入了“深水区”，已走进了更加复杂、艰难的境地。本专著主要研究了智慧油气田建设的思想、理念与方法，详细描述了智慧油气田如何从数字、智能走向智慧建设，并且将智慧油气田建设划分为智慧采油、智慧联合站、智慧井区、智慧工程、智慧油气藏与知识图谱等几个重要方向或模块做了专题研究，具有一定的创新性。

智慧油气田建设，我们加了一个“气”，原因是气田已是我国化石能源的“半壁江山”，石油又是工业的“粮食”，要做到油气并举。随着“碳达峰”“碳中和”目标的提出，天然气将成为主角。为此，研究智慧建设必须研究“油气田”，智慧油气田建设使油气并重，天然气研究将会走得更远。

随着“碳达峰”“碳中和”基本目标的要求的提出，石油能源到底还能走多远，能不能走到智慧建设的到来？我们坚信石油能源的使命还会很长远、很重大。即使作为能源的使命终结了，而石油作为工业原材料的使命还在。人们会利用智慧建设中的智慧，不仅在生产过程中完成“碳中和”，而且在工业利用中也会实现“碳中和”。

本书共分为11章，40余万字，包括绪论、油气与油气田、数字油气田建设、智能油气田建设、智慧油气田建设、智慧采油（气）技术与方法、智慧联合站建设技术与方法、智慧井区建设技术与方法、智慧油气藏建设、智慧油气田工程与共享制造及智慧油气田知识图谱。其中崔维庚撰写了智慧采油（气）技术与方法；于强撰写了智慧油气藏建设等其他部分；孙阳撰写了智慧联合站建设技术与方法；王嘉伟撰写了智慧井区建设技术与方法；张文博撰写了智慧油气田工程与共享制造；李美玉撰写了智慧油气田知识图谱、油气与油气田；高倩撰写了数字油气田建设；其余由高志亮等学者共同完成。高志亮、付国民教授审核了全部书稿。

本书是《数字油田在中国丛书》系列的第五部，至此完成了系列丛书的全部写作。由于智慧是人类认识能力与水平的最高境界，也是数字化建设的最高阶段，未来还有什么发展，那就需要未来再研究与写作。

同时这部书也是我们承接的国家“一带一路”智慧油气田国内示范建设理论研究与西安贵隆数字化工程科技有限责任公司外籍院士工作站研究的成果集合，基本完成了智慧油气田建设的理论、原理与方法研究，给出了基本问题的解决方案。

目前智慧建设无论在社会还是在油气田企业中，还没有很好的、真实的建设案例可参照，大量都属于探索性的示范建设。为此，我们在写作过程中都是探索性地研究，会有很多不足，希望读者给予批评指正。

在写作过程中我们参考了大量各类文献，也引用了很多学者的观点与材料，都在参考文献中列出，在这里表示衷心的感谢。在写作中疏漏之处在所难免，如有发现一并指正。特别要感谢延长油田吴起采油厂马涛厂长等领导对于我们的研究、示范建设与写作提供了很大的帮助。

最后，要感谢我们研究团队所有成员。感谢孙阳、王颖等对全书作了全面校对，完成了所有图件的清绘与制作。

作 者

2021年3月21日

目　录

第1章 绪　　论

智慧油气田，是人们一直的追求与向往。这是当今最先进、最现代化的油气田建设模式与状态。尽管人们还不知道如何建成智慧油气田，但根据数字、智能油气田的建设经验与从数字化、智能化走向智慧化的发展规律，智慧油气田应该是超越人们想象的和现阶段最好的油气田形态。

1.1 为什么要研究智慧油气田建设

未来的油气田企业需要智慧油气田建设，我们必须超前探索与研究。

1.1.1 智慧建设是一种向往

传统油气田是采用“刀耕火种”的方式来生产油气。随着科学技术的进步，人们开始采用机械化、电气化、自动化技术，直到今天的数字化手段来采油、采气。这样一步一步地走来，不断追求、不断进步，不断创新、不断前进。

我们常说，先进思想、理念是无止境的。无论在什么年代，人们都在不断地追求，思想在不断地进步，理念也在不断地创新，思想进步与理念创新又不断地促使人们进取与实践。马克思在《关于费尔巴哈的提纲》中曾指出：实践是认识的基础、实践是社会生活的本质、实践是人区别于动物的本质。在石油领域中，数字、智能、智慧建设就是人类利用先进技术完成最先进建设的活动与实践，这一实践的根源是由石油人的追求与向往带来的。当人们具有了先进的思想与理念后，就会付诸实践，实践又更加丰富了人们的想象与追求。也就是说，石油人在具有了数字油田的思想与理念以后，就开始进行数字油气田建设，在建设过程中又形成了数字、智能油气田建设的思想和理念，进而开启了油气田智能化建设。

自数字地球、数字油田理念提出以来，随着数字化建设的深入与发展，数字油田建设的先进思想与理念不断地出现；随着数字化、智能化建设的发展，智慧化的理念也在不断地创新与形成。

在石油专业技术领域也是如此。人们在不断地追求，形成了求新、求变、求创造的局面，总是希望引入最先进的思想、理念与技术、方法来改变油气勘探、开发与生产的过程。石油人肩扛着国家石油能源安全与人民美好生活保障的重任；胸怀着世界石油风云变幻和国家建设与发展的大局；心系着全球和国家对环境美好的期盼与改变全体石油人生产运行过程的艰难。因此，希望人们在勘探、开发、生产、集输过程中不再那么辛苦，劳动强度不再那么大，成本不再那么高，寻找油气不再那么艰难，从而改变成为求新、求变的主题。

改变使我们国家由“贫油国”成为具有一定产能的油气生产大国。这得益于在勘探、开发、生产中我们引入了很多先进的技术和方法，以及先进的思想和理念。别人能做到的我们也要做到；别人做不到的我们创造条件也要做到。这么多年来，我国的石油事业不断发展，我们创造了无数的“奇迹”，包括致密油、页岩油、煤层气、页岩气、可燃冰开采等成功勘探与开发利用，这些我们都做到了。

改变石油人工作中艰苦劳动的状态。例如，曾经的天做房、地做床，野外大自然做厂房；风里来、雨里去，油气产量为第一；增产、稳产、提高采收率，责任、命令、使命全担当。

改变石油企业负担重、机构复杂、专业领域繁多、协调困难的状态。例如，要降低人员的劳动强度、降低生产运行成本、降低业务操作难度等；还要提高采收率、提高油气产量、提高工作效率等。还有很多是世界级难题，如动液面适时监测与动态调整、单井适时精准计产、单井含水率在线精准智能监测与分析，等等。

为此，石油人从传统油气田作业、劳动到数字化管理，再到对智能油气田建设的追求与向往，一直就没有停止过，一步一步地往前走，一点一点地解决石油企业面对的各种难题。例如，在数字油气田建设中就有“五大法宝”，包括示功图计产方法、在线含水率测试分析技术、动液面大数据计算、智能控制柜及远程终端单元（remote terminal unit，RTU）边缘计算等。

虽然一些重大难题经过数字、智能建设技术攻关解决了，但还有一个大的难题并没有解决，这就是非线性的复杂问题。我们知道，地下深处的油气藏是一种“黑箱模式”；油气生产运行过程是一种流程化作业，其中由“点、线、面，人、财、物”构成的复杂问题随处可见；在经营管理中各种变化无处不在等，这些难题都留给了智慧建设。

这就是石油人的追求与向往，人们在不断追求与向往中改变和进步，而智慧油气田就是人们心目中理想的油气田状态，从而必须追求与建设。

1.1.2　智慧油气田建设是一种必然

根据人们的设想，油气田的发展过程是从传统油气田到数字油气田，再到智能油气田，最后是智慧油气田。

1. 智慧建设是油气田先进建设的一种趋势

从数字、智能到智慧，这是一种自然过程，也可以称为是一种“自然法则”或是一种必然趋势。

在数字化建设之前，人们不知道也不理解油气田信息化建设的规律，而随着数字化的建设与进展，人们发现社会与行业企业都是按照数字、智能、智慧这样的建设“序列”发展的，从而形成了一种建设与发展的规律，如图1.1所示。

从图1.1中不难看出，这是一种台阶式的递进过程，即传统、数字、智能、智慧。

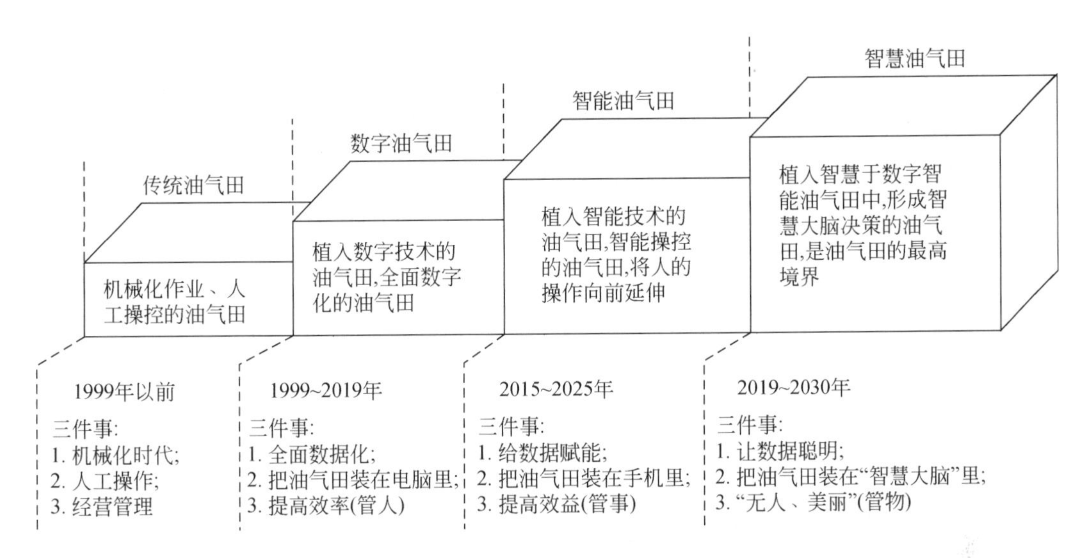

图 1.1　从数字、智能到智慧油气田的发展过程模型图

但是在这个递进的过程中，由于理论与实践的相互印证，彼此之间在时间线上存在一定的重叠。

我们知道，传统油气田是由物质、事物组成。人们从手工劳动到机械化作业，再到电器化，经历了数百年的发展过程；机械与电力的融合又把人类代入更加先进的自动化社会；而在数字地球提出以后，人类社会便进入了更加先进的数字化时代。

数字，按照物质数字化的原理是一种自然规律，即物质、事物都可以通过数字的方式来表达。例如，抽油机是一种电器机械动力设备，安装在井口用于抽油做功，但在数字化时代，人们通过数字化技术不但可以将其本身数字化后装在电脑里，还可以安装传感器来采集数据并做各种分析，从而对抽油机工况、油井井况进行数字化管理。这是一种很大的进步，人们不但可以采用数字化的技术对物质、事物实施数字化，实现一种数字化状态，而且让数据极大地丰富，做数字化的管理与经营。

数据是通过数字转化而来的，数据再通过技术手段转化成为信息，这些信息可以帮助人们寻找油气资源、分析生产运行过程、提高工作效率等。这个过程都是依照数字化后数据极大地丰富，采用智能分析的过程完成的，这就是一个智能化的过程。信息又可转化成知识，人们学习知识以后再形成智慧，智慧再反作用于物质、事物以发现未知，提升对物质、事物的作用过程，这就是一个智慧化的过程。

因此，在油气田创新建设中，人们是按照这样一个基本的规律或逻辑进行的，即阶梯式地完成转型升级与发展建设，构建了一个从传统油气田到智慧油气田，以及到未来油气田发展的程式，如图 1.2 所示。

这一程式告诉我们，数字、智能、智慧建设是一种自然天成的规律。它们以数据为主线，以油气田发展为导向，以油气产量为使命，以先进技术为手段，不断地追求与创新，在智能建设之后一定是智慧建设，这就是一种必然。

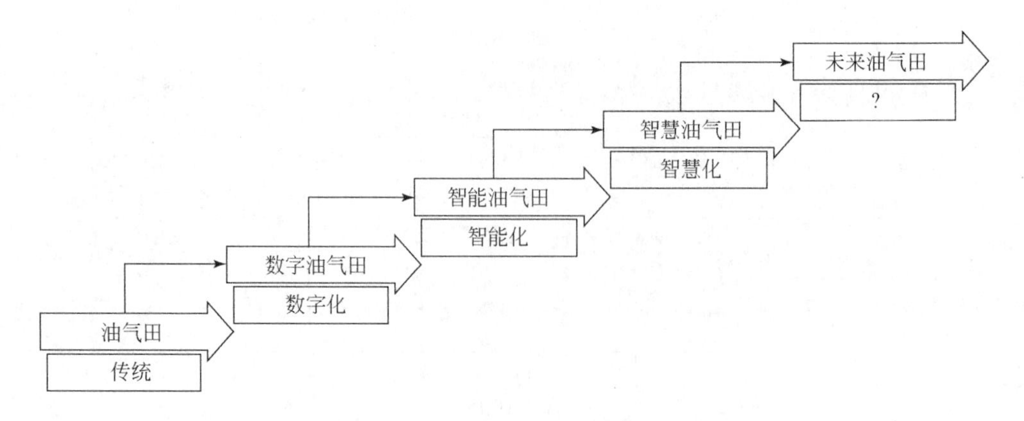

图 1.2 数字、智能、智慧油气田发展的建设程式

需要强调的是，在图 1.1 中的每一个阶段中都会进行三件事，从数字、智能到智慧所做的结果，刚好是系统科学中的人理、事理与物理的组合。

2. 智慧建设是油气田状态发展的一种必然

数字化是人们用各种技术与方法将油气田的现实或实际用数字的方式来表达，我们今天已经做到了。智能化是在数字化的状态上完成一种更加先进的、高级别的油气田状态，即通过智能化的手段给数据赋能，让数据能动地、自动地与智能地工作，这个我们正在做，这是一种智能化状态。

智能化状态并不是油气田建设的终点，还要在智能化状态的基础上走向智慧化状态，这是一个更加美好的油气田状态。这种油气田状态虽然目前还没有实现，但是在人们的意识中已经存在了。通过智慧建设以后，可将那些在数字、智能时代没有解决的，或者解决不了的问题全部解决。

我们知道，智能化是将“智”变“能”，就是让油气田生产过程的智能化程度提高，而智慧化是将“智”变“慧”，这就意味着需要采用最先进的思想、理念和技术与方法来实现这两个“变”。这是一个难题，需要将油气田业务过程的智能、智慧融合在一起，形成一种更加先进的技术与方法，然后完成智慧油气田状态的构建。

于是，就出现了让装备、设备“聪明”。人们通过技术手段赋予机械与电气自动化，然后在自动化的基础上让其更加智能化，如人工智能机器人等聪明的设备。完成了智能还不算，还要让数据“聪明”，即对数据进行科学治理，采用最先进的技术与方法给数据赋能，让数据来替代人工作，以及开发出无数的智慧大脑或“超脑”。这样还不够，还要将所有的人或与业务、事务有关联的人的聪明集成和汇聚，利用先进的技术与方法集联很多专家的智慧，对人的聪明进行挖掘。然后，完成“机器聪明+数据聪明+人的聪明=智慧建设”，最终构建出一种智慧油气田的新型状态。

3. 智慧建设是油气田技术发展的一种必然

从前面叙述我们知道，对油气田先进的追求与向往，首先要利用先进思想与理念完成先进建设，然后形成先进的模式，进而构建一种先进状态。但先进建设与先进状态的形成都需要先进技术做保证。

石油工业技术也是一步一步发展而来的，与农业及其他工业一样，都走过了“刀耕火种”的年代，如石油钻探技术（图1.3）。

图1.3　古代钻井工具（资料来源：自贡市盐业历史博物馆）

数百年来，石油技术发展得非常快，总是超越时代优先发展。由于技术的先进，人们发现油气的能力大大地提高，勘探、钻探的能力也提高了，现在人们可以在茫茫草原上立井架，在大漠深处把井打，更可以用远程随钻技术智能的打井。

自1998年数字地球提出以来，除了计算机科学迅速普及以外，各类传感器应装全装，数据库、数据仓库，以及云计算、云平台技术，还有大数据、人工智能、5G、北斗卫星导航系统（简称北斗）、区块链及量子技术等先后出现，现代石油工业已不再是传统的顿钻、亮点技术和含油气系统的时代了，而是走进了数字化、智能化的新时代。

先进的科学技术大发展为石油工业解决勘探、开发、生产难题提供了条件，三维、四维地震研究，万米钻、水平井及大斜井钻、压、固等技术，还有页岩气、煤层气、页岩油开发技术，以及可燃冰开采技术都有了重大突破。

由于大数据、人工智能技术，以及5G技术、中台技术、微服务技术的出现，我们不但可以完成油气田的全面数字化，还可以完成地上、地下一体化与智能化，可以解决很多过去无法解决的难题。由此可见，技术的进步与发展不但可以保障先进技术与先进模式的形成，还可以促使更先进技术的进步与发展。所以，未来完成智慧油气田建设在先进技术保证下一定是一种必然。

1.1.3 智慧油气田建设研究

通过前面的论述，现在我们来讨论一下，为什么要实施智慧油气田建设?

(1) 智慧油气田建设是数字、智能油气田建设的延续，可以完善与弥补数字、智能油气田建设中的一些功能缺陷。

首先，我们来看看数字油气田建设的缺陷。人们在数字化建设之初对其寄托了很大的期望，主要有以下几点：

第一，“油气田全面数字化”。就是将油气田内的所有，包括油气藏、井筒、地面等全面数字化后装进电脑里，完成虚拟化、可视化呈现与数字化管理。这些真正做起来其实并不是那么容易，需要相当大的投资，必须要拥有很多先进的技术，仅有信息技术与理想是做不到的。

第二，“无人值守”。这是石油人最大的梦想，一直在苦苦地追求。人们渴望将重体力的劳动岗位统统消除，将需要人工值守的工作统统实现“无人化”等。但目前只能做到很小一部分人员的集中管理、定点巡查，说明仅依靠数字化建设实现“无人值守”还有一定的难度。

第三，“生产数字化管理”。油气生产过程很长，油气田人通常说“点多、线长、面广”，其中大量的是非线性过程，这就注定了油气田生产过程是一个很长的“链”，外加“人、财、物”又注定油气田生产过程构成了一个又一个复杂的“环”，并且环环相扣，使得油气田管理非常困难。结果是很难做到全面的数字化管理，大量的过程还是离不开人，虽然开发完成了很多的管理信息系统，但需要更多的人来操作；虽然工作效率提高了，但人员的计算机操控劳动强度却更大了。

由于数字化建设中的技术、思想认识、建设条件等还存在很多不足，从而导致在建设上“两股道”“两张皮”的现象十分严重，让数字化建设存在着很多缺陷。

其次，再看智能化建设的缺陷。智能化建设是在数字化建设基础上完成的，尽管现在可以看到1.0建设，还有2.0建设的基本雏形，但其还在建设中。从理论上看，智能建设的最大缺陷就是做不到科学决策，更做不到精准决策。

回顾数字化建设时期，人们就有设想，如长庆油田提出的“三端”建设，即“前端、中端、后端”。

前端是以基本生产单元过程为核心，以站（增压站、集气站、转接站）为中心辐射到井，构成“井、线、站”“供、配、注”一体化，研发了生产控制所需的系统配置，实现了数字化管理。这里的“生产控制”与“一体化”就是智能化的设想。

中端是以基本技术单元运行管理为核心、以联合站（净化、处理）为中心辐射到站（转油站、集气站）和外输管线，构成基本的集输单元，利用前端数据完成集安全、环保、应急抢险一体化的远程指挥调动，“让数字说话，听数字指挥”。这里的“指挥调动”“让数字说话，听数字指挥”也是智能化的建设思想，还有远程科学决策建设的思想等。

后端是以油气藏研究为核心、以数据链技术为手段，建设业务流与数据流统一的决策支持系统，对油气藏实时监测、动态优化和及时调整，完成跨学科、跨领域的协同与决策。这里不但有智能化建设的思想，更有科学决策的内容。

科学决策依靠数字化建设是很难完成的。智能化期望完成，但要完全实现一种科学决策还是很困难的，为此只能说“提供决策支持”，或者说“辅助决策”。智能化建设的关注度主要在于对过程数据的智能分析与最优化的反馈控制。即使已经在大庆油田的庆新油田实现了趋势分析，预警、告警与最优化反馈控制等相对比数字化程度要高的智能化建设1.0，但也发现智能化建设的自身缺陷，导致了其很难在非线性条件下完成精准决策或科学决策。

由此可以看出，唯有依靠智慧油气田建设了，智慧油气田的基本功能就是解决油气田生产运行过程中的非线性精准决策问题。

（2）智慧油气田建设是数字、智能油气田建设的延伸，可解决油气田利用数字化、智能化建设解决不了的难题。

假设在数字化建设阶段，我们将油气田全面数字化了，采用了很多的先进技术，如传感器技术、网络技术、数据库技术、软件技术等，完整地建成了油气田物联网系统，数据按照“采、传、存、管、用”建设规律形成了一个完整的体系，数据已极大地丰富了。

假设在智能化建设阶段，完成了数据治理，采用更多先进的数字、智能技术完成了云计算中心，构建了数据中台、技术中台、算法中台、知识中台等，利用“小型化、精准智能”开启了“微服务”开发模式，基本上完成了生产运行过程中的最优化反馈控制等，完成了智能化1.0，甚至2.0、3.0建设。

但还有一个问题在数字化、智能化阶段都没有办法解决，这就是决策问题。

我们知道，在油气田生产运行中，每时每刻都需要做出正确的认识与判断，并给出正确的决策，包括人、财、物与经营管理等方方面面，这里仅就以下三点做些讨论。

第一，生产运行过程中的生产决策。油气田的生产运行过程非常复杂，虽然有生产过程的基本规律和流程，能在数字化、智能化建设中通过智能分析与最优化反馈控制，也能做到趋势分析及预警、预告，提前早知道、提前早处理，等等。然而，油气田在生产运行过程中还会面临各种预想不到的问题，都要及时地做出判断与决定。

阈值智能调整、趋势分析、预警、告警可以做到一部分，但是更多的过程问题是非常多的问题交织在一起，牵扯到多学科、多专业、多部门与多人时，我们开发的所有的管理信息系统是爱莫能助的，因为这些系统没有决策能力，最多也只是一点辅助决策。

在智慧建设中的决策是利用“全数据、全智慧”获得“全信息”的过程，不浪费任何一个有用的数据，不忽略任何一个干扰因素，抓住每一个有利的时间，不丢失任何一点有用的信息，最终做出正确的决策。为此，生产运行过程中的生产决策只有智慧建设才能做到。

第二，智慧建设中的人力资源决策。未来的智慧油气田是一个“无人”的油气田，这里“无人”加了引号，是指不是完全没有人的油气田，而是一种需要少而高精尖的人才的油气田。我们设想的是未来智慧油气田人力资源主要包括数据科学家、数据工程师，油气田科学家、油气田工程师和油气田CEO及助理等三类人员。

智慧油气田时代追求生产与人力资源的平衡，计算这种平衡都要随时给出科学的判断与决策，这就是一种智慧。

有一个真实的案例。某采油厂的平衡状态是年产260万吨原油与4600个员工，这是一个传统油气田生产任务与人力资源劳动力的平衡。当然，这里的人力资源包含机关单位的行政管理人员。如果按照全厂职工退休年龄的时间测算，该厂到2025年退休人员将超过2000多人，而油气田公司每年给的进人指标只有15人。根据这样的递减速度与进人指标计算，如果要保持稳产260万吨与人力资源的平衡，需要十年才能达到。这是一个非常严峻的问题，所以必须加快数字化、智能化建设，以弥补人力资源补充不足的问题。

国外关于人口统计研究中流行一种人口指标，叫“dead cross”，翻译过来就是“死亡交叉”。意思是一个国家的人口，当死亡人数超过新生儿出生数后有一个交叉点，其指标为2.1。如果超过了这个界限值，证明这个国家严重老龄化，更严重的是出生人数负增长。由此带来的问题是对国家税收贡献的人越来越少，在社会福利不变的条件下，国家负担越来越重、劳动生产力严重不足、创新活力严重缺乏，等等。

设想在未来油气田智慧化程度很高的时候也会出现一种情况：假设在稳产年产量不变的条件下这是一条直线，在“无人”智慧油气田建设条件下，即人员编制不变时也是一条直线，它们是一种平衡态。但同时存在产量减、产量增，人员不足与人员富余，都会出现一种曲线和交叉，我们称为“极限交叉”点。

多少产量对应多少人力资源达到一个平衡，这在智慧建设中成为油气田CEO的主要工作之一，需要随时做出正确的决策。当然利用智慧建设以后，会适时完成这种平衡告警与适度调配。

总之，在未来类似于这样的平衡性的适度调整与决策将成为常态化的工作。

第三，智慧建设中的经营管理决策。未来油气田是一个“简单、无人、美丽”的油气田，为此，要通过智能与智慧建设来彻底地改变现有的油气田状态。首先从组织机构开始，很多岗位将会被淘汰，很多人员将会被消减，很多机构将会自然而然地消失。

可以想象未来的油气田企业组织架构是非常简单的“小机关、大油气田”的模式，即油气田企业的行政机关人员非常少，很多业务都由“智慧大脑”完成了，组织机构变得非常精干，少人的机关更高效。而机关内仅有很少的CEO专项服务于数据专家、工程师和油气田专家、工程师等。CEO最关注的一个业务工作就是油气田的经营效益分析。各类与各个层面的经济分析将会常态化和适时化，对每个点、每件事都会有经济分析与分析报告，如效益评价、效益配产、投资评价等，仅对单井经济评价就包括水平井评价、直井评价、定向井评价和大斜井评价，其他还有井组评价、周期评价、单井效益评价、区块效益评价、作业区效益评价，等等。

以单井效益评价为例，这是以油、气单井为最小评价对象，以地质、开发、财务、资产数据为基础，分站点、作业区、采油厂、油公司四个层次，将操作成本直接或按一定标准分摊逐级录入（汇总）至单井，对油井或不同单元的阶段效益状况进行定性、定量地综合分析，从而形成各种效益分析图表和报告，为生产经营决策提供科学量化的依据，并提供智慧决策，如图1.4所示。

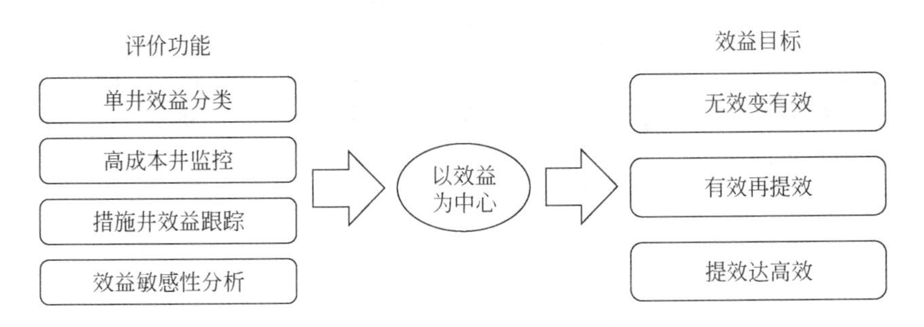

图 1.4 油气田单井效益评价模式（资料来源：金德明）

未来的智慧建设对油气田的组织建制、机制体制将会有很大的冲击，这种冲击不是破坏性的而是建设性的，很有可能是悄悄地完成。对于很多岗位的消失人们都会很自然地接受，对于组织机构的消亡也是自然而然的，不是那种硬性改革带来的很大震动。而机构的变化又会带来经营管理方式与决策方式的变化，整个决策过程在很大程度上可由“超脑”完成，CEO 需要完成的是对世界风云变幻与社会进步带来的方针、政策的调整，以及技术革命后系统的提升与开发，整个分析、评价、决策过程仍然由先进的技术系统来完成。

(3) 智慧油气田建设是数字、智能油气田建设的延展，可将中国的数字、智能油气田建设带向更远方。

智慧建设无疑会把油气田带向远方。人类社会的发展无止境，人的认识过程无止境，人类的思想、理念无止境，人类的技术创新也无止境。智慧油气田建设完成后会形成了一个“简单、无人、美丽”的油气田，在这样美好的油气田之后，一定还有更加美好的、高级的油气田在等待着未来人们去建设。

如近年来出现的页岩油气勘探与开发，这在过去人们的认识领域与油藏开发中是不可能的，然而在今天却成真了。页岩油的出现成功推动了非常规油气规模化的开发，进而改变了全球的油气供需格局。同时在技术上出现了水平井分段压裂技术，由追求“超级规模”向追求最优设计转变，借助云计算技术和机器学习实现了分布式压裂、智能精准压裂和实时优化，在确保单井产能的前提下，尽可能地节约压裂成本和作业时间，这就是一个创新。

首先，智慧建设之后的未来，重点在于专业技术的创新。从我们现有的认识能力或具有历史局限性的条件看，单一技术的创新已经非常困难，只有“组合技术”创新才有前程。所以，智慧建设之后的技术创新一定要在“组合技术”创新上寻求突破，将油气田带向远方。

其次，智慧建设之后的未来，一定会在模式创新上有更大的突破，将在战胜过山车般的油价巨幅震荡方面会有一套很好的办法，做到无论油价高低都能够“增产、降本、提效”，其秘诀就是依靠技术组合创新和模式创新，战胜世界上的一切风云变幻，这在我们现代基本是想象不出来的。所以，模式创新会将油气田带到远方，并走得更远。

最后，智慧建设之后的未来，生产运行方式将会更加先进。例如，勘探开发更新的理论与理念助推老油区重新崛起，页岩油气技术革命推动非常规油气有效接替常规油气等。技术进步与新模式创新将推动石油领域向更深、更远、更极端环境的延伸，以数字化、智能化、智慧化为代表的高新技术与油气行业模式创新深度融合，将会推动新一轮能源革命。化石能源很有可能在地下就转换成新型能源服务于人类，如利用量子技术完成的勘探找油“地质扫描”，非常轻松、高效地就知道油气在哪里、储量有多大，然后开发生产完成革命性地转化，在油气藏内将油气转化成热能。

这就是为什么要实施智慧油气田建设。

1.2　智慧油气田建设研究的任务与内容

本书的主要任务是研究与探讨智慧油气田建设，所以，需要明确智慧油气田建设研究的基本任务与内容。

1.2.1　智慧油气田建设研究的思想

智慧建设是人类社会建设历史上的新篇章，也是油气田企业在数字、智能建设之后掀开的新的一页，同时还是人类建设与发展史上全新的事业，是从来没有人做过的又一个创新课题。

1. 智慧研究

关于智慧研究，已有很多学者、专家发表了相关论文，还有很多著书出版发行，都做了很多论述。例如，IBM 在 2008 年提出了“智慧地球”；李剑峰等作者在《智能油田》一书的“智能与智慧之辩”中对智慧做了详尽的论述并做了对比分析，特别是对“smart”一词进行了详细的辨识等。因此，这里不再对智慧的前因后果，以及其他概念性的东西做论述了。

但由于我们是研究智慧建设，所以从另外一个角度来讨论一下智慧，这就是基于建设对智慧的认识与理解。我们提出一个观点，即智慧建设关键在于“慧”，而不在于“智”。

关于“慧”，《新华字典》（商务印刷馆，1971 年版）中解释为“聪明”。它为什么会是聪明呢？“慧”字在汉字里是这样书写的，即一个“灵”字上面两个“丰”。也有书本说是“火”字上面一个“雪”，我不同意第二种意思，更倾向于第一种，其实就是“心灵”的另一种写法，然后加上了两个“丰”，代表很多。否则，也就不可能用来表达“聪明”了。

现在我们再来看这个“丰”字。在《说文解字》中有两种解释，一说“丰”是草，解释为“草芥”（《说文解字》第 443 页），而“丰”的繁体字为“豐”，看样子是山中两个丰字，确实是代表山中草丰茂盛。所以，在《说文解字》中对其注释为“豆子丰满也”，豆科，丰为“草芥”。同时在注释中又说：“‘豐’罚爵，象人形”（《说文解字》第 486 页）。我更倾向于后者的解读，我认为这个“丰”就是很多人在一起排队的意思，如“[illegible]”。假设是“草芥”，其写法也是山谷中草丰茂盛，如（[illegible]），但怎么看都是在山谷里有众多的人。不过无论这个“丰”是代表草，还是人，都是代表多或丰富的意思。

为什么不在于“智”？因为“智”是包含智商、智力和智能等的总称，在数字化、智能化建设中，对于“智”已做了大量的研究与开发工作，如“全面感知”“趋势分析”“预警、告警”“优化控制”“智能机器人巡检”等，都是对“智”的开发和利用，而智慧建设就要在“慧”字上下功夫了。主要是要利用“智”来加速建设“慧”。

也有学者认为“智慧”是一种“悟性”，很多聪明的人“悟性”很高，这个也对，就是说明人会关联思考、融会贯通、辩证联系，最后做出决策。

而关于“悟”，人的一生应该有“三悟”，即青少年时的“知悟”，就是学而知的认识与醒悟；中年时的“感悟”，就是行万里路，做各种实践活动，感知天下事，从中获得经验与教训；老年时的“顿悟”，当老年后，经历了很多，一听便知那个是否真理，给出决策。这些都是智慧形成的过程与结晶。

由此可以看出，智慧的内涵在于思维、思辨与决策，思维与思辨的内核是想象、联想与辩证。智慧的基本功能是寻找规律，发现特征，做出决策。智慧的具体操作是从“分析、评价到决定、决策”的过程，从而“慧”给了我们一个道理，就是将要各种“聪明”集成、汇聚在一起，强化其整体的决策能力。

2. 智慧建设

无疑，智慧是需要建设的，也是可以建设的。这在过去是不可思议的事，因为智慧被认为是一种意识形态，属于思想范畴。人们认为智慧就是通过学习、再学习，实践、再实践，获得知识和不断丰富阅历、增长才干。但随着现代科学技术的发展，完全不一样了，可以将智慧以建设的方式将其产品化、模式化。

智慧建设怎么做？很简单，就是将各种聪明集成、汇聚与融合在一起，这就是“慧”。聪明有很多，如植物很聪明，睡莲白天开花，晚上“睡觉”，有时有点，具有规定性，就很聪明。睡莲内部一定有一种机制，在一定条件下如温度或者随着太阳运行的节奏，当它需要做什么的时候它就会去做什么。有的动物甚至比植物更聪明，如当它受伤时可以自救、自治等，动物捕猎时知道一口先咬住猎物的喉咙，让它快速窒息等，非常聪明。

但智慧油气田建设不是对动、植物做什么，而是针对油气田建设的需要，将油气田内更多的聪明，包括“设备聪明”“数据聪明”“人的聪明”等集联、汇聚在一起。

“设备聪明”即设备自动化或装备智能化，是通过人工的方式将人的“智慧”植入设备或装备中，如数控机床、数码产品、芯片技术、人工智能机器人等，它们都是由人赋予了智而变得很聪明，这就是“设备聪明”。

还有一种聪明叫“数据聪明”。我们知道，数据是一种来源于物质、事物并对其进行数字化表达的物质，当我们要完成行业、领域、业务的建设需求，以及发现未知、解决问题时，就要对物质、事物完成数据的采集，包含信号、数字、数据与信息等的采集，最终以知识与智慧的形式展现出来，这是一个数据分析、数据赋能，以及让数据聪明的过程。

当然，最重要的是“人的聪明”。人的聪明存在于每一个人的大脑中，包括观察、思考、关联、想象、分析、辨识与决策等，是一种高级别的能力。虽然现代科学十分发达，但仍然没有办法知道人的大脑是怎样做到如此聪明的，包括整个机理、机制、行为过程都无法知道，然而人类却通过学习、实践就能变得非常的聪明。

所不同的是人的聪明因人而异，由于专业领域不同，从事的工作不同，所在的岗位、职务不同，阅历、经历等不同，聪明度会有差别。但智慧人人都有，无论从事什么样的工作，都会有相应的聪明，如放羊娃每天琢磨哪里水草丰盛，就在哪里放羊；街道上的环卫工每天判断风向来决定街道的清扫起点等。为此，现代科学技术有一种能力，就是可以将很多人的聪明集成，被钱学森科学家称为“大成智慧集成”。

什么是“大成智慧集成”？按照科学家钱学森的思想，“大成”的人是指阅历丰富而成熟的人，他们有一定的成就，聪明度很高、专业能力强大，将这些所有“大成”的人们的聪明汇聚到一起，形成更加强大的“慧”。如果再将设备聪明、数据聪明等汇聚在一起，即在一定的环境系统与业务技术条件下，这么多的聪明完成集联、汇聚与融合，这应该就是科学家设想的“大成智慧集成”了。

钱学森设想的“大成智慧集成”一直没有办法实现，因为，那个时候数据、算法、算力都不行，在今天我们完全有条件来完成，这就是利用智慧建设形成一种智慧的产品，这个产品构成很复杂，类似完成了一个人的构建过程，如图 1.5 所示。

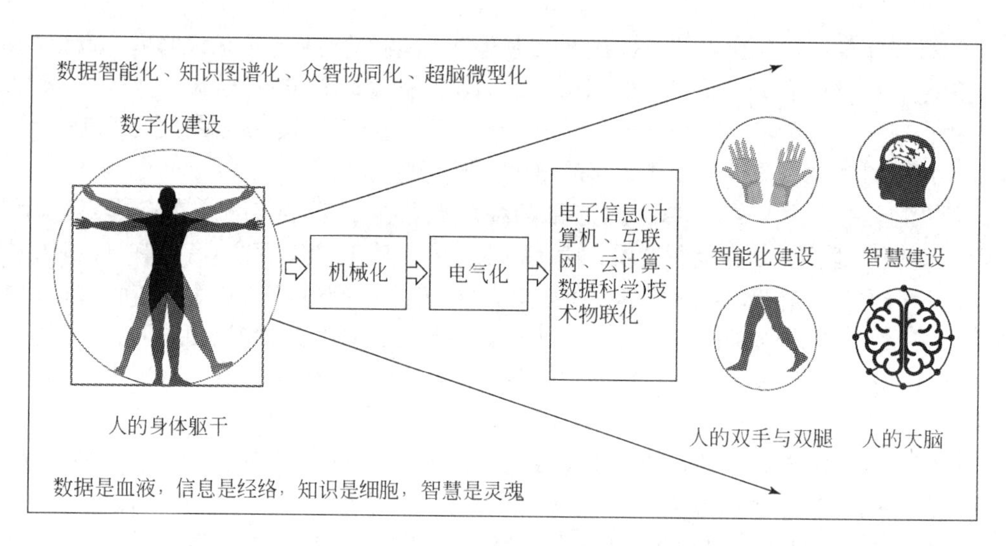

图 1.5　智慧建设原理与建设过程模式模型

图 1.5 是智慧建设过程的一个分解图，这里类比智慧建设如同构建一个人，有躯体、腿、手和大脑。数字化建设类似于生成了一个躯干，需要将数字技术植入机械中，并加入电气化，完成电子信息与数据科学化等，再将信息技术、数字技术作为内生要素渗透在各个业务之中形成一个强壮的躯体。然后就是智能化，智能化是将智能技术作为内生要素植入数字化的躯体中，构建强壮的双臂、双手与双腿，这是一个数据赋能的过程，让其拥有智能的行为。当数字、智能都具备了以后，最后需要完成一个“智慧大

脑”的构建，可称之为“超脑”，这就是“大成智慧集成”。当这些全部完成，一个智慧建设就算作全部完成了，这就是智慧建设的全过程及原理。

3. 智慧油气田建设

智慧油气田建设是智慧建设的一个重要组成部分，遵循智慧建设的基本思想与理念，按照智慧建设的基本原理与方法完成的。

智慧油气田建设必须在完成完整的油气田数字化、智能化建设的基础上，再进行完整的智慧油气田建设。如果没有数字化、智能化建设，就相当于没有基础或者说没有躯干、双臂和双腿，即使建设开发制作了非常聪明与特别强大的头颅，也只不过是“空中楼阁”的“空灵”，肯定不是一个完美的智慧油气田。

为此，根据目前数字化、智能化建设的发展与趋势，人类完成智慧油气田建设是完全有可能的。人们已基本具备了智慧建设的理念，就是在数字、智能建设之后，完成油气田的神经中枢构建，即系统性地完成人工“智慧大脑”的开发，完成设备聪明制造、数据聪明赋能及人的聪明集成，然后将所有的智慧要素集联、汇聚与融合，铸就“灵魂”，这时候的“慧”就成了真正的“慧”建，这就是油气田的智慧建设。

当然，智慧油气田的建设并非如此简单，是一个非常复杂与高难度的过程，不但要有非常先进的思想、理念作指导，还要有非常先进的技术与方法作支持，更需要油气田企业所有人的理解、认同与合作，否则很难完成建设。

综上所述，智慧建设是重要的，也是必要的，且智慧油气田建设是可行的。由此我们得出结论：智慧建设关键在于“慧”，而不在于“智”；智慧油气田建设必须在数字化、智能化建设的基础上完成铸“魂”和聚“慧”。

1.2.2 智慧油气田建设研究的基本任务与内容

智慧油气田建设研究是一个前所未有的非常艰巨的研究工作与任务，是一个开创性与探索性极强的工作，没有先例和示范。但好在我们拥有20余年油气田数字化建设的经验，拥有数字化转型发展、智能化建设的初步示范，在很多方面已经看出了一些智慧的迹象，更有其他行业和领域建设的一些初步案例，如智慧城市、智慧医疗等都可以借鉴。为此，我们可以形成一定的智慧油气田建设的思想、理念，从而完成智慧油气田建设的研究与解决方案。

关于智慧油气田建设研究我们是这样设计与执行的：

(1) 必须给传统油气田和化石能源行业一个很好的交代。智慧建设是数字、智能建设的更高境界，当人们完成了智能建设以后，大家会觉得这已经很先进了，可以完全满足油气田企业在大数据时代的建设与发展了，还需要再向智慧建设进军吗？

还有一个更重要的命题，就是在“碳达峰”和“碳中和”的目标与任务条件下，化石能源的“红旗”还能打多久？这是很多人们心中的疑问。随着新能源发展突飞猛进，电动设备、装备不断涌现，无人驾驶汽车与人工智能机器人将会占领几乎所有服务类的岗位。那么，这些污染高、开发成本高、人工需求巨大的化石能源行业还能存在多久？

所以，我们必须要给读者一个交代，即化石能源不会在一夜之间倒塌，且油气资源还是工业生产的重要原材料，至少还需要开发利用100年。这样智慧建设才有意义，否则智慧油气田建设就不会有市场了。为此，我们将这两个非常重要的问题放在一起作为一章，即第1章，以专题完成了研究与写作，成为知识普及与智慧油气田建设的铺垫。

（2）智慧油气田建设是有渊源的，更重要的有基础支撑的，即数字化与智能化的建设，它是拾级而上的建设。因此，我们在回答化石能源资源的重要性之后，还需要对中国的数字化、智能化建设做很好的总结。

本书安排了第3章、第4章高度凝聚与概括性地对数字油气田建设进行了回顾，以及对智能油气田建设进行了总结。其中重点研究了智能油气田建设，因为智能建设在油气田才刚刚起步，目前还没有完整的智能化油气田建设的典型案例，虽然已有大庆油田的庆新油田的1.0建设，但还没有见到2.0建设或规模化、完整性的智能油气田建设。

在数字油气田建设中，重点对数字化建设中出现的“五大法宝”做了研究；在智能油气田建设中，重点对技术、方法及建设考核指标等作了探讨，从而初步给出了建设的解决方案，以便给还正在建设中的油气田企业提供参考，希望为智慧油气田建设打下良好的基础。

（3）第5章以后是介绍智慧油气田建设的基本研究内容。对于智慧油气田建设不能一直停留在理念和论证上，还要完成具体实施的建设，但需要给出很好的建设思想作为指导方针。为此，第5章主要对智慧油气田建设给出概述，给读者一个完整的建设体系。对智慧油气田建设实施进行划分，分为“四模二态”，其中“四模”是指智慧采油、智慧联合站、智慧井区与智慧工程四个建设模式，“二态”是指油气田企业经营管理模态与智能经济形态。

其实每个建设都是一个大工程，不是一章篇幅就能很好地论述清楚。我们设想，通过智慧油气田建设以后整个油气田企业完全变了一个样，它既不是数字化、智能化油气田的形态与模式，更不是传统油气田的形态与经营管理方式，而是一种“简单、无人、美丽”的油气田状态。

关于研究与写作的基本方式是先期必须将这个模块的原来现状、要素交代清楚，然后提出解决方案，再给出建设后的可能实现的基本效果或考核指标等。

这是智慧油气田建设研究的重点部分，也是核心关键部分。虽然现在还没有建设，完全没有可借鉴的案例，但是，我们必须给出科学合理的方案，人们在建设过程中可以再进一步细化和完善，但基本的建设路径及技术与方法我们必须提供到位。

关于智慧气田与智慧油气藏研究，属于智慧油气田建设的范畴，但相对智慧油气田建设还是有一点差别，为此，也安排了专题研讨。油气藏数字化、智能化都比较困难，主要是地下数据采集相对困难，也就是说没有办法在油气藏深部安装更多的传感器。但利用大数据完成智能分析，再利用智慧建设实现对油气藏地质研究过程的智慧化还是可以做到的。

关于智慧气田建设，主要研究智慧采气的过程，再研究气田的主要要素与生产运行过程，然后探讨了当前数字、智能气田建设的现状与成就后，在这个基础上提出智慧建设的解决方案与基本的考核指标。但由于时间问题，此部分并没有完成专题研究，但其在很多理论、原理、技术上同油田是基本一致的。

最后，本书给出了数字、智能、智慧油气田建设的知识图谱研究，目的是给人们在智慧油气田建设的基础上，在创造和创新方面提供思路与途径。知识图谱研究是一个全新的领域，它不但在数字、智能建设过程中需要，还将在智慧建设中发挥更大的作用。如何将知识图谱在建设中应用的很好，还需要更多学者来研究与探索，重要的是它将成为在智慧油气田之后未来油气田建设的起点。

1.2.3 智慧油气田建设的研究目的、战略目标与途径

智慧油气田建设已不仅是石油天然气能源领域的事，而是国家整体建设与发展的事，更是国家科学技术在油气田创新与战略的大事。为此，开展对油气田智慧建设的研究，以推进油气田的科学技术创新是我们一个重要的责任。

1. 智慧油气田建设的研究目的

智慧油气田建设的目的已非常清楚了，就是让油气田实现智慧化，使油气田变得更加美好，我们认为其主要表现为以下几点。

（1）通过智慧油气田建设，让油气田数据释放出更多的“红利”。

数字化、智能化建设大量地都是在创新、创造的过程，在油气田中发挥了很好的作用，但是，数字化、智能化建设的“红利”还没有被完全释放。因为，通过数字化建设，让油气田的数据极大地丰富；通过智能化建设实现对数据的智能分析，给数据赋能，使油气田企业内的强体力、高成本、低效率、高产能等问题得到有效解决。由于在数字、智能建设中缺少智慧的参与，数据聪明还没有发挥到极致，因此必须通过智慧建设来实现。

（2）通过智慧油气田建设，让油气田非线性问题得以解决。

油气田的所有问题都是复杂的非线性问题，这些问题长期以来得不到很好解决。由于油气田一般性的基本问题已通过数字化、智能化建设基本解决了，如将非线性问题用线性化的方式全部表达已达到了极限，但非线性问题由于数字、智能技术的缺陷性还无法解决。所以，只有通过智慧建设来找到非线性的解。

（3）通过智慧油气田建设，使油气田生产关系更加简单。

油气田在数字化、智能化建设中没有更多地涉及油气田生产力的解放与生产关系的改变，主要是因为牵扯到机制、体制与社会责任等，只有依靠智慧建设才能冲破这一禁区，在技术实现中以数据要素与数字产业化的方式悄悄地完成一种“革命”，从而彻底完成油气田未来的生产力与生产关系这一极其复杂的大问题的变革。

智慧油气田建设的目的很清楚，只有努力而为之。

2. 智慧油气田建设的战略目标

智慧油气田建设的主要目标已经不仅是为了油气田企业自身，而是一个国家问题，大体上表现为以下三个方面。

(1) 第一个战略是数据强国战略。数据强国是在未来比经济强国、工业强国、军事强国更加重要的一个强国战略，而油气资源领域的数据则是国家数据强国的重要组成部分。主要原因是石油数据占地下空间数据的 80% ~90%，甚至会更高。

目前主要是依靠地震勘探、深部钻探、测井包括油气田开发中的井下数据等，未来将会出现“地质扫描”技术，即在地面上一扫就可以知道地下万米以上的每一米地层空间信息包括岩石和矿产信息，那时就真正完成了“数字地球”。在完成了油气田智慧大脑的开发后，数据将会发挥巨大的作用。

(2) 第二个战略是数字产业战略。人们现在并没有认识到数据产业的重要性，仅以为数据产业就是将数据资产商品化，数据购买与价值增值就是数据产业化了。

其实，数字产业化是充分利用数据建立一种营商环境，构建的一种数字公平商业模式或经营管理方式，或者说是一种数字平衡交换模式。尤其是在跨国交换中，将不再需要知道采用什么货币来交换，而是采用数字模式进行交易，物物流通即可。智慧油气田建设在石油能源中率先开展，是因为对于发展中国家而言，化石能源还有很大的市场，石油开采还需要继续进行。我们在中国大地上要首先建立起这样一种机制，可创建石油领域的“一带一路”新模式。

(3) 第三个战略是打造中国石油能源的新“名片”。我国已经有很多张名片，如高铁、“华龙一号”等，智慧油气田建设模式与智慧化油气田很可能成为中国走出去，在“一带一路”倡议中形成的又一个“名片”。

主要是智慧油气田建设的方式发生了根本性的改变，是一种交钥匙工程，如图 1.6 所示。

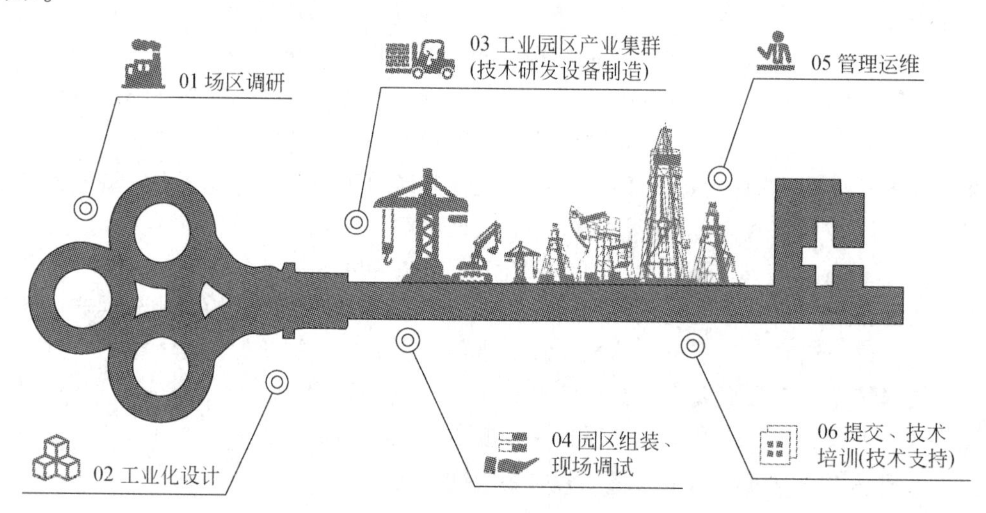

图 1.6 智慧油气田建设模式

这是一种全新的建设方式，实行职业化人员与专业化队伍建设。由这个领域最为权威性的人员参与设计，根据具体的油气田状况完成基本定制，其中大量的建设在产业园区内完成基本组装，再由工程安装队伍在现场组建实施，建成后还要试运行、试用、运维，以及培训油气田工程师三年，然后才能交给委托建设的油气田单位。

在这样的建设过程中，会拉动智慧技术与产品的研发制造及产业化的大发展，为此就需要完成智慧技术与产品的制造共享，让所有原材料、零部件、研发制造、制作工厂、销售、运作与维护全部在一个平台上，完成线上交换和数字产业化。

未来生产力是一种由智慧大脑与数据科学家、油气田科学家等很“少人”组成的“点、线、面，人、财、物”的生态生产力和生态链，以及围绕这个链形成的环式生产关系，智慧油气田建设必须要将链变短、将环变少，从而破解生产运行、科学研究、经营管理中的非线性问题是智慧油气田建设的唯一可能。

因此，智慧油气田建设已远远大于油气田数字化转型发展本身，它是国家重大战略的一个重要组成部分，也是油气田创新发展的基本需要。这就是智慧油气田建设的重要目标。

3. 智慧油气田建设的研究途径

智慧油气田建设解决问题的办法，唯有“全数据、全信息、全智慧、全技术”与“全业务”深度融合，让“设备聪明+数据聪明+人的聪明=油气田的智慧”成为现实。

数字化的关键在于数；智能化关键在于能；智慧化关键在于慧！“数、能、慧”一个也不能少。

数字化打基础，智能化做平台，智慧化建大脑。

数字、智能、智慧的油气田是一个完整的统一体，如同一个完整的人，数据是血液、信息是经络、知识是细胞、智慧是灵魂，为此有一个闭环系统，如图1.7所示。

图1.7中有一个闭环线，自下向上，它遵循一个规律，就是从物质、事物起，即油气田是一种物质、事物的组合或集合。油气藏、储层、岩石、油、气、水等都是物质。事物是指油气田的生产运行，组织管理，“点、线、面，人、财、物”，生产力与生产关系等。

在这些起点上，都是按照数字、数据、信息、知识、智慧这样的规律运行，最后的期望是实现“超脑”，这就是智慧油气田建设的宗旨与途径。

在这样的宗旨与途径中，我们再来看看右边。在“超脑”之后，有“共享制造”“知识图谱”“中台技术”“数据赋能”“数字技术”“基础建设”等，最后到“美丽油气田”，这是一个最终的目标。这里除了“基础建设”是一种强调外，其余都是针对建设内容与过程需要而构建的方法与采用的技术手段。

完整的智慧油气田建设是一个扎扎实实建设的过程，也是一个创新与创造的过程，还是一个长期完成、持续投入的过程，为此，需要一种工匠精神，一代又一代的来建设与完成。

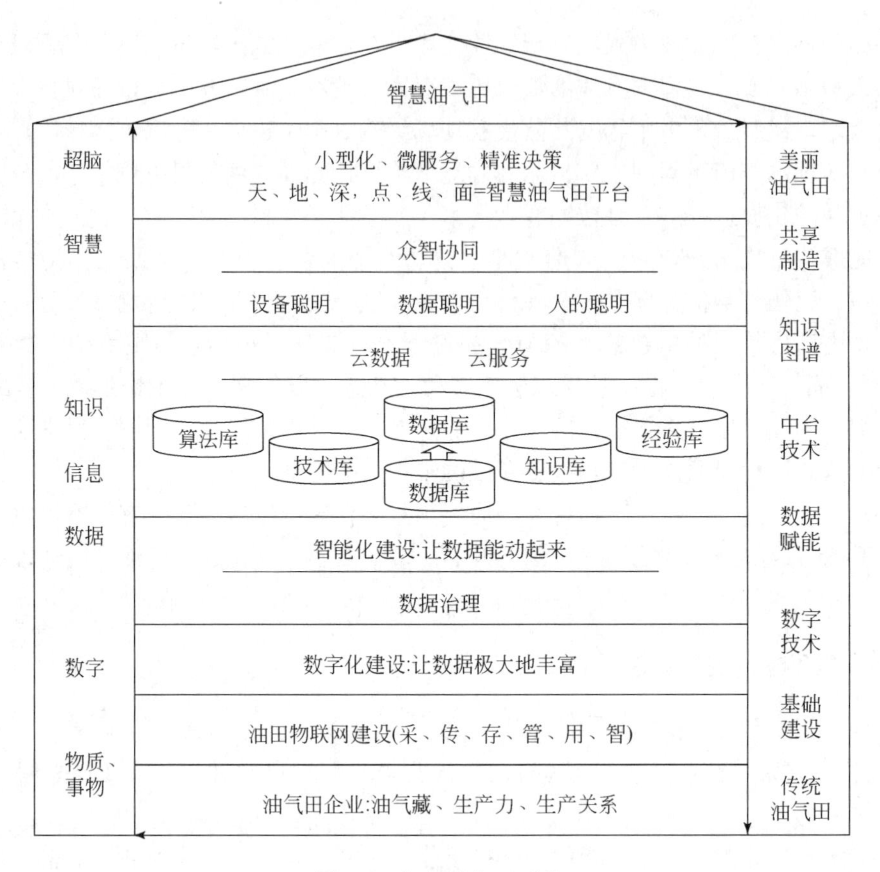

图 1.7　智慧油气田系统

1.3　智慧油气田建设研究的方法论

这里我们需要对智慧油气田建设研究与智慧油气田建设所需要的方法论做一点探讨。

方法论不同于方法，方法（method）是指一种办法，方法可以有很多种；而方法论（methodology）是指研究关于事物所要遵循的途径与路线的指导思想。在对智慧油气田建设研究与智慧油气田具体建设中，就需要这样一些方法论作指导。

1.3.1　系统工程方法论

在智慧油气田建设研究与建设中引入系统工程方法论，我们主要追求的是综合与集成。

尽管我们是在数字、智能油气田建设的基础上完成智慧油气田建设，尽管我们已有了数字、智能建设中有关系统的基本经验，尽管有了数字、智能建设之后就是智慧油气田建设的基本思想，但智慧油气田建设比数字、智能建设更加复杂，是一个全新的建设领域以及复杂、巨大的系统工程。

1. 系统是智慧建设的精髓

智慧建设是包括智慧油气田建设等在内的所有建设，这里需要特别注意的是，我们将智慧建设作为一个大的方面提出，而智慧油气田只是智慧建设中的一个分支。但无论大小都需要完成综合与系统集成，而且在系统集成中最重要的是需要完成“大成智慧集成”，这样系统科学就成为智慧建设的最重要的科学思想与方法论。

系统科学的形成经历了几十年甚至近百年的演化与发展，至今已成为一个重要的科学体系。它包含贝塔朗菲（L. V. Bertalanffy）提出的“系统论”，以及后来发展出现的系统工程与系统实践等。系统论的核心思想与“还原论”不同，在于追求一个组成中的各个要素之间的整合、综合，让其中每一个要素都发挥作用，从而形成“$1+1\geqslant 2$”的结果，而还原论是一种“$1+1\leqslant 2$”的结果。

系统科学是由系统论、系统工程、系统实践等，以及很多与系统论相关的理论、学科组成的一种科学体系，可以用来指导科学研究、工程建设与重大活动，是一种行之有效的方法论。其关键在于系统性，而系统性的核心是整体性效应。

我们在数字油气田建设时，主要模仿或者按照信息化建设的思想与方式建设，充分利用了信息技术的系统方法完成了一种数字化的建设，如将计算机、数据库、互联网、管理信息系统软件开发等每一个都作为一个大的系统，然后集合各个子系统，最后形成数字化的管理。

智能油气田建设是在数字化的基础上完成建设，虽然有了数字化建设的基本经验，但智能化建设过程比数字化过程更复杂，主要体现在如何将数字油气田建设的系统与智能化建设的系统进行协同，如何将数字技术与智能技术作为内生要素渗透在各业务之中或植入建设过程中形成智能化的建设，如何将数据、技术、算法、算力和生产运行过程综合用智变能，如“数据赋能”，生产运行过程中的预警、告警，提前早知道、早处理等，从而让油气田升级成为智能化的油气田，这就是一个大的系统工程。

智能化建设过程中的技术组合，业务协同，整合数据、业务、技术构建“中台技术”与“微服务”等，完全体现了一种大系统或系统科学思想，这就是实现系统科学在智能油气田建设中的落地或应用。

所以，系统性是所有工程建设中的精髓，一定要全面地落实与贯彻到底。

2. 智慧油气田建设是一个巨大的系统工程

我们反思已进行的数字、智能建设，能够感到还有很多遗憾或者欠缺，这就是我们没有将系统科学很好地贯彻。长期以来，数字化、智能化建设与专业领域的建设处于一种“两股道”发展模式，很多油气田企业只是将数字化、智能化建设作为对油气田业务、管理、发展的一个辅助或是先进技术对油气田企业的一个提升，甚至将其作为“锦上添花”的建设，并没有将其作为油气田企业建设与发展的一个整体，从而在建设上多年来形成一种“两张皮”，即数字化、智能化建设只是一种信息化，虽然能解决油气田生产运行过程中的一些问题，如提高工作效率、降低劳动强度、降低成本、节能降耗、减员增效等，但不是专业、业务的必须，如没有抽油机就抽不出来油，而数字化、智能化与油气田企业生产、经营管理、企业形态的关系不大。这就是没有将数字、智能建设与油气田企业融合为一个整体，从而数字、智能建设并没有形成油气田企业“触及灵魂”或“挑动神经”的革命。

但未来智慧油气田建设就不一样了，它好比一个人，不但有骨头、神经（系统）、血液（数据）、肌肉（业务、技术），还有“灵魂”（大脑），这是一种全新的建设模式，也是一种高度集成的大系统，是一种对油气田企业变革的企业“再造”，让油气田企业从内到外、从外到内都发生质的变化，即企业形态与经济形态完全不一样了。

智慧油气田建设是一个人理、事理与物理综合集成的一个大系统（图1.1），就是要将油气田企业中的业务、技术、数据、生产、运行、管理、人等高度地集成与协同，通过数字、智能与智慧建设中的设备聪明、数据聪明和人的聪明进行无缝、有机的结合，形成高度的综合与集成，把以前用人来做计划、组织生产运行管理和经营管理分析评价过程中的各种决策，甚至大型业务过程中的一些常规性的决策交由智慧大脑来完成。

可以想象到那时，我们现在的勘探包括探井、试油试采、分析化验等业务部门都不复存在了，这些重要的部门、业务与专业化的队伍全部脱离油气田企业，成为一种油气资源数据的生产者和技术服务的第三方队伍。在数据确权后，他们的主营业务与责任就是生产数据、交易数据，依靠数据业务而生存与发展。

特别是将会出现一种量子“地质扫描”装置，这种装备被安装在智能无人机等智慧航空器上，只要在空中飞上几圈，就会将这个区域的地下8000m以上的地层全面的数字化了，给油气田提供的数据成果是每1m地层中的岩石、岩性、矿物成分、微型构造等，以及区域地质生态系统的全要素数据与三维可视化成果，油气田只需要用智慧大脑操控的3D打印就能够立刻呈现出地下的全貌，再通过智慧大脑还会分析出各种资源的储量、流体的运动方向，等等。

未来的油气田开发、生产分析管理与各种研究工作将完全由智慧大脑来承担。例如，油气藏研究不一定再设立研究院等部门与单位了，所有岗位包括构造岗、储量岗、矿物岩石岗、经济分析岗、效益评价岗、开发方案岗等全部由人工智能与大数据合成的“超脑”来担任，因为它具有强大的自适应、自学习、自深度学习能力，完全可以调整对新需求的升级换代，而在研究与管理中的常规性工作也可以胜任，未来油气田中的各种部门、机构与岗位将会悄然消失。

所以，智慧建设中的系统集成是一个法宝，大成智慧集成是其主要技术过程。

3. 智慧油气田建设是系统工程技术过程

系统工程的基本思想是将所有的系统过程作为一个工程，这个工程要在社会实践、科学研究、重大建设工程中融为一体。一个系统化的工程，其核心是在工程过程中做到最短路程、最省时间、最大运力、最少成本、最高质量，以及最佳效果的最优化反馈控制。系统工程主要由三层组成：最底层为基础理论，包括系统论、信息论、控制论等；中间层为技术层，包括运筹学、控制技术等；最高层为工程应用层，包括各种中、大型建设工程与重大科学研究活动的组织等。智慧油气田建设属于在石油领域的大型建设工程活动，需要充分利用系统工程思想与方法作指导。

对于系统工程方法论，我国早期就有科学家钱学森倡导的系统工程思想。在1978年改革开放之初，他同许国志、王寿云撰文在《文汇报》上发表了《组织管理的技术——系统工程》，受到人们广泛的关注与学习。

钱学森等科学家将系统工程视为“组织管理的技术”，可见其在重大工程过程中是多么的重要。他指出：“人类的历史是一个由必然王国向自由王国不断发展的历史，社会劳动规模的日益扩大，使人们日渐自觉地认识到了系统工程方法的必要性和重要性，要求我们对统筹兼顾、全面规划、局部服从全局等原则从朴素的自发的应用提高到科学的自觉的应用，把它们从日常的经验提高到反映组织管理工作客观规律的科学理论。”后来我国学者对其有许多研究与推广，并应用在各种大型建设活动中，如航天工程、基础建设工程、高铁建设等，取得了很好的效果，其中很多成为中国的“名片”。

在智慧油气田建设中也需要构建一个完整的大系统。油气田本身就是一个大系统，从而形成了一个大系统的基本生态，为此我们将油气田业务、运行过程与智慧建设编制成一张万能图谱，如图1.8所示。

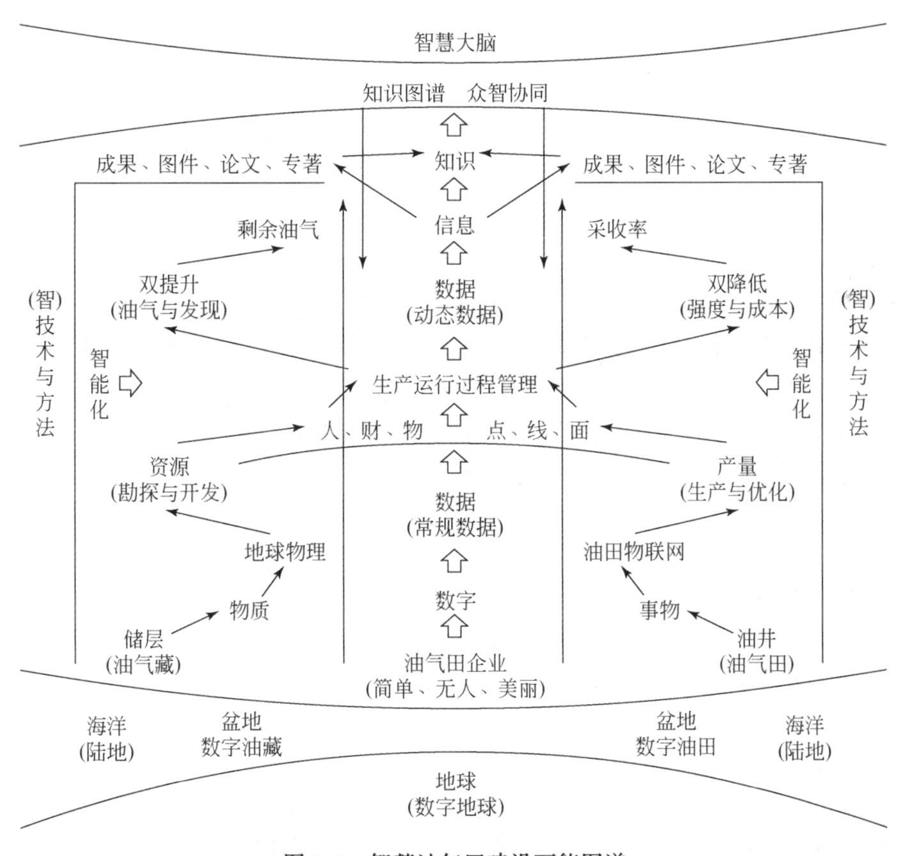

图1.8　智慧油气田建设万能图谱

图1.8为智慧油气田建设的万能图谱，“万能”是指所有的建设项目与内容都能在这幅关联图谱中找到其问题或建设所在的位置。图1.8中以数字、数据、信息、知识为

主轴，其中数据是核心关键，包括常规数据与动态数据，最终完成“超脑”建设，就能实现智慧的建设。

由此可知，任何一个巨大的工程建设与科研活动都是一个复杂的大系统，必须由一个先进的、具有实际意义的方法论作指导。油气田智慧建设不但是一个巨大的系统工程，还是一个由巨量系统集成的过程。从大的方面讲，要将数字、智能建设同智慧集成、协同，要将设备聪明、数据聪明与人的聪明集成、协同，还要将油气田的业务、技术同智慧集成、协同，从而构建智慧大脑等；从小的方面说，系统分布在各个建设过程中，包括硬件系统、软件系统和智慧大脑中的数据、人、技术、算法、算力等完成集成和最优化等。所以，引入系统工程方法论可以成就智慧建设，完成对智慧油气田建设的研究。

这就是系统科学方法论的基本意义，其可指导智慧油气田建设。

1.3.2 数据科学方法论

智慧油气田建设中的数据科学方法论，主要在于追求数据的意识与思想，数据的科学与技术，这对智慧油气田建设非常的重要。其中有一种思想叫“数据主义”。

“数据主义”不是我们的发明，但数据主义方法论是我们提出的思想。它的基本思想是既要高度地重视数据，也不要宗教式地崇拜，要充分保持一种系统化、平衡性和平常心。我们希望在智慧油气田建设中与研究中将“数据主义”作为一个重要的思想来介绍。

1. 关于数据主义

“数据主义”（data-ism）来源于以色列的尤瓦尔·赫拉利（Yuval Noah Harari）创作的《未来简史：从智人到智神》（简称《未来简史》）。该作者被称为全球瞩目的新锐历史学家，他先后完成了《人类简史》《未来简史》与《今日简史》，称为简史三部曲。

《未来简史》这部书为什么要提出“数据主义”？这需要从作者写作这部书的全部来看一下他的动机。当然，我们并不是研究该作者或他的著书，我们只是对“数据主义”感兴趣。

《未来简史》的背景讲述的是人类进入21世纪后，曾经长期威胁人类生存、发展的如瘟疫、饥荒与战争等已被攻克，而智人面临着一个新的待办议题，这就是永生不老、幸福快乐和成为具有“神性”的人类主题。这些论述对于我们来说不是主要的，但是他告诉我们人有可能从今天的智人演化成未来的“神人”。什么是“神人”？那是高于今天我们所认为的“智人”的人。

但按照《未来简史》作者的观点，这与大数据、人工智能等有很大的关系。他认为随着以大数据、人工智能为代表的科学技术发展日益成熟，人类将面临从进化到智人以来的最大的一次改变，绝大部分人将沦为“无价值的群体”，只有少部分人能进化成特质发生改变的“神人”，这就是数据的能量与作用。

作者在他的另外一部《今日简史》中对此也做了大量的讨论，他在“谁该拥有数据”中说：只要取得足够的数据和运算能力，数据巨头就能破解生命最深层的秘密，不仅能为我们做选择或操纵我们，甚至可能重新设计生物或无机的生命形式。为此，作者对大数据具有很大的担心。

我们只对“数据主义”感兴趣。“数据主义”就是一种数据意识与思想，也是一种辩证法，还是一种数据思维，至少是一种数据的理念。我们既要对其重视，也不要宗教式地崇拜，这对未来将要开展的智慧建设，包括智慧油气田建设来说就是一种方法论。

2. 数据主义的基本思想

尤瓦尔·赫拉利对数据主义是这样表述的：数据主义者认为，宇宙由数据流组成，任何现象或实体的价值就在于对数据处理的贡献。作者更多的在于关注大数据与人工智能。

他认为大数据正全面改造人类的思维方式与生活方式。不过作者是以一种发散思维写作的，思维跳跃很大，这里我们主要梳理了他的一些思想与表述。例如，因为数据流动量过大，人类无法将数据转化为信息，更不用说变为知识和智能；分散式数据处理的效果比集中式数据处理会更好；民主与专制，本质上即两套不同的数据分析和信息收集的对立机制；人类逐渐在放弃直觉和经验，选择相信大数据的决策和分析；等等。这些是作者对数据主义正面论述的观点。

接下来作者对数据主义进行了批判：信仰数据主义意味着放弃隐私、自主性和个别性；数据主义对人类产生了威胁；数据主义已经从中立的科学理论演变成判别是非的宗教；数据主义者认为一切皆数据，全人类是单一的数据处理系统。

我们对“数据主义”思想归纳为两点，分别是：第一，他提出了数据主义这个思想是基于大数据存在的；第二，期望人们不要将数据“宗教”化。我认为这是对的。他说庞大的算法如智能搜索引擎，虽然没有人能够理解其全部要义，但机器学习和人工神经网络等会找出人类无法预见的东西，这是一种肯定。但又说不要对数据崇拜到“宗教”式的无所不能也是对的，如作者认为未来人类将面临三大难题，它们是：生物本身就是算法，生命是不断处理数据的过程；意识与智能的分离；拥有大数据积累的外部环境将比我们更了解自己，等等。

这是“数据主义”的一些基本思想，我们对作者的路数可以进一步学习和理解，但“数据主义”确实具有辩证法的一些优点我们可以汲取。

3. 数据主义在智慧油气田建设研究中的意义

数据不是万能的，但是，没有数据是万万不能的。在未来油气田智慧建设与今天对智慧油气田建设的研究中，数据都是智慧建设的核心。

无论是数字化、智能化建设，还是未来的智慧建设，数据都处于中心地位，我们必须高度重视数据。在数字化建设中，我们都以数据的“采、传、存、管、用”作为建设过程，其目的就是让油气田中的所有物质、事物、过程完成全面数字化，让油气田数据极大地丰富。

在智能化建设中对已极大丰富了的数据赋能，让数据智能，即使要完成各种设备的智能化、人工智能机器人等，也是数据在发挥着很大的作用。而在智慧油气田建设中，不但要让数据聪明，还要将数据聪明、设备聪明和人的聪明高度地综合集成，完成对各种智慧大脑的开发与利用，使数据发挥更大的作用。

当然，数据还存在着很大的缺陷性，尤其是社会大数据，如尤瓦尔所说的机器人的表现，一定是在其内部植入了算法与代码，如果过分地反映与放大代码，就会放大一些规定与行为，然后缺少了善良，那么机器人的能力就会远大于一个士兵。

这就是我们需要强调的，在智慧油气田建设研究与具体建设中，一定要尊重数据、重视数据，但不要宗教式地崇拜数据；要辩证地用好数据，做好系统工程的综合集成，而且是大成智慧的综合集成，但千万不要开发大系统平台了。

需要强调的是，数据科学是一种方法论，大数据更是一种方法论。所以，我们在智慧建设与研究中一定要高度重视数据，关键是要用数据科学方法论作指导，努力地完成智慧油气田建设。

1.3.3 智慧建设方法论

在智慧油气田建设中的智慧建设方法论，主要是追求创新与创建，而创新与创建是智慧油气田建设的主题。

将智慧建设作为一种方法论在当前还是一个比较新鲜的提法。过去我们看到有系统科学方法论、数学技术方法论、自然科学方法论，包括物理方法、化学方法、地质方法、生物方法、体育方法，等等，但在今天我们再提出一个新的方法论，这就是智慧建设方法论。

1. 智慧建设方法论的概念

智慧建设，首先是智慧，即智慧能否具有建设性？智慧建设是以智慧作为建设对象，不同于其他如数字化建设、智能化建设等。通常人们认为智慧是一种意识形态，属于思想领域范畴，即人们在改造世界的实践中不断地深化对物质、事物的认识，然后丰富知识，形成智慧观，再完成对智慧的基本看法而后改造世界。

智慧建设是一种行为过程，要让智慧能够落地在生产运行过程中并发挥智慧的作用，形成价值。这样问题就来了，即智慧建设做什么？所以，智慧建设就成了一个完全创新与创造的过程。

其次，我们再看看建设。建设的基本含义是创新或创建，即创立新事业或增加新的设施，同时还是创新与创造。

一般来说，建设包括建设计划、设计、施工和建设成果等内容，按照建设项目可划分为新建、扩建、改建和恢复四种类型。智慧建设无疑属于新建，新建就意味着完全没有先例，即是一个重大的创新过程。这个过程既要有理论、原理，还要有方法与技术等。

最后，智慧建设方法论是智慧与建设的构成，二者之间形成一种系统性、平衡性与辩证法。为此，它们之间必须要具备这样几点：①具有辩证的思想与方法；②关于对事物所要遵循的途径与路线的操作；③关于这个事物过程能给予其他有一定的指导作用。显然智慧油气田建设的创新性，只有智慧建设才能胜任。

这样我们可以认定智慧建设就是一种方法论，要辩证地看待智慧与建设，同时智慧建设又是一个方法论，具有相当大的创新性与创造价值。从而通过创新完善智慧建设过程，再形成智慧建设的基本思想与方法，构成一种方法体系，用来指导、指引智慧油气田建设。

2. 智慧建设的方法

在智慧油气田建设中引入智慧建设方法论，是为了避免在智慧建设中走偏，特别是在信息化建设及数字化、智能化建设过程中我们已经形成了一整套的思想、理念、方法与模式，这些东西很容易被固化形成一种思维，这种思维在一定的条件下就会形成“定势”。

“定势”是一种非常难以改变的思维方式，而智慧油气田建设是一个完全创新的建设过程。由于信息化建设、数字、智能建设中的一些思维只适用于过去，不适用于现在，就会严重地干扰智慧建设的创新。例如，“精致的利己主义”思想在数字、智能油气田建设中表现得特别突出，如果继续沿用这样的思维就会影响智慧建设的创新。

什么是“精致的利己主义”？它是指站在自己的专业、位置、权利的“制高点”或立场上，追求某一个结果达到“疯狂”的地步，任何人的意见都听不进去，为我独尊。

具体表现在追求“精准”“精致”“精确”上。例如，数据采集追求精准到毫秒，以保证质量；设备制造追求精致到完美，以提高质量，保障安装、运行的可靠；系统反馈控制追求精确到纳米，以保证报警、告警的准确，等等。其实，这些应该没有错，在很多精密制造、设计、设备中是需要的，但是如果在一些生产运行上追求极致而走向极端，就成了“精致的利己主义”。

“精致的利己主义”在数字化、智能化建设上有很多表现，包括：

（1）技术万能派——喜欢研究各种新技术和工具，信仰“技术万能”，认为技术决定业务，技术就是导向。唯技术而技术，从而走向“死胡同”，越走越窄。这种“精致的利己主义”为只认可自己专业内的技术，其他的一概否定。

（2）业务万能派——喜欢研究专业领域，信仰“业务导向”，认为技术仅仅是为业务服务的。在他们眼中技术是一种工具，业务就是上帝，往往站在专业、业务的“制高点”上利用可利用的权利决策一切。

（3）设备万能派——喜欢研究各种设备、装置，信仰“设备才是王道”。因为设备、装备、装置在建设中是看得见、摸得着的，它们可以组成系统，可以通过安装运行代替人来工作等。对设备制造追求到精致与精美。

“精致的利己主义”也包括个人主义，其核心是为我独尊。如只追求和信仰“数据万能”，大数据不会说谎，但使用数据的会说谎，这时就会出现麻烦。还有“云多不下‘雨’”的论调，认为所有数据都是假的，否定云计算中的数据质量等。

还有很多，这里不再一一赘述。

智慧建设构成方法论，就是在智慧油气田建设中需要综合、平衡，整体最大化。现在单一的技术与设备很难完成一个完整的建设，而是需要很多技术、设备、方法、算法、算力，以及人的智慧的集成构成一个系统。为此，在大数据时代就要由“全数据、全信息、全智慧”的综合与大成智慧集成，完成最优化的精准决策，这样就可以避免“精致的利己主义”。

3. 智慧建设方法论在智慧油气田建设中的指导作用

智慧油气田建设的核心是智慧建设，就是将智慧作用在油气田企业所有业务、生产运行与经营管理中，从而完成智慧油气田的建设，改变油气田企业的基本形态。也就是说首先必须拥有或进行智慧建设，然后将智慧建设应用并贯穿在智慧油气田建设之中，这是一个重要的指导思想。

智慧建设的核心理念就是“全数据、全信息、全智慧”的“三全”思想。“全数据”是指在智慧建设过程中某一个建设项或运行管理的事项，哪怕只是一个小点、小节，在完成建设中必须用全、用足、用好与之有关的所有数据，让相互关联的数据全部参与并发挥作用。

只有“全数据”了，才会出现“全信息”；如果没有“全数据”，就不可能有“全信息”。信息是一个非常复杂的问题，信息来源于数据。按照我们给数据所下的基本定义：“数据是以数为据的包含数量、数值与数字并转化为信息的基”，就是说数据是信息的根基或基础，什么样的数据就会生成什么样的信息。但在智慧油气田建设中，追求的是信息的完整性而不是部分，为此，“全信息”必须建立在“全数据”的基础之上。

“全智慧”是智慧建设方法论的精髓，它主要体现在这样几点：①如何将所需要的智慧全部综合集成；②智慧建设主要在于“慧”，而不在于“智”；③“慧”是各种聪明的集合体，包括设备聪明、数据聪明和人的聪明。为此，智慧建设需要将所有聪明集成以后形成“智慧大脑”，也称为“超脑”。

“超脑”将会成为智慧建设研究、开发、建设重要的课题。研究“超脑”就会牵扯到人的神经系统、脑科学系统等，牵扯到人脑结合、脑机链接、智慧系统开发等高尖端的技术与方法，还会牵扯到油气田各种业务数字化、智能化成果，牵扯到油气田各类专业人员专家、科学家的智慧集成，等等。

为此，智慧建设方法论对智慧油气田建设具有十分重要的指导意义。

1.4 本章小结

智慧油气田是在数字化、智能化建设的基础上完成的，而智能油气田建设才刚刚起步，所以要实施智慧油气田建设就更加困难。研究智慧油气田，首先必须研究智慧油气田建设的基本理论、原理与方法，然后用以指导典型的示范建设，再全面推广。关于绪论部分我们可以得出以下结论：

（1）本章开宗明义告诉人们为什么要研究智慧油气田建设，以及其基本思想是什么。人类在完成了数字、智能建设之后，智慧建设是一个必然。

（2）智慧油气田建设是一个全新的课题，无任何建设经验可借鉴，也没有典型的现实示范，这就要求我们必须对智慧建设、智慧油气田建设的理论、原理、方法与解决方案深入研究。

(3) 智慧建设与智慧油气田建设研究需要可靠且高端的方法论来指导。本章对系统科学方法论、数据主义方法论与智慧建设方法论做了讨论与简单论证。

总之，智慧油气田建设是一个全新的课题，创新与创建是必须坚持的重要准则。智慧油气田建设将是油气田行业一次彻底性的革命。

第2章　油气与油气田

智慧油气田建设是将智慧融入油气田建设中，为此，在建设之前的首要任务是要研究油气田，同时还必须懂得油气资源。

2.1　石油能源与资源

石油作为能源，大家对它非常了解，如汽车装上汽油能在公路上奔驰、飞机加了汽油会在天上飞翔，等等，这就是油气变能，是能之源。

2.1.1　关于油气

油和气是两种不同的地下物质，人们通常将两者放在一起叫“油气”，他们确实是“同宗同源”。

(1) 关于油。油有时叫石油，有时叫原油。最早发现它是从石头缝隙中流出来的，所以，在中国叫“石油”，英文叫“oil”。

称其为原油，是因为它可以被加工提炼，炼化成汽油，如92、95、98号汽油等，这主要是根据纯净度即“品质”不同分出的级别。而“原”是指油品的源头和本原的意思。

人们很关心油是怎样生成的，原油在地下到底是如何存在的等问题，有时还有人问，地下的油是否像一个个“水池子”，叫“油海子”？我可以确定，不存在。

其实，石油也好，原油也好，都是含在岩石中的一种物质，准确点说是储存在岩石孔隙及裂缝中，部分在碳酸岩溶蚀“洞穴”中。有的砂粒大，砂粒与砂粒之间的“孔隙”也大，就会含油多；砂粒与砂粒之间孔隙小，叫“致密”，含油就少。所以，孔隙度对原油的存储量有很大的关系。

原油有稠油、稀油之分，可分为重油、挥发油、凝析油和中质油等，如图2.1所示。

至于说它到底是怎样生成的，这很复杂，至今人们也没有搞清楚，这里不做概述。不过人们普遍认为它是由有机质热演化生成的。

近年来又出现了页岩油，而且非常热门。页岩油是储藏在页（薄层）岩中的石油资源，也称油母页岩油或油页岩油，是一种非常规石油。

但总的来说，石油就是一种藏在岩石砂粒中的有机物质，目前还是人们生活中不可或缺的重要能源之一。

图 2.1　原油四种类型（来自克拉玛依油田的纪念品）

（2）关于气。气也是一种存在于岩石中的物质，但与油不同的是，它是以气体的方式存在的，在使用过程中要比油方便和清洁的多，于是人们给它冠以“清洁能源”的称谓。

气有很多类，包括天然气、煤成气、煤层气、生物气等，近几年特别热门的还有页岩气、水合物气等。之所以称为天然气，是因为有别于空气、人工生产的液化气等，它是一种天然存在于地球内部某一个深处的岩石中的气。

需要说明的是，原油里也有气，通常叫作“伴生气”，即原油中常会有天然气相伴生。有时它是一件好事，在采出原油时它可以推动原油在管道里流动；有时它不是一件好事，在生产原油中存在一定的危险性，而且一旦气体浓度太高时还会影响原油生产，如气顶等。

还有一种叫“凝析油”。当原始地层条件超过临界温度和临界压力时，烃类气体被采出地面后，因温度和压力降低使其中的烃类气体凝析成液态烃类，这种烃类与汽油非常相近，主要成分为汽油和煤油，是一种很好的石油化工原材料。

这就是大自然物质的神奇。天然气与原油在开采、生产等过程中有着很大不同。

对于一般的智慧油气田建设者来说，一定要知道原油和天然气的作用，油气生产过程和石油资源等知识，这些就足够了。当然如果多懂一点会更好，这就需要再多读一些书籍，增加更多的知识。

（3）油气藏与储层。这两个知识点非常重要，我们必须要多知道一点。

①油藏与气藏。什么是油藏？按照专业术语表述，油藏就是在单一圈闭中具有同一压力系统并具有统一的油-水界面的石油聚集体。这里一定要注意不是油藏（zàng），而是油藏（cáng）。也许是人们过去在命名时就发现原油是藏在岩石里的吧，所以叫油藏。

其实，石油并不是很好找，它藏在地下深处，藏在岩石里，藏在岩石砂粒中。我们寻找它往往是众里寻他千百度，需要通过一系列的勘探、钻探、测试、分析才能找到。

气藏（cáng）也一样，按专业术语说，气藏是指在单一圈闭中具有同一压力系统并具有统一的气-水界面的天然气聚集体，构成一个基本单元。在油藏、气藏中都有一个词，叫“圈闭”，这也是一个专业术语，即油气储集层中可以阻止油气向外继续移动，并在其中储存起来形成油气聚集的一种场所。其形成必须具备三个条件，即储集层、盖层及遮挡封闭条件。一般人们概括说油气的成藏要素就是六个字：“生、储、盖，圈、运、保”，这里的“圈”就是指的圈闭。

不管怎么说，油气成藏需要一定的条件，有着一定的规律，以上六个字就是人们总结出的油气成藏的基本规律。

②储层。由储集岩构成的岩层称为储集层或储层，储层具有储集油气和能够使油气在其中渗流的能力，但不意味着其中一定含有油气。储层有储藏、储备、储存的意思，也是石油地质的一个专业术语。

储层是储存油和气体的岩层，对于智慧油气田建设来说非常重要。我们在智慧建设中必须知道每一层储层还有多少可采储量？需要事先做好精细化分。

一般来说油藏包含若干储层，就是把油藏分成很多小层或开采的层。不同区域的油气田储层也不同，有的是沉积岩类储层，包括砾岩、砂岩、粉砂岩等，大都分布在陆相盆地里；有的是碳酸盐类储层，包括石灰岩、白云岩、生物灰岩等，多半是在海相盆地中。

分层是为了有利于开采，或者说是有利于按层来进行采油作业，这样储层研究对于油气生产至关重要，对于智慧油气田建设也是至关重要的组成部分。

③储量。储量是指矿产的蕴藏量。简单地说，油气储量就是指储层中含有多少油或气。储量有很多种计算方式，不同勘探阶段有着不同的计算方法，如地质储量、可采资源量等，而人们最关心的是“可采储量”和“剩余油气量”，即开发中我们能够开采多少年，以及通过开发后储层里还有多少油气潜力。

2.1.2 关于化石能源

化石能源是指煤、石油、天然气的统称。

（1）能源是指能够提供能量的物质之源，包括热能、电能、光能、机械能、化学能等非化石能源以及石油与天然气等化石能源，它们都能给予能量。

能源按来源可分为三大类，包括：

①来自太阳的能量，包括直接来自太阳的能量（如太阳光热辐射能）和间接来自太阳的能量（如煤炭、石油、天然气、油页岩等可燃矿物及薪材等生物质能、水能、风能和海洋能等）。

②来自地球本身的能量。一种是地球内部蕴藏的地热能，如地下热水、地下蒸气、干热岩体；另一种是地壳内铀、钍等核燃料所蕴藏的原子核能。

③月球和太阳等天体对地球的引力产生的能量，如潮汐能。

显然，这样的划分就把煤炭、石油、天然气、油页岩等可燃矿物划分给太阳系能量了。但不管怎么划分都告诉我们一个事实：能源有很多种，石油与天然气就是能源的一种。

（2）能源做功，服务于人类。物质、能量和信息是构成自然界的基本要素。根据《日本大百科全书》记载：“在各种生产活动中，我们利用热能、机械能、光能、电能等来做功，可利用来作为这些能量源泉的自然界中的各种载体，称为能源”；《中国能源百科全书》说：“能源是可以直接或经转换提供人类所需的光、热、动力等任一形式能量的载能体资源。”可见，能源是一种呈多种形式的，可以相互转换的能量的源泉，确切和简单地说，能源是自然界中能为人类提供某种形式能量的物质资源。

（3）油气能源。油气作为能源为人类提供物质转换成能量，构成源泉，显然我们都获得并享受了这一事实。

对于石油能源，据2020年9月公布的《BP世界能源展望》，在2050年之前，全球能源需求至少仍将继续增长一段时间，至少30年。与此同时，能源需求结构将发生根本性的变化，他们认为化石燃料的比例将会持续降低。

他们认为，全球天然气需求将分别在21世纪30年代中期和50年代中期达峰，且到2050年后分别降到2018年水平和比2018年低三分之一。天然气需求将在未来30年持续增长，到2050年比2018年增加三分之一，而原油则持续地降低。中国仍将会是全球最大的能源消费国，在三种情景下均占2050年全球能源消费份额的20%以上。

这就是油气能源问题。能源的需求增长说明了油气的资源问题。

（4）“碳中和”（carbon neutrality）。是环境保护中的节能减排术语，就是要求全世界人们减少二氧化碳排放量的一种手段。

从严格意义上讲，“碳中和”是指企业、团体或个人测算在一定时间内，直接或间接产生的温室气体排放总量，可通过植树造林、节能减排等形式，抵消自身产生的二氧化碳排放，实现二氧化碳的“零排放”。

但为了能够让很多国家、地区能够在一定时间段内完成“碳中和”，允许一些国家或地区出现“碳达峰”。“碳达峰”是指碳排放上升到拐点之后进入平台期后，然后平稳下降的阶段。在我国有两个重要的时间节点，即2030年“碳达峰”和2060年“碳中和”，其任务十分艰巨。

显然，油气田企业是油气生产单位，也就是化石能源中油气的生产源头。油气应用是二氧化碳排放的主要源头之一，同时，在油气田油气生产过程中也存在着二氧化碳的排放。油气生产企业任重而道远。

2.1.3 油气与资源

在讨论了能源之后，为什么还要讨论资源？因为这是两个截然不同的概念。

（1）关于资源。什么叫资源？我们认为“资源”就是价值。资源分了很多类，如人力资源、自然资源等。其中自然资源是指人类可以利用的、自然生成的物质与能量，也就是说，自然界和人类社会中一切有价值的物质即为资源。

自然资源主要包括土地资源、水资源、矿产资源、生物资源、气候资源（光、温、降水、大气）和海洋资源六大类。

自然资源具有四大特征：①可用性，即价值；②整体性，即各类资源之间可组成一个复杂的资源系统；③有限性，即在一定条件下某一具体资源的数量是有限的；④分布的时空性。

自然资源又可分成恒定性资源、再生性资源和非再生性资源三大类。石油资源被划定在非再生资源，但是这也不一定，还需要好好地研究。

（2）油气资源。油气作为能源升格为“资源”，说明油气的价值量提升了很多。

油气资源是指地壳内部或地表天然生成的，在目前或将来经济上值得开采，而技术上又能够开采的油气总和，通常指在某一特定时间估算出的地层中已发现（含采出量）和待发现的油气聚集总量。显然这与经济有着重要的关联，其实这就是一个价值问题。

油气资源价值就是油气的价值，油气的价值在于它是工业的“粮食”。过去很长一段时间，人们都爱说石油是工业的“血液”，因为石油像动物的血液一样，在工业、农业、国防、交通运输中输送着蓬勃的巨大的能量，使它们能够正常、高效地运转，服务于各行各业、家庭、社会和国家。其实，这种表述并不准确。

油气其实更像是工业的“粮食”。工业需要大量的原材料，即“人是铁，饭是钢”这个道理，没有油气作为原材料，很多工业就无法生产。例如，疫情期间天天要带的口罩，尤其是医用N95口罩，如果没有熔喷布，就没有办法生产出医用口罩，而它就来自原油。

通常石油产品按用途可分为如下10类：

①石油燃料类：包括汽油、煤油、喷气燃料、柴油和重油（燃料油）等。

②溶剂油类：包括石油醚、橡胶溶剂油和油漆溶剂油。

③润滑油类：包括内燃机润滑油、齿轮油、车轴油、机械油、仪表油、压缩机油和汽缸油等。

④电气用途类：包括变压器油、电容器油和断路器油等。

⑤润滑脂类：包括钙基润滑脂、钠基润滑脂、钙钠基润滑脂、锂基润滑脂和专用润滑脂等。

⑥固体产品类：包括石蜡类、沥青类和石油焦类等。

⑦石油气体类：包括石油液化气、丙烷和丙烯等。

⑧石油化工原料类：包括石脑油、重整油、AGO原料、戊烷、抽余油和拔头油等。

⑨石油添加剂类：燃料油添加剂和润滑油添加剂。

⑩石油化工烃纺类，原材料。

这就是油气的价值所在，其是“工业的粮食”。

2.2 油 气 田

油气资源的价值决定油气资源的发展，油气资源的发展决定油气资源的生产，而油气资源生产需要一个生产“工厂”或场所，这就是油气田。

2.2.1 认识油气田

作为智慧油气田建设，必须且首要的任务就是认识油气田，否则，就不可能建设好智慧的油气田。

1. 关于油气田

什么是油气田？我们在很多书籍中都有介绍过，简单地讲，就是油气开发时所有的油气井分布在野外，一般按照一定的布局构成井网，类似于田地，称为油田。

按照石油地质的术语讲，据《中国石油勘探开发百科全书》（综合卷刘保和主编，2008年，石油工业出版社）中记载：油气田是指在相同构造、地层、单一或符合地质因素控制下的，同一面积内的油藏、气藏、油气藏的总和。一个油气田可能有一个或若干个油藏、气藏，在同一个面积范围内主要为油藏的称为油田，主要为气藏的称为气田。这样的描述对于一般专业人员一看就懂了，可是对于专业外的人估计看不明白，但不要紧，只要知道石油和天然气必须在野外生产，油气井布局犹如农田，具有一定的网格状，就可以了。

通常将油气田分为以下四大类：

（1）构造型油气田。是指产油、产气面积受单一的构造因素控制（如褶皱或断层）的油气田，包括背斜、断层油气田两个亚类。

（2）地层型油气田。是指特定的区域构造背景和沉积条件下受地层因素控制的油气田，包括地层不整合、地层超覆油气田两个亚类。

（3）岩性型油气田。是指区域性构造背景和沉积条件下受岩性因素控制的油气田，包括岩性上倾尖灭、砂岩透镜体和生物礁油气田三个亚类。

（4）复合型油气田。是指油气面积受到多种地质因素控制的油气田，包括构造-地层油气田、构造-岩性油气田、岩性-地层和水动力油气田多种类型。

以上叙述比较专业，不是很好懂，但一般人员只要知道有四种类型即可。我认为作为智慧的油气田建设，还是要以专业知识为主，智慧油气田的建设者们不需要像石油地质专家、科学家们那样深入的研究油气田，但必须具备这些基本知识。这样才能研究油气田，懂得油气田，然后才会有利于智慧油气田的建设。

2. 关于油气田划分

当我们真正在实施智慧油气田建设时，对于油气田倒不是按照石油地质的划分，而是要按照建设的需求来划分。

（1）按照地质资源性质划分。

①油田。是指主要以采集原油为主的场所，包括油井、水井、井场、抽油机、计量间、注水间、集输联合站、井区，统称为油田。

②气田。是指主要以采集天然气为主的场所，包括采气树、管网、集输处理站等，统称为气田。

③其他。是指主要为页岩油、页岩气、煤层气等非常规油气的生产场所，包括地面各种设施与建设。

（2）按照油气田功能模块划分。

①井。井可分为采油井、采气井和注入井等。油气田是以井为中心的工业生产基地，油气水井不单单是一口井，还是一个系统，它包含很多设施与工艺，需要很多技术

与设备来完成各种功能，主要目标是追求产量。

②站。站分为联合站、集输站、计量站、注水站等，在有些油气田也叫间，如计量间、注水间等，都可划分在这一类，其主要功能是对采出的油气水进行地面处理，主要目标是追求安全生产与处理能力。

③井区。井区是指在一定范围内包含采油、采气的井与站的区域，包括路网、电网、水网、管网与通信网等，即一切为采油、采气服务的设施及生态环境，其主要目标是追求生态环境美好与“碳中和”。

（3）按照专业类型划分。

油气勘探开发过程包括勘探、开发、生产、集输、储运等，这在数字化时代都已经做过，如勘探数字化、开发数字化、生产数字化等，但效果不是很好，未来最好不要这样划分，有很多弊端。

关于油气田如何划分，对于油气田的智慧建设十分重要。

3. 关于油气藏划分

在油气田中主要是地下决定地上，即地下有油气，地上才会有油气田；地上有油气田，才会有油气田的建设。也就是说，地下油气藏的油气储量决定了地面上油气的产量。为此，油气田中一个重要的内容是油气藏智能化。

关于油气藏的划分在前面有一定的叙述，当然对油藏、气藏的划分还是必要的，这里不再一一叙述。在智慧建设中，人们更关心储层、储量及剩余油气。所以，将其统一作为一个建设单元或模块就可以了。

2.2.2 研究油气田

认识油气田、研究油气田、懂得油气田，是智慧油气田建设的关键。如果我们撇开油气田这个本，就智慧而智慧，那么就要犯数字化管理建设的错误，即“两轨道”“两张皮”，最后一定走不下去。

1. 研究油气田的重要意义

研究油气田不仅是未来智慧油气田建设厂商们的首要任务，也是油气田企业自身的一个非常重要的任务。尽管我们很多人每天置身在油气田中摸爬攻打，但由于专业分工与工作职能的划分，很多人并不是完全懂得油气田，更不会去研究油气田。

研究油气田需要将其放在一个完整的大系统中进行，而不能孤立或者单一地就某一业务单元研究。对于单一的研究我们其实已经做得很好了，很有高度与深度，成就也很大，但是将它们放在一起，我国的油气田企业做得并不好。

例如，就单单一口井而言，我们按照部门划分，有人研究与管理钻井，有人研究与管理测井，有人研究与管理生产井，有人研究与管理油井设施，但没有一个专业或部门将这些放在一起做完整地研究与管理。

油气井是有“个性”的，就像人有“脾气”一样，每口井的脾气不一样，个性不一样，管理与措施也就应该不一样，我们称之为“单井个性化管理”。

在油气田经常会听到“精细化管理”，但我们往往做不到。人们的关注力都集中在自己业务中的流程细化、工艺的高度精确化、数据采集与管理的标准化、业务技术的精致化，根本没有关注到油气井的个性化。

有学者将油井名字与相关概念梳理后发现，关于井的词条就有几十条，而这些还不够，要把井放在包括油藏、地质、储层、构造、井筒、设备、装备、井口设施、地面工程、功能与产量等的一个大环境、大系统中考察，你会发现这样的油气井不是某一个专业能说清楚的。

由此可见，研究油气田是多么重要。

2. 油气田研究的主要内容

研究油气田主要包括以下几方面。

（1）研究油气井。研究油气井研究什么？就是研究单井个性化，也就是这口井到底是什么“脾气”。

油气井的“脾气”很古怪，有的含硫、有的结蜡、有的结垢、有的含砂、有的井深、有的井浅，等等，即使在同一个井场里相距几米，它们都不一样，有的是定向井、有的是直井、有的是水平井，等等。

在数字化管理建设中，常常一个方案、一种设备、一个系统一贯到底，结果用一句通俗的话说就是 40 码的脚给穿了 38 码的鞋，很吃力，也很难受。

（2）研究站库。站库是油气田中最重要的组成部分之一，其最大的特点是安全性要求非常高，所有设备、装备、系统都必须是防爆型的，这是从历史的经验与教训得来的。

但是，人们并没有研究站库中所有系统之间的关联性与最优化过程，即怎样将一个站放在一个大的系统中全盘地去做。

人们可能会说做过了，是经过专业化的设计院设计后建设的。是的，刚开始都是这样，然而，在生产运行后有多少厂商、企业作业过，出现了多厂商、多期次、多技术、多系统、多产品、多标准等状态，一个联合站“千疮百孔”地在“打补丁”，加系统。如同“铁路警察，各管一段”，我们认真研究过吗？很少。

（3）研究井区。在油气田范围内人们非常重视矿权与生态，但是，没有将井区内的 QHSE［质量（quality）、健康（health）、安全（safety）、环境（environment）］体系放在一个大系统中研究。

QHSE 本身就是一个大系统，他们的关联程度非常密切。当在一个井区内的所有装备、设备、工程、施工、作业、车辆运行都无事故时，即 $Q=0$，那么，安全、环保、健康一定也是无事故的，即 $HSE=0$，一切安好。

当 $Q=1$，$HSE=0$，那么在一个井区或者油气田企业里就是 1000。当 $Q=1$，$HSE=1$，那么 $QHSE \gg 1000$，井区的事故率大得吓人。所以研究井区不应仅局限于 HSE，一定要完整地研究 QHSE。

3. 研究油气田企业的生产运行过程与管理

智慧建设完全不同于数字化与智能化建设时期。长期以来，经常都是各建各的，最多是在某一个业务过程中是服务与被服务的关系，即使在智能化阶段，智能技术已经非常接近地融入业务之中了，但却没有完全地融合。

所以，在信息化阶段，是用信息技术服务于业务，业务主导；在数字化、智能化阶段，是将数字、智能技术“植入”业务之中，让业务智能化；在智慧建设阶段，是让数字、智能融入业务之中，用智慧主导。

智慧建设必须做到数字、智能与智慧的完全融合，将油气田生产过程中的“链”变短，“环”变少。这些链就是由“点、线、面，人、财、物”构成的，环是由这些事物中的“责、权、利”构成的一环套一环，它们使油气田企业变得异常复杂。

在油气田业务与工艺问题上无止境，如天然气井到生产中后期，地层能量下降就会导致井筒积液，积液后就无法自喷生产。于是，就需要排水采气，怎么办？排水采气工艺有很多，如药剂泡排、柱塞、连续油管、同步回转压缩机排水采气等，但还是不好使。于是，又出现了大水量气井的机抽、射流泵、螺杆泵等，包括智能间抽，可还是解决不了有些区块或井的问题。

为此，我们必须要将油气田企业的业务技术与生产过程，包括组织结构都要研究好，全面地梳理流程，建立流程库，实施智慧建设以消除机构重叠、责权难分、人浮于事等一些环节和细节。

一般来说，对于这些业务与管理问题，数字、智能与智慧作为技术问题是长期不会碰的，但是，恰恰在智慧建设时期必须要“碰”，还要融合在一起给予解决，这就是智慧建设。

2.2.3 中国油气田开发

1. 中国油气田的分类

我国地域辽阔，东西南北中到处都有油气田。由于保密的关系，我们没有办法给出一个全部油气田的状态图，所以只能描述。但不会用数字的方式，只是给出一些概念性的描述。

总的来说，我国油气田分为海上油气田和陆上油气田。

（1）海上油气田。海上油气田分为深海油田和深海气田；还有浅海油田和浅海气田。我国第一个采用全水下开发模式的油田就是深海油田。

全水下开发模式是指全部采用水下生产系统，再回接到水面浮式生产储卸油装置（floating production storage and offloading，FPSO），无须建设常规的油气田生产平台。这种模式相比于深水生产平台模式具有技术和经济的综合优势。需要强调的是，这种全水下生产模式油田的大多数水下设施都是国内首次生产的，即国产化，这是一件大好事。

（2）陆上油气田。陆上油气田在我国分布十分广泛，有的在沙漠、有的在黄土高原、有的在南方水乡、有的在草原。

世界海拔最高的油井就在我国青海油田。世界钻遇最深的井也在我国，钻井深度可同喜马拉雅山的高度比肩。世界上地质构造最复杂的油田也在我国，有人形象地比喻这里的油藏就像一个瓷盘子，摔在地上摔得稀碎，还要踩上几脚，就在这样破碎的地块里还能找到油，而且找到了大油田。

2. 我国油气田开发中的“两个100年”

在中国，如果我们将油气开采分为上下100年的话，那么，有两种起始点：一种是按照1878年，我国宝岛台湾苗栗采用机器钻井方式钻凿成功第一口油井算起；另一种是按照1905年，清政府创办“延长石油官厂”，1907年我国陆上81m完钻的第一口油井算起，该井被称为中国“陆上第一口油井”，史称延一井。

哪一种更好一点呢？我觉得暂且还是按照陆上算起为好。因为，“延长石油官厂”现在仍由延长油矿管理局（延长油田股份有限公司）延续着，其2005年探明储量达51136万吨，原油产量近1000万吨，是我国唯一的“百年油田”。

由此，我们将1905～2005年称为“上一个100年”，将2005～2105年称之为“下一个100年”，这就是“两个100年”。

为了我国的油气，上一个100年我们绝对赢了，不过我们打了100年。

为简便论述，我们将上一个100年划分为三个阶段：

第一阶段：1905～1960年；

第二阶段：1960～1992年；

第三阶段：1992～2005年。

为什么要这样划分呢？

第一阶段我们一直在“刀耕火种”中探索前行。从于彦彪等在延长研究石油与开发石油，到1921年翁文灏、张人鉴等科学家发现玉门油田与开发油田，再到1942年黄汲清、杨钟健、程裕淇等一大批科学家发现了新疆独山子油田，直至1949年新中国成立后，我国仍然戴着一顶“贫油国”的大帽子。最终让我们甩掉“贫油国”帽子的是1959年前后的石油大会战，我们发现了松辽盆地的大庆油田。这是第一阶段。

1960年，我国全面开始石油大会战，之后陆陆续续地发现了华北、胜利、辽河、四川等多个油田。1978年，我国原油年产量达到1.0亿吨，1993年，仅大庆油田一个企业年产量就达到5590.19万吨，这是一个了不起的进步。这是第二阶段。

1992年是一个重要节点，是我国改革开放后的一次石油行业大调整与改制，“撤部”实施公司化管理运行，到2005年，我国“三桶油”陆续成型，油气产量也发生巨大的变化。中国数字油田自1999年由大庆油田提出，到2005年有了初步的认识，是开始从概念到落地的重要节点。这是第三阶段。

根据国家自然资源部2020年公布的数字，我国2019年全国石油产量为1.91亿吨，天然气产量为1508.84亿m^3，连续9年超过千亿立方米，页岩气产量为153.84亿m^3，地面开发煤层气产量为54.63亿m^3。

由此可见，在“上一个100年”中，前60年是探索发展，后40年是突飞猛进。我们的石油事业是成功的，在全体石油人和科学家们共同努力下，与全国人民一道打赢了这一仗。

下面我们看看“下一个100年”，也可将其划分为三个阶段：

第一阶段：2005～2030年；

第二阶段：2030～2060年；

第三阶段：2060～2105年。

从“下一个100年”看，前25年我们快走完了，已进入“十四五”规划期的五年。油气资源发现向好，产量相对稳定，油气需求旺盛，相信在“十四五”和“十五五”期间会发展得更好，石油安全有保障。

对于第二阶段和第三阶段的油气行业发展，人们存在很多忧虑，包括以下几点：

（1）“石油不可再生”。很多油田产量逐年下降，我们的油田还能生存多久？

（2）“化石能源的红旗到底能打多久？”“新能源日新月异”“人工智能机器人（用电）大力发展”。在“碳达峰”和“碳中和”的大时代背景下，在很短时间内化石能源是否有被替代和完全退出历史的可能性？

（3）“智慧油气田的建设能否是油气行业的正确发展方向？”大数据和人工智能技术在电商和医疗等行业有了十分成功的应用案例，是否适用于油气行业？

石油的未来被人们热烈地议论和强烈地关注，在下面一节中，我们将就这几个热点问题进行剖析。

2.3　中国油气资源开发中的几个博弈

2.3.1　“非再生”性是否使可开采资源越来越少

从现代石油工业诞生以来，“石油枯竭论”就不绝于耳、频频亮相。“顶峰说”在1875年前后、1920年前后及20世纪50年代先后出现，20世纪70年代达到顶峰，一些人曾经悲观预言“石油工业将很快穷途末路”。其主要理由包括：1950～1970年，20年间世界石油年消费量增长了三倍，平均年增长率达15.6%。如果按7.5%的历史平均年增长率计算，1971～2000年，30年世界石油总需求量将达到1.75万亿桶。而1850～1970年，全世界已经消费了近4000亿桶石油，但到1971年石油累计探明储量仅为5200亿桶。据此认为人类社会很难去寻找如此庞大的石油资源以保证消费需求的快速增长，石油储量增长的希望也十分渺茫，石油资源很快就会被耗尽。

然而幸运的是，在“石油枯竭论”的不断“咆哮”中，全球石油剩余可采储量不仅没有快速下降，还一直缓慢增长；近年来的“页岩气”革命更是带来石油剩余可采储量的大幅增长。

乔治·米歇尔（1919～2013）是美国米歇尔能源公司创始人，被美国人称为“页岩气之父”。米歇尔先生30多年锲而不舍的坚持，改变了能源发展的格局和走向大势。20世纪80年代，他开始尝试从页岩中开采页岩气。虽然页岩层分布广泛，但是在技术上遇到了重大挑战。他始终认为页岩油具有蕴藏着巨量天然气的地质条件，却被束缚在岩石之内，并不向钻孔处流动成为可开发的天然气商品气流。

有人劝说米歇尔说：“你在浪费钱，石头里怎么能榨天然气”。他经过尝试各种技术，如采用水平井技术通过水力压裂将流体注入岩石，使岩石碎裂形成人工孔隙，最终奇迹般地采出了天然气，也使区域内已知的天然气储量翻了一番，有了丰厚的回报。之后短短几年，美国页岩气快速发展，把美国重新送上了世界第一天然气大国的地位，使得美国原油产量与沙特阿拉伯几乎平起平坐。

中国现在有两个大的盆地是页岩油的资源：一个是松辽盆地，另一个是鄂尔多斯盆地。鄂尔多斯盆地跨越陕西、山西、甘肃、宁夏和内蒙古五省（自治区），属于“半盆油满盆气”型盆地。但油田分散，渗透率低，开采难度较大。直到20世纪80年代中期，随着中国石油在低渗透油田勘探和开采技术取得了一系列突破后，特别是页岩油（气）开采技术逐渐成熟以后，这里的丰富资源开始逐渐显露出来。

另外，“从弃置油气田到二次开发”，核心是用先进的理念和技术，以全新的生产方式，通过高端采油技术，进一步提高采收率，发现未被开发的石油资源。因此，中国科学院院士、石油地质学家李德生就提出过石油储量倍增计划。

所以，伴随着技术的不断突破和颠覆，可开采的油气资源不是少了而是多了，油气资源品味虽然低了而开采更容易了。

2.3.2　新能源的发展是否使油气需求量大幅下降

自新能源逐渐发展以来，石油消费“拐点论”就一直存在。所谓拐点，是指石油消费达到峰值后出现下降，称之为“拐点”。综合石油消费拐点论的研究结果，考虑中国经济增速放缓、人口峰值、能效提高、替代燃料多元化等因素，中国石油消费将在2027～2040年之间（多个团队研究的具体年份不同）达到峰值，之后几年会保持相对稳定，然后需求下降速度会加快。

2020年9月22日，在第75届联合国大会上中国宣布将增加自主减排贡献，力争二氧化碳（CO_2）排放2030年前达到峰值，2060年前实现“碳中和”。“碳达峰”和“碳中和”战略将深刻改变我国能源的消费结构，必须加快向绿色低碳能源转型的步伐。

周淑慧等学者2021年研究结果表明，中国2060年“碳中和”目标的实现大体可以分为以下四个阶段，如图2.2所示。

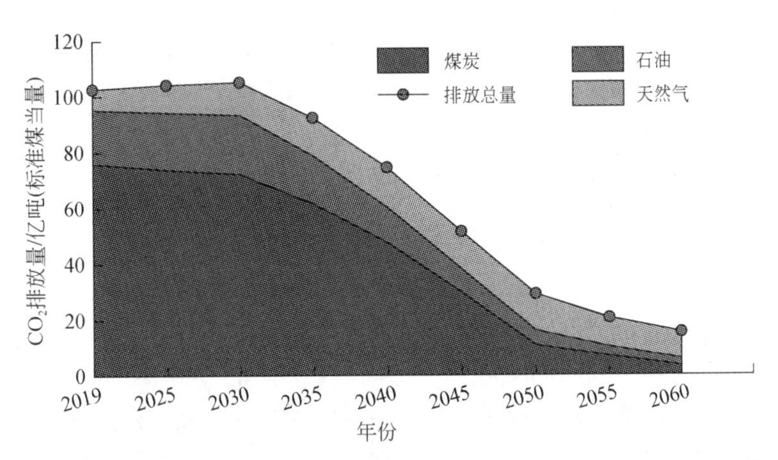

图2.2　“碳中和”目标下我国能源活动CO_2排放图（资料来源：周淑慧等）

2020～2030年，能源消费及碳总量达峰阶段。此阶段内煤炭、石油等高碳能源消费相继达峰并开始缓慢下降，天然气发挥其低碳、清洁、灵活的作用，保持较快增长，可再生能源高速增长，如图2.3所示。

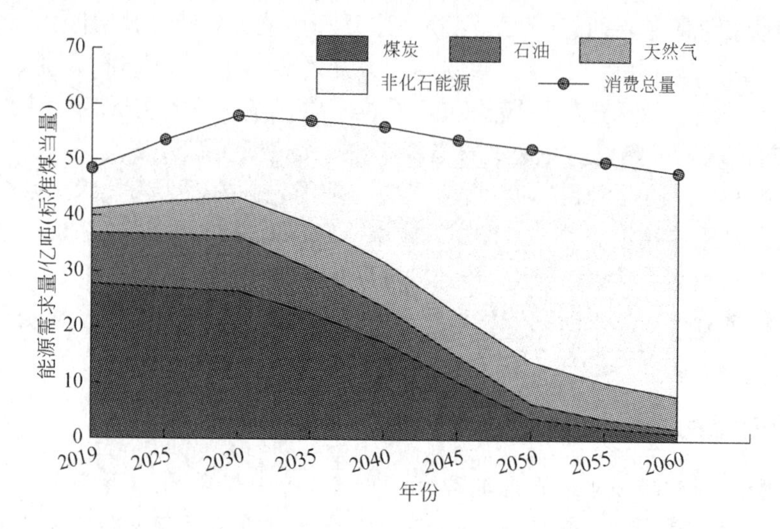

图2.3　“碳中和”目标下我国能源需求预测图（资料来源：周淑慧等）

从以上分析可以看出，单纯地从能源消费角度分析，化石能源的使用空间将会大大压缩，加快化石能源利用高峰期的到来，之后石油消费量的下降趋势要强于天然气。

中国化石能源消费的减少，对于国家和社会来说是好事，但对于化石能源行业来讲，面临的挑战就会越来越大，对于石油、煤炭等化石能源企业来说都是一个巨大的挑战。

在全球低碳化转型浪潮中，油气供应安全是我们不可忽视的一个问题，是我国能源安全的一项重要内容。石油不仅仅是“一种化石资源”，同时是一种重要的工业原材料，具有十分重要的战略意义。

在全球低碳化转型浪潮中，中国油气行业不得不面临三方面挑战：在快速能源转型中可能会面临中短期油气供应不足风险；全球能源地缘政治格局博弈加剧；以及国际油气合作增添新的困难和压力。

中国的油气行业既要受二氧化碳排放的刚性约束，又要发挥在国家油气安全供应中的基石作用，是一件十分不容易的事情，是一项大的系统工程。一方面要巩固发展好天然气及相关业务，同时须更加注重生产过程中的节能和提高能效，如使用可再生电力减少碳排放，积极发展林业碳汇、参与碳交易等，塑造清洁能源公司的品牌形象。另一方面，须抓住当前最佳窗口期，突破传统油气业务，转型发展可再生电力、氢能、生物沼气等新能源业务。

老子说：祸兮福所倚，福兮祸所伏。压力和挑战是一把双刃剑，既给石油行业带来强烈冲击，如利润下滑甚至亏损、企业关停并转、公司降薪裁员等，但同时也逼迫石油行业技术创新、降低成本、优化调整产业结构，也可能会逼出石油产业相对于替代能源的竞争中绝对的、无可替代的比较优势。虽然石油终将变为“夕阳产业”，但这也会是一个非常漫长的过程。

2.3.3 智慧油气田建设能否适应“油气4.0”发展模式

1. 工业4.0时代要求油气行业必须变革

世界经济形势依旧不明朗，石油需求也只是人们关注的焦点之一。比需求放缓更令行业焦虑的是，工业4.0时代来了，智能时代正在改变油气产业的传统格局。

所谓工业4.0，是基于工业发展的不同阶段做出的划分。按照目前的共识，工业1.0是蒸汽机时代，在19世纪的第一次工业革命中，工厂利用水和蒸汽动力机械化代替手工劳动，在大型集中化的工厂内生产商品。工业2.0是电气化时代，在20世纪初的第二次革命中，电力使汽车等产品的大规模、流水线式生产成为可能。工业3.0是信息化时代，在20世纪下半叶，第三次工业革命引入了计算机、自动化和机器人技术，电脑和手机等智能电子产品在大众中逐步普及。工业4.0则是利用信息化技术促进产业变革的时代，也就是智能化时代。

工业4.0主要由四大部分构成。其一，物联网。将物理设备群组连接起来，使它们能够通信并允许远程监控。这增强了数据的可访问性，扩大了数据的可视范围，有助于提升系统效率。其二，云计算。使用远程网络服务器在安全环境中存储和管理数据，使用户能够随时随地通过平板电脑或其他移动设备访问数据，同时减少了技术基础设施和相关的安装、维护和支持成本。其三，边缘计算。将智能设备与当前及历史数据联系在一起，这样就可以在核心的作业井场做出自主决策。在油气行业，这意味着较低级别的日常决策可以转移至自主化计算机上，解放人力资源，使他们专注于更高优先级的项目和任务，同时减少远程井场的整体人员需求。其四，高级分析技术。将物联网、云计算和边缘计算有机结合在一起，创造出一个互联的智能生态系统，让用户能够从数据中获取有意义、可操作的见解。

一个崭新时代的到来，从来不会大张旗鼓地做出宣言，而是在社会和产业的发展中不知不觉地形成的一种气候和模式。业内人士惊觉，在智能时代，石油已落后于其他行业。道达尔集团首席执行官潘彦磊表示，石油行业长期以来都是站在数据前沿，却不是在数据利用的前沿。美国石油地质学家协会邓妮思·科克斯表示：“每32分钟，油气行业就要产生100×10^4 TB的数据，目前我们只使用了5%的数据，还可以做得更好。”

工业4.0时代的到来要求油气行业做出变革，催生了“油气4.0”，使数字化、大数据、人工智能和物联网等技术被广泛应用于油气行业，并产生重大影响。

在低油价和低碳化的双重压力下，降本增效是中国油气行业要面临的重要问题。目前，业界已经意识到，勘探开发技术的革新固然重要，数据高效处理分析、机器学习、智能钻井等“油气4.0”技术才是未来非常规油气进一步提高效率、降低成本的重点。

2. 智慧油气田建设能够带领油气行业尽快适应工业4.0时代

智慧油气田是在数字、智能油气田建设的基础上，借助相关技术和管理，全面感知油气田动态、自动操控油气田活动、预测油气田变化趋势、持续优化油气田管理、辅助与直接油气田决策、提高油气生产绩效。

我们研究的结果，在智慧油气田建设中对油气田企业和数服（数字、智能化建设服务）、油服公司提出了非常高的要求，我们不再是现在信息化、数字化时代那样各做各的，而是必须将油气田与智慧建设融合在一起，由很多专业化团队来完成。

这个专业化的团队中必须拥有很多职业化的人员，他们既懂油气田，又懂数字、智能与智慧建设，最终要形成一个完整的统一体建设。

通过智慧油气田建设，努力实现油气田的“四个转变”：一是数据管理由分散采集、逐级汇总、层层上报向源头采集、集中管理、授权共享转变；二是地质研究由分专业、多层次的研究向跨专业、不同学科的协同研究转变；三是生产管理由人工巡检、逐级反映、经验管理向生产过程实时监测、动态指挥的转变；四是经营管理由分系统操作、期末算账、事后分析向业务联动、事前预测、事中控制、优化决策的转变。

3. 中国油气行业已经在实现智慧油气田的路上

工业 4.0 时代的到来会给油气行业带来怎样的颠覆性变化？尽管整体还不明朗，但雏形已显露。国内的油气田企业已经基本完成了以油气生产网建设为主要内容的基础设施建设与改造，正在稳步推进各类型业务管理平台的搭建，为全面建成智慧油气田奠定了坚实的基础，并已经从智慧油气田建设中受益。

在以往大家的印象里，石油工人是抛家舍子，在偏远的井场默默地奉献，很久回不了一次家，所以石油行业是一个艰苦行业，高考填报志愿时，很多家长是不愿意孩子进石油院校的。在油田内部，也有着“娶妻不娶采油女”的说法，因为采油一线女工在站点倒班，产量任务重时三四个月回不了一趟家，家庭和孩子都照顾不上。

近年来随着油气田现场数字化水平的提高，用人量大幅减少，有些数字化水平高的站点实现了无人值守，利用机器人、无人机等人工智能执行巡检、检测等特殊任务，甚至气田生产井的启停都可以远程控制了。数字化技术解放了人力，员工的轮休也十分正常，工作 20 天之后就可以回家轮休，有更多的时间和精力照顾家庭和孩子，员工的幸福感大幅提升。

以前生产一线员工上班，需要每隔半个小时去读计量表上的数据，24 小时不间断，不论白天黑夜，不论天气好坏。每天都要按时手工填报各类报表，并且要求不能涂改，字体规范，工作量大，十分辛苦。现在数据自动采集，报表自动生成，一名员工通过远程监控可以管理几个站，工作强度有了很大程度的降低，工作环境得到了改善，越来越多的年轻人愿意扎根基层，油气田生产的管理也更加趋于精细化。

不单从油气田内部能够感受到智慧油气田建设带来的变化，油气资源所在的地方城市的变化也从侧面反映出变革带来的益处。“资源的诅咒”一直以来被人诟病，油气资源的开发没有带动地方经济的发展，反而给地方带来了环境污染和地貌破坏，油气资源枯竭后资源地的经济转型受到很大的制约。资源型城市的发展受到了全社会的重视，从国家层面，一方面通过税费改革，提高了资源地的财税收入；另一方面通过资源地的产业结构调整，加大环境保护力度。从企业层面，油气田企业也加大了绿色矿山、绿色油区建设的步伐，在这个过程中，数字化和智能化技术起到了十分重要的作用。例如，井场的有毒有害气体的监测，可实时采集并监控井场的气体，防止有毒有害气体对大气的污染；又如，输油、输气管线性能的监测和预警，可及时发现管线损坏的风险，预防油气的滴漏跑冒对土壤和环境的污染。

智慧油气田的建设不单单是把先进的技术引入油气行业，还应该包括思维和管理模式的转变。就像网约拼车一样，GPS系统使得网约车成为可能，但同时也需要人们愿意和陌生人拼车这一条件。

贝恩咨询公司副总裁约翰·迈克里瑞曾用一个有趣的故事形容目前油气行业的使命。一个多世纪前，问起出行需要什么？人们会说需要一匹骏马。实际上那时汽车正在酝酿中，代表未来的需求。

既要提供“骏马”，也要畅想“汽车”。中国的油气行业也在为即将到来的改变做着准备。大家已经意识到智慧油气建设是管理成本和提高效率的有效手段，对于油井生命周期的各个阶段（勘探、钻井、完井和生产），都在努力推进技术创新，力求以高效、低成本的方式开发油气资源。尽管油价持续走低，但数字化的投资没有降低。

世界正处于百年未有之大变局，油气行业也不例外。在低碳和工业4.0的挑战下，中国石油也在改变油气思维定式，迎接新变化，参与新变化。2021年，中石油对总部组织体系进行了重大调整，成立新能源油气子集团，强化天然气业务，以便在一个更多依赖可再生能源、更少依赖传统化石能源的世界中保持竞争力。把信息管理部改名为数字和信息化管理部，布好智慧油气田建设的大局。

2.4　本章小结

油气资源与油气田是数字、智能、智慧的根基，因为，在油气田是地下决定地上，没有油气资源就没有油气田，没有油气田就没有数字、智能、智慧的油气田。

（1）在研究与实施智慧油气田之前，必须首先研究好油气田，研究油气田必须研究好井、站、区。如果不能对井、站、区做很好的研究，就不会建设出好的智慧油气田。

（2）中国油气田开发上下100年。上一个100年我们赢了，下一个100年受新能源的崛起和低碳发展的要求，关于化石能源的话题被推到了风口浪尖。随着技术的进步，化石能源的可开采量不会减少，但化石能源的消费比例会逐步降低。这些虽然不是本书探讨的重点，但要做好智慧油气田的研究，这个大前提是必须辩证清楚的。

（3）智慧油气田建设是大势所趋，是顺应时代的要求。中国的油气行业具备建设智慧油气田的条件，并取得了一定的效果，同时为迎接低碳、智慧油气田的全面建设，做好了管理上的配套改革。

总之，我们倡导的是认识油气田、理解油气田、研究油气田、懂得油气田，才能做好智慧的油气田。

第3章 数字油气田建设

前面我们讨论了油气和油气田，本章讨论一下数字油气田与建设。我们已撰写和出版了几部关于数字油田的书籍，那么还要再讨论吗？是的，“万丈高楼平地起”，数字化是智能、智慧油气田建设的基础，为此，在讨论智慧油气田建设之前，我们对数字油气田建设做一点回顾。

3.1 数字油气田建设“半场论”

如果将中国数字油气田的建设比作一场球赛，分为上半场和下半场，那么，上半场是从1999年开始到2019年结束，我们“打”了20年，而下半场则刚刚开始。这就是“半场论”。

3.1.1 关于“上半场”与“下半场”

1. 数字油气田建设“上半场”

上半场我们以1999年大庆油田提出“数字油田”为开端，以长庆油田实现全面数字化管理并实践“三端五系统”建设为高潮，以陈新发等提出开启智能油田为节点，到2019年我们赢得了阶段性的胜利。特别是战胜了2014年全球低油价的冲击，确实非常艰难，但我们挺了过来，一直走到今天。

如果要认真总结一下中国数字油气田建设的上半场，其实是以“提高效率”为基本逻辑的，主要表现在“P、I、D”三个方面。

P（personal computer）是指个人计算机或个人电脑。我们油气田企业用了将近10年的时间在油气田企业员工队伍中普及了计算机操作，这是一个了不起的成绩。

I（internet）是指互联网，是以计算机为节点与数据中心所串联成的庞大的网络系统。对此我们用了10多年时间建成了“三网”（互联网、局域网、移动互联网），它的最大功劳是将所有的PC连接在一起，让数据共享，使工作更方便。例如，OA成就了无纸化办公，ERP将所有客户、企业和服务联系起来，MIS开发使工作效率大幅提高等，它们功不可没。

D（digital）是指数字。人们利用一定的技术手段，将油气田内一切物质、事物数字化并利用数字进行表达，即数字化管理操作。这是油气田企业的一个创新与创造，大约用了15年时间。将物质、事物进行数字化，按照“采、传、存、管、用”的数据规律，构建以传感器为节点到数据中心的“油气田物联网”建设模式，让数据极大地丰富，前所未有。

这就是中国数字油气田上半场的20年，数字化促进了油气田技术的革命，改变了油气田的生产管理方式，即数字化管理，其中的“P、I、D”是主要功臣，可以说中国数字油气田建设的上半场非常精彩。

2. 数字油气田建设“下半场”

下半场我们以2020年中国数字油气田建设20周年为开端，以“数字化转型”和“高质量发展”的中国“十四五”规划与2035年远期建设目标为契机，在未来的20年中，我国数字油气田全面建成并走向智慧的油气田。

数字油气田的下半场才刚刚开启。它是以“数字化转型发展”为导向，以智能油气田建设为开端，以“提高效益”为基本逻辑的。其主要表现在“D、S、C”三个方面：

D（data）是指数据。数据将从后台走向前台，完全取代数字成为主角，以构建智能化建设的新模式。它是建立在数字化之后“数据极大地丰富”的基础上的升级建设。

“数据为王”的主基调是：谁拥有数据，谁就是王者；谁能让数据发挥作用，给“数据赋能”，让数据替代人来工作，谁就是王者；谁最懂数据，让数据聪明，提高企业效益，谁就是王者。

其中，数据治理是核心关键，通过它可以构建一种数据快速服务的模式。

S（smart）是指智能，即对数据的智能化分析及与业务的最优化融合。今天的智能已不是传统意义上的智能，它是赋予数据智商与能力。谁有本事给数据赋予智商与技巧，谁就是王者。当然，这里也少不了大数据方法论与人工智能技术技巧的合作。

油气田智能化，更多的是数据智能化，辅以很少的设备、装备智能化，由此实现对油气田生产运行过程优化与控制，同时进行大数据趋势分析、预警、告警，提前早知道，以降低成本与能耗，提高效益。

C（cloud computing）是指云计算，即让互联网的相关服务增加，使用和交付模式更加数据化、智能化与优化，通常涉及通过互联网来提供动态易扩展且虚拟化的资源。可是在今天，云的意义远远大于过去，如云数据、云网络、云服务、云会议、云制造等将会成为主流与一种常态化。

以上“D、S、C”将是未来中国数字油气田建设下半场的主要“打”法，这是油气田企业“提高效益”的基本逻辑。

为什么是“D、S、C”，而不是别的呢？

因为，数字油气田建设进入了“深水区”，下半场的数字油气田建设是在上半场的基础上进行的，前半场的精彩过程要给下半场的胜利奠定基础。上半场“P、I、D”“提高效率”的逻辑给下半场“D、S、C”“提高效益”的逻辑打下了良好的基础，它是一个延续，是连贯发展的过程，这就是数据代替数字从后台走向了前台。

数据、智能分析与最优化反馈控制是智能油气田的核心关键，我们需要集聚大量的精力、人力、财力完成数据治理，给数据赋能。所以，油气田这时候解决的是在提高效率基础上的节能降耗、降低成本、减员增效、提高效益的问题。

3.1.2 数字油气田“半场论”模型与C、B端

根据上述的论述，可形成数字油气田“半场论”模型，如图3.1所示。

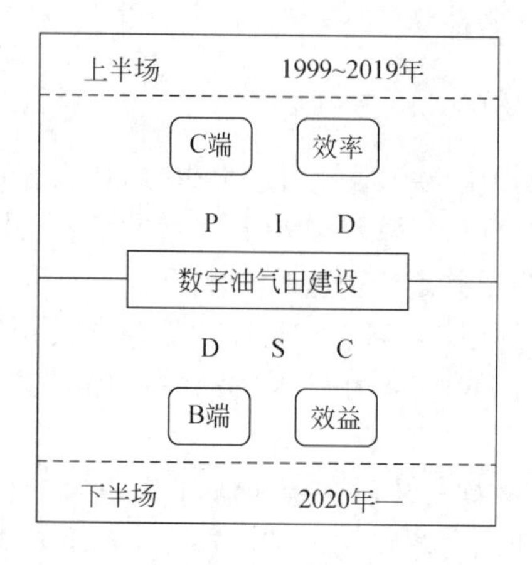

图3.1 数字油气田“半场论”模型

（1）C端问题。

上半场的时间节点：1999～2019年；

上半场的主打技术：P、I、D；

上半场的主要效果：提高效率；

上半场主要解决的问题：C端问题。

这里的C端是什么呢？

C端（client）是指客户，即单个生产者劳动力。在数字油气田建设过程中，我们为了满足油气田“用户”和“客户端”的需求而建设，以提高效率。这时我们瞄准的是对单个生产者劳动力的解放，大都是以IT思维和问题为导向，即如何通过数字化来降低个人劳动强度、提升速度、提高工作效率。因此，这是一个“生产力”问题，关于这个基本问题的解决我们已初步做到了。

（2）B端问题。

在下半场中，我们必须在上半场的基础上来继续解决更高级别和更深层次的问题，这就是B端问题。

下半场的时间节点：从2020年起，大约也需要20年；

下半场的主打技术：D、S、C；

下半场的主要效果：提高效益；

下半场主要解决的问题：B端问题。

B端是什么呢？

B端（business）是指企业与组织问题，即生产关系。我们在上半场中提出了要改变“油气田生产运行过程”，其实数字化过程并没有完全做到，也不可能彻底地做到。

于是，这就留给了下半场，这就是关于“生产关系”的问题。

生产关系是什么？就是在生产过程中形成的人与人、人与物、物与物等之间的复杂关系。在油气田企业中就是由“点、线、面，人、财、物”构成的生产运行管理链条和由每一个点构成的环的关系，由此导致了油气田企业内部异常复杂、机构重叠、责任不清、权责模糊等管理问题。

数字油气田建设的下半场就是要将复杂变简单，要将“链”变短、将“环”变少，以实现“提高效益”，形成油气田企业的新业态和新型油气田企业经济形态，这些唯有加强智能油气田建设才能做到。

(3)“下半场”我们必须要赢。面对如此严峻的战斗，下半场如何能赢？这就需要油气田企业与商家们共同努力。

①油气田企业家们必须高举“数字化转型发展”的大旗，做好以下三件事：

第一，研究油气井，建设油气田。多少年来，我们都知道勘探、开发、生产、集输。但是，又有多少人知道油气田和油气井的个性化特征问题。我们投入了大量的资金，引进了大量的先进技术，安装了大量的装备与设备，但很多都不适合，如同40码的脚穿了38码的鞋。为此，我们的油气田企业家们必须改变思维，动员一切力量研究油气田、研究油气井，并研究他们的个性化特征。

第二，研究数据，智能建设。数据是需要研究的，如同我们研究地质、油气藏一样，需要投入人、财、物等力量来开展研究。数据在“下半场”中将成为主要问题，数据智能了，油气田就智能了。

智能是需要建设的，就如采油工程一样，必须投资建设，它不是凭空而来的。建设就是创新。往往人们认为智能就是一种现成的技术与产品，这是不对的，其实“智”是需要集中力量来研究与研发的“技术组合”；“能”是指做功、作用、作业，我们要让“智”构建“能”，在油气田做功。所以，智能是需要建设与创新的。

第三，扛起“数字化转型发展”的大旗，这是“一把手”必须要做的大事。关于数字化转型，油气田怎么转，转到哪？其实很简单，主要有两点：一是将传统模式油气田转化成数字化油气田；二是将数字化油气田转化升级成智能化油气田。转型的目标非常明确，就是要将传统管理方式转变成数字化管理方式，以及将数字化管理的油气田企业转变成智能化管理的油气田企业。

②油服、数服企业也要高举“数字化转型发展”发展的大旗，同油气田企业家们一道打赢下半场。过去我们很努力，但现在还要继续。为此，油服、数服企业也要做好三件事：

第一，研究油气井，懂得油气田。这里我们提出油服、数服企业家们与油气田企业家们有“一同一不同”。一同是指要“研究油气井”是相同的，因为作为服务于油气田企业数字化的服务单位，不研究油气田与油气井就无法服务到位；一不同是指“懂得油气田”是不同的，这里并没有要求“研究油气田”，只是要求“懂得油气田”，虽然降了一个等级，但是要求仍然很高，就是你必须“懂得油气田”，才能和油气田企业内人员有“共同语言”，以及“同唱一首歌”。

在数字油气田建设的上半场中，很多油服、数服企业没有缺席，但却没有进入主战场，因为很多数服企业不懂油气田，很少研究，在建设上同专业没有“共同语言”，这就出现了“两股道”“两张皮”的建设现象。

“下半场”却不同了，未来的智能、智慧油气田建设需要专业化的队伍与职业化的人员参与，必须是拥有懂油气田业务的职业化员工的数字、智能建设的专业化公司才有资格参与建设，也只有专业化的队伍才能融合业务与智能，完成完整的建设。

第二，“D、S、C”三位一体。未来油气田更加需要组合与优化。油气田本身就是一个集合体，是软件与硬件的组合，是地上与地下的组合，是数据与业务的组合，是多种技术的组合。而一般油服、数服企业都是以单一技术、产品或服务参与油气田建设，未来只有最擅长提供组合最优化技术、产品与服务能力的油服、数服企业，才能拥有市场和竞争力。这是所有油服、数服企业的必修课和本职工作，即提供的服务是一种组合，而不是单一的技术与产品。

第三，“数字化转型发展”是油服、数服企业与油气田企业家们共同要扛的旗帜，必须高高举起。现在要做的事是将传统的机械式装备、设备和管理信息系统转型成数字化的产品；将数字化的产品转型成高度智能化与智慧化的技术与产品。也就是说，将企业产品与数字、智能技术作为“内生要素”植入油气田企业的业务之中，以解决油气田企业生产运行与过程中的问题，这是一个必由之路。

所以，数字化转型发展不是仅仅给油气田企业家们说的，数服、智服企业也需要承担起重任，共同来完成这样一个“大业”。

3.1.3 中国数字油气田建设问题

中国数字油气田建设的上半场还留下很多问题，目前摆在我们面前的最大的问题与困难主要有三点：

（1）需要尽快弥补“短板”。上半场建设留给我们最大的一个问题就是在我国没有油气田数字与智能化的品牌技术与产品。目前几乎 80% 以上的技术与产品，100% 的核心关键技术全部来自于国外，存在严重的“短板”。

“短板”就是“军令状”，我们必须联合起来，实施“共享制造”，来合力完善我们自有的技术与产品，打造自主品牌，建设我们中国的智能油气田。

（2）“两股道”“两张皮”建设现象。在以信息化建设为中心的数字化阶段，长期以来存在“两股道”现象，即以信息服务为主导和以信息技术为支持，这就造成了油气田企业人员不需要懂数字、智能技术，油服、数服企业人员不需要懂油气田，现在这样真的走不下去。为此，我们必须共同打造职业化的团队人才与专业化的建设队伍，否则，我们将很难打赢下半场。

（3）数字化建设自身存在功能缺陷。数字化建设完成了物质、事物的全面数字化，做到了让数据极大地丰富；然而，对于数据的智能分析及让数据高度智能，数字化建设做不到。显然，在数字油气田建设的“采、传、存、管、用”中，这个“用”只能做到一般性的管理，而做不到智能化。

这就是要求或需要我们明确地知道的“半场论”的基本内涵与要义。

3.2　油气田数字化建设

在过去20年中，人们基本摸索到了油气田数字化建设的方法，也掌握与形成了一些建设需要的基本技术与产品。

3.2.1　数字油气田建设的基本方法

油气田的数字化建设不是一个单一技术与产品的安装、应用过程，而是由多种技术与产品组合在一起构成的一个完整的、巨大的系统工程。

1. 油气田需要数字化

为什么要进行数字油气田建设，这在前文以及之前很多书籍中都叙述过，但为了对智慧油气田建设研究有一个连贯性，这里必须给一点回顾，主要有这样几点：

(1) 响应“数字地球”，认同“数字油气田”，于是千方百计地将油气田内所有物质、事物数字化，构建数字化了的油气田。

这是为什么要求或期望建设数字油气田的第一点。关于这一点人们在不断地努力，也做得很好。

(2) “让数据极大地丰富”后，将油气田装在电脑里，数据在网络中可实现共享。

这是为什么要求或渴望建设数字油气田的第二点。关于这一点大家也十分努力，但是，其中很多方面实在太难，如油气藏数字化。

(3) 渴望解决油气田生产过程中的难题，实现数字化管理。

这是为什么要求或渴望建设数字油气田的第三点。在3.1节中我们介绍了中国油气田和油气井中有很多未知，可以说是一种“黑箱”，人们希望通过数字化技术来解译、解决它们，然后解决在生产运行过程实现数字化管理的问题，但是非常难，仅做了一部分。

总之，其核心关键是油气田确实需要数字化。这就是这么多年来实施数字化建设的基本思想与意义。这里不作为主要研究内容，只是为了承前启后。

2. 数字油气田建设的主要方法是油气田物联网

在数字油气田建设初期，人们都称之为“数字化管理建设”，数字化管理需要由一种具体的方法与技术来实现，其中一个最好的办法就是“油气田物联网”。以传感器为节点，采用任一种通信方式，组成一个覆盖全油气田的网络系统，完成数据从节点到数据中心的传输，从而构成了一个独特的油气田网络系统，称为“油气田物联网”。

油气田物联网在油气田数字化管理建设中发挥了很大的作用，具有独有的特征。它包含了各种技术，形成了一种独特的方法，遵循着“采、传、存、管、用”的基本数据规律，由此形成了一个“采、传、存、管、用”数据链，构成了普适性的数字油气田建设与物联网的基本原理。

例如，“采”是指数据的采集。采集数据就需要有一定的技术与产品，如传感技术，包括载荷、位移、温度、压力、湿度等设备，还有 RTU 终端等。以此类推，“传、存、管、用”都一样，每一个字的背后都是一个逻辑的系统组成。

所以，油气田物联网建设是一个大系统。它构建了一种“万物互联”的状态，其中心工作就是将油气田内的所有物质、事物实现或者全面完成数字化，将物质、事物的状态用数字的方式表达，用数据的方式形成“孪生”状态，有人称为“虚拟化”，但在建设与真实状态中是一个“网络化”的状态，如图 3.2 所示。

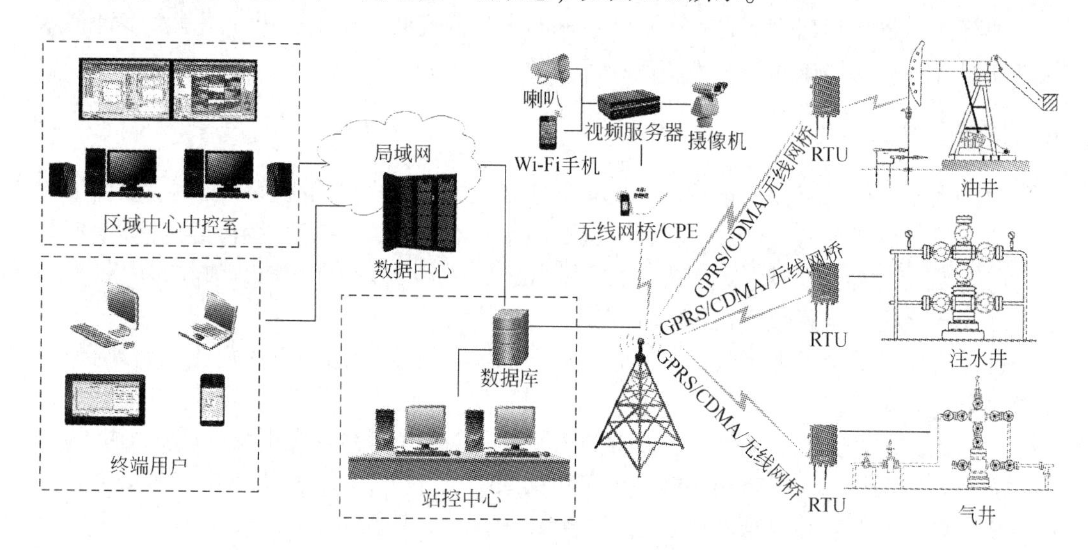

图 3.2　油气田物联网的基本构成

图 3.2 是一个标准油气田物联网的基本构成模型图，包含抽油机上的无线示功图传感器、RTU、无线网桥、数据中心及区域中心中控室等。

这个系统包含了井场和注水两个生产单元，是一种物质的状态，但它们在生产运行中构成了一种事物的状态。油气田物联网中包含了技术、产品与网络，但在油气田物联网开始工作后就变成了一种数据的状态，因此，它和物质、事物构成一种“镜像”，被称为“孪生”。但整个建设过程与最终结果，是一种数据的过程。

3. 油气田物联网应该做到的几件事

这里我们将它称为油气田物联网建设的几个基本原则，应该十分注意：

（1）应装尽装。就是说在建设中我们需要在油气田内所有能安装传感器的地方都要装上传感器。传感器的主要功能是通过感应来获得数据，也就是把物质、事物数字化。为此，有一个基本原则，这就是应该安装传感器的地方都要安装，能安装传感器的地方都要装，即“应装尽装”。

油气田内的传感器大约有十多种，主要有压力传感器、温度传感器、载荷传感器、位移传感器、视频、人脸识别、鹰眼和各种仪表等。它们有各种规格和形状，以适应各种安装位置的需要。

传感器就是模仿我们人的眼睛、鼻子、耳朵、手、皮肤等设计与制造的，人们期望能够获得一切需要的数据。

传感器有大有小，人类有能力给太空“安装传感器”，即发送卫星，但是人类现在还没有能力给地球内部安装传感器，主要是因为没有能够深入地下，承受高压、高温的高精度传感器与供电和数据传输条件，不过相信未来人们一定会给地球的“心脏”也装上“起搏器”或“侦查眼”“顺风耳”。

目前，在油气田地面与各种设施上安装的传感器还是不少的，基本能满足现在生产运行过程中数字化管理的数据采集的需要。

(2) 应采尽采。油气田物联网的一个基本功能就是采集数据，即数字化。应采尽采是专门针对油气田物联网数据采集提出的基本要求。

在油气田数字化建设中，人们往往根据设定的应用需要来采集一定的数据，其余的数据一般想不到也不采。既然建设了油气田物联网，那就应对所有能够采集的数据做到尽量采集，这些数据都是非常宝贵的。

应采尽采与应装尽装是关联配套的，只有安装了足够多的传感器，才能做到应采尽采。

只有数据多了，才能让数据极大地丰富，极大地丰富了数据之后，我们的油气田才能做全面的数字化。

(3) 应传尽传。应传尽传是指将数据从传感器采集的节点，通过一定的通信方式传输到数据中心。

为什么要倡导应传尽传？将数据从采集源头点上直接传输到数据中心，相当于一个“点对点”的传输，没有中间环节，这样就保证了数据过程是真实的，数据质量是可靠的。

应传尽传主要依靠网络来完成，这就需要几个重要技术，包括网络技术、交换技术、通信技术、数据库技术等。一般分为有线、无线或有线+无线模式，以传感器为节点，构建成一个油气田无线网络，让数据尽可能地从源头直接传到数据中心，并快速入库。

(4) 应管尽管。应管尽管主要是针对数据而言的，分为静态数据、动态数据和视频数据。

①静态数据。在油气田主要是指勘探、开发等早期通过地震勘探、钻探、测井、固井、压裂、分析化验等获得的数据。这些数据大都是通过对档案、文档资料数字化后存入数据库里，这是油气田的常规数据。

这里需要注意，往往人们以为将资料扫描、刻盘就算数字化了，其实这个过程只是完成了“电子化”，还没有完成“数字化”。数字化是指将档案里的资料，如测井图中的每一条曲线都要变成数字形式并存储在数据库里。

②动态数据。它是一种实时采集的数据，主要是生产数据和油气田物联网数据，包括产量数据、示功图数据、压力数据、电流电压数据、注水量数据和视频监控数据等。随着油气田物联网建设的扩展，这种动态数据越来越多，如多少时间采集一次数据，数据保留多长时间，这些都是问题，因此，需要建立规范和标准来进行保障。

③视频数据。视频监控是数字油气田建设以来的一大特征，是逢建必上的项目，主要用来远程监控，其数据量巨大。由于24小时都在摄取，如果没有发生什么事故，这些数据基本是没有用的，巨大的数据量对于存储、保管、耗能等方面消耗是巨大的；如果数据不保存，一旦出现了事故，需要回放查对却没有了，这就是一个重大事故，怎么办？

所以，建立科学、合理的数据采集标准和保管规范是非常重要的，包括存管时间。例如，现在一般对于井口采集的数据按照5~10分钟采集一次，对于示功图每天保存1~2幅具有特征的图幅，其他就不保存了，因为量太大。视频数据一般保存一个月，关键部位的视频保存3个月等。标准不够统一，数据就会比较混乱。

这里用到的技术主要是通信技术、数据库技术和网络技术等。

（5）应用尽用。应用尽用是指对于油气田物联网或所有数据的应用。油气田数字化管理建设的目的关键有两点：

第一，是对油气田做全面的数字化，就是让油气田内的物质、事物能够用数字的方式来表达，也就是说让油气田数据极大地丰富。

第二，对油气田生产管理进行数字化的管理，就是要让所采集的所有数据发挥作用，通过信息管理系统软件等对生产运行过程中的业务进行分析管理，可包括很多的管理模块，目的就是应用数据，对油气田业务过程数字化管理，以提高工作效率。

总之，油气田物联网是一个巨大的系统工程，是以油气田物联网为基本核心的一种建设方法。

3.2.2 油气田数字化建设工程

油气田数字化建设是一个工程，作为工程就不是单一的技术或产品能解决的了，它需要应用多个技术、产品的组合，形成一个系统，从而构建一个系统工程。

1. 建设过程

油气田数字化建设过程十分复杂，涉及很多内容，从建设人员层面来说，包括三个方面，即①甲方，一般是油气田企业，有时是油气田公司，有时是采油厂；②监理方，一般是审计、工程验收单位或监理单位；③乙方，一般是技术、产品服务厂商或建设方。

从操作层面来说，需要做好三件事：①做好建设方案，这是甲、乙方需要努力配合做好的一件事；②做好工业化设计，尽管国家目前还没有这样专业化的设计公司，但也必须提倡做好设计；③做好施工与运维。这就是必须做的三件事。

按照常规操作，在建设之前还要编制出完整的建设方案。一个完整的方案至少要包括建设背景、需求、目标；硬件设备配置、各种参数、指标；软件开发功能；网络与数据中心及中控室；运维管理服务与保障体系；最后就是工程造价或预算。

从技术层面上说，主要有三大技术方面：①数据采集技术，包括传感器、仪表等设备系统；②传输技术，包括RTU、交换机、光纤、CDMA/GPRS、无线网桥，以及5G等通信技术系统；③数据技术，包括计算机、数据库、管理信息系统技术等。

当获得了建设项目后，就要开始投入施工。在编制方案时要反复到油气田踏勘，了解油气田所处环境，包括是处在沙漠、还是大山；是高寒还是高温地带等。施工开始后还要踏勘，对井场、抽油机类型、井场设备安装位置等要具体考察，如光抽油机类型就有很多种，不同的井有不同的类型，需要进一步确认，等等；然后最好要进行工业化设计，用蓝图将其固化定型，长期留存，这些都是非常宝贵的数据。

施工过程非常复杂，需要开挖、埋线、预制各种水泥台，挖坑立杆等，都是一些苦力活，会用到各种用工，如电工、电焊工、网络工程师、司机和民工等，是一个劳动组合，以及各种辅材购买等，是一个系统性的工程。

对于设备需要严格地选择、配置和系统化地制作。对于软件需要深入地了解甲方的业务需求，制定好模块，确定好系统架构。

所以，一个成熟的建设施工队伍，需要5～10年时间的打磨，才能锻造成一个专业化的建设队伍，才能做好一个高质量的油气田物联网建设工程。

2. 关于硬件技术与产品

在油气田数字化建设中，需要动用很多技术与产品，关于技术，我再次强调一下：数字不可能成为技术，但是，“数字的技术”是存在的。严格意义上来说，数字化建设需要更多的技术组合，将作用在数字化过程的所有技术之和称为“数字的技术”，由于约定俗成也称为“数字技术”。

数字技术包括计算机技术、网络技术、电子通信技术、数据库技术、视频监控技术、中控室技术、信息管理系统技术等，而油气田数字化的技术中最突出的是传感器技术、RTU 技术、远程指挥调动技术和数字化管理平台技术等。

首要的技术是传感器技术与产品，如视频监控摄像机是传感器，移动互联终端手机也是传感器。传感器类型有很多，如图3.3所示。

图3.3　油气田使用的传感器类型

一般来说，一口油井要安装多种传感器，包括载荷传感器、位移传感器、扭矩传感器、转速传感器、温度传感器、压力传感器、电流传感器等，再加上 RTU 就是一个组合，其主要功能是采集数据。一口气井也要安装单井计量、温度、压力和视频监控等传感器设备。

其实，到了数字化建设后期，这种方式已经改变了，就是将传统的上述做法与传感器需要改成能够远传。RTU 传统的叫法为“终端”，就是由传感器采集的信号传到 RTU 后转换成数字就结束了，所以叫“终端”。

现在人们需要将传感器改成无线传感器，于是加装了两个“模块”：一个是供电模块，另一个是通信模块，RTU 就成了“中端”。

数字化时代对于能耗更加在意，一个传感器每天 24 小时都在运行采集数据，耗能是相当高的，这样人们就考虑到用“锂电池”“太阳能供电”等，就要开发一个供电模块来保证数据的采集与传感器的运行。

通信技术的应用就是能让传感器采集的数据直接传输到数据中心，或者数据应用者的服务器中，可以传输的很远，这种技术就是采用“无线+有线”，这是一种什么概念？就是从井口传感器到 RTU 采用 Zigbee 技术，从 RTU 到数据中心采用光纤（光缆线）等，但在传感器中一定要开发一个通信模块才可完成这些工作，叫“接口”。

总的来说，在油气田数字化建设中没有多少专门的数字技术和数字化产品，都是从信息技术延伸、改进、发展而来的，加上传感器等技术形成了一个数字化的技术组合，构成数字技术的系统性或系列产品。

3. 数字化软件系统技术

在油气田数字化阶段有一个特别“火”的系统——管理信息系统（management information system，MIS），是借助计算机技术、数据库技术和网络技术完成业务流程管理的软件系统，由于在油气田数字化建设中不可或缺，成为数字化建设的一种“标配”。

当人们发现通过这种技术可以帮助人们实现在电脑上工作，省去了大量的人工过程，大大地提高效率，于是就大量地组织开发，使其发展得特别快。据某些油气田企业统计，他们先后开发了共计数百个这样的软件系统。

一般来说，一个油气田物联网配套软件除了一般的添加、查询、浏览、报表、打印等功能外，至少还要包括这样几点功能：

（1）油气井运行管理。如通过对示功图分析，将油气井工况、井况管理数据自动生成生产报表。

（2）水井运行管理。通过对注水数据分析，实现原油生产效果分析和自动生成生产报表。

（3）视频监控运行管理，即视频监控数据管理与生成各种报表。

（4）网络运维管理，即网络状态管理与生成各种报表。

（5）移动端运营服务管理，即填报和生成各种报表。

这些都是一个数据应用的过程，然后利用软件的方式呈现，提供给业务管理人员操作使用，如图 3.4 所示。

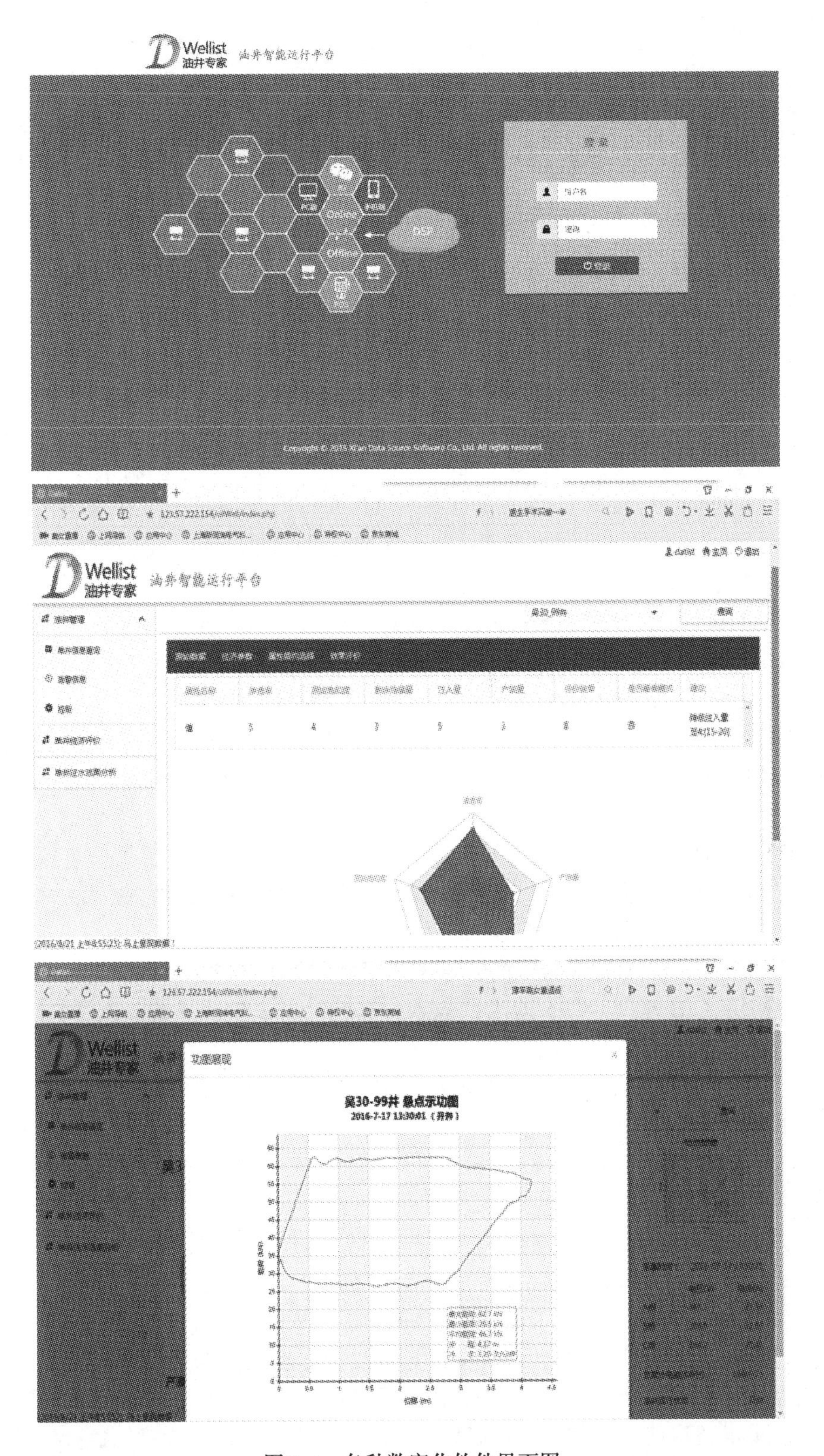

图3.4 各种数字化软件界面图

其他业务类开发的软件也非常多，这里不做一一介绍。

这里需要说明的是，硬件、软件与系统，这三者其实是一回事，但又不是一回事。硬件主要是指设备、装置，如控制柜；软件主要指管理信息系统；系统集成是要将硬件、软件及其各种辅助系统进行集成，从而形成一个完整的建设工程。

3.2.3 数字化工程应注意的事项

以油气田物联网为基本建设的油气田数字化管理工程，在建设中不是那么简单，主要是各种细节、环节太多，需要用心组织施工，确实需要一个系统工程方法来指导才能完成得更好。它有很多的约束，如工期、成本控制、设备不能及时到位，不能动用电焊，冬天无法施工，等等，但最关键的需要注意这样几点：

(1）打好基础。油气田物联网建设是油气田数字化建设的主要工程，更重要的是智能油气田、智慧油气田建设基础。基础不牢，地动山摇。主要包括以下几种基础：

①网络基础。是指覆盖全油气田的网络，自设计开始就要做好，千万不要“打补丁”式地建设，今天补一点，明天补一点，这种建设后患无穷，一定要一次性地设计和一次性地完成建设。

②数据基础。油气田物联网其实就是数据生产网，数据是核心关键，油气田数据建设就是从油气田物联网开始。尤其是动态数据，它们对油气田生产过程的应用非常重要，更是智能油气田建设的关键。

③软件基础。从现在起，实施数字化建设油气田不再建议开发很多的管理信息系统，更不主张只做一点示功图管理，而是希望建设将数据分析功能做得更全的数据智能分析系统。更重要的是做好数据建设，包括数据的存与管，数据库是个关键。

④网络可靠性。油气田物联网的可靠性关键在于采集端，传感器精度是非常重要的。传感器是一个“精密仪器”，当采集次数达到一定量后就要进行校正，对传感器的精准监控，以及快速或在线监测与校对，将是一个很大的问题。

⑤工程质量。低成本是有限度的，不能无限制地追求低成本。当服务厂商承受不住成本压力时，就会在建设本身上追求低成本，那就会对设备、系统、原材料降低成本，这时的工程系统就会出现大问题。

(2）数据建设。数据建设是对数据进行高完整性、高质量的采集与管理的过程。现在油气田数字化建设往往注重工程过程，如装什么设备、用什么通信技术、建多大的控制中心，更多的注意建设好视频监控与路卡等，实际上这些建设都是为了数据的建设。

数据是油气田物联网的关键核心，这些基础与工程过程其实完全为了数据建设，不是就工程而工程。数据建设要从工程设计开始，包括设计采集什么样的数据、采集多少类数据、建立什么样的数据库、数据中心放在哪里、执行什么样的数据标准，等等。

(3）工程运维。还有一个重要的问题就是数字化建设工程的运维。工程运维要从设计之初开始，要有一个运维管理和运维费用规划、计划，当工程建设进行到一半以后，维护就要准备启动了，包括各种资料，如所涉及图纸、建设方案、各种参数、数据格式等，开始建立数字化档案，还有未来运维花费准备等。

实践告诉我们，没有很好的运维，就做不到“建好、管好、用好”的最终效果。

由此可以看出，在油气田数字化管理建设过程中，油气田物联网是基础建设的基础，确保这个基础建好非常重要。

3.3　数字油气田建设的“五大法宝”

在第2章中，我们提到油气田的一些重大难题，即很多未知的事物，只依靠传统工业的改进工艺是无法知晓和解决的，有些被称为世界级难题。而数字油气田建设的贡献，就在于部分地解决了这些难题。

3.3.1　数字化油气田“五大法宝”的概念

经过20多年建设数字油气田的努力，功夫不负有心人，人们不但引入数字化的理念与技术，还成功破解了油气田生产过程中的一些难题，形成了“五大方法”，即：

（1）单井示功图法；

（2）单井示功图计量法；

（3）单井含水率在线分析法；

（4）单井动液面在线测试法；

（5）单井智能控制柜。

这“五大方法”深含着非常复杂的油气田生产过程与一些技术原理，其中很多需要经历无数次的实验、无数次的失败，投入很大的精力与资金才能获得一点点进步或突破。目前，这些技术已基本成型，但很多技术还不完善、设备还不是很稳定、精度不是很高。然而，能够突破原来，从没有到有，从失败到成功也是可喜可贺的，人们称之为数字化油气田“五大法宝”。

3.3.2　数字化油气田“五大法宝”的技术与方法

1. 单井示功图法

单井示功图法是指抽油机工况与油井井况示功图法。示功图在数字化之前就有，它来源于对锅炉的测试与控制，后来被引入油气田作为“监测监控”井况与工况使用。

在油气田里，一口井的生产过程有很多地方就像“黑箱”，有很多未知的东西，如井况与工况。

什么是井况？井况是指油气井内的基本情况。油气井内就是一个“黑箱”，人们实在不知道它们的内部深处是什么样？如在深达数千米的油气井中它们到底发生了什么，会发生什么，怎样才能知道发生了什么等，人们根本无法知道。

什么是工况？工况是指抽油机在做功过程中的基本情况。例如，在抽油机生产过程中到底会发生什么，如何调节平横、冲次、变频等，包括盘根漏油、皮带磨损断筋等，人们也是无法知道。

于是，人们便利用“示功图法”来分析井况与抽油机的工况。

这是一种传统的抽油机“监测”方法，而在数字油气田建设中成了一种“标配”，成为必建项目。

它的基本做法是在抽油机悬绳器处安装一台无线载荷传感器。在没有无线传感器之前，通常需要安装一台有线载荷传感器，以及在游梁上安装一台位移传感器。在数字化建设以后，人们不断地探索，将过去的有线改成无线，就是将有线传感器带的两个“大辫子”（供电线和数据线）去掉，合成一个无线传感器，以方便安装与维护。

人们认为这是数字化建设以来一种比较好的办法，可以利用所采集的数据来做更多的分析。例如，通过对单井运行参数的分析可以发现油井运行异常，以及对油井进行诊断，可得到一般性的处理建议，如图 3.5 所示。

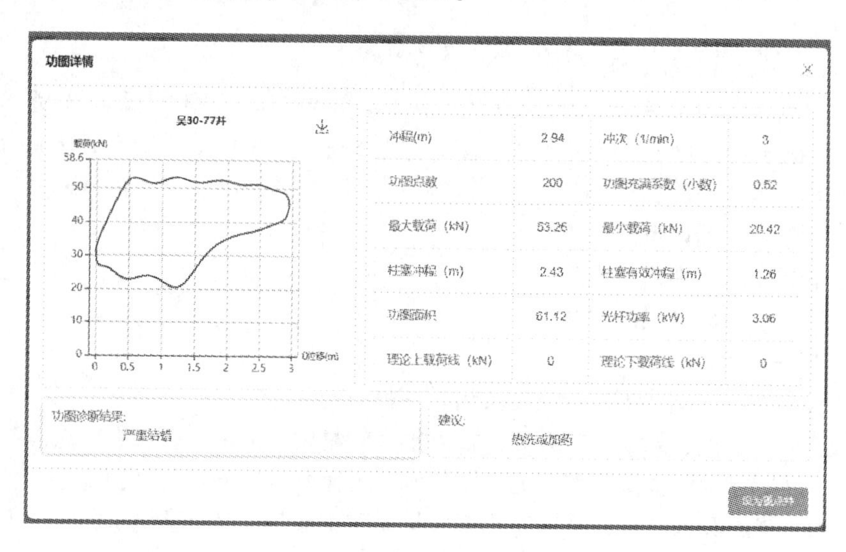

图 3.5　单井井况诊断实例截图（资料来源：延长油田）

图 3.5 为某油气田管理信息系统的一个界面截图，可以看到有很多参数与功能。通过对油井示功图的分析发现油井存在严重结蜡的问题，并提出一般性的热洗或加药的工艺措施建议。

目前，单井工况诊断可处理 15 种以上常见的油井运行工作状态，包括正常示功图、气体影响、供液不足、抽油杆断、稠油影响、游动凡尔漏失等，如图 3.6 所示。

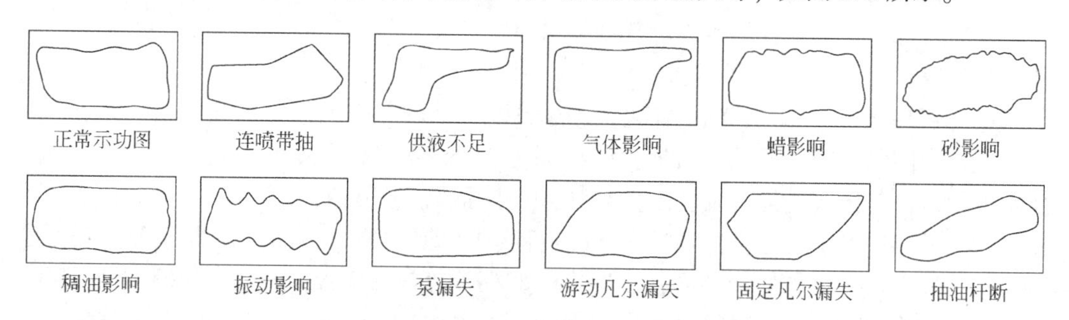

图 3.6　单井工况诊断可自动处理的部分工况类型模型图

这些处理与分析需要工程技术人员经过多年的训练与研究，摸索出一套经验与办法，才能根据示功图模型很快判断出结果。随着数字油气田建设的深入，人们将人工判断与分析充分利用计算机来完成，其在计算机中处理的基本流程形成智能分析与判断，如图3.7所示。

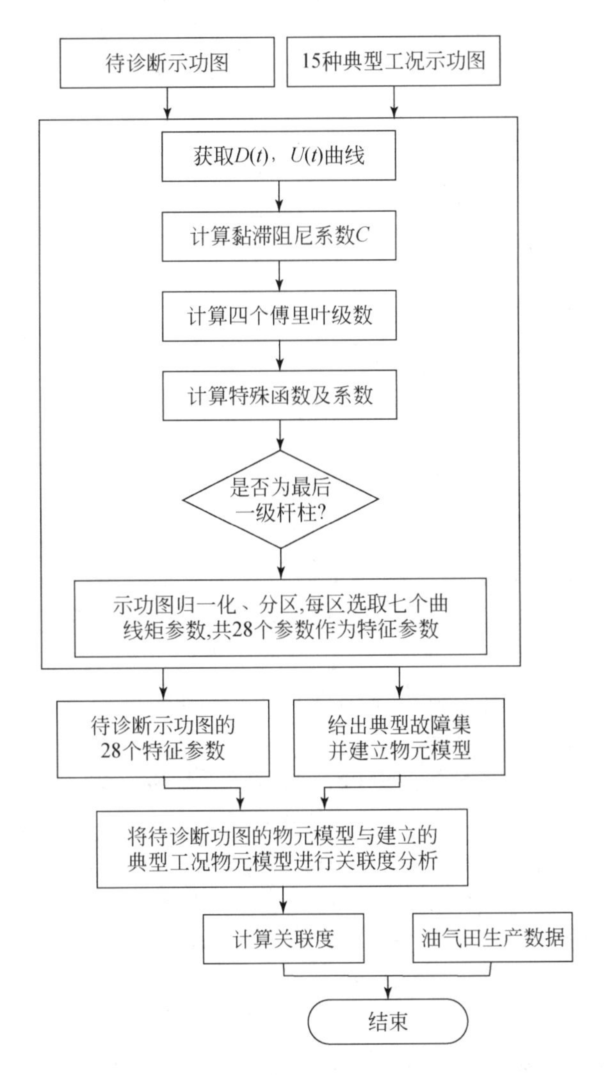

图3.7　单井工况诊断处理流程

对单井井况、抽油机工况进行分析，首先，要将泵示功图的图形数字化，从数据中提取特征，建立标准工况类型的物元模型；其次，将特征向量的量值拓展为区间值，通过关联函数计算待诊断示功图与标准工况类型的关联度，并结合油井工作参数及油气田生产数据进行分析。

为了进一步智能化，人们还采用基于粗糙集与BP神经网络的故障诊断方法对示功图进行对比学习分析。通过对故障诊断结果采用自学习式算法进行故障库的升级，并以月为粒度升级标准工况特征库，用户可以像升级软件一样定期升级诊断特征库，诊断正确率超过90%。这样就加入了一些智能化的技术成分，在智能化阶段有了更高的提升和应用。

“示功图法”确实有很多的功用，对于研究和分析关于油气井、抽油机的未知东西有很多帮助。除此外，在采油措施制定等方面，“示功图法”作用也很大，如通过油井示功图和油井套压、油压、油温等动态数据，以及油井杆柱组合、泵挂深度等静态数据的综合计算，可以推算出单井的油井产液量和油井动液面这两个反映地下油藏动态的重要参数，以支持后续的单井工况的深度分析及油气田区块级的注、采、输协同。

随着数字化建设的发展与技术的不断创新，“示功图法”的作用越来越大，这些将在后面还有讨论。

2. 单井示功图计量法

单井计量现在仍是世界级难题之一，毫不夸张地说，未来还是不可能用单一设备来完成单井的精准计量，原因主要有以下几点：

（1）油井太复杂。油井包含直井、定向井、水平井；采油方法有螺杆泵抽油、电潜泵采油，更多的是地面抽油机人工举升采油，等等。

（2）油井内液体太复杂。每一口井内看起来都是原油，其实是混合液，其成分包含水、气和原油，以及各种杂质，十分复杂。

（3）井深不同。由于油藏的埋深不同，有的几百米、数百米，有的甚至数千米深，油井会钻遇各种矿物质从而对采油产生影响，如有的井含硫、有的井容易结垢、有的井油稠，等等。

这些复杂性就造成了单井计量非常困难，且一口井一个样。

起初人们的设想很好，就像家中的水表一样，给每一口井装一台计量表，造价不要超过5000元/台，这样大家都可以接受。然而，在设计制造中却不尽如人意。例如，利用质量称重法，但油气的黏度使测量结果根本不可能准确，主要是器具表面容易被黏住。怎么办？于是给加热，这就要增加装置，就不可能完成一个很小的“原油计量表”。

为此，人们想了很多办法，如采用超声波法，可做着做着就变了，不断地加配套模块，加装法兰等。例如，为了追求“精准计产”，一般认为有些井中的原油会出现“气包油，油包气”的现象，这样就需要加装一种装置，让原油流进时将气泡刺破；还有为了让伴生气与油水分离，要装一个分离伴生气的装置；还要装上各种设备以让砂粒与杂质沉淀，等等。最终一个很小的计量仪设计，就变成了一个计量装置，造成后如一头牛大，价格自然就上去了，成本价要十几万到数十万。如果每一口井都安装这样庞大的装置，油气田企业完全承受不起，也不可能安装。

为此，单井计量问题到现在也没有从根本上解决，但还是出现了几种办法：

（1）建立计量间。这是一种传统方法，一直在用，一般是采用单井轮流计量方式，即每一口井计量一天，轮流计量。假设共有15口井，则一口井从这一次计量到下一次就要16天，这实在不是个好办法，但计量相对准确。

（2）多井计量。这是主要针对丛式井的，即在一个井场上有数口油井，多井安装一台。它比计量间要好一点，但也要轮流计量，属于撬装产品与建设。

（3）示功图计法。是一种比较好的数字方法，更多时候人们称为“示功图计量法”，其实是一回事，就是为了完成一口井的产量的精确计量。

为什么要计量？首先，主要是为了掌握这口井当天到底生产了多少油（液）；其次，根据产量变化可以调整单井的工作措施，如制定这口井的采油制度；再次，有利于对完成整个油气田生产计划任务的全盘掌握。

所以，单井计量非常重要。

依据示功图法计产，我们需要再看看示功图的原理。即在抽油机的悬绳器上安装载荷传感器，在游梁上安装位移传感器后，所采集的数据就构成了一个悬点载荷同悬点位移之间的关系曲线图，它实际直接反映了光杆的工作情况，又称光杆示功图或地面示功图、地面实测示功图等，如图 3.8 所示。

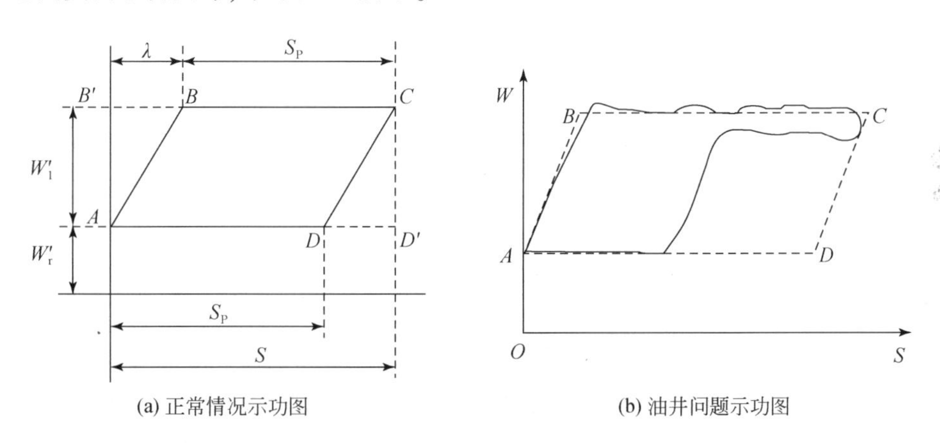

图 3.8　油井示功图

简单地说，如果油井工作正常，则示功图理论上是一个平行四边形，如图 3.8（a）所示。如果油井出现问题，则反映到示功图上就会变形，如图 3.8（b）所示。

采用示功图计量法不仅可以判断抽油机工况，还可以间接计算出单井的产量。图形中的面积就是反映单井的产量，可用方程式求解：

$$\frac{\partial}{\partial x}\left[EA\frac{\partial u(x,t)}{\partial x}\right]=\rho A\frac{\partial^2 u(x,t)}{\partial t^2}+c\rho A\frac{\partial u(x,t)}{\partial t} \tag{3.1}$$

式（3.1）只是其中一种计算方法。事实上，示功图计量技术最早可追溯到 20 世纪 80 年代初提出的简单地用示功图计算产液量的方法。在随后的几十年里，示功图计量技术经历了从“拉线法”“面积法”“液量迭代法”“有效冲程法”，发展到“网格计算法”等。理论技术也从定性逐渐发展到定量，最终发展到目前的以油井工况诊断为基础，结合泵漏失、泵充满程度、气体影响等因素的“综合诊断法”油井计量技术。具体的做法有：

（1）将有杆泵抽油系统视为一个复杂的振动系统，该系统包含抽油杆、油管和井液三个振动子系统。在一定的边界条件和初始条件下，对外部激励（地面示功图）产生响应（泵示功图）。

（2）通过建立油井有杆泵抽油系统的波动方程，计算出给定系统在不同井口示功图激励下的泵示功图响应，然后对此泵示功图进行定量分析，判断游动阀、固定阀开闭点的位置，确定泵的有效冲程、充满系数、气体影响等参数，计算泵的排液量，进而求出地面折算的有效排量。其计算流程如图 3.9 所示。

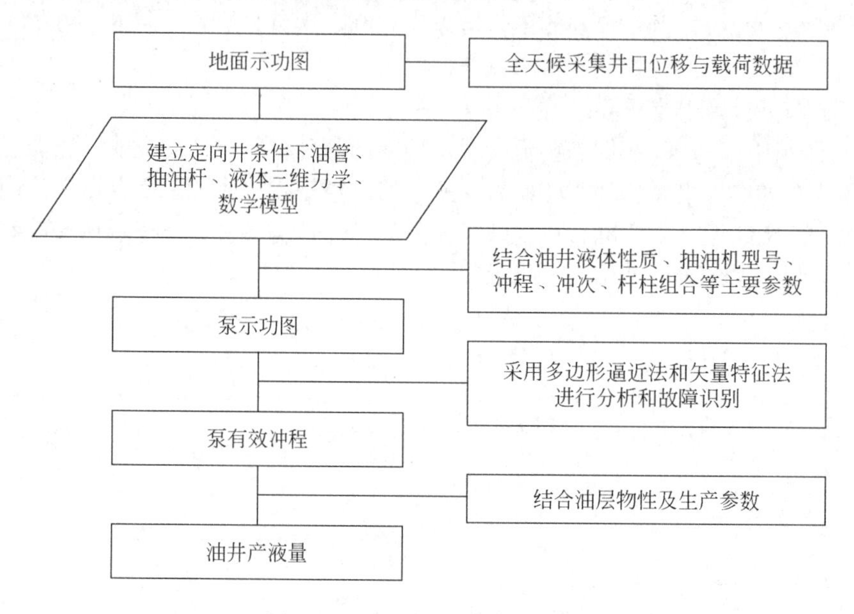

图 3.9　示功图计产计算流程图

由图 3.9 可见，由泵示功图可得到柱塞冲程和有效冲程，从而计算出泵的排量及油井产量，其关键是准确判定阀的开启点和闭合点。判断阀的开启点和闭合点后，就很容易得到柱塞有效冲程（S_{pe}），然后根据公式计算可得出泵的产液量，再折算成井口产液量，即

$$Q_p = 1440 N_s (A_p S_{pe} - \Delta Q_p) \tag{3.2}$$

式中，Q_p 为泵的日产液量，m^3；N_s 为抽油机的冲次，min^{-1}；A_p 为柱塞的横截面积，m^2；S_{pe} 为柱塞有效冲程，m；ΔQ_p 为抽油泵在一个抽汲周期内的漏失量，m^3/次。

井口产量的折算：

$$Q = Q_p \eta_v \tag{3.3}$$

需要强调的是，这只是其中一种计算办法，不是唯一的办法。但无论哪一种计算办法，都会存在这样几个重要问题：

（1）过度依赖示功图，从而示功图系统必须可靠，数据必须高质量。

（2）上述计算都需要解决的三个问题：计算柱塞有效冲程；计算抽油泵漏失量；计算泵排出压力下的混合物体积系数。

（3）计量精度。计量精度当然是误差越低越好，一般误差在 5% ~10% 属于高精度。然而，人们穷尽了智慧但还是对结果不满足，认为精度不够，对目前得到的精度不满意。其实，根本原因不是算法不对，而是示功图采集不稳定，对准确判定阀的开启点和闭合点做不到，以及“单井个性化”问题，但算法又不能随时调整，所以只能按照一种情况来计算，这就使得计算过程不够智能。

总的来说，单井计量仍然是一个难题，但单井示功图计量法是一个不错的办法，它有利于实时掌握每一口井的产量变化情况。不一定非要精准到无误差，只要一个变化范围内的趋势就可以了。

3. 单井含水率在线分析法

单井含水率在线分析法是指在单井生产过程中，能够实时地监测原油中含水的量与变化情况，并通过网络传回数据中心，称为“在线”。

在油田的原油生产过程中，原油本身就含水，主要是地层水。随着油田不断的开发，其地层能量或储层能量逐渐下降，于是，人们采用给储层注水方式以增加其能量，这样从地层开采出的原油含水率就越来越高。对于生产者来说，需要随时掌握井口原油含水率及输油管线含水率的变化，因为这对油田、油井生产动态分析，油藏、储层含水动态变化的控制和掌握外输原油的质量等非常重要。

单井含水率监测是否准确，将直接影响单井生产计量和油田开发进程。长期以来，油井含水率测试都是采用现场人工取样、化验分析的方式，周期长、劳动强度大、人为因素影响多、安全环保风险高等问题突出。

随着各大油田采油井数量的不断增多，为进一步适应现代化大油田管理的新形势，油田企业迫切需要研究一套在复杂环境下油井多相流含水率在线自动检测技术，这成为石油工程界的一项难题和重要课题。

单井含水率在线分析法的具体做法是：在单井井口上安装一台设备，让原油流出后就能实时地测量出这口井当时的原油含水率是多少，而且还要远传到数据中心，这样就将人工取样、化验、分析的过程给取消了，是一个完整的数字化过程。

此类装置在市场上有多种，如利用微波测量法、射频测量法、微波+射频测量法等的装置。其实这些技术都有很大的难度，就是说当原油从井口流出时，设备要快速地完成一个多相流的截面积的测量与计算，并对油介质、水介质精准分离后给出测量结果。

作为多相流，其既包含油、水，还有其他杂质或气等物质，所以，油井多相流含水率在线自动检测至少需要做到这样几点：

（1）需要一种先进的技术。通过调研分析，对单井所产介质的物理分子性质的特性原理分析，以及对分子的电解常数分析，研究它们在流动中的变化，通常采用电容法、电磁波法、微波法、射频法，还有微波+射频结合的测量技术。

（2）需要一种先进的方法。微波是一种谐振腔探测技术，如结合低渗透油田含气高、含砂大，易结蜡、结垢，含水、产量不稳定，存在油包水、水包油等特点，采用了微波谐振腔射频测量原理。

射频技术（radio frequency，RF）的原理是由扫描器发射一种特定频率的无线电波能量给接收器，用以驱动接收器电路将内部的代码送出，此时扫描器便接收此代码。这是一种基本的方法。

（3）需要一个可靠的装置，即产品。有了技术与方法以后，就要生产一种设备构成一款产品，这就是“单井在线含水率测试分析仪”。

这里需要特别注意的有以下几点：

①单井。就是要给每一口井装，不能太贵、太大，否则就会和单井计量装置一样，没人买得起。

②在线。在线就是需要有无线装置，即必须要有供电模块，还要有无线通信模块，使数据或结果可远传和网络化。

③含水分析。就是要将化验、分析的主要功能必须同时完成，还要实时监测分析，及时回传数据。

④装置。到底是一个装置还是种仪表？根据技术与模块组合，应该是一个无线的包含实验、测试、分析功能的设备，不是仪表。

⑤精度。这是这个设备能否生存下去的命根，如果精度能够满足生产单位的需要，那就是一个比较好的设备了，其前途无量。

当然，这里还有很多难点，例如：

①安装。如何安装能更好地完成含水检测，且安装要方便简单。

②数字化。这是一个数字化的过程，将流体在动态条件下完成数据的采集。

③智能化。这个过程的智能化程度已经很高了，即在线完成检测、分析，获得含水率并将结果远传，是完成人工劳动与智慧的过程。

④“个性差异化”。这是影响精度的最大的难点，每一口井的情况不一样，而做出一个通用的设备，如何来调节以适应油井的“个性差异化”，这是一个很重要的难题。

⑤价格。价格不能太高，但还要有质量保障。如果给单井装一台高价位的设备一定是装不起的，这样就没有了市场。

当然，它的好处是能够实时检测分析。采用传统的人工方法时，取样的随机性大，取样不及时，不能及时反映原油含水率的变化；而且在油井较为分散、恶劣的天气情况或高含硫化氢油井的情况下，取样的劳动强度及安全危险性更大；更为重要的是，传统的人工测量法无法实现在线精确测量，不能满足油气田生产自动化管理的需要。

在油气田数字化建设发展到今天，油气田急需一种井口含水在线测量装置，以实现在线监测和数据远传，降低现场劳动强度及生产安全风险，提高含水率测量的准确性和便利性。

关于在线含水分析装置的安装方式，可采用垂直式和斜插式两种。采用垂直安装的方法有利于管道中液量的充足，保证测量结果的准确性；采用斜插的方式安装传感表头，传感探头正对液体流向，有助于传感器充分与原油接触，提高测量精度和准确性，如图 3.10 所示。

除了上述介绍以外，还有微波+射频测试法，这种方法更好。但不管怎样说，这是一个重大突破，也是数字化以来突破油气田生产过程中重大难题的数字化法宝之一。

关于含水率在线分析，在 20 世纪 70、80 年代国外的 TULSA 大学就开始了对多相流在线测量的研究，最早的有关多相流测量的文章是由 BP 和 TEXACO 在 80 年代中期发表的。目前国外多相流在线监测技术的开发和应用已经取得了重要进展，多家公司声称已研发出多相流在线监测装置，其中只有英国 Solartron 公司的 Dual Stream 多相流量计监测有相关应用报道，但未见规模应用。国内的多相流在线监测技术研究还处于起步阶段，目前主要为针对单相纯液相的含水监测并有成功应用；但在油-气-水三相混输

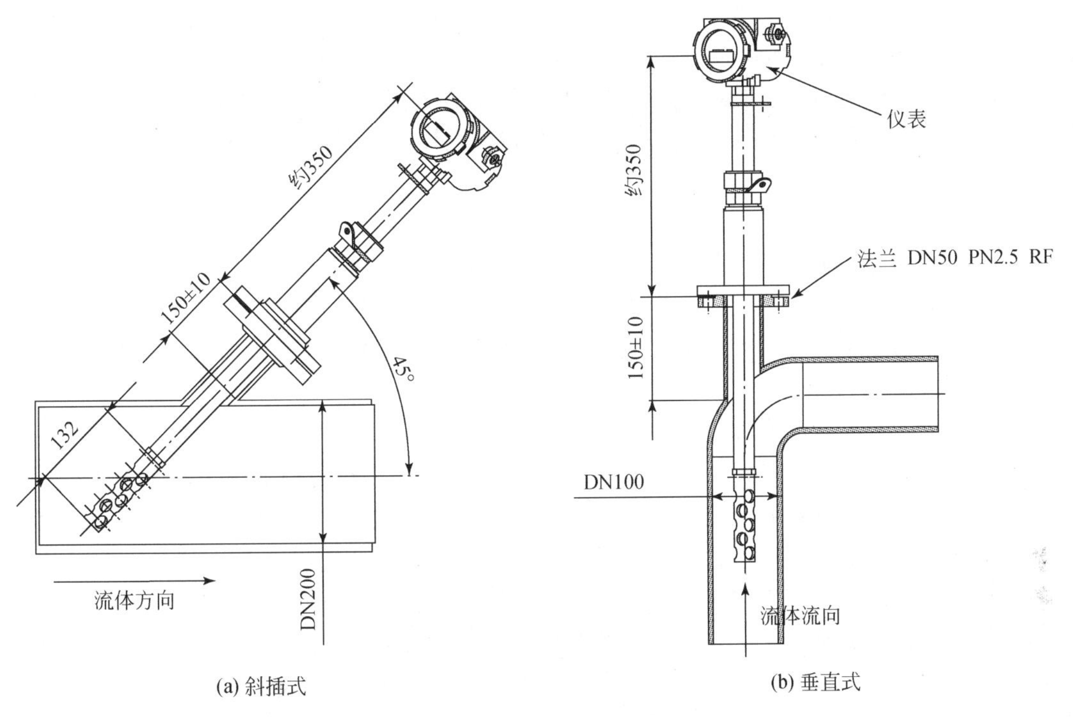

图3.10　含水分析检测设备安装方式（单位：mm；资料来源：靖昇公司）

下的测量技术研究尚处于室内研究阶段，学术论文以介绍原理和试验室研究居多，还没有在气田规模化应用的产品。

在今天，我们还需继续努力，完成这样一个技术创新的过程。

4. 单井动液面在线测试法

油气田单井动液面是指单井在生产过程中，油井中的原油（液体）在油井井筒中的最高界面位置。由于其在生产过程不断变化，处于动态中，于是人们将这个界面称为动液面。用专业术语说，当油井在生产时，油井套的环形空间的液面为动液面。动液面值是指产油井正常工作时的井下液面的平均深度值。

知道油井动液面后有什么用呢？专业点说，单井动液面参数直接反映了储层能力与井下供排关系，是采油工艺适应性评价和优化的关键之一。也就是说，知道了动液面的位置就可以精确地让油泵直接每次下去能够“吃”满油，不要因动液不足而造成抽油泵半泵或空泵，这时的抽油机还在按照规定一直在运行，就会导致耗能严重，产液量低。

那么，怎样才能知道动液面呢？这就是一个难题。在油田，油井是一个“黑箱”，没有办法知道界面位置在哪里。但人们很聪明，传统的做法是利用回声仪，在套管上打一枪，然后利用声波人工测定其界面反射波，进一步计算动液面的具体位置，从而调节抽油井的工作速度等。

可是，传统的人工做法有几个重要问题：第一，这种设备比较笨重，使用时劳动强度高，有一定的危险性；第二，不能实时测试，也不能及时地调整抽油机的工作制度；第三，计算误差比较大。

在数字化建设以来，数字化专家与油气田工程师们希望能够打破这一局面，利用数字化的技术与方法来解决这一问题，目前初步有两种做法：

1）仪器测量法

仪器测量通常需要数字化完成一个装置，其具体做法如下：

（1）基本理论原理。“二流量试井不停产”，就是根据油气藏动力学原理在单井中的变化，由初始量到稳定态构成二流量试井与检测时不需要停产实时监测，并且要在线完成远传数据。

（2）基本方法。利用油井套管环空伴生气或压缩气体作为声波源，通过声爆装置发生气体声爆而产生测试声波，声波沿油套管环空传播，经过接箍和液面形成反射回波，微音器将声波信号输入嵌入式 ARM 系统的井口仪表，然后进行数据处理并计算单井动液面。

（3）系统组成。采用油气田物联网技术模式，设备分为内爆机和外爆机；由供电模块和通信模块组成，通信方式可以采用 RS485 或 GRPS 等，供电可采用太阳能或井场电，利用 RTU 同数据中心或采油厂组网，其系统组成如图 3.11 所示。

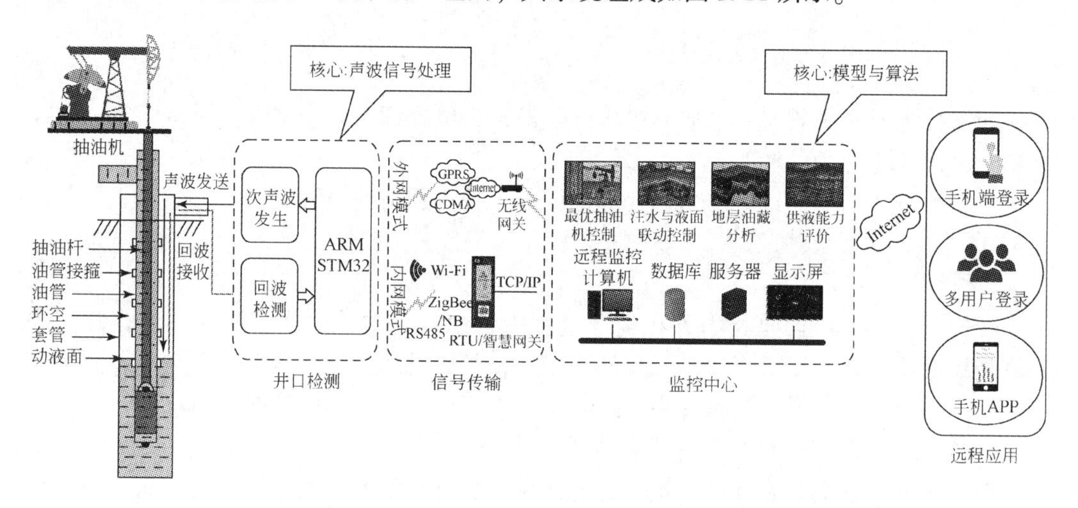

图 3.11 油气田单井动液面在线测试系统组成模型（资料来源：张乃禄）

这是一种利用设备或装置完成动液面测量的方法，从而获得动液面的结果。

2）大数据计算法

这是一种不用设备测量而是利用大数据计算的方式，以获得动液面测量结果的方法，其具体做法是：

（1）基本理论、原理。由地面示功图通过波动方程求解，然后得到井下泵示功图。认为动液面是油井生产时油井套管环形空间的液面，油井动液面参数直接反映了地层的供液情况，在目前条件下，利用示功图计算是一个最好的办法。

（2）基本方法。充分利用示功图计算动液面，即先把地面示功图用计算机进行数学处理，以消除抽油杆柱的变形、杆柱的黏滞阻力、震动和惯性等带来的影响；当获得形状简单而又能真实反映泵工作状态的井下示功图时，井下泵相对于悬点受力简单，载荷的影响小，当确定阀开闭点的位置得到 F_{pu}、F_{pd}后，根据井下泵的压力构成分析，可忽略摩擦和加速度引起的压力及其他影响很小的因素，如气柱段压差等，就可以利用泵示功图计算，精度相对比较高。

（3）数据与参数。利用大数据计算动液面需要对多数据关联分析，主要数据与参数大约有 20 多个，如油层中深、井深、井斜角、套管内径、饱和压力、含水、泵径、泵深、生产油气比、油层温度、抽油杆直径、抽油杆长度、油管内径、地面原油密度、原油黏度、气体密度、示功图数据、冲程、冲次、产液量、油压、回压、套压等。

（4）大数据计算方法。动液面大数据分析计算法如图 3.12 所示。

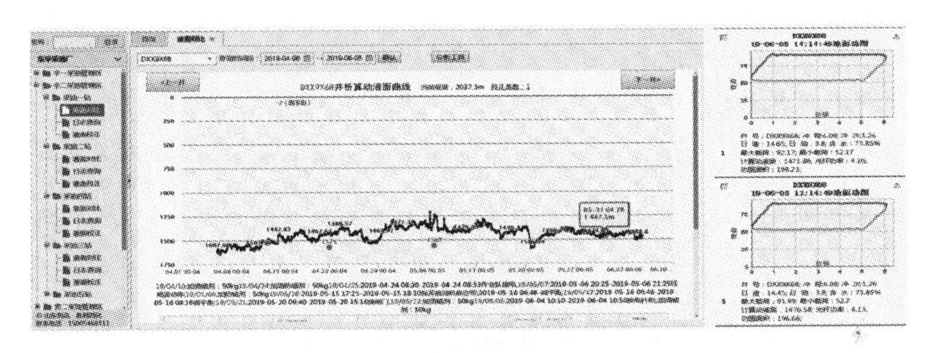

图 3.12　动液面大数据分析计算法（资料来源：胜利油田）

（5）获得结果。处理获得动液面计算结果，同时还可以获得其他成果，如示功图诊断分析等。

3）效果分析

以上两种数字化方法各有利弊：

（1）仪器测量法需要安装一个设备，它的优点是完成了在线测量，可实时监测，随时掌握动液面状态。但其设备比较复杂，需要现场安装、调试，具有一定的工作量，同时设备购买费用较高，对于油气田企业追求“低成本战略”是一个挑战。

（2）大数据计算法避免了装备的现场安装、调试与购买的投资，充分利用数据与参数的关联分析优势，与装备相比节约了大量的成本与时间。但由于其对于示功图过分依赖，就对示功图质量和数据的采集质量要求非常高，需要有效地保证其精度与数量。

（3）二者共同的优点是在数字化时代具有很好的创新，形成了数字油气田建设的法宝之一。它们共同的缺点是精度问题，即如何才能保证精度，误差不能太大。从用户角度来说，如果大数据计算法在模型、算法上再创新，还是会选择大数据计算法，因为相对来说成本较低，动液面的精度只要每次计算的结果不要出现“过山车”现象，也就是不要太离谱，具有基本趋势供参考即可，就是一个比较理想的结果。

5. 单井智能控制柜

这是“五大法宝”中最接近智能的一宝。

（1）基本思想。单井抽油机在生产运行过程中需要被操作控制，如开机、停机、供电、刹车等。传统的过程都需要人工来完成，在数字化建设以来人们希望能远程启停、远程柔启停、远程刹车、远程调冲次、远程调平衡等，这就需要有一种机制与装置来完成这一系列的功能。于是，出现了单井智能控制柜。

（2）基本功能。①它是井场上的“收纳箱”。原来的井场中柜子很多，有供电柜、RTU、刹车装置、电频柜等，让井场负担很重，有了单井智能控制柜就为井场“减负”了，它能将所有的小柜子全部“收纳”在一起。②远程控制。有了单井智能控制柜以后，交、直流电实行匹配、共处，消除了相互干扰；通信模块实现了统一；RTU、刹车、调冲次、调平衡、远程柔启停、定点停，还有智能间抽等功能模块，全都在一个控制柜里完成。③控制柜开窗口，嵌入“小大脑”。控制柜嵌入触摸屏，可以在本地完成全部远程调控的就地操作，智能化程度比较高，如图 3. 13、图 3. 14 所示。

图 3. 13　单井智能控制柜现场（资料来源：吴起采油厂）

（3）单井智能控制柜是井场数字化建设中不可或缺的重要设备之一，也是油气田物联网系统内重要的组成部分，在整个系统中承担着非常重要的角色。它是带有一定智能化的设备，如供电过程中可对各种电参数据采集；可承担 RTU 功能，从单井传感器数据采集，远传到数据中心组网，全部数据的输入、输出与控制可智能完成。

现在困扰各个油气田企业的就是产量不高但还“细油长有”的低产井，这种井的典型特征是供液不足，需要等待抽提。这样就研制了一种智能化程度比较高的控制柜，带有动液面计算与控制，或者示功图产量判识，当动液面上升到可以抽提高度时就自动

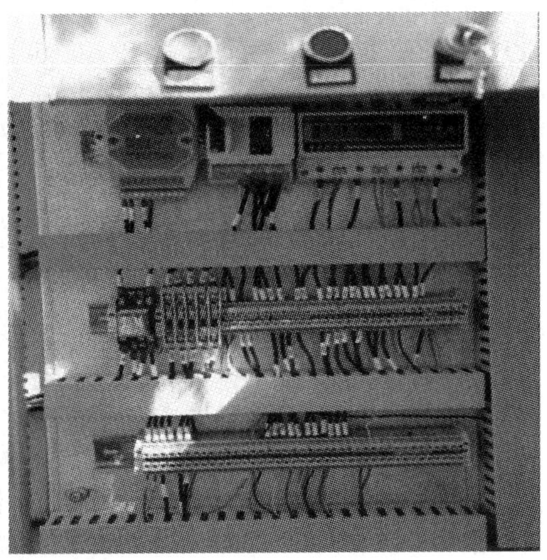

图3.14　单井智能控制柜工业化设计与组装图（资料来源：西安贵隆公司）

开启，当动液面下将致使供液不足时就自动停抽。这也可算作是“边缘计算”的一种智能控制系统，用处十分广泛。

当然，智能控制柜的设计制作也在使用过程中不断升级与完善，其设计、制造都具有很强的工业制造难题，如对于控制柜的柜子来说，铁皮材料太厚了较沉重，造价也高，材料太薄了又不够结实；如果密封太好散热就不行，会出现温度太高的情况，如果到处开口又难以防砂、防雨；对于柜子的焊接不能采用点焊，必须是完全密封的全焊接，等等。总之，其建设是一个非常复杂和系统的过程。

从改进、创新与发展来看，单井控制柜发展较快，大都进入了第四代，智能化程度在不断提高。目前对于智能控制柜的要求是要做到精致和小型化，功能智能化，对“小型大脑”的开发与使用要求更高，很多数据最好在控制柜内完成，然后远传。对于强、弱电相互干扰要小到趋于0，这样才能高可靠地实施智能控制与精准控制。

未来还将发展到“边缘计算”，这个控制柜就是一个人工智能机器人。

3.3.3　对油气田数字化的评价与几个问题的讨论

数字化的内涵与外延都在发生着巨大的变化，内涵更深、外延更广。当前的数字经济，让数字的内涵非常深刻，如数字产业与产业数字化，连带出现了数字金融、跨国数据贸易与结算等。

中国数字油气田建设走到今天绝对不是终点，这点人们已经完全看明白了，在数字化之后必然是智能化。为此，我们一定要中肯地给予数字油气田建设一个评价，同时还要尽可能地指出存在的问题，以有利于油气田的数字化转型发展。

1. 对数字化油气田建设的评价

回顾总结中国数字油气田建设，我们认为具有三大贡献：

（1）让油气田数据极大地丰富；

（2）创建了数字化管理模式与油气田物联网建设的模式；

（3）给数字化转型发展开拓思路，指明了方向。

中国数字油气田建设之所以能够取得这样的成绩，主要有三大因素保证：

（1）技术因素。关于技术我们在前面叙述了很多，这里不再赘述。数字油气田建设是基于IT思维与方法建设的。在早期的数字油气田建设中，完全是依赖信息技术建设的，所以，很多油气田至今都叫信息化建设；在后期建设中慢慢引入数字技术，主要是以传感器技术、RTU技术、电子通信技术等为基础建设；走到现在开始慢慢引入大量的智能技术，开始自动化，进入了第三个阶段。总的来说，技术在不断进步，技术因素起了很大的作用。

（2）方法因素。方法主要是通过油气田企业和数服企业不懈的努力与探索得出的。人们总结出油气田数字化管理的建设方法，主要是以“油气田物联网”为主，完成了数据的“采、传、存、管、用”建设过程，这是一个完整的数据链过程。在作用与效果上创建了“油气田数字化管理”模式。

（3）人的因素。在技术和方法确定之后，人是绝定因素。也就是说，人在数字化建设中起着重要的作用。对于采油厂、油气田公司而言，主要是“一把手”与“全员数字化员工”这两种“人”的因素非常重要。其次，是能够主导、组织、深刻理解数字化建设的工程技术人才，这类人员或人才不同于IT人员，他必须是熟知油气田业务，懂得数字化技术的工程技术人员才可以胜任，目前还比较紧缺。

2. 关于数字化油气田建设的几个创新

数字化是一个创新，有人称之为第四次工业革命。但不管怎么说，在数字化建设以来，人们将数字化理念引入油气田就是一个创新，然后实施数字化油气田建设也是一个创新。其中三大突出贡献也都是创新，这里我们对这些创新作几点总结，它们包括：

（1）技术创新。在技术方面，有以传感器为节点的数据采集技术；以有线、无线，从电传、GPRS/CDMA到Zigbee、光纤、网桥构建网络的通信技术；太阳能、锂电池等供电技术；以管理信息系统软件为统领，从示功图管理到示功图分析，再到示功图计产等的软件开发技术；在设备研发制造上，从一般的供电箱、电频柜、RTU到强电、弱电并存的一体化智能控制系统，可完成远程定点启停、柔启停，远程调平衡、调冲次、远程刹车等。这些都是关于技术的探索与创新，可谓创新不断，它们形成了油气田物联网建设的完整技术。

（2）模式创新。模式创新分为两个方面：第一，油气田建设模式创新。长庆油田提出的“三端五系统”建设方法与长安大学数字油田研究所提出的“采、传、存、管、用”油气田物联网建设模式都是非常实用的建设方法。第二，油气田管理模式创新。又称油气田数字化管理。“用数字说话，听数字指挥”这种管理模式完全改变了传统的油气田管理方式，并以数字化管理的模式彻底改变了油气田生产运行的方式。

（3）发展创新。关于数字化转型发展，在油气田企业中应该是从数字油气田提出到数字油气田建设初步成型阶段就已开始了。当年都是人工完成各种工作，在实施了数字化建设以后，出现了“无纸化”办公，“无人值守”井场和站，远程指挥调动中心，管理方式从四级变三级、从三级变两级的“扁平化”，等等，这些发展与变化就是由传统油气田转变为数字化油气田，由数字化油气田转型升级到智能化油气田。这些发展变化都是在数字化时代中完成的，它们创新发展到今天。

3. 对于几个问题的讨论

随着智能油气田建设的到来，人们看到数字油气田的基础作用越来越重要。但是，在这些基础建设中还存在很多问题，这些问题让人们感到非常困惑，并且难以解决。

这些问题中有大问题，也有小问题。小问题如Zigbee供电锂电池的“续航”能力，尤其是在沙漠深处，换一次锂电池就要花费很大的精力、人力与财力，怎么办？大问题也很多，这里我们拿出几个典型问题予以讨论。

（1）油气田物联网数据处理问题。在油气田物联网建设中有很多问题，如“掉包问题”“Zigbee供电问题”“传感器精度校正问题”等。这些问题非常复杂，如传感器的精度到底会在采集多少次后出现误差？出现误差后如何早知道？知道以后如何在线检测与校正等，这些都是难题。

这里我们只讨论一个，就是数据质量问题，如示功图数据。在实际中人们喜欢用有线传感器采集的示功图，因为是实测，而无线示功图只有荷载是实测，位移是通过计算获得的，但是对于建设运维来说，大家又喜欢用无线示功图传感器，因为其安装方便、维护方便。对于数据质量来说，当然实测、精准的数据是最好的，这样大家都希望从源头上解决好数据采集的问题。

现在的问题是，我们怎样在传感器或RTU的这一端就将数据处理完备，并计算获得一幅完整的示功图，以及对该示功图做出应有的解释与评价，当数据传到数据中心时，其已经是一幅能够诊断工况与井况的“解”了，这样就缓解了后台数据处理、计算工作量大的压力，不然随着油气田物联网建设与发展，全覆盖后的油气田物联网将十分巨大，到时所有数据都到后台来解包、计算、分析，数据中心的压力会十分巨大。为此，就需要将数据处理迁移、下沉。

近年来人们提出“边缘计算”。边缘计算起源于传媒领域，是指在靠近物或数据源头一侧，采用网络、计算、存储、应用核心能力为一体的开放平台，就近提供近端服务。

边缘计算具有两大优势：①边缘设备采集数据，可提供给服务器端也就是计算能力强的计算机设备进行模型训练，然后将训练好的模型迁移到边缘设备（计算能力较弱）进行推演。②使用机器学习系统进行推演的嵌入式设备，这些设备一般都是末端的执行者，具有采集数据、分析数据的能力，如安防摄像机（CPU，Cortex-A系列）、温湿度控制系统（MCU，Cortex-M系列）等。

对此，可以尝试通过数据处理前移来解决问题。

（2）“打通系统”问题。巨大的软件平台与巨多的管理信息系统成为一个难题，这既是数字化以来的成就，又是数字化建设中的一个“灾难”，即系统多，信息孤岛就多、数据鸿沟就深，这是一个连锁反应。现在问题来了，怎么处理？

人们现在都在想办法，有几种做法：

①建立数据标准。大家一直认为这是数据标准不统一造成的，如格式多、系统多，数据就多，造成了信息孤岛与数据鸿沟。于是，大力倡导数据标准建设，然后依照标准实施整合。

②打通系统。这是大家通用的做法，认为系统太多就要整合。这些系统是由多厂家、多期次建设，多技术、多方法、多数据、多部门主导、多专业领域应用构成的，现在只有将这些系统打通。其实，系统是打不通的，反而会越打越糟糕。

③打通数据。打通数据就是实施数据治理，这是一种最好的办法。

（3）数字化人才问题。数字化人才包含两个方面：一是数字化员工。根据这么多年的建设经验得知，哪个油气田企业数字化建设的比较好，哪里的数字化员工就量大、认识程度高，数字化管理接受度就高。二是数字化工程师和技术人员。在这么多年的数字化油气田建设中培养了一大批人才，他们同数字油气田一并成长，对数字化建设、管理、运维有很多经验。

但是，相对来说，我们在全国看，数字化员工还没有达到要求，数字化工程技术人员更少，我们还需要加倍努力，大量培养和培训。

4. 未来走向

数字油气田建设的未来走向其实非常明确，就是走向智能油气田建设。

智能油气田建设是在数字油气田建设的基础上来完成的，所以，希望数字油气田建设越来越好。

3.4 本章小结

数字油气田是在传统油气田的基础上，按照数字化建设的标准，形成的一种油气田数字化的状态。我们将数字油气田建设放在这里论述，主要是给未来智慧油气田建设提供前智，就是当很多读者在学习、了解智慧建设问题时需要知道当初的数字油气田是什么，数字化到底做了什么，对智慧建设起到什么作用，这就是本章的基本目的。

（1）数字油气田建设过程“半场论”，不是为了猎奇，而是为了能够对未来数字化建设给出一个前进的方向。本章对上、下半场做了较详细地分析和论述。

（2）数字油气田建设是人类历史上在油气田领域的一个重大创新，包括技术、建设方式等，改变了油气田的生产运行模式，具有很大的贡献。本章对数字化管理建设、油气田物联网建设过程做了较为详细的论述。

（3）数字油气田建设对油气田中的技术难题做了很好的探索，完成了“五大法宝”的创新，形成了相关技术与产品，值得肯定。本章对“五大法宝”做了较为详细地分析与论述。

总之，我国的数字油气田建设在油气田的建设与发展中作用与贡献巨大，未来一定会走向智能油气田建设。

第4章 智能油气田建设

数字油气田建设进入了“深水期”，很多油气田企业面对着“天花板”难以突破，就要开启智能化建设了。

对于智能油气田建设，我们必须回答好这样几个问题：为什么要建设智能化油气田？智能化能为油气田企业解决什么问题？采用什么样的技术与方法建设会更好？有哪些关键技术和方法？如何走向未来？等等。

4.1 智能油气田建设思想与任务

如果将数字油气田建设比作西医的话，那么，智能化建设就是中西医结合。“西医”式的数字化建设过程，就是需要安装各种设备对油气田进行测试，获得数据；而智能油气田建设是采用数字采集+“中医”的望闻问切，最后做出比较科学的判断，完成预警、预防与“治疗”。

我想在这部书里主要介绍一下智能油气田建设到底如何才能做得更好。这就需要知道智能化建设的基本思想与任务。

4.1.1 为什么要建设智能油气田

为什么要进行智能化油气田建设？如果我们用一句话来回答，这就是油气田数字化建设已经完成了使命，但油气田企业仍然存在着很多深层次的问题，唯有智能化建设才能予以解决。数字化完成了数字化建设的基本功能与任务，但还有更复杂的问题有待利用更好的技术与方法来解决，智能化建设就是最好的选择。这里我们需要明确几个问题：

1. 数字化与智能化的功能定位

关于数字化与智能化，二者的基本关系是数字化建设是基础，智能化建设给予提升。这样就明确了它们之间的关系与各自的任务。

数字油气田建设与智能油气田建设的主要区别在于功能地位不同。如果用我们国家的高铁或地铁做比喻，那么数字油气田建设就如同高铁或地铁建设的基础设施建设，即挖隧道、铺铁轨、架桥梁、造车厢、建网络等，而智能油气田建设就是造“心脏”、装“大脑”，构建核心关键部位。

在高铁中有两个关键技术，一个是牵引力，另一个是工业化软件操作系统。人们将高铁或地铁的发动机系统称为“心脏”，这是高速运行中的牵引力；把高铁中的软件与操作系统称为“大脑”，为此构成两个核心关键。

同理，在油气田数字、智能建设中，数字化建设主要完成了油气田物联网的建设，这个建设过程是以“采、传、存、管、用”构成的，其实就相当于“挖隧道、铺铁轨、架桥梁、建网络”等工程。它包括传感器、视频监控和网络的建设，以及构建数据的采集、传输、存储、管理与应用的过程。而智能化建设是给油气田物联网上造“心脏”、装“大脑”。这个“心脏”就是智能化的数据中心，即数据驱动或数据动力学系统，数据呈现出具有牵引力的基本功能，类似于“心脏”；智能数据分析软件系统包括预警、分析与智能最优化控制等，就相当于“大脑”。

然而，油气田智能化不是简单的几个点，而是一个完整的体系，需要一个强大的操作系统，即数据智能分析。它类似于人的“大脑”，具有“最强大脑”之称。

由此可见，智能化建设中的数据与数据智能分析系统是多么重要。我们可以总结为以下几点：

（1）数字油气田建设只是完成了一般的基础建设。它的功能是“让数据极大地丰富”，这一点在数字化建设中做到了。

（2）智能油气田建设是在数字化基础上的提升。它的基本任务是造“心脏”、装“大脑”，构建数字、智能的核心关键部位。

（3）数字化转型发展为智能化建设做了很好的定位。就是在数字化的基础上建成智能化的油气田。

所以，给数字化的定位就是为智能化建设打基础，给智能化的定位是在数字化的基础上进一步转型提升，完成数字化建设中无法或不可能完成的功能建设。

可见，智能化建设或智能油气田建设非常重要。

2. 关于数字化转型发展

对于数字化转型发展我们必须要有一个深刻的理解与认识，主要是有利于油气田企业在转型发展中建好智能油气田，还要借助数字化转型发展的东风，实现油气田企业内部的全面改革。为此，我们对“数字化转型发展”非常期待。

（1）数字化转型发展首先在于“发展”。可是，怎么发展？这个道理或逻辑需要我们来寻找。智能化的发展是完成油气田新的“业态”再造，是以智能化建设来完成油气田企业的新形态。

这是对智能化建设一个非常重要的期待，即我们要借助智能化建设来促进企业内部的变革，实现转型。

（2）“转型”。什么是转型？怎么转型？对于油气田企业有两个层级：一种是将传统企业转化成数字化企业，就是将传统管理运行模式的油气田企业建成数字化管理的油气田企业；另一种是在数字化企业的基础上转型建成智能化的企业，这是一种高级别的转型升级。这就是给予两种不同企业具体如何转型的交代，一种是对于未建数字化的企业，另一种是对于已建数字化的企业。

这样的“转型”不是一般性的变革，而是一种技术革新与组织变革的创新，是一种“脱胎换骨”。

(3)“数字化”的问题。数字化是一种状态，就是通过数字化建设，使企业改变原有的状态，形成一种完全数字化状态。在油气田，就是通过数字化建设，形成数字化状态的油气田，然后在数字化的基础上完成智能油气田的建设，依照国家的基本要求完成智能经济形态的构建。

3. 为什么要智能油气田建设

为什么要进行智能油气田建设，现在我们就可以很明白地看到了。

(1) 数字化具有缺陷。在油气田很多企业基本完成了数字化建设，但数字化的功能具有缺陷性。前面我们在多处提到过，数字化建设是有功能缺陷的，这个缺陷就是不能对极大丰富的数据做智能化赋能，让数据动起来、能起来。虽然在数字化时代开发了许多管理信息系统，但具有很大的缺陷，主要是在管理上而无法做到智能分析与最优化控制。

(2) 油气田企业必须改变。在数字化建设中人们就提出了数字化管理，改变油气田的生产运行方式，实现无人值守、减员增效、降低劳动强度。但数字化建设的能力很有限，无法做到让油气田企业的形态彻底改变，甚至基本上没有什么改变。例如，示功图还是要由人工来判断，管理信息系统还要人来操作，很多岗位、部门、人事制度基本没有改变。这就是一个留给智能化建设来解决的大问题。

(3) 智能化建设是一个趋势。无论什么行业、企业，其未来建设与发展都要走向智能化。随着大数据与人工智能的发展，更多的岗位、职业将会被它们所代替。通过智能化的建设，让生产力、生产关系发生变革，会比数字化时代进极大一步，随后走向智慧化。

这就是数字化转型发展与智能化建设的意义与思想。

4.1.2　智能油气田建设的基本任务

在明确了数字化与智能化的功能定位以后，我们需要来讨论智能油气田建设的基本任务。

我们在第 3 章中讨论油气田数字化建设时，总结了数字化建设的三大成就，即让数据极大地丰富、创建数字化建设模式和形成油气田数字化管理方式。

其实，数字化建设的三大成就正对应着智能化建设的基本任务与建设指标。

1. “让数据极大地丰富”以后的智能化基本任务

数据极大地丰富以后，在智能化阶段必须给予最好的响应，即对数据的智能分析和应用。

通过数字化油气田建设，我们获取了大量的数据，实施了良好的数据建设，使得数据极大地丰富。这是一个成就，同时也是一个问题，这个问题就是如何发挥其价值与作用。

虽然，我们在油气田物联网建设中提出了“采、传、存、管、用”，其中特别提出了“用”，也非常强调了“用”。但由于受认识和技术的限制，目前对于“用”只能做简单的管理信息系统的开发，对数据的应用十分有限，更没有做到对数据的智能分析应用。

所以，在智能油气田建设阶段，首要任务就是解决在数据极大地丰富后数据的智能分析与价值实现，对于智能化建设的油气田企业来说，必须考虑怎样实现智能分析应用。于是，这就成了智能化建设的主要任务之一，甚至是首要任务。

2. 创建数字化建设模式以后的智能油气田建设任务

在数字油气田建设阶段，我们做到了传感器“应装尽装”，初步完成了全面感知；在数据采集方面做到了“应采尽采”，特别是对于生产过程中的实时数据；油气田企业的数据量每天都在以几何方式增长，数据建设从“数据池”“数据湖”到“梦想云”，所有技术与方法“应有尽用”；在数据传输方面做到“应传尽传”，基本做到了“三网建设”（互联网、局域网、移动互联网），不但完成了“全覆盖”，还做到了数据共享与服务。

那么，到了智能化建设阶段该做什么？如何通过再创造，形成一种比数字化建设方式更先进的新型方式？这就是智能化建设的另一个基本任务。

在数字油气田建设中，人们充分利用传感器、计算机、互联网、移动互联与管理信息系统等技术，大大地解决了传统的人工劳动、手工工作方式与数据共享问题，提高了工作效率。

可是，对于油气田企业来说，仅提高工作效率是远远不够的，人们希望在此基础上完成降低更多的劳动强度，降低生产过程的成本，以及提高经济效益。

于是，就要构建以数据治理和中台技术为核心的“小型化、精准智能”+“微服务”的数据智能分析框架模式，这是智能化建设的第二个重要任务。这个任务极其复杂，也十分艰巨。

3. 构建新型劳动关系，形成一种油气田新型的生产运行方式与经营管理模式

在数字化建设阶段确实完成了生产过程中部分的“无人值守”，改变了生产过程中的一些问题，但还没有完全彻底地改变生产运行方式。

原因很简单，除了油气田企业“点多、线长、面广”的特点与油气藏的复杂性外，还有长期以来形成的“人、财、物”制度与政策，其惯性很大，由于在数字化管理建设中存在着功能限制，也就不可能完全将油气田生产运行过程的所有问题都予以解决。

在数字化建设阶段，人们曾响亮地提出口号：“让数字说话，听数字指挥”（长庆油田），希望彻底地改变油气田生产运行管理模式，创建一种油气田企业的新型生产运行方式。

但要，要彻底地改变油气田生产运行过程是一个很大的难题。油气田企业的生产运行方式非常复杂，由“点、线、面，人、财、物”组成了一条很长的“链”，这个“链”又构成了人与人、人与物、物与物、物与业务、业务与业务、业务与财，财与人等环套，它们非常长且复杂，要彻底地改变是非常困难的。

现在怎么办？只有依靠更先进的技术与办法，这就是通过智能油气田建设来解决，即把“链”变短、将“环”变少，这也是智能油气田建设中需要解决的重要任务之一。

以上三大任务不是全部，但涵盖了油气田企业几乎全部的主营业务。可是，完成了以上三大任务还不算，还要构建油气田企业的“新业态”与“新的经济形态”，将这样两个“形态”完成了，才算是完成了完整的智能化油气田建设。

所以，智能化油气田建设还要完成下面两个非常重要的任务，它们是：

(1) 构建智能化油气田的新业态。“业态”是指业务状态，但对于智能化的油气田，是指形成了油气田经营管理新的企业模态，是一种“企业再造”。

“企业再造”是指整个企业的流程发生了革命性的变革，有别于“扁平化”。

智能化后的企业再造是对企业的一个重大突变，是对植根于企业内部、影响企业各种经营管理活动开展的固有的基本信念提出挑战，并对企业中的组织机构、运作机制和业务流程进行彻底的更新。

目前，我们在一些油气田智能化建设比较好的企业已经看到了新的迹象，就是打破了原有企业组织架构的格局，在主营业务中数字、智能地位凸显，原来主营业务中的勘探、开发、生产、集输等部门界限模糊化，以数控中心为核心部门，将油气田主营业务同数字、智能技术实现深度融合，很多传统企业部门的业务在悄无声息中完成了“脱胎换骨”的变革，让企业变得更加简单而高效。

这就是智能化后的油气田企业的新业态，是一种流程化的变革。

(2) 构建智能油气田企业的智能经济形态。智能经济形态是国家提出的一个战略性目标。当一个企业的智能经济形态形成时，这个企业不但是一个智能化的企业，更是一个经济效益极好的企业。

在油气田数字化建设中，我们也提出了减员增效、降低能耗、降低成本等措施，在行政上也采取了非常多和强硬的措施，强调扁平化管理，实施机构改革，“无人值守”，但收效有限。主要是数字化的有限功能与传统的管理机制碰撞以后，很多机制、体制不容所造成的，有些是受制度制衡，有些是受数字化功能所限，就是将人减完了却没有实现智能控制，智能化预警、告警，以及智能化操作等，这样是不可能实现的。

而智能化建设最大的本事就是能快速地发现“黑天鹅”与“灰犀牛”，这些东西有大有小，“深藏”或“隐藏”在生产运行管理过程的每一个环节中。我们通过智能化建设中的数据智能分析，就可以发现每个操作中人的管理发现不了的东西。当全部实现了趋势分析和预警、告警等，将所有的问题、事故发现在初端，消灭在萌芽，这样一个过程就是最优化反馈控制的过程，是最好的状态，也是最经济的状态。

这就形成了一种油气田新型的智能经济形态。

由此可以清晰地看到，智能油气田建设的任务是明确的，也是十分的艰巨，每个都很重要。上述智能油气田建设的3+2即五大建设任务缺一不可，它们共同构成了智能油气田建设的大厦。因此，这是一个巨大的系统工程与任务。

4.1.3 智能油气田建设的基本思想

首先说明一点，这里我们主要讨论的是建设思想。

一般来说，必须先要具有先进的智能油气田建设思想，才能较好地完成建设任务。因为思想铸就未来、思想引领方向、思维指导实践，只有思想正确了，行动才能对路。

然而，在数字化之后，现在是先有了任务，而且十分明确，为此，我们要将其倒过来先明确了任务，然后再确立其指导思想。

所以，我还是先把任务说清楚了，然后再来确立思想，会比较容易一点。那么，现在来论述智能化建设需要具有哪些建设思想，主要包括三个层面的重要思想。

1. 要有坚定正确的数据思想

坚守数据治理不动摇，确保具有高质量的数据供给。在智能化建设阶段，其核心不是购买智能装备和设备，关键是构建数据智能化。

油气田智能化就是给数据赋能，让数据变能。

智能化建设是在数字化建设的基础上建设的，在数字化阶段能安装的设备都装了，已经初步完成了“全面感知”。也就是说，我们所有的传感器、仪表（也是传感器）、视频（还是传感器），几乎能装的都装了。

而对于更先进的智能装备、设备的研发制造非常困难，不但周期长、试验多、技术瓶颈多，而且需要很大的投资。所以，这些问题非常困难，很难突破。当然，我们还是要鼓励大家不断地创新研发和制造，但在当前条件下，智能化建设唯一能做到的就是“数据智能化”。

关于数据智能化建设的思想主要有三点：

（1）数据导向思想。数据导向是指在智能化建设中以数据智能化为中心，坚持数据主导的思想。就是在整个智能化过程中都以数据作为导向，把数据建设做到完整与完好。

长期以来，人们都是以业务为导向，因为业务是需求方，这个没有错，智能化建设也不能脱离业务需求。但是，智能化建设是在数字化基础上的转型升级，是在数据极大丰富条件下的建设，所以，数据就成了核心关键。

还有一种说法，就是以问题为导向。这是人们在数字化建设中一直实行的一种建设方针，即有什么问题就做什么建设，这种思想也没有错。但是，这种思想方法有缺陷，就是建设的完整性不够，这对整体建设会存在很大的问题。简单点说，提出什么问题就做什么建设，不提就也不用去做，结果就是“零敲碎打”，没有完整性和整体性。

可是，如果是以数据作为导向，数据是连贯的，始终一致的，无论业务、问题、建设都以数据为导向，形成“数据是个纲，纲举目张”的思想，这就会以数据与业务融合来完成完整的建设。

所以，智能化油气田建设需要特别注意，数据智能了，油气田就智能了。为此，坚持做好与数字化阶段不一样的数据建设，形成数据导向思想，至关重要。

（2）数据治理思想。对于数据治理技术与方法这里不做过多的叙述，因为这是一个很大的问题，需要专门论证、研究。不过现在很多著书中都能找到相关的内容，这里我只强调数据治理对数据智能分析的重要性，以及对智能油气田建设的重要性。因为，在数据智能分析中的一个关键核心是数据强关联，没有数据治理就做不到数据智能分析。

前面已述，智能化建设就是数据智能分析，数据智能化的关键是数据的相关性与关联分析。相关是指数据与业务之间的相关关系，关联是指数据与数据之间的关联关系。我们做大数据分析，关键不是数据量巨大，而是多个参数关联后产生的“化学反应”效应。智能分析就是对数据的关联分析，完成“全数据、全信息”的操作。

在油气田业务数据分析中，不只是单一数据的统计分析，而是需要多元数据的关联分析，即对于一件事情的识别与判断，是在多种数据作用下完成的，而且它们之间的关联性十分强大。于是，需要在一种机制或者多种机制下，提供多元数据的智能分析。

数据治理的核心是“数据供给”机制。数据供给是指在智能数据分析中能够快速提取数据或做到对“微服务”“制造工厂”快速供给数据的方法，我们称为“数据供给”。

“数据供给”的基本功能是“快”；它的机制是“服务”；它有一个特别的方法是“主动服务”；其考核指标只有一个，就是“秒级”制，即提取或供给一条数据在秒级内完成。当然越快越好，这就是数据“秒级价值”的集中体现。

可是，现在我们提取一条数据一般需要几分钟，甚至几十分钟，这种数据供给侧根本满足不了数据智能分析的需求侧。假设有一条重要的生产线或重要的节点，需要对这个生产过程中每一分钟都要监管，要做到及时报警、实时预警，同时还要在趋势分析监管中与其他数据关联或与历史数据作对比，然而数据供给非常慢，而这时事故已经发生了，我们就没必要再提取数据了，也就更没必要预警、告警了。因为事故已经出现，最多只是一个事后证明而已。智能化最大的特征就是事前早知道，如果做不到就不算智能化。所以，这是目前智能化建设遇到的最大麻烦。

数据的“秒级价值”与“数据供给侧”问题，其唯一的办法就是撇开原有的数据方式，通过数据治理，以数据湖、数据池、云数据、云服务模式来实现。

（3）数据质量思想。智能化的核心关键是实现最优化反馈控制，事前早知道、事前早排除，即把问题消灭在萌芽中，把“黑天鹅”与“灰犀牛”早早地发现。如果我们提供的数据不对，当利用错误的数据或者不够准确的数据做预测分析时，就会得到错误的结果，这是令人遗憾的。

为此，数据建设要坚持抓好数据质量控制，而数据质量控制要从源头上做起。如何才能保证源头数据的质量可靠？首先，必须要求各种数据采集器精度高且稳定，包括传感器、仪表的精度以及及时校正；其次，要保证数据采集的第一手数据的正确性与高精度，为此，就要抓好数据建设制度，以此做好保障；第三，要建立数据监督机制和数据监理机制，对数据从源头上实施追踪、追究与监督。例如，一批数据被谁获取，生产的数据去哪了，数据追缴回来后对数据质量进行评估，然后入库。数据监理是在源头上对数据生产过程的标准化、制度化与监管。

现在有一种说法，就是“云多不下雨”。什么意思？其表面上是指建立了很多云数据中心，使用了很多云技术，但是，数据不好用、不能用，实质上是对数据质量没有信心，认为其全是假数据。所以，抓好数据质量与质量控制尤为重要。

2. 数据智能分析思想

在这里不打算展开论述，在后面会有专门论述。

但是需要强调的是，关于数据智能分析到底采用什么样的技术与方法比较好，现在还没有达成一致。其实也不可能一致，各行各业专业不同，需要的方法也不同，技术当然会有差异。所以，我们需要统一思想。

在智能油气田建设中，数据智能分析是一个“全数据、全信息”的过程，我们到底采用什么样的技术与方法做“全数据”分析，获得“全信息”的结果，这是一个重大课题。

（1）我们需要转变思想或者转变思维。要建立数据导向思维，以数据为中心，坚持数据建设，坚持做好数据治理，然后坚持做好数据智能分析。

（2）我们需要找准技术。长期以来，我们都是以IT思维建设和全面依靠IT技术建设。但是，现在却不是这样了，现在面对数据分析需要DT思维，做好非线性问题与场景中的“全数据”应用与“全信息”获取。

（3）我们需要做到业务、技术、算法与数据科学匹配思想，这是智能化建设的一个法宝。我们之前从来做不到，或者做了往往做不好，而到了智能化建设阶段必须要做好。

需求、算力是智能分析的必备条件，如果不具备就没有基础做到或做好；业务、数据是根本，二者必须融合，必须作科学配置，这是关键；技术、方法是手段或工具，这是能力，只有这几个要素都具备了，构建一种科学配置，才是大数据时代的智能化。

3. 建立大数据方法论+人工智能技巧的思想

在这个层面上的建设已经达到了智能操作的层面，其对智能化建设非常重要。

我们知道，智能化与数字化建设的区别就在于智能化是以数字化奠基，用数据铸造“心脏”，让数据像血液一样在全链上顺畅地流淌，然后基于数据极大丰富以后实施软件开发，构建智能化建设的“大脑”。那么现在问题来了，我们该如何构建？

采用大数据方法论+人工智能技巧来实施数据智能分析就是一个非常好的具体操作过程，这是智能化油气田建设的一个重要思想，同时也适用于其他所有行业、领域的智能化建设。

最后还有一个思想，就是如何正确地对待“云多不下雨”的思想。所谓“云多”，是指建设了很多种“云”数据中心；所谓“不下雨”，是指用起来非常不顺畅，被大家“弃置不用”或少用，数据作用没有发挥出来。

这种现象在现实中确实存在。其实，这也是智能油气田建设的任务之一，就是将智能技术作用在“云”上，需要开发大量的智能搜索来解决数据的快速服务。这一重要思想大家都有了，但数据格式的复杂性与业务需求的不确定性，让数据建设与治理，包括云计算建设都遇到了很大的困难，我们相信这一问题一定能够得以解决。

所以，从以上的论述中给出了一些基本的概念，就是关于智能化建设，一要建设好数据；二要开发好软件，即用好、用活数据。建设数据的基本任务是做好数据治理；软件开发的基本任务是做好业务、数据、技术、算法的科学匹配，利用大数据方法论与人工智能技巧研制好“智能大脑”。只要做好这样几点，就是完成了智能化油气田的“健壮的心脏”与“最强的大脑”的制造与安装，这几个建设思想对于智能化建设非常重要。

这就是关于智能化建设的几个基本思想。

4.2　智能油气田建设的基本路径与模型

现在我们开始讨论智能油气田到底如何来做，怎么来做？这就需要一条清晰的路径与方式。

4.2.1　智能油气田建设的路径

在智能化建设的基本思想、方法与任务确立以后，需要给出建设的基本路径，就是先做什么，后做什么。这个非常重要，就是需要画出清晰的线路图。

智能油气田建设是一条与数字化建设完全不一样的路，它是一条由油气田生产业务+数据融合在一起的完整的实施路径，即在运行中基本看不出来业务与数据的分离，它们始终处在一种“融合态”中。

1. 智能油气田建设的基本路径模型

关于智能化建设，我们说是一种产品强“基”、技术强“体”、数智强“脑”的过程。产品强“基”，是指现在智能化产品很少，因此只有依靠技术与数据智能，也就是技术、数据、智慧融合在一起的过程；“体”是指智能化建设工程与过程的整体；“脑”是指软件智能分析系统，即一种数据智能分析的过程。

于是，这种主干线+技术、数据与智能，构成了一个总的智能油气田建设路径模型。为此，我们给出一个油气田企业智能化建设的基本路径，如图 4.1 所示。

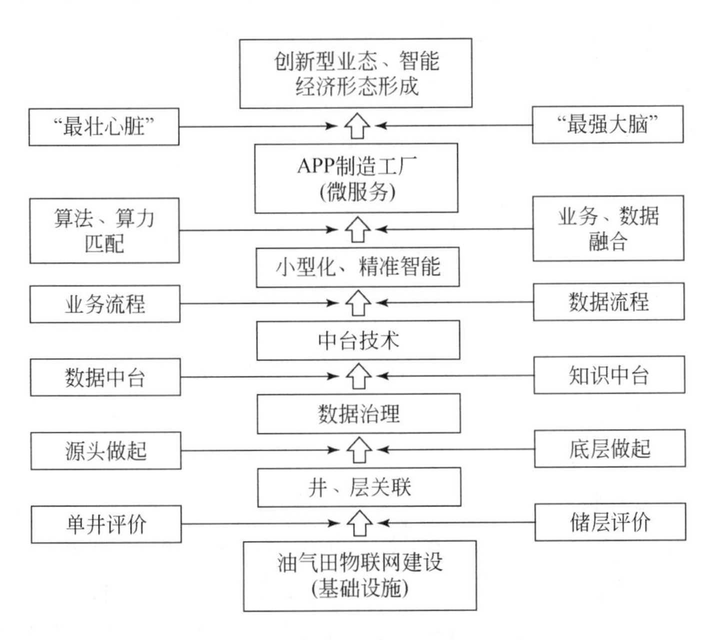

图 4.1　智能油气田建设的基本路径图

图4.1是一个智能化油气田建设应该遵循的路线图，是一种油气田业务流与智能技术高度融合的过程。

这里只开列了一个简单的过程，这个过程是一个从下到上的路径，要求其必须在数字化建成的基础上开启。如果是一个“零起步”的建设，就需要先做好油气田物联网建设，即做好完整的“采、传、存、管、用”，让油气田数字化了，再开启智能化建设。

在主路径的两旁是相应的技术与方法，如在井、层关联这里就给出了必须要做的工作，同时给出了技术与方法。如井的经济评价，就是要采用评价的技术，用经济评价的方法来做，以此类推。

2. 主路径与相关关系

主路径有两条线，一条是业务主线，另一条是技术主线。

为什么这里只看到一条？这条是技术主线（图4.2），而看不到业务主线，因为业务始终是在伴随着的，业务已融入每一个过程中，即隐含在这条主线之中。

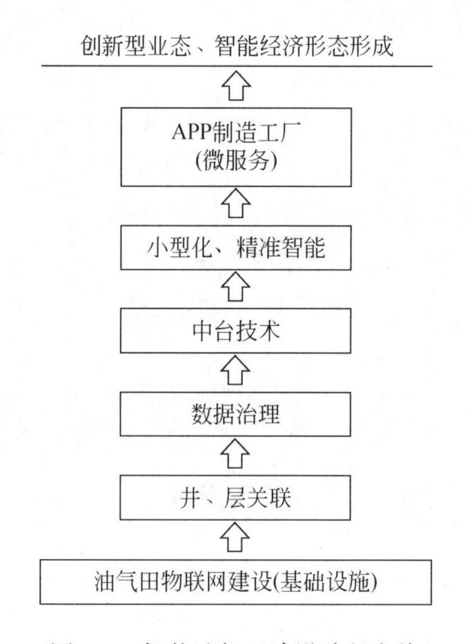

图4.2　智能油气田建设路径主线

这样的一条主线是智能化建设的“脊梁”，不能弯曲，是一条不能“折”的“命脉”，必须沿着这样的路径建设。他们之间的基本关系是具有严密的逻辑性的，如油气田物联网是基础，就是必须要在这个基础上实施智能建设。

井、层关联建设是油气田生产过程的关键，如果没有储层、油藏的参与，就没有油气井的存在，建设也就没有意义了。当有了基础设施，有了基本条件以后，下来就是数据问题，数据成了关键，从而数据治理又成为核心关键，以此类推。

当保证了数据，完成了数据的质量控制和快速供给以后，怎么让数据智能分析做得最好？这就要实施中台建设。完成了中台建设之后，还不一定就能完成最好的建设，而是要用“小型化、精准智能”+“微服务”的思想，开发每一个用以智能分析的“最强大脑”。这里的“小型化、精准智能”是基本方针，“微服务”是一种方法。所以，在这条主干线上的每一部分，它们的关系都是具有逻辑性的。

为此，我们只有沿着这样一条主线建设，一定能够完成一个比较好的智能油气田建设。

3. 对路径中几个重要思想方法原理的讨论

有了路径以后，还要有很好的机制。机制是指有机体内的构造、功能及其相互关系，如机器的基本构造和工作原理。在智能化油气田建设中也存在着这样的机制，下面介绍几个重要的功能与机制思想。

（1）地下决定地上。这是油气田的一个重要理念，也是智能化油气田建设的一个重要机理。

什么是“地下决定地上”？它是指地下储层含油气量的多少，决定着地面工程的建设与油气生产，更重要的是决定着地面开采的年限，也决定着这个油气田企业的生存与发展。对于智能油气田建设来说，就是要从地下储层做起，要清晰地知道该储层还有多少潜力和潜能？

“从地下储层做起”，这是在数字化、智能化建设以前所没有的一种做法。因为，在数字化油气田建设中，人们没有更好的方法去关注地下油气藏及储层与井筒的关系，只关心地面工程与生产管理过程，更多的认为这是地质研究的任务，与数字、智能建设无关。

可是，在智能化建设阶段就完全不一样了，它要一改长期以来数字化建设的“两股道”与“两张皮”的建设局面，要坚定地倡导和实行必须同油气田企业业务“同生共处”、融为一体的思想，同储层构成“生存共同体”。这就是“地下决定地上”的基本机理与思想。

关于“地下决定地上”建设的具体做法是：

①对储层作评价。对储层作评价是必须要做的一件事，这不同于地质研究中油藏描述或储量计算中的评价，而是智能化油气田建设中必须要从油气藏或储层建设做起的经济性分析的思想与方法。

其具体做法是算历史旧账（新建油气田不存在）。什么是算“旧账”？就是当确定好建设区域后，要将这个区域内已开发的和正在生产的储层勾勒清楚，每一个层都要清晰地进行划分，然后来算一笔“老账”。

其实很简单，就是看当初开发方案是怎么编制规划的、当初认为有多少层、当初计算储层有多少储量、计划布设多少口油井、开采多少年、累计产量是多少，以及现在已经开采多少年、还有多少潜力、阶段性的地质研究成果是什么结论，等等。要清清楚楚地知道这个区域的油气藏的“生命周期”还有多少年，并针对当前油价实行经济评价，即算账。

这就是“地下地上”的实现与方法，不要以为它同数字化、智能化没有关系，如果不这样做，那就不能称为智能化建设。

②对所有井作评价。油气生产井的主要作用是油气生产的通道，也就是我们利用油气井来沟通地面与油气藏，构成一个人工油气生产管道。然而，这个管道却是具有“生命体”意义的，即是一个具有“单井个性化”特征的油气田生产单元。这个单元可不一般，从地下到地上，全部构成以井为中心的单元，形成一个统一体。更重要的是它有“脾气”，“脾气”还不小，而且每一口井不一样，“性格各异”，为此我们称作“单井个性化”。

怎么办？

在智能化油气田建设之初，我们就要对已确定的建设区域内的所有井做一次“脾气测试”，即单井经济评价。这里需要注意的是对所有井。

我再一次强调，这里不要分出好井和不好的井，而是必须把全部的井交给建设者。然后根据当前的国际油价，对每一口井的产量做一个效益评估——算账，也可以说是做一次“单井体检”，然后根据评价后的情况，将油气井划分为三类：

第一类为优良井。这就是大家所说的好井、高产井；

第二类为中等井。这类井作为情况不明的井，很有可能是口好井；

第三类为差井。这类井的生产能力与地下油气藏的潜力相一致（没有前景），可以对其实施智能间抽或“关、停、并、转、改”等措施。

重要的是还要对每一口井的“个性”做完整的了解，记录在案，如某一口井在历史上发生过什么事故，历史上该井作业中出现最多的问题是什么，该井的含硫、含沙、含气、含水是多少，等等，这些都要做全面地分析与记录，以便全面地掌握每一口油气井的所有数据与“个性”化记录，并将其全部数据化，建档入库。

这就是对油气井评价的作用与方法。

③实行“井、层关联”。前面已经说过了“地下决定地上”，油气井又是“沟通地下与地上的通道”，可是，长期以来我们并没有做过井、层关联研究，而是层就是层、井就是井，将它们看作是相对孤立的个体。在智能化油气田建设中，却是要将它们放在一个系统体系或环境中来考察，做完整的研究、数据分析和业务需求关联，不能彼此“割裂”。

一般来说，只要出现了“环境分裂”，就会产生“边际效应”，这种“边际效应”是非常难处理的，存在大量的模糊性和人为的边界划分和责任叠加区域，就做不到系统中的“有机结合”，也就不可能实现智能化或做得很好。

“井层关联”的具体做法，就是通过储层经济评价与油气井经济评价之后，建立起一种逻辑关系和关联关系，如这口井所对应的层还有多少潜力可供这口油井生产，按照现在的产能与井的能力还能生产多少年等，从而编制出单井生产方针、提出补能预测、实施智能控制与最优化调配。

这种关联是一件了不起的事：

第一，井与层不再分离，成为高度透明体，他们共同生存在一个环境中形成统一体，可实施“单井个性化”“智能驾驶舱”“无人化管理”建设。

第二，井层一体化，井与层构成“天、地、深”三维立体环境的“根”，通过智能化技术培植根基，使得“天、地、深”一体化根基深稳，有利于实施智能化的三维可视化与AR组织管理。

第三，井层关联业务与智能化深度融合，会形成油气田业务流与数据流的深度融合，这是我们长期以来在数字化建设中梦寐以求的，在这样的过程中我们做到了，其结果就是智能化的生产运行管理。

更重要的是可以开发“智慧大脑”，实现给“数据赋能”，让“数据工作”。例如，智慧大脑每天定时智能分析，给出每口井的“一井一策”，这就把井场的工程技术人员从“采、算、编”的工作中彻底解放出来，或许智慧大脑会比人更加勤快、比人更加到位，这就叫“精准智能”。

所以，智能化建设不是示功图诊断，也不是关注井、层采集数据和帮助工程技术员编制生产方案，而是要对井、层实现智能化管理，从而构建油气田企业智能化油气田的生产运行创新模式；构建智能化建设的业务、数据、技术、算法科学匹配的“让数据工作”；构建油气田生产一体化，即打破各种“边际效应”，消除机构臃肿，责任不清，完成真正的减员增效，实现无人值守，将油气田企业的“生产关系”简单化。

这就是井、层关联后的重大意义与效应。

(2) 数据治理。这里不再多叙述，前面已讨论过，这里主要说说数据治理中的“数据湖”的作用和意义。

数据治理是一个非常巨大的工程，如果是一个“零起步”建设单位，那就要从数据的数字化做起，将各种文本电子化、数字化入库，将各种数据进行质量检验，建立标准，实现数据全要素标准化入库。

如果是数据建设比较好的油气田那就简单了，很多油气田企业都建立了云计算中心等，数据基本上从源头上点对点地建立了系统化的渠道，数据存储、管理都没有大的问题。

但是，数据用起来问题却很大，主要表现为难找，不能快速供给，更不能提供主动服务。因此，需要建立一种数据快速服务机制，这就是现在大家比较认同的“数据池”或“数据湖”方式。它们二者只差了一个字，只是概念上大与小的区别，功能与作用都一样，就是做到大数据与智能分析，使数据快速供给。

首先，我要告诉大家的是，“数据湖”建设是数据应用过程中提供数据服务的一种方式，不要对其“宗教化”般地崇拜。

其次，“数据湖”在大数据分析与人工智能技术应用数据时，提供了一种非常灵活的“供给”。它可以很好地避开数据库或数据仓库那种“古板”或约束，从而可以快速地获取原装、原样、原始的数据供给。

需要强调的是“数据湖”的位置，它到底应该出现在哪里？应该说它什么时候都可以出现，但是，在智能化建设中最好是在云后出现，即在云外面。当然，也可以在云中部署，这是一种比较理想的工作负载，可提供高性能、可扩展和高可靠性的各种数据分析引擎，可以更好地部署，更具有弹性和实际应用性。

再次，“数据湖”是数据治理中一个非常重要的部分，但不是数据治理的全部，这点一定要注意。在数据治理中需要“数据池”或“数据湖”这样一种机制，以解决数据的快速供给，而在“数据湖”建设中，其核心关键是智能搜索。

最后，我要告诉大家的是，数据治理是油气田智能化建设中一个迈不过去的坎，不要侥幸的以为我有云就可以不做数据治理照样建设。那么，我要告诉你，等到运行中的那个智能处处、时时卡壳，那时就很难受了。

（3）数据智能分析。数据智能分析机制是智能油气田建设中的核心关键，即给智能化装上“最强大脑”。

数据治理是把数据建设好，相当于给智能化建设造了“心脏”，数据驱动、数据服务、数据供给机制都有了，现在就是需要给数据赋能，怎么做？数据智能分析是唯一的办法。

数据智能分析是一个利用大数据分析与人工智能技巧的过程，分为三个层次：

第一个层次是通过数据分析完成一般性的识别、诊断，这是建设过程中最低端的一级。

关于一般性的识别、诊断在数字化建设中就有，如示功图诊断，还有在数字油气田建设中出现的“五大法宝”，如在线含水率分析等。这些过程中都带有很多自动化过程，是以设备工作为依托的智能化，其中有些设备的智能程度还很高，如智能控制柜。

第二个层次是通过大数据分析，在一般性的识别、诊断基础上再升级，能在运行系统上做到预警、告警和趋势分析。

这个层次已经不是一般性的自动化能力的识别与控制，而是做到提前早知道，提前早处理，快速发现“黑天鹅”与“灰犀牛”的智能化程度。其主要是利用数据的趋势分析与跟踪，加上知识库、经验库的运用，采用人工智能技术的技巧性记忆、识别和对比分析，做到在趋势分析中给出预警和告警，在生产运行中做到远程控制、在线分析，以及最优化反馈控制。

第三个层次是“中台技术”与“小型化、精准智能”+“微服务”的建设思想，要做到“业务、数据、技术、算法科学匹配”，完成“最强大脑”开发。这是目前智能化建设的最高境界，也是最好的技术服务方式和建设模式。具体的做法有这样几点：

①中台技术。这里不展开论述，大家可以查看相关文献，我主要想告诉大家这样几点：

第一，中台技术是一种好的思想，它是一种数据应用服务的技巧，克服了 IT 技术缺陷，特别是克服了长期以来推行的大平台模式的弊端。

第二，中台技术包括数据中台、技术中台、知识中台、算法中台，等等。将这些在软件开发过程中需要的东西都放在中间这个位置上，当我要开发一个智能系统时，可以快速地在这里获取需要的素材，这确实是一种好办法。

第三，中台技术在现阶段是一个最好的技术，但是，也不是万能的。现在就有人提出要“拆散中台”，目前来看不是中台模式不好，而是中台技术构建还有缺陷，我们必须要进行创新，使其发挥更好的作用。

所以，在智能建设中，我们投资预算一定要给中台建设留有足够的经费支持，中台建设可能是一劳永逸的建设。

②“小型化、精准智能”。这是在中台技术之后的又一个软件开发的“福利”，它既是一种思想、方针，也是一种可操作的办法。

“小型化、精准智能”是指在智能化油气田建设中，必须将所要建设或者说所要智能化的业务划分成小点，然后在实施智能化中，将每个小点做到“精致”“精准”和“精确”，这才叫智能最优化。

过去我们都喜欢将油气田所有的业务一览无余、一网打尽的放在一个系统中建设，叫大平台，事实告诉我们这不是一个好办法。而智能化建设时要采用“化整为零”的方法，就是划分成一事一开发（软件开发），一开发即精准，一精准就智能。

事实上，智能化的本质就是最优化反馈控制，如果我们都做不到精准，又怎么能优化反馈控制呢？这是一个很大的问题。

③“微服务”。这是配合中台技术和小型化方针的一种软件开发模式，当初主要是对开发商提出的，就是在网络上根据客户的需求，哪怕是一个很小的问题，开发一个软件服务产品，这种方式叫“微服务”。

现在我们将其引入智能化建设中，是指在软件开发上不再做很大的平台，而是做“小型化”的快速开发服务，这种开发与“小型化、精准智能”非常匹配，这是智能化建设中一种最好的思想方法与操作。

如果我们要总结油气田数字化建设的经验教训，那么其中一个最大的教训就是开发了很多的管理信息系统和巨大无比的平台。巨大无比的平台的好处是包含了所有的相关业务，可以将所有业务关联在一个平台上实行大协作和信息共享。其缺点是系统开发难度太大，只要一个小环节出问题，有可能全部系统都瘫痪，这就是大家常说的“牵一发而动全身”的问题。

在智能化油气田建设中，实现的是大数据与人工智能技术参与的数据智能化，这种智能过程是一种给“数据赋能”的过程，这时若再采用大系统、大平台的做法已经很难做到或者做到最好，所以，只有采用“小型化、精准智能”+“微服务”这种制作小型“智慧大脑”的做法，才可能做到“数据赋能”，这是目前最好的办法。

以上是我们对路径中的几个重要机制的讨论，这几个机制不是一般的方法问题，是智能化建设中非常重要的结构性原理。

4.2.2 智能油气田建设的总体模型

以上对智能油气田建设路径中几个问题作了重点叙述，当然还有很多，这里就不再赘述。如果能够将这样几点把握好，也就基本掌握了智能化建设的精髓。

光有路径还不行，这里需要给出一个智能油气田建设完整的模型。不过通过上述分析与论证之后，总的模型反而简单化了。于是，我们给出一个建设结构模型，如图4.3所示。

这个总体模型包含了整个智能化油气田建设中最重要的内容。其中，底层是数字化建设基础，中间数据治理少不了，然后就是完成数据的智能分析，给数据赋能。

这里引入了标准与规范，以及大数据与人工智能等技术，只有这样才能完成建设过程，建成智能化的油气田。

从图4.3中可以看出，智能化的基本功能就是实现预警、告警和自动操控，抵御防范“黑天鹅”“灰犀牛”，“让数据工作”，以及实现在制造与运维中的“数据孪生”，

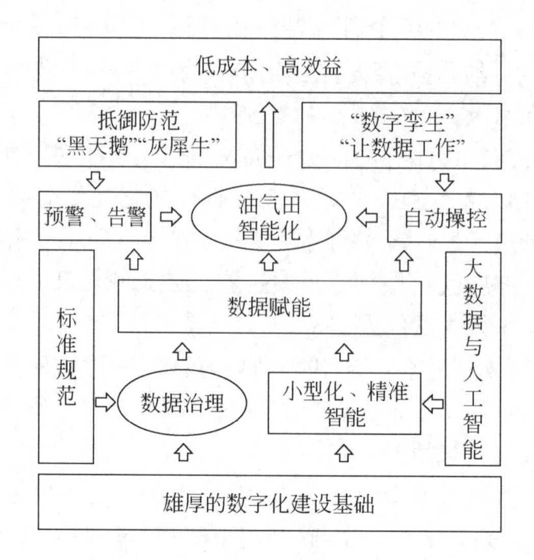

图 4.3　智能油气田建设模型

其最终目的是要降低成本，实现高效益，这就是最简单、朴素的智能化建设全过程。

这个模型还告诉我们智变未来，不仅仅是指油气田企业，还包括数服、油服企业的建设者本身，也就是厂商先要智能化，成为“职业化的人员”（数字、智能专业人员）和“专业化的队伍”（懂油气田和智能化的商家）。如果做不到这样两点，就不可能胜任智能油气田建设，这将是一个趋势。

对于结果，由于人们的认识不同、建设的投入不同，对智能化建设的成果要求也不同。从目前建设与未来发展趋势看，智能化油气田建设的品质应该分为三个层次，或者称为三个级别：

（1）第一个层次（1.0）为“数字化的升级版”。就是在数字化建设的基础上“拾遗补阙”，加入了一些智能设备、智能分析等元素，建成一个初步的、简易的智能化油气田。主要表现有：①数据建设初见规模，数据作用成效显著；②网络建设全覆盖，实现升级稳定、高速；③对生产运行管理数据的分析功能提升，告警、预警成果作用明显。

（2）第二个层次（2.0）为“数据智能化”。主要表现有：①数据治理成效显著，数据快速供给效果好；②大数据与人工智能技术得到很好应用，数据智能分析方法配套，解决了油气田生产运行过程中的基本难题；③数据智能分析发现“黑天鹅”“灰犀牛”技术成熟并常态化，企业生产运行低成本明显降低，“无人值守”全部实现，“让数据工作”功能突出，经济效益全面提高，职工不断增强幸福感。

（3）第三个层次（3.0）为“走向智慧的智能化”。主要表现有：①智能化建设中五个字“牢、实、稳、健、好”（见考核指标）全部实现；②智能化油气田十大关键技术（见关键技术）应用自如，“数据赋能”“让数据工作”常态化，效果好；③油气田企业“双态”成绩明显，一个“简单、无人、美丽”的油气田初显，为智慧油气田建设奠定了良好的基础。

这就是智能化油气田的建设“品质”，我们每一个油气田企业都可以根据自己的情况选择不同的等级建设，形成自己的建设模式。

这是一个简单的模型，但内容极其丰富，只要用心建设，就会具有自家独有的品质，形成自家独有的智能化的品格。

这里需要强调的一点，即智能化建设关键在于“能”，而不在“智”。

4.2.3 智能化建设的知识图谱

知识图谱是系统地研究问题、表达思想、对关联紧密事件勾勒出清晰的线索的一种方法，以便在建设中很好地把握与操作，这是一个很好的办法。

1. 智能采油建设的知识图谱

智能采油建设的知识图谱是将上述智能油气田的建设任务、思想、路径与方法做了一个最好的综合的一种思想方法。

我们在前面分别对路径、内容、模型等做了介绍，但当它们汇总到一起后是什么样？我们以采油智能化建设为例，给出一个油气田生产管理智能化建设的知识图谱，如图 4.4 所示。

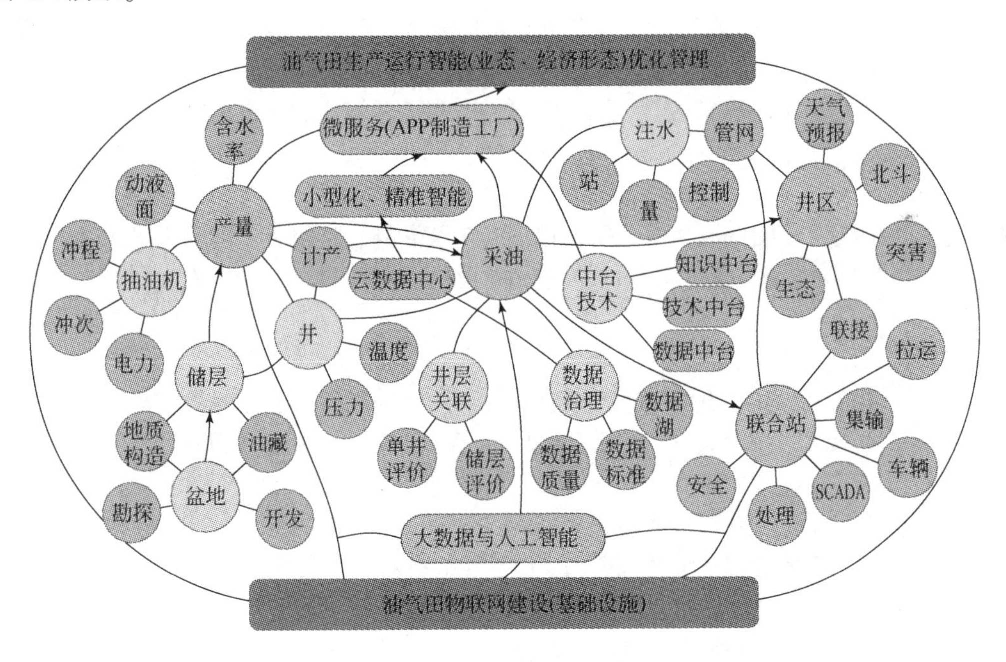

图 4.4 油气田生产管理智能化建设知识图谱

这是一幅简化了的图谱，其中还有很多知识点没有办法加入（需要构建三维模式），该图谱共分为三层：

（1）第一层是四个主要要素，即产量、采油、联合站和井区，其中采油处于中心位置，其他业务都是围绕采油过程的发生与之形成关联关系。

（2）第二层是围绕产量出现的储层、油井和抽油机等；围绕采油出现的产量、计量、井、层管理、数据治理、中台技术、注水等；围绕联合站出现的安全、处理、站控系统等；围绕井区出现的生态、环保与健康等。

（3）第三层是围绕二级要素的下一级要素，太多了以致没有办法全部表达，这里只是说了一部分。

将智能油气田建设中的知识图谱在这里论述，主要是为了让大家学习、掌握知识点，然后知道其相互的关联关系，由此在建设中能够引起重视，把智能油气田建设好。

2. 智能化建设中知识的重要性

在智能化建设中，我们不但要将各种需要的知识、技术、业务、关联在一起供人们学习、领会和创造外，还要十分重视各种经验与教训。

在现实中，企业一般最怕内部出现问题（事故），一旦出了问题，都是“严防死守”地消化在内部，不上报、不外传，也不总结，其实这对智能化建设非常不利。

智能分析需要掌握很多过程与运行中的问题，如“单井个性化”，就是要知道这口井在维修、作业、维护中经常出现的主要事故或毛病是什么，并将其完整地记录入库，当实施智能分析时，这些就是非常重要的用于比对、识别和判断的依据，也可以将其作为“阈值”。所以，在智能化建设的前期要大量地重视收集、整理、录入、建库，将知识、经验与教训，以及各种参数、界限值非常珍惜地保存和录入。

同时，我们还要将其知识图谱化，以更加有利于智能化的建设。

3. 智能化建设中的知识人才

智能化油气田建设是一个大工程，它是一个跨学科、跨领域，需要多种人才，多种知识荟萃，特别是需要大量的职业化人才和专业化团队参与的建设系统。

未来发展是一个“智变”的时代，称为“智变未来”。在油气田实施智能化的建设，就是完成“智变未来”的工作与操作。

可是，经过这么多年的数字油气田建设后，人们发现目前最大的问题与困惑就是知识、人才的“奇缺”；技术、产品的“短板”。我们总结一下有这样几个关键点：

（1）数字、智能人才奇缺；

（2）智能工业化软件与智能装备、设备奇缺；

（3）数字、智能技术与大数据分析+人工智能技术方法奇缺。

关于人才问题，除了在大学中快速培养之外，就是在实践中培养，这需要一个很长的过程。智能装备与设备的研发制造企业也很奇缺，因为智能装备、设备的研发制造周期太长。人们正在努力的创新研发，目前国家也在大力倡导“共享制造”，以解决这样的困境。

而现在最大的问题是缺少拥有知识的智能化的“职业化人才”与“专业化团队”，这些人与团队必须拥有知识图谱的能力，将油气田业务、生产运行、智能化技术与建设方略构成一个完整的体系，实现最优化的操作与控制实施建设。这成了最大的难点。

总之，利用知识图谱来表达智能化建设中业务与智能技术的深度融合是个好办法。

4.3 智能油气田建设的关键技术与考核指标

前面我们已经回答了三个问题，这里需要给大家回答最后两个问题，这就是在智能油气田建设中到底需要哪些技术，以及通过这样规模化的智能化建设以后，油气田将走向何方？

4.3.1 智能油气田建设的关键技术

对于一个智能化油气田建设项目，要将其完整地建设完成，还要做到名副其实，这个过程中不仅要有任务、思想、路径与方法，还要有很多的技术做支撑。前面我们提过智能油气田建设关键在“能”，而不在“智”。但需要使用技术将智变能，就要把握好这样几点：

1. 智能技术是一个集成或组合

智能化油气田建设是一个巨大的系统工程，为此不能只利用某个单一技术或设备就可以完成。虽然，油气田建设不像航天器、深潜器等的研制那么壮观和复杂，但是，要做到“无人”值守、“无人”操控和“无人”管理的油气田，也不是那么容易的。

所以，要建成这样一个智能化的油气田，其建设过程应是一个组合技术，细数起来可能需要大大小小几十种甚至上百种技术，通过系统性地组织与集成来完成，如智能控制柜装置包含利用人工智能与深度学习开发的系统，以及一个供电模块或一个智能按钮等，这里不一一列举。

2. 智能技术的类别

智能技术有两种，或者说有两个层面：

（1）一个层面是在机械式电动操控中添加一些智能控制。这种设备、装备是在嵌入了一定的自动控制系统即“最强大脑”后变得智能，如数控机床、无人值守的停车场等。在现实中有很多例子，在油气田也有很多，最典型的就是智能控制柜，现在还有一些电磁阀门等。

（2）另一个层面是智能机器人式的智能设备或装置。这种机器人在现实中也很多，如智能服务生、智能扫地机器人等。在油气田也有很多，如水下机器人、智能巡检机器人、联合站人脸识别等。

3. 一般技术与核心关键技术

我们要建的智能化油气田，绝不是安装了一些这样的设备、装备或装置就叫智能化了，而是要油气田整个生产、运行、运转、管理和操控全过程整装性的智能化，是一个系统化、完整性的智能油气田，即达到油气田勘探、开发、生产过程的全部、全程最优化反馈控制。

油气田智能化建设需要一个强大的技术集合体，各有用处、各有位置、各有特点，我们将这些技术放在一起作为智能油气田建设中的核心关键技术或重要技术。

而在众多技术中，还有很多核心、关键的技术，这些技术起着关键核心作用，我将其汇总成一个表格，如表4.1所示。

表4.1　智能油气田建设中的重要技术列表

序号	技术名称	技术的主要功能与作用	应用时段	应用特点
1	数字技术	包含IT技术与油气田物联网在内的全部技术，完成数据的“采、传、存、管、用”	油气田智能建设基础阶段	基础建设
2	边云计算	下沉到设备端的数据处理，确保源头数据的质量可靠性的边缘计算与云计算，过程智能搜索	数据采集端与数据中心	源头数据质量控制
3	数据治理（区块链）	包含数据建设与数据池、数据湖与数据治理体系，以及云计算等，为数据快速供给的智能搜索技术	智能油气田建设全过程	云数据、云服务的数据供给
4	中台技术	包含数据中台、技术中台、知识中台、业务流中台等建设，确保提供更多的技术支撑	数据治理之上与软件开发之前	数据、技术、业务算法储备
5	敏捷配置（数据专家）	软件开发与软件开发组织智能化，即让别人智能前，自己先智能，低代码编程	数据智能分析的组织管理全程	软件开发智能化
6	井、层算法	井、层关联计算，单井、储层经济评价与井层模型建设，以及三维可视化	智能化油气田建设与数据分析之前	智能化全过程优化反馈控制，基础建设
7	微服务	包括APP制造工厂，共享制造与小型化、精准智能，智能化完整体现，自能低代码编程	业务、数据、技术、算法科学匹配开发	小型精准控制系统
8	大数据与人工智能技术“最强大脑”	智能化建设全过程要同人工智能结合应用，是一种方法与技巧结合的“最强大脑”开发	数据智能分析阶段	全数据、全信息，用“智”作能
9	智能技术（数字孪生）	数字、智能的全组合技术集成，包括智能设备、智能化软件，在智能化建设全过程	在机械式电动化设备中嵌入智能	制造、运维镜像化
10	“黑天鹅”技术	这是一种在智能化过程中十分普遍而有用的技术，作用就在于及时发现“黑天鹅”	在智能化建设中全程都在用	智能分析

表4.1不一定包含全部的核心、关键技术，其中很多技术可以经常看到，算是常规技术了。然而，一旦它们组合到一起，就会形成一个强大的技术集成体，其威力巨大。

这里需要强调一个技术，就是数据专家（datist）。它是由我们自主研发的一种流程化的低代码编程方法或语言，是数据治理、中台技术、软件编程服务（敏捷配置）、微服务开发中的一个关键性技术，可快速地提取数据，实施节点式操作，流程化、可视化，一键服务模式，成为工程技术人员二次开发的有力助手，也是解放编程人员劳动强度最好的工具。

当然，这不是全部，还可能有更先进的技术，如太赫兹（6G技术）+量子计算、地质扫描仪等，这里没有列入，主要是因为还有待进一步的研究和实践验证。但在目前，只要对以上这些技术完全掌握并用好了，就能建设成一个非常不错的智能化油气田了。

受到篇幅的限制，这里不会对每一个技术做介绍及应用案例示范，下面将选择性地对上述中比较难而重要的技术做一点基本的讨论。

4. “黑天鹅”技术

“黑天鹅”技术是指如何发现“黑天鹅”的技术与方法，通俗点讲是要逮着“黑天鹅”，即用数据趋势分析后一直处于扑着“黑天鹅”的过程中，实质上是一个数据智能分析的过程。

首先，这是一个很难的课题，尽管我们说起来非常容易，但做起来并不容易。

其次，这个技术分为两个层次：第一个层次就是我们通常所说的预警、告警、报警，这中间其实是发现“黑天鹅”和“灰犀牛”的过程。第二个层次属于大数据与人工智能结合深度分析的预测和预决策，这是一个比较难的问题，我们都在做，但如何系统性地做还是个难题。

下面我对其具体实现与做法进行一点介绍。

(1) 基本思想与原理。智能分析的指导思想是对数据的智能分析。数据智能分析的指导思想是建立在“全数据、全信息、全智慧”的基础上，以解决油气田生产运行过程中包括油气藏预测、预决策等非线性问题。

基于这样的思想，就是要告诉我们：请不要将非线性问题线性化而做成经典研究。因为，这在前人或100年前已有了，也做了，成果十分好。可在大数据时代，也就是数据极其丰富的条件下，如何常规性地处理好非线性问题，就是得到“全信息”的解，这是我们追求的一个目标。

下面我们来看看其一般性的基本原理。常规说法就是“数据分析”原理，新时代说法就是给“数据赋能”。

“数据赋能”就是利用大数据分析与人工智能技巧，采用数据分析的方法，将数据变能，“让数据工作”，其基本原理如图4.5所示。

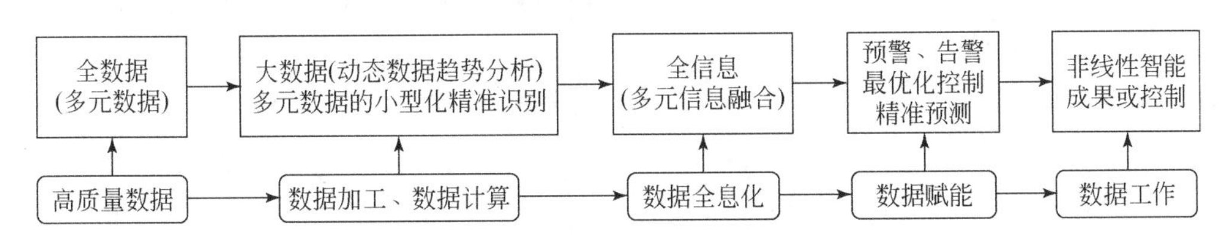

图4.5　全数据的数据赋能与数据工作基本原理图

图4.5就是一个图谱，从“全数据”开始，主要要求多元、高质量的数据，然后利用大数据分析或者趋势分析实现全信息，这就是全数据的全信息之解。

例如，我们做一个地质研究的图件，这里包含很多信息，但它不是全信息的解。全信息的解应是唯一的且精准的解，这是我们利用多元数据，通过加工、计算之后获得的一个预警、告警或预测，这就是信息解的含义。

这种方式与结果就是给数据以能，即赋能，“让数据工作”，而整个过程中都没有将其线性化，是一个非线性的解。

这就是我们的追求，也是扑着“黑天鹅”技术的基本要求。

（2）基本技术与方法。“黑天鹅”技术是一种数据的智能分析，是大数据方法论与人工智能技巧的一个结合，非常灵活，是一种非常好的办法。

大数据是一个多元数据的集合，有时它确实非常巨大。例如，在做大学生精准扶贫时要利用所有学生的全部数据，这个数据量是巨大的。假设有3万学生参与计算，要从中发现最困难的一批学生，这里的数据量是一种什么概念？这就可以用巨量表述。

但在油气田企业智能化过程中，大量的是多元数据关联的大数据，其特点是数据量并不一定很大，但数据种类很多，相互关联性强，从中可以发现未知和进行科学预测，提供决策依据，如油藏描述。

这里我们举一个事例。例如，对一个地质区域或油气区进行储层研究，希望获得某一储层的孔隙度或渗透率，这时就可以采用大数据与人工智能技术结合的方法来做。

首先，人们研究发现，孔隙度一般同测井中的声波时差（AC）、密度（DEN）、中子（CNL）、电阻率（RT），还有自然电位（SP）、自然伽马（GR）（这两个参数一般在泥岩、泥质砂岩中具有显著特征）等数值，都具有相关关系。

其次，我们要利用大数据的思维来发现怎么去做分析。由上述可以看出，虽然参数不多，数据量也不是很大，但它们是一个非常强关联的组合，于是通过它们之间的相关关系就可以进行关联预测。

最后，这就是一种大数据的思想方法，即几个参数具有关联性，然后进行组合关联分析。

那么，采用什么技术呢？当然有很多，在今天，人们自然会想到用人工智能技术。

人工智能技术的使用，需要具备几个重要条件：

①算法。就是我们采用哪一种算法。

②算力。就是计算条件，这在当前条件下基本能够具备。

③精度要求。精度至少要达到99%（即 $R=0.99$，R 代表计算结果）。

这在目前都可以达到。

这一技术与方法的实施过程，具有这样一个流程，如图4.6所示。

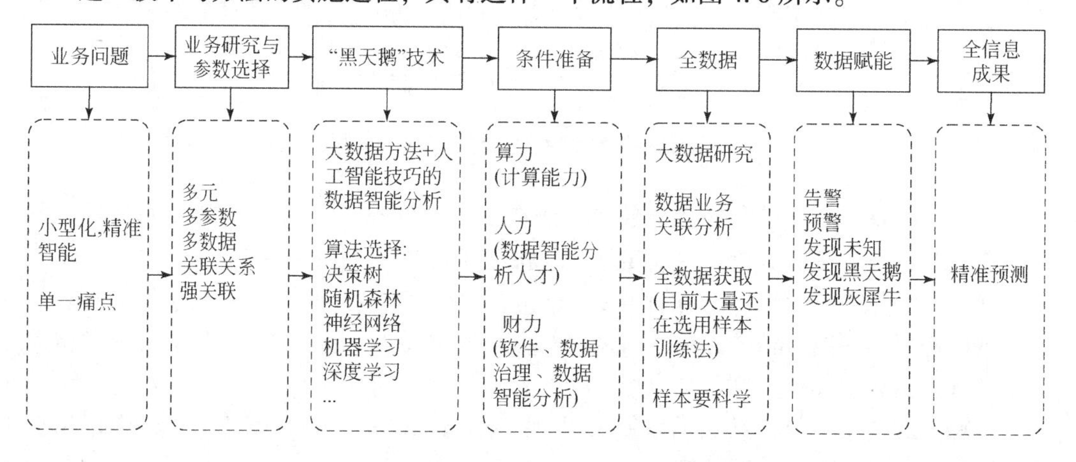

图4.6　数据智能分析“黑天鹅”技术原理模型

图4.6将整个实施过程流程化，构成一个原理模型，可实施具体操作。

①大数据过程。数据关联分析，即对测井参数与数据分析。声波时差（AC）、密度（DEN）、中子（CNL）、电阻率（RT）还有自然电位（SP）、自然伽马（GR）等，这是几个重要参数。

它们之间具有很强的关联性，根据他们的关联性就可以预测储层孔隙度。

②业务分析。储集层微观孔隙结构的复杂性决定了渗透率在储集体内包括纵、横向上都有很大的变化梯度，具有很强的非均质性和各向异性，渗透率的这种变化特性是其他一些储集特性参数（孔隙度、泥质含量）无法比拟的，但在地质研究过程中很难确定地描述渗透率的纵、横向上的非均质变化。因此，在对测井数据处理和解释中，预测渗透率是很难的。所以，先对孔隙度进行预测。

在大多数情况下或环境中，认为孔隙度是影响渗透率最主要的因素，因此，我们先对孔隙度进行预测，也可以同时进行预测。

③算法选择。当然人们会选择人工智能的神经网络了。在智能化建设中，通过人工的方式构建数据的能力，将是一种常态化的做法，就是要“小型化”地实施。

假设我们根据本地区域性的储层情况，选择了五个输入参数，包括声波时差、补偿中子、泥质含量、钙质含量、砂岩含量，构建一个三层神经网络，就可以获得孔隙度与渗透率的预测。这是一个很好的分析方法，其网络结构如图4.7所示。

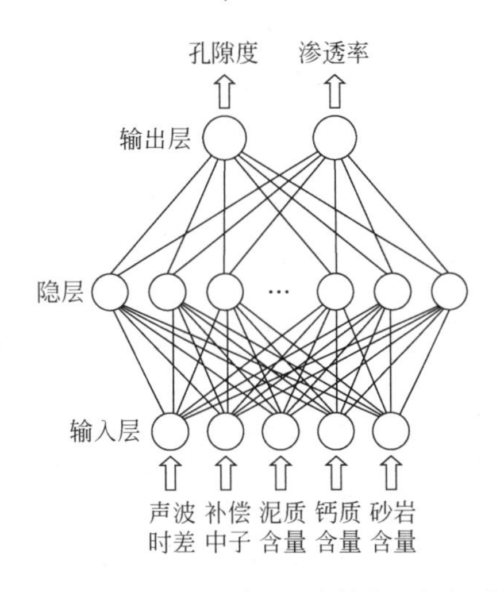

图4.7　孔隙度与渗透率预测神经网络结构（据杨斌等，2005）

三层结构的人工神经网络系统，以这几个数据作为输入参数，它们之间构成了一定的相互关系，最终获得孔隙度和渗透率的预测结果，这个过程就是大数据分析与人工智能技术结合的智能分析的过程。

这种做法在很早以前人们就在用，但当初并不叫大数据的分析方法，又由于算力比较弱，用机时长，还有测井数据质量问题，导致预测能力也很弱。

我们现在有能力了，最好不要用样本学习的办法，样本学习其本身在选取样本时就加入了人为的个人认识，我们在保证算力的条件下，应尽可能地用全数据，来获得全信息的非线性的预测结果。但需要强调的是，采用小型化、精准智能，千万不要选多层结构，要实用、好用、管用就行。

以上是我选取了一个学者曾经做过的案例，效果不错，$R=0.99$，同岩心测试对比，相对误差很小。

当然，我们现在面对的是生产运行中的智能化过程，我希望这样的过程通过大数据与人工智能技术的结合，形成一种数据趋势分析并加入人工智能的记忆、识别、仿真等技术，然后及时地做到预测、预警和告警等，是一种嵌入式、常态化的模式，这就是"黑天鹅"智能技术与方法。

对此，我将数据智能分析的步骤归纳总结如下：

第一步：确定业务问题（小型化），作业务研究；

第二步：确定业务目标，主要解决什么问题，建立指标与目的；

第三步：数据研究（整理、清洗与治理），质量可靠，数量保证，快速供给；

第四步：业务、数据、算法、技术准备与配置（科学匹配），全数据参与；

第五步：数据赋能（大数据+人工智能技术），让数据工作；

第六步：数据呈现（三维可视化、动态表达、数字孪生）；

第七步：数据变能（主动预警、告警、趋势分析），功能实现，发现"黑天鹅"；

第八步：形成模式，长期运行，动态分析。

大家可以进一步总结，继续完善，这些数据过程对智能油气田建设非常重要。

这里需要强调的是，人们很关注的问题，如到底什么时候用人工智能技术？用到什么程度，如用机器学习，还是深度学习？人工智能技术在我们智能分析中的作用是什么？其实很简单，不要那么复杂，也不要想象的那么庞大，人工智能技术是个技巧，在该出来的时候让其出来做事，然后做好判识、记忆、对比、告警，就行了。至于用到"自我学习""自动纠偏"，这时候就是"深度学习"了，需要高手来开发应用。

4.3.2 智能油气田建设评价标准与考核指标

一个完整的智能油气田建设，最后到底是个什么样？这是人们普遍关心的事，我们现在实施智能化建设大家心里都没有底。油气田企业没有底，承接建设的数服、油服队伍也没有底，尽管做了很多的方案，尽管都在实施建设中。然而，最终什么样真是不知道。因此，需要建立一个基本的考核标准，能给智能化油气田画一个像。

1. 评价标准

智能化油气田建设的最后，一定是一个完整的过程，形成一个完整的成果。对这个成果的评价应该是五个字，即"牢、实、稳、健、好"。

（1）牢，是指基础牢固，就是数字化的基础建设非常的牢固；

（2）实，是指数据治理扎实，就是数据经过治理，能满足快速供给；

（3）稳，是指稳定，就是中台技术建设非常的平稳、牢固；

（4）健，是指健硕，就是微服务开发与小型化、精准智能系统非常健壮；

（5）好，是指完好，即"建好、管好、用好"，"双态"基本形成三好。

一个完美的智能化建设应该是完美地落实好上述五个字，这就是一个比较成功的智能化油气田建设成果。

2. 考核指标

当我们论述过了建设的内容、方法与技术之后，总要给建设一个考核的指标。所以，这里粗线条地提出五大考核标准，如表4.2所示。

表4.2　智能油气田建设考核基本指标

<table>
<tr><th>序号</th><th>一级指标</th><th>二级指标</th><th colspan="2">三级指标</th><th>完成率/%</th><th>备注</th></tr>
<tr><td rowspan="5">1</td><td rowspan="5">基础设施建设
（油气田物联网）</td><td rowspan="5">牢</td><td colspan="2">采</td><td>99+</td><td>应装尽装</td></tr>
<tr><td colspan="2">传</td><td>99+</td><td>全覆盖</td></tr>
<tr><td colspan="2">存</td><td>99+</td><td>应存尽存</td></tr>
<tr><td colspan="2">管</td><td>99+</td><td>标准化、云化</td></tr>
<tr><td colspan="2">用</td><td>85+</td><td>MIS功能所限</td></tr>
<tr><td rowspan="3">2</td><td rowspan="3">数据建设
（数据治理）</td><td rowspan="3">实</td><td colspan="2">数据治理体系</td><td>99+</td><td>全面、完整</td></tr>
<tr><td colspan="2">数据湖（池）</td><td>99+</td><td>灵活、适应性强</td></tr>
<tr><td colspan="2">云数据、云服务</td><td>99+</td><td>形成基本模式</td></tr>
<tr><td rowspan="5">3</td><td rowspan="5">中台技术</td><td rowspan="5">稳</td><td colspan="2">技术中台</td><td>99+</td><td>开发工具创新坊</td></tr>
<tr><td colspan="2">数据中台</td><td>99+</td><td>全数据、全信息坊</td></tr>
<tr><td colspan="2">知识中台</td><td>99+</td><td>知识、经验坊</td></tr>
<tr><td colspan="2">算法中台</td><td>99+</td><td>算法集合坊</td></tr>
<tr><td colspan="2">算力中台</td><td>99+</td><td>计算能力储备坊</td></tr>
<tr><td rowspan="4">4</td><td rowspan="4">微服务
（数据赋能工厂）</td><td rowspan="4">健</td><td colspan="2">小型化、精准智能</td><td>99+</td><td>业务流程化</td></tr>
<tr><td colspan="2">APP制造工厂</td><td>99+</td><td>敏捷开发</td></tr>
<tr><td colspan="2">共享制造</td><td>99+</td><td>数字孪生</td></tr>
<tr><td colspan="2">黑天鹅技术</td><td>99+</td><td>给数据赋能</td></tr>
<tr><td rowspan="8">5</td><td rowspan="8">“双态”模式
（业态、经济形态）</td><td rowspan="8">好</td><td rowspan="4">业态</td><td>降低用工</td><td>40～50+</td><td>减员增效</td></tr>
<tr><td>降低强度</td><td>80+</td><td>让数据工作</td></tr>
<tr><td>降低成本</td><td>30+</td><td>节能降耗50%+</td></tr>
<tr><td>企业再造</td><td>99+</td><td>新型企业管理模式形成</td></tr>
<tr><td rowspan="4">形态</td><td>提高效率</td><td>80+</td><td>员工不断增强幸福感</td></tr>
<tr><td>提高效益</td><td>80+</td><td>人、财、物结构简单化</td></tr>
<tr><td>提高竞争力</td><td>90+</td><td>简单、无人油气田</td></tr>
<tr><td>新型生产运行模式</td><td>99+</td><td>智能经济形态形成</td></tr>
</table>

需要说明的是，这只是一种想法，提出仅供大家参考，也就是抛砖引玉吧。

而上述五大指标可以构成一个简单的体系，分三级考核。一级是考核关键的几个建设是否做好了，包括基础设施的油气田物联网、数据治理、中台技术、微服务和“双态”模式。

二级考核指标是五个字，分别为“牢、实、稳、健、好”。“牢”是指基础牢固，全覆盖、规模化地做了；“实”是指踏实，实在，数据就像我们家中的粮食，“家中有粮，心中不慌”，质量可靠的数据建设做过了，就会有一种踏实感；“稳”是指稳定、稳固，中台做了并且是稳固的，为数据赋能快速完成作保障；“健”是指健壮性和鲁棒性，实施智能的大脑开发时，每做一个都是好用的、可行的、健壮的；“好”是指“双态”模式的形成，整个过程运行的好，彻底地改变了油气田企业的业态和经济形态。

三级考核就更加的具体化了。每一个考核都配置了简短的注释，要完成一个真正的智能化建设，这些指标是关键，都要完成在99%以上，还要动态地创新与提升，为此用了一个99%+，而只有油气田物联网的“用”给了一个85%+，那是因为其功能所限，只要完成了相应的管理信息系统就可以了。当然，这些完成率还需要进一步的细划，目前只是理想化的数字。

当然，最后“双态”模式的形成是一个艰难的过程，当智能化建设的油气田企业做到“双态”，才算建设成功了。

3. 智能化的油气田建设中应注意的几个事项

这里我要告诉大家：智能有时是简单的，不要搞得那么复杂，例如，我们对参数阈值的自动调整，只要建立几个指标，告诉软体智能机器人（软件系统）：当发生了什么以后应该怎么调；当出现了什么后应该怎么做，它就智能了。然而，智能化却完全不一样，它是一个整体，不是单一的一个事项智能。

为此，需要强调几点注意事项：

（1）智能建设，关键在于“能”。在当前条件下，智能化是数据智能化，千万不要到处买设备安装，很多智能设备还没有诞生，不要急于去购买设备，也不要等待智能设备出来，很多的过程不是设备能做到的。

为此，在做的过程中，始终要提醒自己：数据建设做了吗？数据治理做了吗？数据做好了吗？能不能满足数据的快速利用？能不能做到数据变能，就是让它发挥“秒级价值”？所以，智能化建设，就是怎么样让数据变能。

（2）智能化油气田建设有三难：观念、人才和效果。

第一，人们的观念总是停留在原有的数字化建设阶段，不愿意给数据建设投资，不愿给软件开发投资，不愿联动机构改革，这样的观念是智能化油气田建设的障碍。

第二，我们现在不要说智能化人才，连数字化人才都奇缺。大学没有学科培养，社会没有条件培养，很多公司没有能力培养；油气田企业没有机制培养，职称待遇都没有政策导向。

现代的数字化、智能化人才非常少。希望油气田企业高度地重视，他们是“双料”人才，既懂油田，又懂智能技术，一定要给予相应的待遇。

第三，智能化建成什么样？大家都不知道，其实脑子里有，然而要将其形成一个完整的体系，再同油气田生产运行业务一一对应，就发现不对劲了，怎么都做不出来，做出来也很难实现预期效果。

我要告诉大家，不要用示功图来衡量智能化，也不要用所谓的组态软件开源来标榜智能化，更不要用几个机器人巡检、人脸识别和AR应用就认为是智能化了，这些都只是一个点。

智能化是一个完整的智能体系，而不是一个点或单一设备的自动化过程，必须先做到整个企业管理体系都发生变革。

（3）智能化建设是一个体，不是一个点。所谓“体”，就是要全方位、立体化的做；所谓“点”，如装一台智能化设备就是一个点。所以，智能化建设要做到算得正确、控得到位、运得稳当、体系完美，这是智能化的核心关键。智能化建设的一个重要成果就是最优化反馈控制。最优化就是要及时地调整，找到最好的那一个点；反馈控制就是要计算的正确、发现的及时、反馈控制的精准，然后让整个系统运行稳健。

这是我们智能化建设的关键，所有过程、所有智能点、所有数据分析、所有数据智能都要做到和做好，才能智能化。

当然，我们说智能化建设关键是数据智能化，而且整个论述都是围绕数据智能化进行的，但不是说智能装备、设备的研发制造不重要，而是其难度太大、周期很长。不过我们还是期待着智能装备、设备的早日出现。

总之，还有很多，这里仅强调以上几点。

4.3.3 智能化油气田的未来走向

智能油气田建设关键在于能，不在于智。“智”，一般来说就是人工实施的，对于油气田企业来说，就是能给我解决什么问题，实质就是一个“能”字，如帮我减轻劳动强度，帮我减员增效，帮我降低成本等，这些都是“能”的过程与落实。

但是，智能化建设肯定不是最后的终点，一定会走向未来。根据我们的判断，未来油气田建设的发展是：

（1）在建设的层面上，一定走向智慧建设。目前来看，这是一种规律，就是从数字化、智能化到智慧化。这是一种必然，油气田的发展也必然走向这一高点。

（2）在技术层面上，智能化将走向“自能化”。长期以来，我们都专职于“智能”研究，这个过程基本上都是在模仿人类的智商、智力来发现和创造一些计算办法，然后形成技术与算法。

其实，还有一种“自能”问题没有被发觉，除了人以外一切生物、动物都有各自的“自能”本领，如动物的自能能力是非常强的，它们在捕猎时需要一口咬着猎物的脖子（气管），让猎物快速窒息，这就是天生的本能。现在出现了一种机器自能，就是自我学习、自我纠偏，这就是最先进的未来技术。

未来的技术发展一定要在这种挖掘中，让数据过程自动地释放本能和完成其本能作用。

（3）在效果层面上，主要走向科学决策。在数字化、智能化这两个层面上都做不到决策。在过去，大家一直在提“辅助决策”，就是通过数字化、智能化建设后利用先进技术给决策提供支持，还没有办法做到直接的科学决策。

而在智能化建设之后，当实施了智慧建设以后，加入了“智慧”，方才可以完成在系统上、装备上、设备上完成智能决策。我相信这一天一定会到来。

总之，智能化一定不是建设的终点，还有更先进的建设在等待着我们。

4.4 本章小结

本章重点论述了智能油气田的建设过程，回答了人们对智能油气田建设中提出的五个基本问题，阐述了智能油气田建设的技术与方法。

（1）智能化建设是在数字化建设的基础上完成的，所以，在智能化油气田建设中，必须要建设好完整的数字化油气田，这是基础。数字化建设就是做好油气田物联网的“采、传、存、管、用”；智能化建设要做好“牢、实、稳、键、好”。

（2）智能油气田建设是一个非常庞大的系统工程，虽然有数字化的建设经验可借鉴，但却完全不同于数字化建设，要将数据作为重中之重抓好，数据智能分析是一个关键。在这里我们提出了智能油气田建设任务、思想、路径、知识图谱、关键技术，以及建设后的考核指标等。

（3）智能化油气田建设，在油气田绝对不是一个终点，而是智慧油气田建设的起点，即智慧建设的基础建设。所以，智能油气田建设还有很大的空间，需要继续发展，这就是智慧油气田。

总的来说，智能油气田建设非常重要。

第 5 章 智慧油气田建设

前面我们叙述了油气与油气田、数字油气田建设、智能油气田建设等问题，由此完成了智慧油气田建设的基础问题讨论，从这一章起开始对于智慧油气田建设问题的探索。

5.1 智慧油气田建设的概念

智慧需要很好地研究，主要研究智慧是什么的问题。其实国内外关于智慧的比较研究如“smarter”的概念等，都有学者做了反复论证，这里不再讨论，我们主要讨论一下智慧油气田与智慧油气田建设。

5.1.1 关于智慧油气田建设

智慧的油气田是什么样？

这是一个难题，因为没有先例，也无案例。为了能够说明问题，我们用某一个方面的场景来描绘一下未来的智慧油气田是什么样。

大体上是这样一个场景：

以一个小的油气田区块为例，假设有 100 口油井，这 100 口油井在生产一整天后，到晚上 24 点，也就是第二天的 0 点时分，开始结算前一天所有井的产量。这时计算中心即可启动“智慧大脑”工作，这是一个系列的“超脑”工作器。

首先自动开启第一台超脑，它主要根据前一天每口井的产量和运行指数，开始遍历油井，即对每一口油井进行巡检。在巡检中对发现有问题的井，即没有完成原定指标与工作方针的井，将其全部记录在案。假设一共有 20 口油井被认为是有问题的井，那么对于其余完成了指标任务的井不予记录，而对有问题的 20 口油井会将其记录自动发给另一个超脑。

这时第二个超脑启动，它主要根据第一个超脑传来的信息，对记录在案的 20 口问题油井逐一核实，核实后发现有的井是误判，对于这类井不予记录，但对确实存有问题的油井则开始进入下一步工作。

这台超脑是一个工作能力极强的智慧大脑，具有强大的单井库、知识库、经验（教训）库与决策库、方案编写库等做支持。当它开启后需要同所有库对接，实施比较、判识，当确认问题以后，会根据油井的问题编制出“一井一策”方案。

这台智慧大脑需要相对较长的工作时间，其智力、智能程度非常高，工作能力极强，但必须赶在第二天早晨7：00前完成所有工作，并将完成的所有油井的鉴定意见与“一井一策”方案完整地推送给下一个超脑。

到早晨7：00，当第二个超脑将完成的所有问题井及其“一井一策”方案转交给下一个超脑时，第三个超脑自动开启，这是一个拥有会商系统的超脑。

会商系统根据第二个超脑所给的井数与方案进行核实、审核，然后快速地发布给所有相关人员与领导，这样每一个人员在早晨起床后，都可在自己的智能手机上浏览、审核、质询，当没有问题后签名发出。

联名签署的最后一人应该是主管领导，当主管厂长签名后，超脑会自动将所有问题井与“一井一策”推送给第四个超脑。这台超脑是一个抢单系统，是专门面对油井作业团队的智慧大脑，作业队伍将于8：00准时开始抢单。

抢单流程本着公开、透明的原则，由超脑根据作业队伍的诚信、业绩、技术水平等动态排名，且根据每天的考核指标等自动升级、浮动，排名在前的具有优先权。

例如，在抢单系统中排名最靠前的队伍（公司）还剩几口井没有完成工作，这时系统就会自动拒绝，并按照排名依次类推寻找合适的作业队伍，这样有利于提高采油井的时率。

以上就是智慧油气田中一个简单的智能+智慧的场景，即在第一天的整晚油气田的工作人员全部休息，而努力工作的是数据与超脑。

这就是未来智慧油气田与智慧油气田建设的一个缩影。智慧油气田建成之后，就是将油气田生产运行过程中的非线性问题直接解决，油气田企业将会发生彻底的变革，最终表现出来的就是一个“简单、无人、美丽”的智慧化了的油气田。

这里对三个重要概念详细论述。

（1）“简单”。所谓“简单”的油气田，就是再也不存在机构重叠、人浮于事、责权不清。例如，井场采油工一般要完成“看、听、做”工作，在“让数据工作”以后，这些工作将由数据来完成，从而这些岗位全部实现减员；还有井场技术人员要完成的“采、算、编”工作，这些人员岗位也都不存在了，将被超脑所替代。

当人员不存在、财务也不存在、人力成本也不存在、管理机构也就不存在时，人与人、人与物、人与事的关系也不存在了，一切都变得简单。这就是自然而然的机构改革，没有伤害一个人，也没有动用一个改革程序，全部都是很自然地完成。

其他勘探、开发、生产业务都一样，全部简单化、智慧化了。

（2）“无人”。所谓“无人”，其实是指少人，因为野外工作环境下的生产不可能完全没有人，这是相对而言的。

在未来油气田大约需要三种人，即数据科学家（数据工程师）、油气田科学家（油气田工程师）和CEO。

关于数据科学家（数据工程师），其典型特征是具有对油气田数据研究与操控的能力，对数据有着深刻的认识与理解，掌握油气田全部数据的知识与技能，可利用大数据与人工智能技术对数据做业务研究和智能分析，指导人们研发、制造大量的智慧大脑，即超脑。

油气田科学家（油气田工程师），其典型特征是具有油气田勘探、开发、生产、集输全套业务研究与操控能力，是油气田内的全能型人才，不需要对专业分得那么细。他们对油气田生产运行过程有着深刻的认识与理解，特别是对每一口单井的个性化管理做到烂熟于心，对油气田生产运行过程耳熟能详。他们会同油气田数据科学家（数据工程师）一道制定生产、作业方针，实现协同。

CEO是油气田的主管，由于大量的岗位消失和机构裁减，管理变得相对简单，CEO的主要作用是为“两家”（数据科学家、油气田科学家）服务，做好业态与智能经济形态的研究与构建，使成本最低、效益最好，这是他的基本职能。

由于大量的科学决策都由“超脑”完成，人的决策几乎很少。而且决策不分大小，大量的决策都嵌入超脑的工作过程中。

由此可见，油气田整个生产过程都是由数据工作，智慧大脑决策，“流程化生产线”智能运行。所以，几乎没有几个岗位提供给人，而大量的人员转型成为数字、智能工程技术人员和第三方数服队伍服务于油气田，这样人就会变得很少，即“无人”油气田会自然而然地形成。

(3)“美丽”。美丽中国是国家提出的一个重要战略，“中国梦”和“美丽中国”强调把生态文明建设放在突出地位，融入经济建设、政治建设、文化建设与社会建设的各个方面与全过程。

美丽油气田是美丽中国的重要组成部分，无论从经济、政治建设，还是文化、社会建设方面都是一个重要组成。因为，我国的油气田广泛分布在中国大地上，有的处于沙漠地带，有的处在盆地范围，有的处在大海深处，与国家大的生态系统息息相关。

美丽油气田就是在油气田实现基本的“碳中和”。在油气田生产运行过程中，也会有一定量的二氧化碳排放，我们首先在智能、智慧建设中完成“碳中和”，这也是对国家在2060年要完成任务的一个贡献，更是在智慧油气田建设中关于美丽油气田建设的一个目标。

在智慧油气田建设以后，油气田的所有生产运行过程都已实现了“超脑”监管，工作无人化，勘探、生产过程流程智能化，生产区域减灾无害化，QHSE问题近“0”化。这样美丽油气田是完全可以实现的。

这就是我们对未来油气田智慧建设的基本定位与设想。

5.1.2 智慧油气田的内涵

智慧油气田的内涵是指智慧化了的油气田的本质内核。当然，智慧化与数字化、信息化、智能化等一样是一种状态，但其内核是用智慧来构建和表达的油气田形态。

(1) 智慧的概念。智慧是一种思维方式，因“智”而“慧”，是一种聪明的表达。恩格斯指出：“人的思维最本质的和最切近的基础，正是人所引起的自然界的变化，而不单独是自然界本身；人的智力是按照人如何学会改变自然界而发展的”（恩格斯，《自然辩证法》第208页，2018年，人民出版社）。

这里主要说明了人、思维、自然与智力的基本关系，人的思维来自对自然的认识，自然界的变化促进人的智力的增长，智力的增长促进了人的聪慧的增长，人的聪慧又用来改变自然。现实中就是这个道理，智慧首先是人的一种思维方式，就是对改造自然的思考。

在现代，智慧是认识上的一种境界。在当前社会、科技条件下，智慧是人们认识的最高境界，也是思维的最高维度。人们通过知识学习、实践和积累经验，形成对自然、社会的看法，然后形成一种改善自然的决策能力，这就是智慧功能。

智慧的内涵是一种物质、事物中的由数字、数据、信息、知识转化过来的积累与成长，其有一个基本的规律：宇宙、物质、事物、信号、数字、数据、信息、知识，这个过程包含了知识、实践、智能，最后达到顶峰形成最高境界，这就是智慧，如图 5.1 所示。

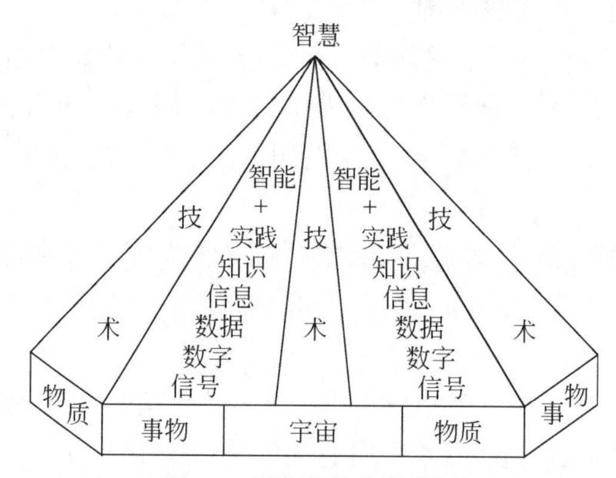

图 5.1　智慧形成模型图

由此可见，智慧是一种数据、信息、知识的结果，是人们获得更多知识、经验、教训的结晶，这就是智慧的内涵。

（2）智慧的内核。现代社会从科学技术出发，对智慧有了新的解读，即智慧也属于技术范畴，从而就出现了智慧建设，如智慧城市、智慧家居、智慧油气田。

智慧的科学技术，其内核应该是决策或决策能力。有人认为智慧就是聪明，其实，聪明只是智慧的基石，如你比别人都聪明时，智慧的能力就相对较高。但聪明不一定就是智慧，智慧主要是能把问题看得比较透彻，决策能力强，做事做得好。

由此我们说，智慧的核心是要将“对的事情做对的正确的决策”，这句话看起来比较绕，但不抽象。我们可以分解一下：①“对的事情”是指在一定的复杂场景下，其中一定有一种事物（事件）是对的。②“做对的”是指把从复杂问题中找到的那个对的事，需要选择一种能把这个对的事情做对的方法。③“正确的决策”是指针对这个对的事情能够找到对的方法，然后利用这个方法做出正确的决策，让这个事情获得正确而完美的结果。

由此可见，智慧不仅仅是一种理念、思想、思维的过程，还是一种可以实施操作的科学。

（3）智慧油气田的内涵。按照智慧的内核是将“对的事情做对的正确的决策”来看，智慧油气田的内涵就是利用智慧的内涵予以解决油气田中最重要和关键的问题，本质上就是面对非线性问题的科学决策。在技术层面上它有三个基本点要解决：

①需要利用科学的方法，在复杂条件下或场景中找到那个“对的事情”。用什么样的技术与办法来判断这个对的事情，证明其是对的，这是一种科学问题，尤其在非线性的生产过程中纷乱复杂，一般很难找到那个对的事情，这时就要利用大数据等技术来搜寻，如判断、识别、最优化选择和确认等。

②需要利用科学的技术，将找到的那个对的事情做对。做对就是采用科学的技术与方法，把这件找到的正确的事情做好与做完美，这本身就需要先进的技术与方法。这里主要针对这个对的事，选择最优化与科学的方法，这就需要利用大数据、人工智能等高科技来完成。

③需要利用科学的技术，将“对的事情”采用“对的方法”做出“正确的决策”。传统的做法是利用人来做，如开会、讨论、研究等，无论是“头脑风暴法”还是“诸葛亮”会议，最终还是需要最高领导者来决策，人们称为“拍板”。

可是现在不同了，智慧建设可利用先进的科学技术与方法来替代人做最优化选择，以做出正确的、科学的决策。最重要的就是开发出无数的“智慧大脑”，称为“超脑”。这种超脑的基本机制或平台有很多种，如大成智慧集成的智慧研讨厅技术等，如图5.2所示。

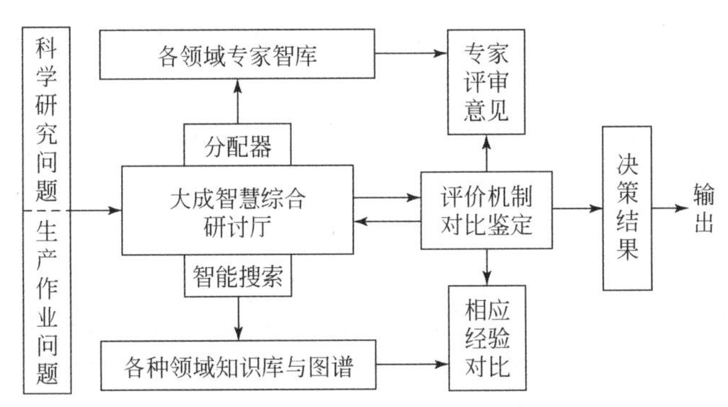

图5.2　大成智慧综合研讨厅系统

智慧大脑所表现的技术就是一种决策过程，如大成智慧综合研讨厅系统。前端是科学研究问题或生产作业过程，它们在更多环节、细节中都存在着判断、决定、决策的过程。这些问题都要输入研讨厅系统中，研讨厅系统根据这些问题会自动识别需要寻找哪些专家来做评价，以及需要使用哪些知识系统与图谱来做对比研究和鉴定，然后分配器就会自动将问题分给这些专家，智能搜索也会自动开启搜索功能。经过专家评价、评审后，会自动启动专家系统以汇总、评价专家意见，给出汇总的结论意见。知识系统会结合以往的教训和经验来比对对比结果，二者合成后就是一个基本的决定或决策，然后将其输出。如果不行，还可返回重新再做一次。

以上三点构成了智慧的基本内涵，从而智慧是一种完全可以用来科学操作的技术与方法。也说明了智慧油气田是可以建设的，而智慧的内核就构成了智慧油气田建设的基本方法。

5.1.3 智慧油气田的外延

通常人们为了全面地认识与研究一个问题，总会用狭义和广义来阐述。例如，在数字油气田的早期研究中，就有学者将其划分为狭义与广义来讨论，以便更加完整地说明问题。对于智慧油气田的研究与建设，我们也可划分为狭义与广义，这样就构成一个完整的体系。

1. 狭义智慧油气田

狭义智慧油气田一般是指采油、采气的生产过程这个部分，也就是只针对油气田的生产运行管理过程，通过智慧建设以后形成的油气田，称为狭义智慧油气田。

这里虽然包含了油田和气田，但在建设上往往是以油气生产运行过程为主的智慧化，而对于整个石油行业或油气田来说仅是一个狭义的概念。

在我国20年的数字油气田建设中，我们主要做了上游生产管理这一块。石油工业一般分为上游和下游，作为油气田企业来说又分为勘探、开发、生产、集输等多个方面，而我们做得最好的地方还是油气生产过程的数字化。

不管数字化油气田也好，智能油气田也罢，在我国大都是围绕油气生产运行过程建设的比较完整，也投入的很多，而对于勘探、开发、工程、井区、油气藏等方面，其建设相对滞后或者较少。所以，我们通常所称的数字油气田、智能油气田是一种狭义概念下的数字油气田、智能油气田。

2. 广义智慧油气田

石油分为上游和下游，仅上游就包含了很多个方面，不只是生产运行这一块。

一个完整的油气田企业应该包含很多，如勘探、地质、油气藏、开发、生产、集输、工程、站库、井区、生态、经营、管理、人员等，具有很大的范围与广泛的领域。

由此看出，从广义的概念来说，应该包含油气田企业内的全部业务，将其作为一个完整体系全部纳入建设，才能叫智慧的油气田企业。

需要说明的是，之前在数字化、智能化建设中很多条件不具备，但随着人们的认识程度的提高，特别是在数字化转型发展建设之后，新基建建设初步完成，5G全覆盖，智慧油气田应该是在具备了各种条件下，并对数字化、智能化过程缺失的部分加快补建以后，将勘探、开发、生产、工程、站库、井区与集输等纳入形成一个整体建设。所以，概念上要更加宽泛、内容更加丰富、业务更加广泛。

同时，在建设、技术、操作方面也是一个广泛领域的应用与综合，单一技术、方法和设备都不足以解决问题，而是一个全部综合、聚合与融合的智慧建设过程，也就是一个广泛意义上的智慧建设。

所以，我们将以生产过程中部分智慧建设为中心的建设称为狭义智慧油气田，而向深、向远、向宽延展的其他一切领域智慧化构成外延，全部完成建设才算是完整的智慧油气田，这是一种广泛意义的油气田。

5.2　智慧油气田建设思想、重点内容和技术

前面我们对智慧油气田的一些基本问题做了简单的交代，现在需要讨论智慧油气田的建设，这是最重要的内容。

5.2.1　智慧油气田建设思想

智慧油气田建设的基本思想是建设的想法，就是要给予说明，通过智慧建设能够解决油气田的哪些问题。

1. 油气田业务与管理过程中的非线性问题

在油气田到处都存在着非线性问题，大到生产运行过程中的经营管理决策和油气藏地质研究认识，小到每一个生产节点的问题识别和预测，这些问题长期困扰着人们。

传统的做法是将非线性的问题尽可能地做线性化来处理。什么是线性？从理论讲，线性是变量间的数学关系，是指方程的解满足线性叠加原理，即方程的任意两个解的线性叠加仍然是方程的一个解，将其称为线性（linear）。简单一点讲就是一种点对点的直线。

现行的具体做法往往是根据知识、经验做各种约束、假设，然后进行模拟与仿真。几十年甚至上百年来，人们以此创造了很多经典研究成果，研制了很多先进的经典技术与方法。这些经典的技术与方法现在也不过时，很多还在使用中。

但在数字化、智能化建设阶段，人们并没有关注线性与非线性问题，而是关注如何利用数字、智能技术帮助人们解决油气田业务过程中的劳动强度和预警、告警问题。利用数字、智能技术一般都回避了线性与非线性问题。然而在智慧建设阶段，非线性问题成了一个必须要解决的问题，构成了智慧建设的主要矛盾。

什么是非线性？从理论上讲，非线性是一种变量间的数学关系，这种关系不是直线而是曲线、曲面或不确定的属性，于是，人们将这种关系定义为非线性（non-linear）。

非线性是自然界复杂性的典型性质之一，与线性相比，非线性更接近客观事物性质本身，是量化研究认识复杂问题的重要方法之一。凡是能用非线性描述的关系都是非常复杂的问题，其基本特征是变量多、参数多、变化多，很多要素相互交织在一起，难以辨别，从而难以得到精确的解。

这是线性与非线性的区别。对于智慧油气田来说，全部生产运行和业务过程都是非线性的问题，如果用线性方式来解决，将会漏掉很多重要信息。例如，小概率事件在一定条件下并不重要，但在一定条件下它会迅速成长为主要因素，就成了主导。为此，将非线性问题用线性方式予以解决，这样的预测是不准确的，决策是不科学的。

例如，在油气田开发研究中，人们对于产量的预测本来是一个简单和单纯的问题，就是对一口单井的产量或总体产量的预测。然而，在现实中它却很不简单。在油气田，“地下决定地上”，也就是说产量关联着油气藏和油气井，而油气藏与油气井又都是一个“大黑箱”，人们根本无法准确地知道这个黑箱里面的地质结构、微小构造、孔隙

度、岩石结构、含水量、岩性、物性等，这牵扯到油相、水相、流体性质等多项因素。

除此外，还有开采方式、工艺措施、注采动态、开井数量、动用层位、井筒状态等，这些都是影响因素之一，它们都与产量有着密切的关系。所以，在预测研究中，每一个环节都不能少，这样就形成了多参数、多元化、多因素构成的一个复杂的非线性问题。

所以，智慧油气田建设的一个基本思想就是，首先，必须要建立在非线性复杂问题的基本面上来解决，不要将非线性问题线性化；其次，部分问题在数字化建设时没有能力解决，在智能化建设时期没办法解决，只有将希望寄托在智慧建设上来。这样智慧建设就必须解决这一难题，这是第一个建设思想，也是智慧建设的导向思想。

2. 设备聪明、数据聪明与人的聪明融合和集成思想

智慧建设需要建立“智慧大脑”，这个智慧大脑是由“设备聪明”“数据聪明”与“人的聪明”融合和集成而成，需要先进的技术与优质的机制来完成，这是智慧建设的核心关键。

（1）数据聪明。这是智慧的基石。这在之前的任何一个技术时代都没有能力解决，只有在智慧化的时代才具备条件。因为，数字、智能为智慧做好了完备的基础建设，打下了良好的基础。

在数字化时代，人们重点在于解决物质、事物的数字化问题，目的是让数据更加丰富。在智能化时代，重点在于解决数据智能分析，让数据工作、给数据赋能，就是在设备中嵌入深度学习、记忆系统，制造智能机器人；在业务中实施大数据分析，实现生产运行中的预警、告警和提前早知道、早处理，让智能化程度更高。

其实，这些都是数据聪明的结果，是将数据聪明过程与人的聪明才智结合起来形成的一种人工智能产品。

（2）设备聪明。有人说设备聪明就是智能机器人，也有人说是芯片，或者有人说是由芯片组成的系统。其实，设备聪明是由数据、算法与芯片等共同组织的一个“聪明的系统”来完成的。

（3）人的聪明。人工智能是将人的聪明交付给了设备，数据聪明是人利用大数据分析等技术让数据聪明，而人的聪明是来自学习、实践和积累的经验。聪明每一个人都有，只是程度不同，有的人更聪明一点，其主要体现在学习能力、记忆能力、判识能力和决策能力等方面。

所以，智慧建设就是要将“数据聪明”“设备聪明”与“人的聪明”融合在一起，形成一种高度智慧的、可完成正确决策的技术方式。这就是未来智慧建设需要解决的技术难题和需要。

钱学森科学家曾提出的“大成智慧集成”，主要思想是希望将很多人的智慧集成在一个平台上，发挥不同学科、不同领域、不同专业专家的力量，以在一种机制或场景中完成决策。如果再将多元数据、多领域、多学科、多业务数据的聪明集成，利用智慧建设中的设备、芯片系统让这两者聪明，即人的聪明和数据聪明融合、集成，就能更好地参与完成对非线性问题的解决与决策。

这就是智慧建设的第二个基本思想，是一个技术范畴的建设思想。

3. 油气田企业需要发生彻底变革的思想

我们讨论了智慧油气田建设要解决油气田非线性问题的建设思想；讨论了数据聪明与人的聪明及大成智慧集成的技术层面的建设思想，这里需要讨论一下油气田企业要彻底变革的建设思想问题。

智慧油气田建设是在智能油气田建设之后的一个高级阶段，当然在智能化油气田建设中应该是完成了油气田企业的再造，但因技术、社会、组织架构等原因肯定还不够彻底，所以，在智慧建设中要完成彻底的变革。

传统油气田企业的生产过程中都是人海战术，如修建一个井场要配置3～5人的采油小组；开发一个区块要配置一个生产小队或作业区的人员与队伍等。

人是第一需要，生产是第一要务，确实是这样。而数字化、智能化建设以来人们最大的愿望是将劳动强度降下来，把人员减下来，实现无人值守、减员增效。通过努力后确实应该完成了，发生了不少的变化，但由于长期以来的惯性，很难完成机构、机制的彻底变革。很多油气田企业感到数字化、智能化走不下去了，原因很简单，再要建设发展，就要动机制、体制的“神经”了。

是的，智慧建设就是要让油气田企业机制、体制发生彻底的变革，其突出的标志是：

（1）未来石油行业将不存在勘探、开发、生产、集输等传统业务分工了，大量的实施数据生产单位，如物探、钻探、测井等都会被剥离成为社会数据生产单位，其主营业务就是专业化的数据生产。油气田生产运行单位将被数智人员与队伍替代成为主力军，而且将会超越以往任何一个时期的其他专业队伍。

在智慧油气田建设阶段，人们需要开发大量的超脑，组成超脑集群，这就彻底地将人的工作部分全部用大数据和人工智能替代了，很多原来的各种岗位、业务都会自动消失。

可以设想，在智慧油气田建设完成后，油气田企业需要大量的人一定是懂油气田、懂数字智能技术，熟知超脑工作的人员，他们将会成为油气田企业的主力军，这就是我们大力倡导的职业化人员，如数据工程师和油气田工程师等。在采油厂里，勘探科、开发科、生产科、环保科、技术科等将不复存在，全部被数控科、数智科、超脑运维科等代替。

（2）数据科学家与油气田科学家将成为油气田的全能型的科学家，将会完全取代现有的地质家、勘探家和各种单一学科的专家。

数据科学家是指包括数据工程师在内的一种对油气田数据有着深刻理解与应用的全数据科学家，他们不分钻探数据、开发数据、生产数据等，不需要对油气田数据做全方位的操作和研究，也不需要应用数据和挖掘数据，这些工作由智能化建设后的数据中台来完成，它们只对新的数据技术、新的数据应用方法研究与创新。

油气田科学家是指包括油气田工程师在内的全科综合型的油气田科学家，他们不需要对每一个学科、每一个专业、每一个工艺都了如指掌，这些传统的技术、业务、方法利用中台技术都可以实现，包括技术、方法、知识图谱、工艺技术等，油气田科学家只面对油气田新的问题研究与创新。

数据科学家与油气田科学家成为“双子”科学家，他们都是全科学、全能型科学家，二者虽有分工，但将会全面合作。同时对所有超脑进行全面的研究与创新开发，以推动油气田智慧化建设与发展。

（3）油气田企业组织建制将要发生彻底的变革，由一种“简单、无人、美丽”的油气田新业态和经济形态所代替，将会完全改变传统油气田企业的机构重叠、人浮于事、责任不清、职能重复的企业现状。如采油工的“看、听、做”工作，除了“做”交给第三方完成外，其余都由超脑来完成；工程技术人员的“采、算、变”工作将完全被超脑所替代；现场信息人员的工作将由具有边缘计算功能的传感器单元来完成，点对点进行数据传输。

由此可以看出，传统的油气田企业，包括数字化、智能化后的油气田企业，一直在延续着几十年来的以勘探、开发、生产、集输为统领的大的组织建制，虽有很多次的企业重建、机构改革，但几乎上没有人敢去碰“红线”和“禁区”，就是彻底地打破这样的业务设置，其敏感度非常高，是一种利益的“神经”。然而，在智慧油气田建设完成以后，就成为一种悄悄地技术革命，很多岗位将悄悄消失，很多人员自然减少，将长期以来形成的传统机构“摧毁”。

可以设想，油气田内有一个庞大的超脑集群在工作，每一个超脑都活跃在每一条生产线上和业务节点上，给数据赋能、让数据工作、数据聪明+设备聪明+人的聪明，很多日常性的工作与新型问题都被超脑适时完成，油气田企业自然就不需要这么多的组织、机构与人员了。前面我们说过，勘探、开发、生产仍然是油气田的主营业务，但对于一个采油厂来说，所有的勘探科、开发科、生产科、技术科、研究所等机构统统不需要了，它们将会被数控中心、数据中心、数智运维中心一类的机构所取代。

这就是未来智慧油气田建设后发生的最彻底的企业变革，一个“简单、无人、美丽”的油气田企业就自然而然地形成了。

现在，我们可以得出一个结论：智慧，关键在于“慧”，而不在于“智”。因为，按照生物学意义，“智”就是细胞，即一系列的神经元处理过程，包括树突、突轴、轴突等细胞体。为此，人们还模仿细胞体构造出一系列算法，如人工神经网络，包括深度学习、机器学习等。当然“智”是需要的，而“慧”更重要。

“慧”往往被人们所忽略，现在看“慧”就是心灵上由非常多的、丰富的聪明集成，为此需要建设，这就是用“智”来铸就“慧”的“灵魂”，形成一种高级的集合或集成。所以，智慧建设更加的需要和必要。

5.2.2 智慧油气田建设的重点内容

智慧建设的内容有很多，重点与关键要解决的问题已在智慧建设思想中做了表述。但根据多年来的数字化、智能化建设的经验，曾采用过“业务导向”“问题导向”等过程，其实都不成功，主要问题是“两股道”“两张皮”建设。而在智慧建设中不能再按照以往的专业或业务来划分实施了。

智慧建设是一个高度综合与深度融合的解决方案。为此，需要根据智慧建设的原理与油气田模态来划分，这里抽取出几个重点建设内容做以交代。

1. 智慧采油（气）

智慧采油（气）是智慧建设中的最重要的也是首要的任务，意为采油（气）智慧化。为什么要将采油、采气作为首要建设内容？因为采油、采气是油气田企业，尤其是采油厂一级最重要的中心工作。

传统的业务划分是按照勘探、开发、生产等过程划分的，采油、采气属于生产过程，是一个非常重要的生产单元。经过数字、智能化建设以后，智慧采油、采气是一个高度综合与融合的过程，构成了一个完整的生产运行整体，即生产运行智慧工程系统。

为此，在智慧建设研究中，首先是从地下油藏、储层做起，当然这是在智能化建设没有做到这里的前提下，然后以单井产量与单井个性化为中心，实施井、层关联，构建解决生产运行全过程系统中存在的大量非线性问题的智慧模式。

多元与综合是油气生产过程的主要特征。多元相关、相互牵连、多要素集成、大数据关联是智慧建设中的主要方法。过去由于油气田企业部门分割，不能将生产运行放在一个大的系统中综合、统一来考察，而是各做各的，各有各的业务与责任。智慧是一个大综合、大融合的过程，它的核心价值在于系统性地关联解决非线性难题，从而系统集成、大成智慧集成是关键。

智慧采油（气）的做法，关键在于智慧操作。举一个简单的例子，单井个性化管理后每一口井的全部信息都掌握在智慧大脑中，该井从开钻到生产的所有数据全部被记录，所有毛病一清二楚，每时每刻生产运行都清清楚楚，生产指标制定随时调整与优化。井、层关联，每一口井的生产与储层或开采层进行动态、潜力关联后，都要制定相应的采油方案、采油时速制度与动态调整等，这一切过程都由智慧大脑来完成。

智慧采油、采气建设就是以产量为中心，关联所有业务并纳入一个大系统中建设，以解决生产运行过程中所有非线性问题的智慧过程。

2. 智慧联合站

联合站是油气生产过程中的一个重要环节，其主要任务是将生产出来的井口原油（气）进行集中处理，是油气田原油生产过程中集输和处理的中枢。

联合站有很多类型，看起来大同小异，但根据不同的油气作业方式在某些方面有所不同，如有的采用油车拉运，有的采用管输等。其工作流程与作用大都差不多，如都设有输油、脱水、污水处理、注水、化验、变电、锅炉等生产装置，主要作用是通过对原油的处理，达到三脱（原油脱水、脱盐、脱硫；天然气脱水、脱油；污水脱油）；三回收（回收污油、污水、轻烃），出四种合格产品（天然气、净化油、净化污水、轻烃）及进行商品原油的外输等。

这就会形成一定的流程。我们以管输为例，原油中转站来油→进站阀组→游离水脱除器→一段加热炉→沉降罐→含水油缓冲罐→脱水泵→二段加热炉→脱水器→净化油缓冲罐→外输泵→计量→外输。

这是一般联合站的生产运行过程，无论联合站规模大小，其生产运行的基本流程都差不多，都需要这样来完成原油的处理。

联合站有一个最致命的问题，就是安全生产与风险防范。它是一个高温、高压、易燃、易爆的油气田一级安全重要场所，在这里安全是第一要务。为此，安全管理与风险防范非常重要。

在数字化建设时期，联合站是一个重要建设单元。在工艺建设过程中，联合站的自动化程度就比较高，如SAGDA/DCS等已得到广泛应用，而且很多油气田都是以联合站为中心进行数字、智能化建设的，有的油气田还配置了智能机器人巡检和无人机巡查等。那么，在智慧联合站建设中，还有什么重大问题要解决呢？大体上有以下三点：

（1）安全生产流程最优化与反馈控制；

（2）人工智能全程监控与人员轨迹分析；

（3）多期次、多系统、多技术整合，用数据工作。

以上三点看起来是三个方面的问题，其实是一个问题，就是要开发建设智慧大脑，完成超脑工作计划。过去的建设包括数字、智能建设时期都是分专业、按模块建设的，很多专业领域不同，各自建各自的，导致人员、岗位、业务统筹管理难，减员消岗困难，风险事故成为领导最头痛的问题。

智慧建设就要集中解决这些顽固的问题，即智能化也解决不了的非线性问题。

所以，在联合站中，关于安全生产需要采取一系列措施，使生产过程在符合规定的物质条件和工作秩序下进行，有效地消除或控制危险和有害因素，避免人身伤亡和财产损失等生产事故的发生，从而保障人员安全与健康、设备和设施免受损坏、环境免遭破坏等，使生产经营活动得以顺利进行，完成相应的任务，而唯有智慧建设是最好的办法。

3. 智慧井区

关于井区，我们在数字化、智能化建设以来一直没有提及，如数字化井区等。但不是没有建设，在以前人们做过了大量的地理信息系统开发，就相当于井区数字化了。

关于地理信息系统建设人们也做了很多的工作，如对地面、站、库三维可视化等，特别是对井区范围内的很多要素进行了数字化管理，如道路、车辆管理，生态、环境监测及布井位等，它们都发挥了很好的作用。

但在智慧建设中，我们将井区专门划分出来作为一个模块实施智慧建设，是具有非常重要意义的。

我们先看看井区的基本要素。从油气生产运行过程风险来考察，主要包括生产环节风险、施工作业风险、交通运输风险、设备故障风险和自然灾害等五大类，见表5.1。

表5.1 油气田主要风险种类及内容

序号	油气田井区风险要素	内容描述
1	生产环节风险	原油泄露、易燃有毒气体泄露等引发的安全隐患
2	施工作业风险	工程施工作业过程中，因违规操作引发的安全隐患
3	交通运输风险	因车辆问题与驾驶人员超速、疲劳等违规驾驶方式引发的安全隐患
4	设备故障风险	因设备老化、故障损坏、未按要求安装等引发的安全隐患
5	自然灾害	①极端恶劣天气，如暴雨、暴雪、冰雹、雷电、强风、高温等；②地质灾害，如泥石流、山体滑坡、路面塌陷等；③火灾，如井站场失火、森林火灾等

从表5.1中内容描述看，在智慧油气田建设中将井区智慧化单独划分是很有必要的，其不再是一种管理行为，而是一种智能分析与智慧决策行为。

井区智慧建设的核心关键是QHSE，其中，Q是指质量，包含设备、装备、技术、施工、工艺、生产运行、工程等。所有装备、设备从出厂到安装都要进入智慧的系统中，从一开始运行就要实施大数据追踪分析和人工智能学习记忆、判识，这是一个核心关键。我们将其同HSE比较，如果Q是0，即方方面面的质量风险为0，那么后面HSE都会为“0”，即油气田就会变得零风险，健康、安全、环保就有保证；如果Q是1，那么HSE的各方面就会存在较大的风险，就成了“1000”，油气田生产发生事故的概率就会大大增加。

所以，井区智慧建设就是按照QHSE管理要求与标准，开发出井区超脑，适时进行数据分析，给出每一个风险点的动态预测、预报，从而完成0风险管理。

4. 智慧工程

智慧工程是指石油工程施工过程与管理。长期以来，因为作业环境复杂、工区位置偏远、自然环境恶劣、交通不便等原因，使得供电、通信等基本、基础条件不具备，为此在数字化建设中基本上是一个空白。所以，其数字化、智能化建设发展缓慢。但随着国家新基建的发展，如5G技术及其建设，给油气田工程作业带来了新机遇。

作为石油工程，我们对其做了以下的划分，见表5.2。

表5.2 智慧工程建设基本类型划分表

序号	油气田工程类型划分	工程性质、特征与作业方式简述
1	地球物理勘探工程	野外环境；先遣部队工作；团队作业；劳动强度大；动用炸药，装备、设备多，作业操作过程难控制
2	钻录测固工程系列	野外环境；无人区先驱工作；劳动强度大；重大装备、设备多，操作过程复杂，环节难控制
3	压裂、井下作业工程	井区环境和野外条件；大型车辆与装备多，场面复杂，环节多；包含油气井修井、维护等，队伍多，难管理，操作规范难控制

续表

序号	油气田工程类型划分	工程性质、特征与作业方式简述
4	地面工程与钻前	井区环境和野外条件；土建工程与开山修路；各类施工队伍，强体力劳动，事故多
5	数智工程建设与运维	井区内环境；信息化、数字化、智能化建设以来各种通信条件下的油气田物联网建设，技术含量高、运维成本大，各种队伍分散，难管理

表5.2是我们将油气田勘探、开发、生产、集输等的各种工程类做了一个简单的划分，不一定很准确，但为了适应智慧建设好操作。

油气田工程最大的特点是：第一，大都超前于油气生产，尤其是地球物理勘探、钻探都是超前进行，很多是在沙漠、高山、大海中的无人区条件下艰苦作业，特别是有两个问题很难解决，即供电与通信，这是各种作业与数字化建设的前提条件，但都不具备。第二，强体力劳动。所有工作人员基本上都是重型装备与设备的操作者，环境十分艰苦，岗位分散，依靠单兵作战。第三，施工队伍多、杂、乱，难管理。对很多操作过程与环节都要依靠标准和熟练操作与自觉，否则，就会出现各种事故，风险大，于是，能否完成一种智慧控制就成了一个梦想。

智慧工程需要面对如此分散且工程量巨大的局面，我们设想的做法是利用一种5G智慧工程车来全面解决。

5G智慧工程车实行“撬装化”与“大组合”“速战速决”的大系统模式。“撬装化”指是由一辆汽车开进现场，完后开车走人；“大组合”是指集技术整合、数据融合、业务综合、平台协同于一体，构成一个工程现场5G闭环组网的、完整的石油工程过程监管、指挥、调动、智能预警、反馈控制与最优化决策的大系统。“速战速决”主要是指应用于石油工程施工，表现为灵活机动，快速组网，实时远传，近网作战，来去自如，由此提高石油工程的作业水平，现场施工能力与智慧监管。

当一个工程要开始施工时，如压裂工程，5G智慧工程车同时开进现场，迅速搭建一个5G通信网络环境，并与视频、鹰眼及适应于施工的各种传感器构成一个完整的工程物联网系统。工程车内拥有工作站与转接塔，快速同远程指挥中心连接。当施工工程开始作业后，现场数据实时采集，适时分析，快速远传，做到指挥调动和正确决策。也就是利用“智慧驾驶舱”将现场中的一切问题都能用智慧完美的解决，特别是遇到重要或重大问题时还可以远传到控制中心综合解决，然后迅速回传到现场。

这就是未来智慧工程建设。当然主要是对陆上而言，海上工程将会采用一种5G智慧船舶来完成。

5.2.3 智慧油气田建设技术

智慧建设需要强大的技术支持，这是一个必然。虽然智慧建设是建立在数字、智能建设的基础上，而且很多数字、智能技术已用到了极致，但智慧建设必须拥有智慧的技术才能完成。为此，我们需要寻找和研究智慧应有的属于自己的技术，尤其是关键技术，这将是一个重大课题。

1. 智慧技术探索

技术是指能够改造自然，改变现有事物功能、性能，使其进步与发展的一种原理与方法，更多的是一种手段或工具。技术在人类社会科学发展中的作用与价值非常重要，且意义重大。

远的不说，就说近代我们所经历的信息时代，社会出现和人类所拥有的信息技术包括微电子技术、计算机技术、网络技术等，它们对于实施数字化建设发挥了重要作用，为数字技术、智能技术打下了坚实的基础。

现在，人们正在研究智慧与智慧建设，寻找智慧建设的技术，但目前人们并不知道智慧技术有哪些，或哪些技术属于智慧建设必需的技术。于是，需要寻找与探索，更多地需要创新与研发。为此，我们需要从信息化、数字化、智能化技术线索中，寻找到有关智慧建设的技术的线索，然后研究与研发以构建智慧建设的技术。这样我们给出一个技术汇总表，见表5.3。

表5.3 现代先进技术分类汇总表

序号	技术分类	主要技术名称	分级
1	信息技术	微电子、电子信息、芯片、计算机技术设计研制、软件开发技术、模拟仿真技术、专家系统等	IT
2	数字技术	计算机技术、互联网技术、数据库技术、3S技术、传感器技术、视频技术、光纤等通信技术、MIS技术、物联网技术、数据技术等	IT+
3	智能技术	大数据技术、人工智能技术、云计算技术、区块链技术、中台技术、边缘技术、5G技术、微服务技术、数字孪生、数据治理技术等	DT
4	智慧技术	?	DT+

虽然表5.3是一个不完全的技术统计，但是将当代各类先进技术进行了初步统计，并将其分为四类，分别是信息技术、数字技术、智能技术和智慧技术。每一个技术类都有各自的代表技术，用IT和DT来标注分级，这样先进技术的分级就是从IT到IT+，从DT到DT+，分为四级，代表了四个不同时期的技术范畴与建设阶段。

由此，这就给我们提出了一个重要任务，需要研究和寻找DT+，创新、研发DT+，看看这个阶段到底有哪些技术属于它。

2. 智慧技术讨论

在表5.3中，智慧技术这一栏是“?”，就是说目前还不能知道智慧技术有哪些。确实如此，在智慧建设刚刚开启的现在，既没有建设示范，也没有应用案例，关于智慧建设需要哪些技术，现在还无法知道，这就需要研究与创新。

根据我们的研究与判断，当代社会发展是从传统到数字，从数字到智能，再到智慧这样一步步发展而来的，社会已非常先进了，原来最先进的技术，包括计算机技术、网络技术、通信技术、数据库技术等都已发展成熟，成为一般或常规性技术，即使是大数据与人工智能技术也都耳熟能详，它们发挥了重要的作用，并且还在持续发挥着作用。但在智慧建设中，这些当年最先进的技术在面对新的更加复杂的问题时已经显得力不从心了。

由此可以预测，未来智慧建设至少需要以下三大关键技术。

1）破解非线性问题的非线性解技术

这个技术名称看起来有点绕。其实，这主要是为了强调不要将非线性的问题再采用线性的方式来解决了，而是要寻找直接能够对非线性问题给予解的技术。

这里“非线性的解”一定要搞明白，就是不要将非线性问题变成线性问题来给出解，这在大约100年前人们已经这样做了，完成了很多经典的研究，而在大数据时代它们需要一种非线性的直接解法。

长期以来，人们面对非线性问题都是做线性化处理，而线性只是对非线性的一种简化或近似，或者说是非线性的一种特例，如最简单的欧姆定理。而非线性是一种由多种因素交织在一起的很难判断其结果的一个或多个复杂的问题，这些问题始终存在于现实或生产运行过程中，这类难题处处有，时时出现。传统的做法就是将其转化成线性问题，通过约束、限制、化简等操作来完成，然后给出结果，这是不对的。

随着科学技术的发展与数字、智能建设的深入，数据已极大地丰富了，人们对实际生产过程的非线性分析要求，精致计算与精确分析，以及科学决策的需求非常急迫，不希望将小样本、小概率事件和目前认为的干扰都忽略掉。但在现实中，既然它们存在于物质、事物中，为什么要将他们作为干扰因素过滤掉？显然这是不科学的。而有些被认为是“干扰”或小概率的事件，在这个时候不足以引起关注，但确实干扰了精确的解，在生产运行中它们会逐渐成长为主要因素，就会酿成大事件。所以，在大数据分析中，应该将它们全部一起实施，做到“全数据、全智慧”参与，获得“全信息”的结果。这一技术的关键就是利用大数据与人工智能组合开发的“超脑”技术。

“超脑”技术一般是指优于人工智能又十分接近于人脑思维的人工智能系统或智能机器人。这种技术一定是借助于数据与人工智能技术融合的一个集合体，非常接近于人脑的功能。其实，目前的“超脑”大都指那些视觉系统的工具，这还不是我们所要的“超脑”。

智慧油气田建设中的“超脑”是一种微型化的大数据+人工智能决策系统，它建立在强大的中台技术之上，采用小型化、微型建设的方式，可有效地对所有非线性问题实施强大的计算能力、分析能力和快速形成一种决策能力的微型处理器。

这种微型处理器每一个都是微小的超级大脑，即遵循着小型化与精准决策的原则。所谓“小型化”就是将现实中的问题或业务划分流程，然后分段执行或分小的单元执行。所谓“精准决策”就是它能够非常好地完成将“对的事情做对的正确的决策”，或者对“非正确的事情”及时发现并分拣出来；将“没有做对的做法”及时发现，做到预警、告警；将“非正确的决策”给予及时指出，以避免出现失误等，可安装在任何需要的地方。

这样一个面对非线性的高科技技术就是“超脑”技术，可形成一个“超脑”集群，构建成为某一个业务流程中的技术组合。其能力非常的强大，完成完全可以代替人来工作与值岗的智慧建设任务。

2）智联网技术

智联网是指将个体的人所拥有的智慧进行集联并构成一个以智关联的网络体系，称为智联网。

智联网不同于我们常规的互联网、物联网、油气田物联网和数联网，它们主要是以物为节点，如万物互联，而智联网是以人的智慧为节点，将人的智作为联网对象。相同的是它们都需要采用网络的形式完成“万脑互联”，所不同的是这个网要将人的智慧连接在一起，形成共享。

智联网技术是指将作用在智联网建设、运行、管理、维护等过程中的所有技术。

前面我们讲过，每一个人都有聪明才智，只是程度不同，即不论你是一个科学家、专家、工程师、技术员、普通员工，还是一个工人、农民，都有智慧。例如，一个街道的清洁工每天都在完成自己负责一段街道的卫生清洁，可在秋天时落叶非常多，又遇到刮风，这时他知道顺着风扫扫是最省力气的，这就是智慧。不要认为这件事看着很小，但其包含的智慧却很大。

我们需要将所有这样的智慧集成，怎样做？只有采用“智联网”。

在智慧油气田阶段，我们需要将大量不同专业领域、不同学科的科学家、专家与工程师、采油工、管道维护工等的智慧通过一定的方式连接起来，形成一个智网，当面对某一复杂问题或从未遇到过的问题需要集体诊断、研究和会诊时，再也不要召集会议了，而是借用智联网自动关联相应的科学家、专家等在“集大成智慧研讨厅”中完成信息推送、汇集和结论，给出科学、正确的决策。

这个智慧系统的“智联网”除了链接无数的科学家、专家、工程师外，还链接无数多个超脑。超脑会自动推送问题，回收结论，完成修正与执行，这个过程的关键、核心技术是“智慧计算”。

“智慧计算”技术将会发生重要的作用，它由专家库、知识库、经验库、知识图谱库和网络平台、评价机制、付款机制，以及算法、算力、智力等构成，专家只要在智网上工作了都会自动记载，按照标准给出相应的支付，利用数字货币随时给予付款。

3）智慧计算技术

前面提到了“智慧计算”是“智联网”的核心、关键技术，这一节我们需要专门介绍“智慧计算”技术。

按照狭义的理解，智慧是指高等生物所具有的基于神经器官（物质基础）的一种高级综合能力，包含感知、知识、记忆、理解、联想、情感、逻辑、辨别、计算、分析、判断、文化、中庸、包容、决定等多种能力。按照广义的理解，智慧是指人对宇宙、世界和社会可以深刻地认识与理解，拥有思考、分析、探求真理的综合与决策的能力。

智慧与智力不同，智慧表示智力器官的终极功能，与“形而上谓之道”有异曲同工之处。智力是“形而下谓之器”之意，是一种过程、工具与操作。所以，智慧可使人们做出正确、科学的决策，而智力是这个过程的操作与操控。有智慧的人被称为智者，这样智慧是不能缺少或离开智力的。为此，人工智能机器人是将人的智力转化为机械化的动作后成为智慧象征的表达，并非完全可以代替人的智慧达到人类的终极，这是不可能的，至少现在还做不到，为此，人类可以将所有人的智慧集成，这是可以做到的。这时候需要一种技术，就是“智慧计算”来完成。

“智慧计算”有几个主要的基本功能：

（1）数据发布，是将治理好的数据放在云上，定期或不定期地对数据用户发布数据信息。这种发布就是数据科学配置与快速供给机制。

（2）智能服务，是将搜索转换成一种服务功能，这是在多处都需要的一门核心技术，如数据治理、数据池、云数据、数据发布、数据供给等都需要智能搜索的技术服务。

（3）集大成智慧研讨厅，是接入知识库、经验库、模型库、参数库、算法库和科学家、专家，形成“智联网”的一个集成所有人智慧的平台，构建一种智慧的中心处理器。

（4）平台作用，目前还是一种人机交互式的操作平台，模块化操作，需要哪个模块还需要人来操作，这个人就是数据科学家。等到相应的超脑创新、研发程度很高以后，这些过程都可由超脑来自动完成。

（5）精准决策，是智慧计算的最终结果，无论问题大小都能给出精确的解。

这是我们设想的智慧计算的一般功能，其最难的技术过程是将数据聪明、设备聪明与人的聪明实现最完美的融合。数据聪明过程是一个非常复杂的过程，如图5.3所示。

这里没有给出数据聪明过程，主要是大数据分析的过程，它需要同人的聪明构成一个集合，完成智慧的操作，如图5.4所示。

图5.4中未给出设备聪明，而设备聪明主要是指高性能的高端芯片，它将会完成似人类的开发与制作，嵌入人、设备和物质中，如生物类芯片。

智慧计算就是要将这几种聪明融合。这是我们在《数字油田在中国——油田数据学》中首先提出来的，那时的一个基本思想是将“数据专家”软件与“人的智慧”结合到一起，这是一种单一专家智慧同数据与计算机结合的方法。其操作很简单，就是数据专家软件在完成了数据的流程化、节点操作时，专家坐在跟前根据自己的认知，可以随时提出，然后一起完成软件开发、数据运算、业务整合的过程，我们只称之为“桌边开发”。

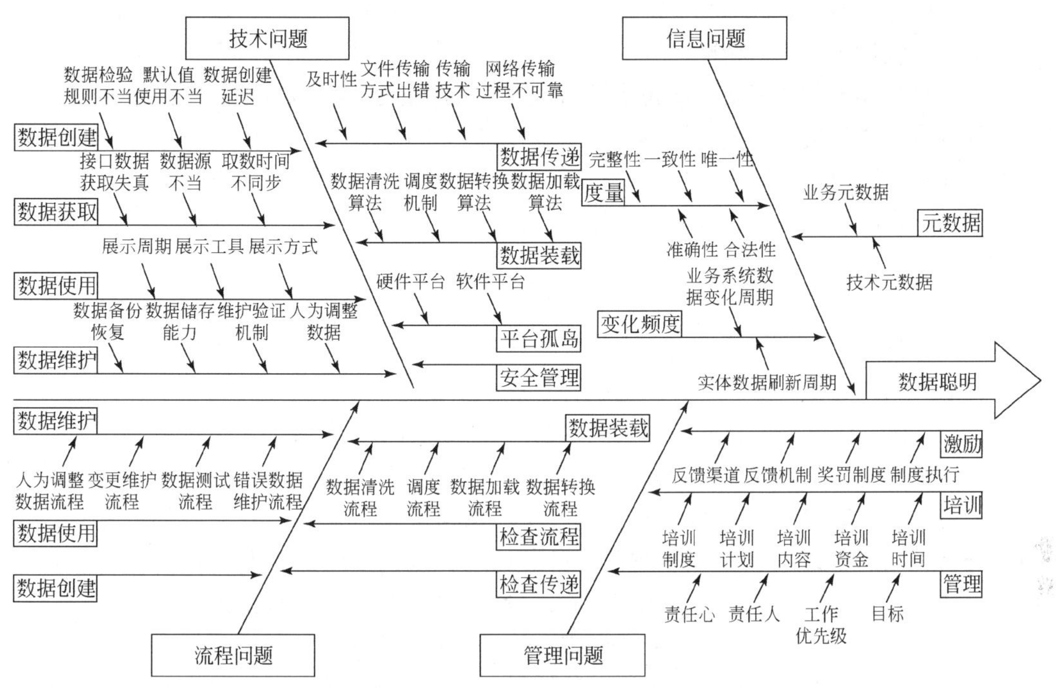

图5.3　数据聪明前期处理过程与管理运行（资料来源：孙旭东，有改动）

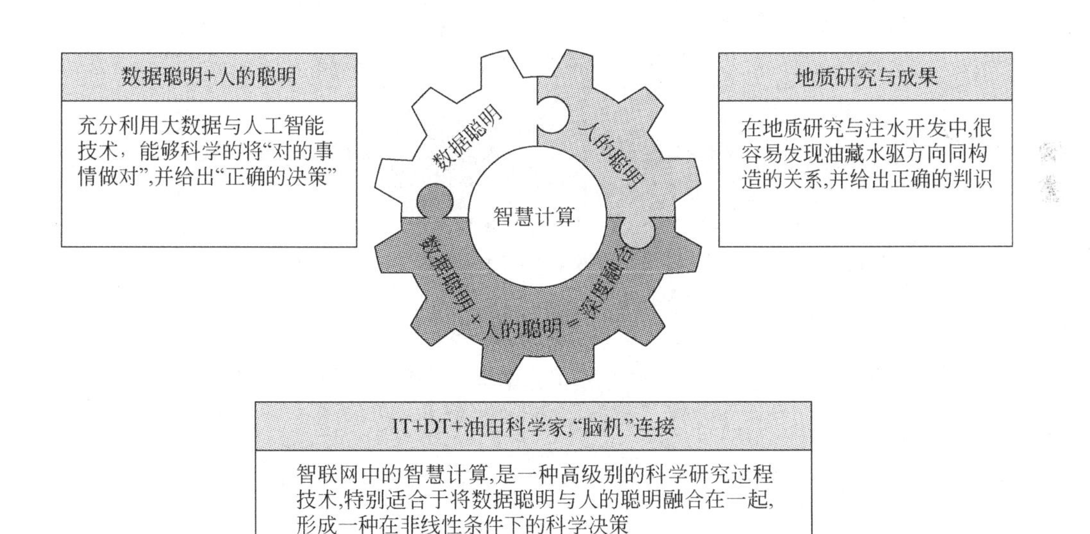

图5.4　数据聪明+人的聪明在地质研究中的应用示意图

到了智能化建设之后，我们将智慧计算进一步深化到“小型化、精准智能”与“数据、业务、算法、技术科学匹配”的“微服务”，这也是一种智慧计算过程。现在，到了智慧建设，智慧计算是要将数据与人的聪明深度融合，如图5.4所示的一个研究过程。这个计算的核心是大成智慧集成的算法流程和机制；数据的大数据分析方法与人工智能技巧的算法与机制；“集大成智慧研讨厅”的操作过程与机制，以及技术含量非常高的能对非线性复杂问题精准决策的完成“超脑”开发与集成的技术等。

以上只选择了几个在我们认知范围内认为最重要的三个关键技术做了简单叙述，现在还没有成功的案例，大量还停留在理念的探讨过程中。当然，还有其他技术，在智慧油气田建设中的技术，仅是单一或几个技术是做不到的，必须是一个多元技术的组合，做到有机结合的技术集成才能完成智慧的建设。

3. 智慧油气田建设技术

根据上述的讨论，现在我们再来讨论智慧油气田建设的技术。未来智慧油气田建设所需要的技术一定是一个多元技术的组合与集成，就是说依靠单一技术是不可能完成面对复杂的非线性问题和数据聪明与人的聪明的深度融合的，以及开发出各种各样的机器智慧的超脑与超脑的集成。根据我们设想，未来智慧油气田是“给数据赋能”“用数据工作”“让超脑决策”的“简单、无人、美丽”的油气田，所有工作过程都是由超脑智慧地分析、判识、集大成智慧，又能精准决策，这一系列的高超过程后面将会有多么强大的中台支撑，所以，这个技术体系是非一般技术组织与整合能做到的。

为此，在未来智慧油气田业务分析中，技术因可帮助油气田科学家发现生产运行的规律，完成各种特征，简化操作过程，降低研究时间和运行成本，可成为非常有用的高超技术工具，是一个必不可少的技术，这样我们将表 5.3 的内容补齐，见表 5.4。

表 5.4 现代先进技术分类汇总表（全）

序号	技术分类	主要技术名称	分级
1	信息技术	微电子、电子信息、芯片、计算机技术设计研制、软件开发技术、模拟仿真技术、专家系统等	IT
2	数字技术	计算机技术、互联网技术、数据库技术、3S 技术、传感器技术、视频技术、光纤等通信技术、MIS 技术、物联网技术、数据技术（预测、预警）等	IT+
3	智能技术	大数据技术、人工智能技术、云计算技术、区块链技术、中台技术、边缘技术、5G 技术、微服务技术、数字孪生、数据治理技术、数据智能分析技术、最优化反馈控制技术、数据专家（datist）等	DT
4	智慧技术	超脑技术（非线性组合）技术、脑机链接技术、量子计算机技术、6G 技术、3D 打印技术、深度学习+机器学习、智慧计算技术、智联网技术（集大成智慧研讨厅）、自能技术、科学决策技术等	DT+

表 5.4 中的 DT+是我们初步设想和研究的结果，初步补充了相应的技术，将是未来要完成最好的智慧建设的必备技术，包含了目前所认知的关键技术，还有可能会出现的最先进的技术，如超导计算机、光学芯片、量子计算机、超融合技术等。有些并没有出现在表格里，但是，很有可能在不远的将来就会出现的技术，都是智慧建设的好技术。

关于“自能技术”我们进行一点说明。“自能”是未来超能中的一种自然能力，它比自学习与深度学习还要厉害。超脑有一种自我学习、自我修复、自我完善的能力。

总之，智慧建设一定是世界上最伟大的建设，一定需要以最先进的技术做支持。

5.3 大建设、大战略与大智慧

智慧油气田建设是油气田企业未来的一个大建设，为此就形成了一个大战略，从而在建设上就一定需要大智慧，否则是完不成的。

5.3.1 智慧油气田建设模型构建

智慧建设不同于其他任何一个建设，无论在思想理念还是人才、技术上，要求都非常高，难度非常大。从大战略、大建设角度来看，我们需要大智慧。首先，我们从建设模型构建上来看看其建设难度。

1. 智慧建设基本模型与路径

智慧油气田建设是一个大系统，需要大整合、大综合与深度融合，从而构建成一个完整的智慧化大系统。就是说大系统本身是具有智慧的系统，才能完成智慧油气田的建设。

大建设需要具有一个大思想理念，形成一个基本的行动路线，构建一个建设的大战略，给出一个大建设的基本模型，如图 5.5 所示。

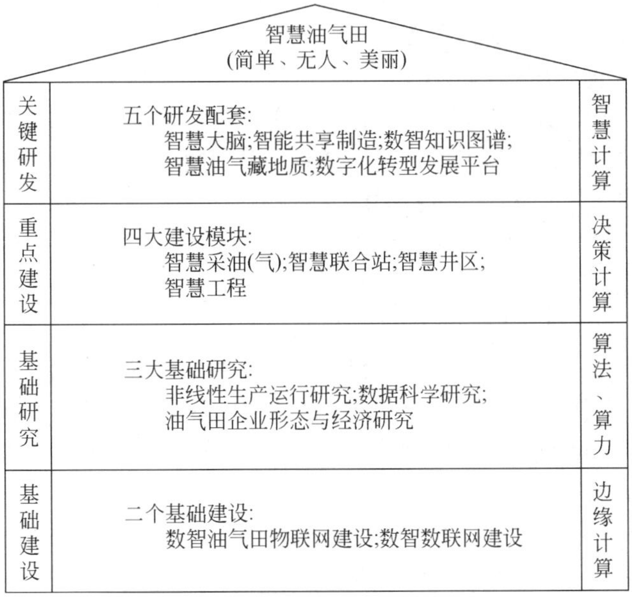

	智慧油气田 (简单、无人、美丽)	
关键研发	五个研发配套: 智慧大脑;智能共享制造;数智知识图谱; 智慧油气藏地质;数字化转型发展平台	智慧计算
重点建设	四大建设模块: 智慧采油(气);智慧联合站;智慧井区; 智慧工程	决策计算
基础研究	三大基础研究: 非线性生产运行研究;数据科学研究; 油气田企业形态与经济研究	算法、算力
基础建设	二个基础建设: 数智油气田物联网建设;数智数联网建设	边缘计算

图 5.5 智慧油气田建设模型与路径

这个模型是由“二三四五一”这几部分组成，它们自底向上形成一个智慧油气田建设的基本路线图。

（1）二个基础建设。这里包含两个很重要的基础建设，一个是数智油气田物联网建设，另一个是数智数联网建设。油气田物联网要求完整、完善，基础扎实、牢固，形成“采、传、存、管、用”一体化完整的、坚实的基础建设。这里最为关键的技术之一是“边缘计算”，我们最终一定要让传感器、RTU 等小单元节点从源头上就能变成“超脑”。由于未来的传感器、RTU、各种控制柜等都变成了超脑，数据采集、处理全部下沉到了业务最前沿完成，数据质量非常可靠，这时的数据可形成一张巨大的数据网络，大量的数据以最快的速度在网络上流转、循环，像血液一样流淌。大量的数据是新鲜的，适时采集的，即使是静态数据也会进入这个数据智慧系统中被快速应用以产生价值，这样就构成了一个巨大的数据资源，称为数联网。数联网的关键技术是边缘计算。

这里需要说明的是，经过边缘计算以后，从源头上传来的数据叫“真数据”。例如，由示功图传感器传来的就是经过处理和挑拣的一幅有价值的示功图，是没有杂质和噪音存在的数据，而目前的数据为“假数据”。除此外还有一种智慧数据系统的“边云计算”。这种技术是专门处理静态数据或在云端的数据，是一种边缘技术和云计算结合的技术体，主要用来处理静态数据体中的数据聪明问题，然后及时供给超脑，适时应用。

所以，数联网还需要深入地研究、科学地利用。

（2）三大基础研究。包含非线性生产运行研究、数据科学研究和油气田企业形态与经济研究，这些研究成为当代企业最大的难题。解决非线性问题已经成为智能与智慧建设中最大的难题与需求；数据成为基础科学的基础；企业要在数字化转型发展中进行变革，形成智慧油气田企业，就要克服以往因体制与制度形成的桎梏，企业改革必须要适应数字、智能与智慧建设的新形势。

我们将这几点作为基础研究。然而，长期以来，似乎油气田企业从来不会关心、关注关联基础研究，但是到了智慧油气田时代，这将会是数据科学家和油气田科学家们的必修课。研究先导，基础研究引领，这才是油气田企业占领制高点，战胜竞争对手的法宝。这里的关键技术是模型计算与算法技术。

（3）四大建设模块。包括智慧采油（气）、智慧联合站、智慧井区与智慧工程，这是智慧建设的关键。

智慧建设中的狭义的智慧油气田主要是指油气生产运行过程，我们用“四模”（模块）来组成一个完整的体系。同时，根据我们的设想，在四个模块建设之后，石油行业的上游将会变得非常简单，勘探、开发、生产、集输等主营业务构建成一个主体，但基本看不出谁是勘探、谁是开发，它们无缝结合，没有这样那样的专业痕迹，只有一个统一的称谓即智慧油田或智慧气田。

其共同的关键技术是决策技术。决策技术与智慧计算相同，主要是在决策过程中需要的一种流程、算法与技术组成的技术体系。

（4）五个研发配套。包括智能共享制造、数智知识图谱、智慧油气藏地质、数字化转型发展平台和智慧大脑。这些研发与制造是智慧油气田建设的配套技术与产品，是智慧建设的重要组成部分。

智能共享制造除了为解决“掐脖子”和“补短板”的问题外，更重要的是要形成智慧油气田产业化与智慧经济一体化的配套。数智知识图谱是要将数字、智能、智慧知识与油气田知识数据智能化，传统的做法是将知识数字化后装在电脑里，放进服务器中，传到云端上，这还不够，知识图谱化让其动态、可视化，从而获得数据的最大价值化。智慧油气藏地质要求完成大数据与人工智能科学研究常态化，对于油气藏研究相关的很多岗位实施无人化，即由智能研究岗、动态研究岗和智慧决策岗替代传统的各种研究人员岗位，超脑与“集大成智慧研讨厅”成为智慧油气藏研究的主力军。数字化转型发展平台，必须要完成产业化与数字经济体系建设，为智慧产业化打下基础。智慧大脑，即超脑的研制将会成为一种产业或产业化的研制定制，而在智慧建设中，只需要将很多特征性的超脑集成，其关键技术就是智慧计算。

(5) 一个结果。最后在建设的最上端形成一个“简单、无人、美丽”的智慧油气田，最终要完成智慧的油气田新业态与新经济形态。

这就是我们设计、布局的智慧油气田“四模二态三基础一核心五个配套”的大建设、大工程，也是一个大战略，要让油气田企业发生彻底的变革，这还需要我们拥有大智慧。

5.3.2 智慧油气田建设标准

智慧油气田建设需要制定相应的基本标准，以规范建设。

这里的标准是指在智慧油气田建设过程中应该遵循的基本规则。由于目前还没有智慧油气田建设的范例，所以，很难完成一个完整的规范。但是，智慧油气田建设不能没有建设依据，为此，我们在此提出一些基本思想。

1. 智慧油气田建设标准范围与内容

根据以往建立标准的经验，特别是参考油气田物联网建设的标准过程，智慧油气田建设的标准建立应该包含以下几个标准。

(1) 第一册，总则。主要是对智慧建设总的基本要求与原则规定。

(2) 第二册，油气田物联网标准。如果油气田企业已建立过标准，可执行原有标准，主要目的是需要建设一个完整、规范和扎实的油气田物联网基础。如果之前没有，必须补建。或者已建，但不完善，必须修订。

(3) 第三册，数联网标准。主要包括数据治理、数据中台、数据服务、数据供给机制等标准，对数据网络做一个完整的规定性。

(4) 第四册，智联网标准。主要包括数据赋能、数据工作、数据聪明、专家系统、智慧研讨厅、智慧大脑（超脑）和决策技术标准等。

(5) 第五册，四大模块建设标准。主要包括智慧采油建设标准、智慧联合站建设标准、智慧井区建设标准和智慧工程建设标准，也可以涵盖或单独建设五大配套技术标准。

这是一个智慧油气田建设完整的过程，其中很多标准只规定执行已有的标准，包括国际、国家和行业、企业标准，如数据标准、通信协议、接口标准、计算机标准等就不需要再重复建设了。

智慧气田建设标准与智慧油田建设标准二者之间大同小异，但气田中安装的装备、设备等因防爆等级高而参数略有不同，需要区别建设。

2. 以智慧采油标准为例

智慧采油是四大智慧建设模块中最重要的一个建设，需要通过智慧建设完成采油智慧化。这是一个由储层、单井与采油过程、生产运行等组成的一个智慧大系统，其标准就是给采油智慧建设建立规定性，主要由相应的内容组成，其目次示例如图5.6所示。

目　次

图5.6　智慧采油建设标准目次示例

图5.6是我们为延长油田吴起采油厂胜利山智慧采油建设编制的一个初步的标准目次。其中规定了智慧采油建设应该需要完成的几个重要建设内容，还规定了单井、采油层、经济效益评价、储层潜力、单井个性化管理、智慧采油单井时率与节能方针，重要指标与参数，以及“超能”工作方针和生产运行管理制度等，这样就构成了一个完整的智慧采油建设，规定了只有完成这样的建设才可以称得上是采油智慧化。同时对各项要求都做了具体的规定与标准化，如油井经济评价之后如何划分、单井个性化管理等。

其他这里不做一一介绍了，但一定要仔细地研究，构建出每一项独有的特色与特征，编制好标准，形成建设的规范。

3. 智慧油气田建设的考核

智慧油气田建设是否成功，关键看是否严格执行了智慧油气田建设的标准，这些标准虽然还没有更多的建设来验证，估计还存在一定的欠缺，但毕竟经过很长时间的研究与数字、智能建设的经验借鉴，还是有一定的依据的。

但最终对于一个智慧油气田建设企业的考核，标准应该只有一条，这就是“简单、无人、美丽”。

（1）简单。传统的生产运行过程与组织管理，包括对数字、智能建设的企业形态的变革，特别是传统的企业都已不复存在了。就是经过智慧建设后，原有的管理模式、组织建构、企业制度都发生了彻底的、革命性的变革，油气田企业的组织建制变得非常简单。

（2）无人。由数字化、智能化与智慧化生产管理中的数据科学家与油气田科学家领衔组成的职业化人员与专业化队伍成为油气田的主力军。油气田 CEO 是主要管理者，其基本职责是服务于职业化人员与专业化队伍，以及对经济形态的研究与把握。其余的专业因为大整合、大综合与大融合基本不复存在。油气田企业大量的岗位自动消失，人员大量转岗成为第三方服务公司，做油气田技术运维服务，职工的幸福感不断增强。

（3）美丽。很简单，就是符合国家提出的美丽中国标准。

这个建设过程比较长，也不是一次性能做到完全投资和集中建设完成的。所以，可以分为三级完成，包括初级建设，只完成智慧采油等；中级建设，完成智慧采油、智慧联合站与井区建设；高级建设，全部完成，达到所有标准规定的建设内容即“碳中和”，以及“简单、无人、美丽”油气田企业的形成。

这就是我们对完整的智慧油气田建设的构想。

5.3.3　未来智慧建设应注意的事项

在大数据时代以来，大数据与人工智能建设高潮迭起，人们认为利用大数据可以无所不能地发现所有应该被发现的事物，利用人工智能可以完成所有的不可能。其实，这不一定，大数据仅仅是大数据，人工智能也仅仅是人给予机器的能力，不可能包揽人类所想要的一切，至少现在不行。

智慧建设也一样，在智慧油气田建设中也不是包打天下，无所不能的，它也是有一个过程，需要逐步地完善与建设，最后达到最好与完美。目前智慧油气田建设需要注意的问题是：

（1）人才与技术极其短缺。在信息与数字建设时期涌现出了大量的 IT 公司，他们培养了大批 IT 人才，形成了很好的技术团队，为信息化、数字化建设发挥了重要的作用。但是，当油气田企业进入智能化建设后，人们感到原来的 IT 队伍已经非常力不从心了，主要原因是原来的 IT 团队太过专注于计算机科学的软件开发或管理信息系统的开发等，而他们对于油气田业务、生产运行、油气藏地质等专业实在难以理解。但是，当进入智能与智慧建设时，必须要同油气藏、地质、开发技术、配产配注、生产运行、非线性问题等关联一并解决时，这时 IT 就遇到了很大的困难。

对于技术而言，同样的问题也出现了。在信息化、数字化管理建设中发挥了很好作用的互联网技术、数据库技术、编程技术，当进入了智能化建设时已经不适应，到了被淘汰的边缘。例如，管理信息系统开发，在智能建设中不能再做成这样的系统，而要完成数据、业务、技术、算法科学匹配的超脑，让数据工作。管理信息系统给信息、数字管理人员带来巨大的劳动量，就说明了开发者自己没有智能，从而不能让油气田企业智能，这就是个问题。

到了智慧建设阶段，需要大量的职业化人才与专业化团队来建设，这是一个非常大的需求，而社会上这方面的人才与团队捉襟见肘，这是非常令人着急的。

（2）油气田企业的所有人员需要解放思想，包括所有级别的领导和所有层级的员工。从数字、智能到智慧建设是大势所趋，很多岗位在大建设和大智慧的作用下，会悄无声息地消失了，人员也会大量减少，这要比数字化的无人值守时减员量更大。所以，我们需要开动脑筋，利用大智慧来解决因智能与智慧建设带来的这些问题。

更重要的是，对于原来信息中心的高级别工程技术人员，更要解放思想，不要抱着原有的信息化、数字化建设思想与模式不放，要用智慧的思维理解智慧建设，要用智慧的方法建设智慧油气田。过去那种信息技术、数字技术的辅助作用和“两轨道”建设方式时代已经过去，未来的智能化建设队伍将是油气田生产运行与管理的主力军。

(3) 智慧建设不是万能的。就像目前的人工智能机器人一样，当我们赋予它智能以后，它仅能智能地去做给予它的那部分事，当超出范围后它是做不出来的。例如，给人工智能机器人一幅画让它描述出来，显然现在还做不到，如果是一个人，他会学习、观察、思考、分析，会对这幅画做出完整的描述并可以想象地超出这幅画给出解读，但现在最厉害的智能机器人都做不到，只能识别很少一部分内容。这就是人的智慧与能力，是远远大于人给予机器赋予的能力的。

智慧建设最大的问题不是我们没有智慧，而是我们没有智慧技术与方法可用。例如，利用什么样的先进技术能够将所有的数据聪明和人的聪明融合的更好，这在当前及未来一段时间范围内都是一个难题。因此，我们需要花很大的力气来研究智慧技术，包括智慧计算，这是目前我们必须要做的重要事情。

为此，我们不要对智慧建设抱有很大的期望，一下子建成了，就什么都成了，首先，不可能有那么大的投资，需要逐年完成；其次，人才队伍需要一定时间段的培养；再次，技术研究与开发也需要时间。但是，智慧建设也不是不能进行，而是一定要先做好数字化、智能化，要大力开展智慧建设示范，给予很多技术、人才、团队实践的机会。

在大战略中有很多，但有一个低成本战略不能忽视，这个低成本战略不是在建设过程中“扣”投资，如降低设备与集成价格，而是要在生产运行过程中完成智慧最优化，从而降低成本。

总之，智慧建设一定是人类发展未来最高的一个阶段，它适应了无与伦比的最美好的时代，这个时代就是智慧文明。智慧文明是一个创新与创造的时代，是与人类命运共同体相一致的时代，我们相信它一定会到来。而在智慧时代以后是什么，我们现在还想象不来，但我们坚信还有更美好的时代在等着我们。

5.4 本章小结

智慧油气田建设是基于数字化、智能化建设之上的最先进的建设阶段，我们都很期待。智慧油气田建设在很多油气田企业已开始初现。根据以上的所有研究、探索，可以得出这样几点结论。

(1) 智慧是人类思维中的最高境界。智慧是可以建设的，因为，人们只要能让数据聪明，然后同人的聪明进行融合，就可以实现智慧操作。而智慧建设，关键在“慧”。

(2) 智慧油气田建设也是可以进行的。智慧油气田建设的主要任务是解决油气田业务过程中的非线性问题，不要将其作线性化处理，主要是做好把“对的事情做对的正确的决策”。智慧建设需要按照“四模二态三基础一核心五个配套”模式建设，尤其是智慧采油（气）、智慧联合站、智慧井区和智慧工程建设，要扎扎实实地推进与实施，不要走过场。

(3) 智慧油气田建设是一个大建设，就需要大战略与大智慧，构成一个大工程。智慧油气田之后油气田会变成一个“简单、无人、美丽”的油气田，这是我们的梦想，相信一定能够实现。

总之，智慧油气田建设是油气田企业的一次彻底的革命。

第6章 智慧采油（气）技术与方法

从这一章开始，我们就要对智慧油气田建设分模块的进行探索与讨论。其中智慧采油是一个重要的研究内容，其主要探讨在采油过程中如何实现智慧化。

6.1 智慧采油建设的基础研究

首先，要说明一点，智慧采油是基于较好的数字化、智能化建设之上进行的研究与建设，即随着数字油田、智能油田的建设，为油田采油过程已带来了好的效果。

其次，从纵向上看，一个完整的采油过程除了包括地面工程，还包括井筒、地层等，尤其是储层对井的产量起着比较大的决定性作用；从横向上看，其包括注水措施、增产工艺、经济评价等对油井产量影响比较大的若干活动。虽然我们设定是在数字、智能建设的基础之上，而且是在一个比较完整智能油田的基础上建设，但由于数字化、智能化建设中仅关注地上，很少关注地下，而智慧采油研究与智慧采油建设需要全方位的覆盖，为此，我们还是很有必要对油田或采油过程与要素做一点先期的认识与介绍。

最后，智慧采油、采气是我们研究的重点，二者的智慧建设过程相似，本章主要以采油为主论述。

6.1.1 油田采油生产要素与过程

我们研究智慧采油，首先要对油田的基本要素与生产过程有一个基本的认识与了解。

1. 油田原油生产的基本要素

油田原油生产的基本要素是指在原油生产过程中的各种成分、流程与目的。其中最重要的一个要素就是采油。

当勘探、钻井、完井之后，油井开始正常生产，油田也开始进入采油阶段。采油是指根据油田开发需要，最大限度地将地下原油采出到地面上来，提高油井产量和原油采收率，合理开发油藏，实现高产、稳产的过程。所以，采油工程的任务是根据油田开发要求，科学地设计、控制和管理生产井和注水井，并通过采取一系列工艺技术措施，以达到经济有效地提高油井产量和原油采收率，合理开发油藏的目的。

认识采油工程，最基本的是要了解采油的基本流程，无论是传统的信息化，还是智慧采油，都是将信息技术、智能技术作用于采油流程中的各个节点或环节。

2. 基本的流程

一个完整的石油采油生产流程大致是：油层→井筒→井眼内部→人工举升装置→油管→井口→采油树→地面管线→计量站→油气分离器→输油管网。而在采油工程中，就原油而言，主要在一个“动”字上。原油的流动可分成三个部分：一是原油从油藏到井底的流动，即油层中的渗流；二是原油从井底到井口的流动，即井筒中流动；三是原油从井口到地面计量站分离器的流动，即拉油或从地面管线中的流动，至炼化厂。这三个部分构成了一个较为完整的油井生产系统，即地面、井筒、地层。

我们主张做好采油工程数字化，实现智慧采油，就要重视产量、重视地下的储层，因为产量是生产任务，而影响产量任务的因素主要在地下。

3. 常见的采油方式

通过油井从油层中开采原油的方法，按油层能量是否充足，可分为自喷和机械采油两大类。机械采油，也称人工举升方法，其中以有杆泵采油最为常见。

有杆泵一般是利用抽油杆上下往复运动所驱动的柱塞式抽油泵。有杆泵采油具有结构简单、适应性强和寿命长的特点，是目前国内外应用最广泛的机械采油方式。本书所论述的采油工程与流程及其智慧采油方法，将以有杆泵采油为主要研究对象，常见游梁式抽油机见图6.1。

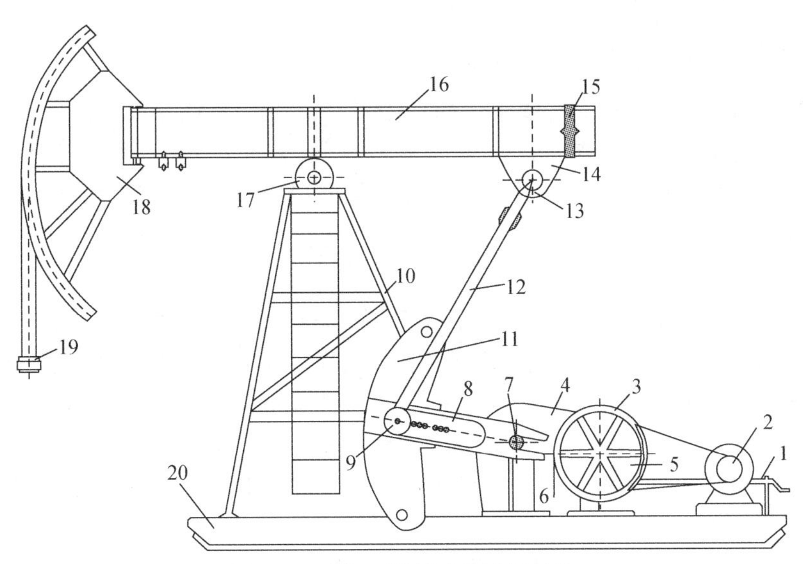

图6.1 常规型游梁式抽油机结构

1. 刹车装置；2. 电动机；3. 减速器皮带轮；4. 减速器；5. 输入轴；6. 中间轴；7. 输出轴；8. 曲柄；9. 连杆轴；10. 支架；11. 曲柄平衡块；12. 连杆；13. 横船轴；14. 横船；15. 游梁平衡块；16. 游梁；17. 支架轴；18. 驴头；19. 悬绳器；20. 底座

6.1.2 采油物联网建设

采油方式在油田影响数字化的技术生态，采用油田物联网建设可重塑采油方式。

1. 抽油机

1）抽油机与油田物联网

抽油机是数字油田中油田物联网传感器的安装主体，大多数的油田物联网传感器都需要安装在抽油机及其附属结构上。油田物联网传感器是油田物联网建设中安装在油田生产过程中相应设备上检测被测对象信息，从而构成油田物联网节点的设备或装置。

常规的物联网传感器或设备包括位移传感器、载荷传感器、温度传感器、压力传感器、流量计等；高端的物联网设备包括动液面在线采集设备、单井计量在线采集设备、含水分析在线采集设备。物联网所需要的传输装置和视频监控装置则主要安装在抽油机所在的井场上。

随着数字油田建设的深入发展，数字化井场建设得到普遍的认同，传感器监测装置不仅在抽油机上安装，而且在注水、计量、集输、站控、污水污泥处理等劳动强度比较大、危险程度高、操作比较困难生产环节中，都实现了自动控制与智能化监测监控，数字化管理应运而生。在智能油气田建设时代，许多智能技术得以运用，物联网技术及其设备也得到了提升。

2）抽油机中的关键研究内容

基于油田物联网的应用有很多，包括：远程开关井控制、视频监控、冲次调节、示功图分析、平衡度分析、耗电量分析、示功图诊断、示功图计产、间抽分析等，这些应用可覆盖油井绝大多数的远程控制需要、工况分析需要，本书列出三个比较关键的针对抽油机的研究应用，分别是抽油机示功图、抽油机平衡度、抽油机节能。

（1）抽油机示功图。

示功图是对抽油机抽油杆悬点处载荷变化与位移变化规律及相互关系的直观描述，是现场采集的第一手资料，是通过安装在游梁式抽油机上的位移传感器和光杆悬绳器上的载荷传感器，将所测得的数据在以位移为横坐标，以载荷为纵坐标的坐标系上形成一个闭合曲线，形成一幅示功图。在示功图中，包含有杆抽油机系统运行的丰富信息，是油田企业诊断抽油机工作状况和油井井况，以及相关计算的重要基础性资料和依据（图6.2）。

在抽油机上下往复抽油的过程中，最顶端称为上死点，最底端称为下死点，定义从一个下死点时刻向上至上死点，再由上死点向下回到下死点的过程为一个冲程。在一个冲程中，以抽油机相对下死点的位移（S）为横轴，以抽油机向上的拉力（W）为纵轴，即以横坐标表示位移、纵坐标表示载荷的直角坐标系上，就可以绘制出一张关于W、S的闭合曲线，称为抽油机示功图。它描述了在一个抽汲周期内，抽油杆某个截面处载荷与位移的大小、变化规律及其对应关系，示功图曲线所围成的面积表示抽油泵在

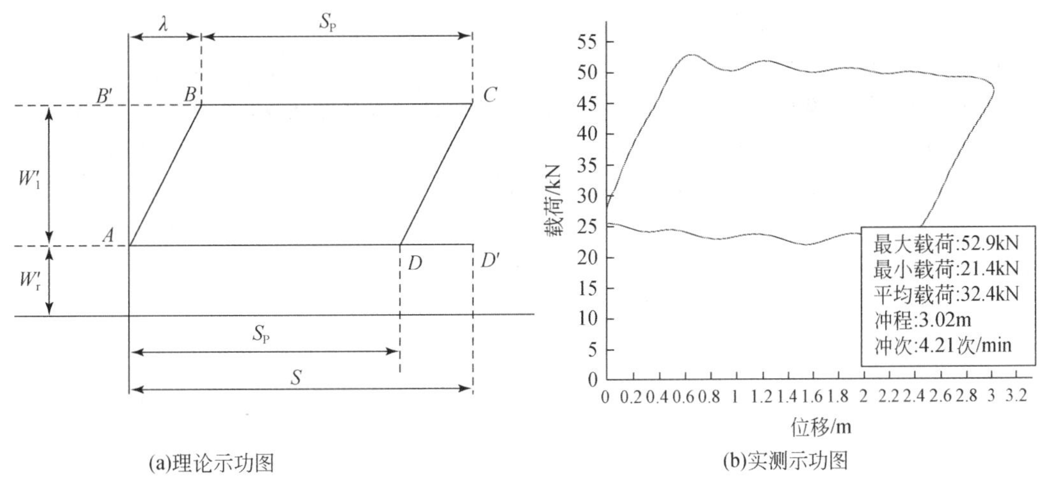

(a)理论示功图　　(b)实测示功图

图6.2　理论示功图与实测示功图

一个冲程内做功的多少。

示功图设备虽然安装在地上，但其应用的本质则是反映地下泵的工作状况，以针对泵工况的示功图诊断应用最为成熟和普遍。此外，基于示功图的产量计算也是示功图应用的重要方向，随着研究的不断深入，有研究单位已经着手并初步研制出了基于示功图分析的动液面计算。

虽然这些内容我们曾在多部书中都讲过，但在智慧采油中，示功图诊断和示功图计产仍是重要的研究内容之一。

（2）抽油机平衡度。

要使抽油机平衡运转，就应使电动机在上、下冲程中都做正功并且做功相等。简单的方法是在抽油机游梁后臂上加一重物，在下冲程中让抽油杆自重和电动机一起对重物做功；而在上冲程时，则让重物储存的能量释放出来帮助电动机做功。

如果抽油机没有平衡装置，当电动机带动抽油机运转时，由于上、下冲程中悬点载荷极不均衡，满足上冲程载荷的电动机，在下冲程中将做负功，从而造成抽油机在上下冲程中受力极不平衡。其后果是，严重降低电动机的效率和寿命；使抽油机发生激烈振动；会破坏曲柄旋转速度的均匀性，恶化抽油杆和泵的工作条件。因此，抽油机必须采用平衡装置。

在实际生产中检验和调整平衡时，大多采用上、下冲程的减速器扭矩或电流峰值相等作为平衡准则。

抽油机的平衡度计算是数字化的基础应用，在数字油田中非常常见。日常管理方面，应及时调整抽油机平衡，保证抽油机运转的平衡度在80%～120%。

（3）抽油机节能。

在采油生产过程中，最大的成本是油井动力费，即驱动抽油机转动的电能耗费。抽油机及电动机节能，一直是采油生产过程中的研究重点之一。

①节能型抽油机。

常规型抽油机悬点上、下冲程运行时间基本相等，属对称循环机构抽油机，而异相型和前置型抽油机属非对称循环机构抽油机。通过机构尺寸优化设计，其动力性能明显优于常规型抽油机。使上冲程运行时间增长、下冲程运行时间缩短，上冲程加速度的峰值减小、下冲程加速度峰值则相应增大，从而使瞬时功率及能耗均有所下降。由于这种机械结构的改变，使电动机输出转矩避开了悬点载荷造成的扭矩峰值。净扭矩曲线变得平滑。另外，上冲程时间增长减小了惯性载荷和光杆功率，有利于提高泵的充满程度和功率。为了优化四连杆机构的运动特性，达到节能增长的目的，国内外研制了不少异形游梁式抽油机。

②节能电动机。

节能电动机避免了“大马拉小车”。“大马”主要指普通低转差电动机，当它与被拖动的机械不配套而容量过大的情况。其结果使电动机电能利用率和系统效率下降。节能电动机又称高转差电动机。转差率是用于表示电动机转子转速与磁场转速之间的相差程度的重要参数。普通电动机转差率仅为2%～5%，较小的转差率变化会引起较大的电流和功率变化。高转差电动机的转差率为14%～25%，其转速随转矩变化。因此具有较软的机械特性，可以随悬点载荷的变化，电动机转速在较大范围内变化。与普通低转差电动机相比，高转差电动机驱动抽油机具有机械效益和电效益，可提高功率因数，降低电动机的耗电量。

抽油机属于大型设备，其节能的研究设计不如节能电动机的可研究性和可推广性高，目前一些新兴的电动机替代传统电机，可取得较大的节能效果，如永磁电机在抽油机上的应用。

2. 抽油泵

抽油泵是有杆抽油系统的井下关键设备，安装在油管柱的下部，沉没在井液中，通过抽油机、抽油杆传递的动力抽汲井内的液体。

1）抽油泵的工作原理

抽油泵的工作过程是由三个基本环节组成：柱塞在泵内让出容积、原油进泵和从泵内排出原油。在理想情况下，柱塞上下一次吸入和排出的液体体积相等，即等于柱塞在上行时走过的几何体积（A_pS）。所以，泵的理论排量为

$$Q_t = 1440\, A_p S n \tag{6.1}$$

式中，Q_t为泵的理论体积排量，m^3/d；A_p为柱塞截面积，$A_p = \pi D^2/4$，m^2；D为泵径，m；S为光杆冲程，m；n为冲次，min^{-1}。

2）抽油泵中的关键研究内容

（1）基于示功图的泵况分析。

如前所述，示功图设备虽然安装在地上，但其应用的本质则是反映地下泵的工作状况。实际工作中是以实测（地面）示功图作为分析抽油泵工作状况的主要依据。由于抽油井的情况较为复杂，在生产过程中抽油泵将受到制造质量、安装质量，以及砂、蜡、水、气、稠油和腐蚀等多种因素的综合影响。在分析过程中既要依据示功图和油井

的各种资料作全面分析，又要找出影响示功图的主要因素。典型示功图是指某一因素的影响十分明显，其形状代表了该因素影响下的基本特征。虽然实际情况下有多种因素影响示功图的形状，但总有其主要因素。所以示功图的形状也就反映着主要因素影响下的基本特征。

当抽油机、抽油泵工况正常时，示功图近似一个平行四边形，当抽油机、抽油泵出现工况异常时，示功图呈现多种变化（图6.3），常见的抽油泵工况故障及其示功图特征包括：

①泵充不满：其图形特征是下冲程中悬点载荷不能立即减小，只有当柱塞接触到液面时，迅速卸载。

②泵漏失：排出部分漏失时，上冲程，泵内压力降低，柱塞两端产生压差，使柱塞上面的液体经排出部分不严密处漏失到下部的泵筒内，漏失速度随柱塞下面压力减小而增大。吸入部分漏失时，下冲程开始后，由于吸入阀漏失使泵内压力不能及时增高，延缓了卸载过程，同时也使排出阀不能及时打开。

③管式泵柱塞脱出泵筒：管式泵下的过高，在上冲程中柱塞全部脱出工作筒，由于柱塞脱出工作筒，在上冲程中悬点突然卸载。

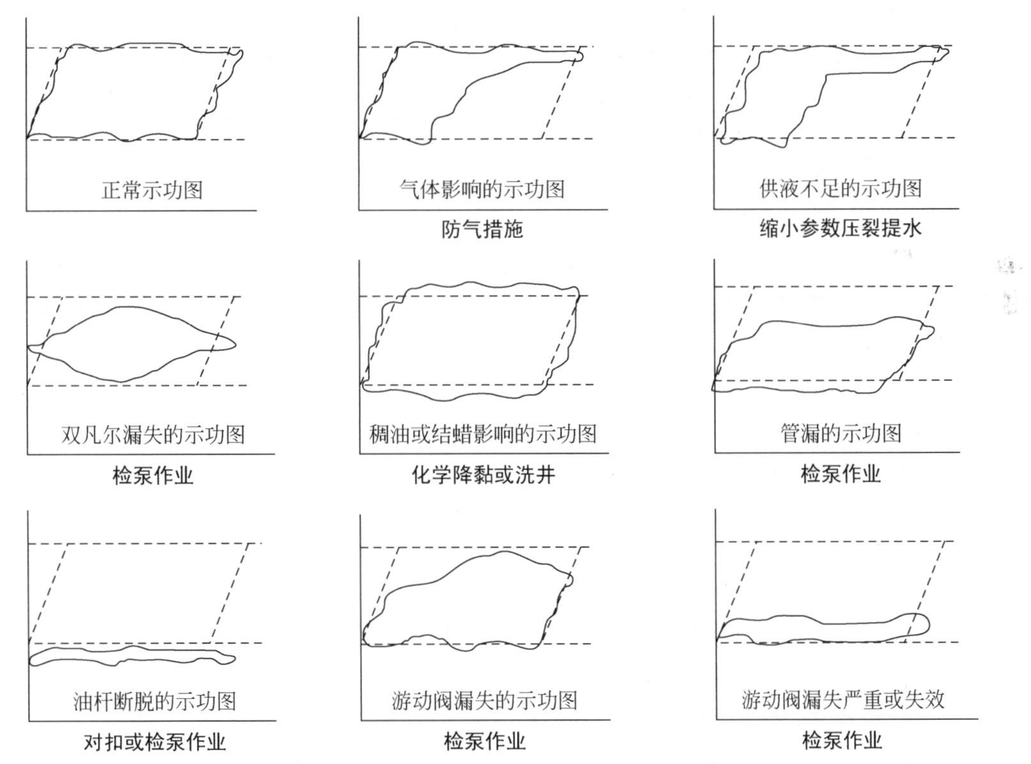

图6.3　常见的示功图反映工况及其对应措施

由于泵的工作状况比较复杂，在解释示功图时，必须全面了解油井情况（井下设备、管理措施、目前产量、液面、气油比及以往生产情况等），才能对泵的工作状况和故障原因做出正确的判断。示功图对泵的工作状况可以做定性分析，无法做出定量判断。在深井或快速抽汲条件下，泵的工作状况要通过上千米的抽油杆柱传递到地面上，在传递过程中，因抽油杆柱的振动等因素，使载荷的变化复杂化。

基于示功图的泵况分析是数字油田、智能油田和智慧采油建设的基础。

(2) 泵效分析。

抽油机的实际产液量（Q）一般小于泵的理论排量（Q_t），二者的比值称为泵的容积效率，油田习惯称之为泵效。

只有当油井转抽初期在连抽带喷时，泵效有可能接近甚至大于1。一般情况下，泵效能达到0.6~0.7就认为泵效良好。

泵效实际上是指给定抽汲参数（D、S、n）下的产液容积效率，是反映抽油设备利用效率和管理水平的一个重要指标。

影响泵效的因素可归结为以下三个主要方面的众多因素：

①环境因素：井深及井身结构、供液能力、流体物性（气油比、饱和压力、含水、黏度和流体密度、含砂量、含蜡量、腐蚀性介质等）。

②机械因素（硬件）：泵结构、质量、材料、安装、泵隙、抗腐性、耐磨性，抽油杆柱尺寸、强度等。

③工作方式（软件）：泵深、抽汲参数（D、S、n）、套压控制等。

为了努力提高泵效，上述硬件和软件的性能必须适应油井和井液的实际情况。实践证明，对于注水开发采用有杆泵采油的油田，加强注水保证油层具有足够的供液能力是油田高产、高泵效生产的根本措施。为了提高泵效，在举升方面应采取以下措施。

①选择合理的抽汲参数。

抽汲参数一般是指抽油机冲程（S）、冲次（n）及泵径（D）。当抽油机已选定且设备能力足够大时，在保证产量的前提下，S、n和D三者有多种组合方式。不同的组合其冲程损失、泵效不同。一般选用较大S和较小D，这样有利于减少冲程损失和气体影响。对于稠油井，一般采用大S、小n、合理D；对于连喷带抽的井，则选用小S、大n快速抽汲，以增强诱喷作用。深井抽汲时，一定要避开S和n的不利配合区，以增大柱塞的有效冲程。

当油井产量不限时，应在设备条件允许的前提下，以获得最大产量为目标来提高泵效。D、S、n的组合用计算方法初步确定，再通过生产试验，对各项测试资料进行综合分析逐步调整，从而优选出安全高效的参数组合。

②合理利用气体能量及减少气体影响。

气体对泵效的影响程度因井而异。对由自喷转抽初期尚有一定自喷能力的井，可合理控制套管气，利用气体能量举液，使油井连喷带抽，提高产量和泵效。实践证明：对于一些不带喷的井合理控制套管气，可起到稳定液面和产量的作用，并可减少因脱气而引起的原油黏度升高。

对于正常抽油的井，提高泵的充满系数的有效途径是尽可能地降低进泵气液比和泵的余隙容积。其措施是改进泵的结构，确定合理的防冲距和沉没度，以适应油井实际情况。因为增大沉没度一方面可以减少泵的吸入口处的自由气量，另一方面会增加下泵深度，增大悬点载荷和系统能耗及柱塞的冲程损失。

泵况分析和泵效分析及其相应措施是保持油井产量稳定的重要途径，是智慧采油的重要内容。

3. 抽油杆柱

常规抽油杆通过接箍连接成抽油杆柱，上经光杆连接抽油机，下接抽油泵的柱塞，其作用是将地面抽油机悬点的往复运动传递给井下抽油泵。

抽油杆柱的研究主要在材料、结构上满足地下高含水、含蜡、含腐蚀介质的要求。在数字化方面，示功图可以对抽油杆的状况给出指示，包括：抽油杆断脱与柱塞遇卡等。

4. 抽油的科学管理

为更好地让抽油装置高效工作，除技术应用外，还要在管理上做好配套，实现科学管理，主要包括：

（1）对机杆泵进行优化设计。抽汲参数组合对抽油机井的系统效率有较大的影响。抽汲参数不合理的井，特别是动液面较浅的井应保持合理的沉没度（泵深），并对抽汲参数进行优选和调整。

（2）对低产低效井适时进行分析诊断。实施间歇抽油措施，根据油井关井液面恢复规律制定合理的间抽工作制度。

（3）严防非正常漏失，包括油管漏失、游动阀和固定阀漏失。重视井下工况诊断和油管、抽油杆的检测修复工作。避免因管杆不合格造成油管漏失、抽油杆断脱等事故。

（4）日常管理方面：①及时调整抽油机平衡，保证抽油机运转的平衡度在正常范围；②采用低摩阻盘根盒，适当调节盘根盒和电动机皮带的松紧程度；③定期检查抽油机井口（驴头、光杆和井口），减少摩擦能耗；④加强对抽油机关键部位的润滑，减少连杆机构的磨损。

（5）根据多元数据分析，做好配产配注。

6.1.3 采油中的关键资料与数据

这里我们再次强调，智慧采油是在数字、智能油田建设的基础上完成的，但要实现智慧采油，必须做好数据的充分准备。常规的数字化仅仅将地上的油田物联网数据进行应用，辅助以部分生产数据分析，这是远远不够的。智能油田建设虽然做了大量的数据智能分析，可智慧采油建设需要同油藏关联。为此，静态数据、生产动态数据、物联网采集数据、油水井措施数据等都是重要的要素，必须研究与应用。

1. 油藏、地质研究数据要素

油藏决定了油井的个性及其产量，油藏静态资料是分析油井个性和制定油水井措施的重要依据。智慧采油的一个重要内容是按照单井的脾气进行个性化的管理，要了解单井的个性，首先要了解这口井的油藏特性。

油藏、地质研究数据要素一般包括油层资料（测井解释成果图、小层数据表、射孔数据表、油层连通状况资料)、油藏构造资料(油藏构造形态资料、油藏断层资料)、油藏性质资料(物理性质资料、原油性质资料、油田水性质资料)、油藏描述图幅(油藏构造图、油层平面图、油层剖面图、油层沉积相带图)等。当然,需要说明的是,这些资料都必须进行数字化后装入数据库,成为数据要素。

2. 生产动态数据要素

生产动态数据是记录生产信息的数据,反映了油田地下的动态、井的动态,还可以反映或验证各种活动(油水井措施、生产制度等)的最终效果,是非常重要的数据。

每口井从一开始投入生产,每天的生产状况变化都反映了油田地下的动态。作为专业的动态区块技术人员,对于单井生产信息需要进行去粗存精、去伪存真的分析,整理出有价值、有意义、有代表性的数据进行存档,以作为分析的基础。

生产动态数据要素一般包括油井单井数据(当月生产时间、日产油量、日产水量、含水率、油管压力、套管压力、气油比、地层压力、流动压力、当月产油量、月产水量、从投产至记录时的总累计产油量、总累计产水量等);水井单井数据[月注水天数、注水方式、注水井泵压、注水井油管压力、注水井套管压力、日注水量(月平均值)及月注水量及采集时刻的累计注水量];产油量数据[开井数、日平均单井日产油量、全层(区块)月平均日产油量、月产油量、年产油量、累计产油量];产水量数据[开井数、层系(区块)月平均日产水量、月产水量、年产水量、累计产水量、采集时刻的综合含水率、含水上升率];注水数据[总井数、开井数、层系(区块)月平均日注水量、平均单井日注水量、月注水量、年注水量、累计注水量];注采平衡数据(月注采比、年注采比、累计注采比、年亏空体积、累计亏空体积);油层压力数据(测压井数、平均静压、平均流动压力、生产压差、总压差);以及其他综合数据(采液指数、采油指数、水驱指数、存水率、采油速度、采出程度,每年的12月还应计算出年产油、自然递减率、综合递减率)等。

3. 油水井措施数据要素

油水井措施和区块措施对采油生产有很大的影响,是比地下油藏次之的对产量有较大影响的因素。措施的影响通过油田物联网和地面上看,仅能看到表象,其实质原因是难以分析出来的,如果不结合具体措施数据,甚至会造成误判,如产量上升下降的原因等。因此,必须对油水井措施进行翔实的记录。

油水井措施数据要素一般包括油井措施数据(油井压裂措施、堵水措施、油井补孔措施、机械开采井措施、酸化、修井)、水井措施数据(内容与油井大致相同,主要是措施后的效果)及区块措施数据。

4. 油井成本效益数据要素

油田在生产经营中需要了解油田主要开发效益状况和治理重点,并根据区块投入产出分析做出开发生产决策。当前,许多油田已开展公司级和厂级的经济效益分析。

智慧采油的研究对象是单井,除了通过地下油藏的研究分析确定单井的脾气与个性，还需要了解单井在成本与效益上的情况，这有利于针对单井做出精细化决策。当然，这也要求，要实现智慧采油，就必须将管理目标细化到油田生产的最小单元——单井，从单井生产的各个环节入手，分解构成单井生产成本的各项因素，对影响单井效益的主要因素进行分析，从而找出降低成本对策，由点及面地提高油井经济效益。

油井的成本效益数据，不易从公司级和厂级成本效益数据那样可直接得到，需要在一定的分析基础上，在油井管理单位的层级基础上，做好科学的分摊，同时辅助以单井措施数据的统计，更科学、更精确的获取单井的成本效益数据。

油井（单井）的成本从大的层面可分为全局成本和局部成本，局部成本又可分为直接成本和间接成本（图6.4）。

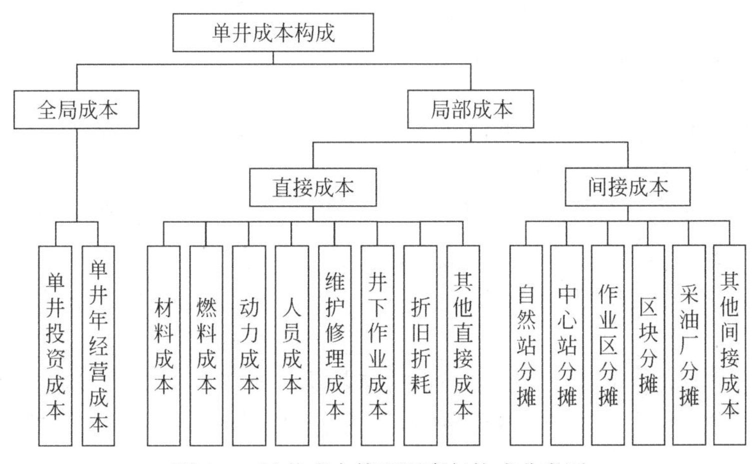

图6.4　油井成本管理因素与构成分类图

油井成本效益数据要素一般包括全局成本（单井投资成本、单井年经营成本）；直接成本（动力成本、材料成本、人员成本、燃料成本、驱油物注入成本、井下作业成本、测井试井成本、维护修理成本、油气处理成本、运输成本、折旧折耗等）；间接成本（即不能直接作用于油井的成本）。

以上数据需要按照分摊公式，将成本合理地分摊到单井，作为智慧采油中油井经济动态评价的数据基础。

5. 油田物联网采集数据要素

油田物联网技术在油田的应用中，主要通过各种传感器对油田生产过程与环节对象进行实时数据采集，将采集到的数据通过有线或无线网络传到控制中心，控制中心根据实时采集到的数据进行分析处理，通过分析结果再对检测对象进行实时反馈、控制。实际操作是通过大量安装在数据采集对象上的传感器对被测对象的实时测量，如对抽油机的检测、对井下地层和井筒的检测、对井口设备运行和流体属性的检测等。这些检测过程全部进行处理后，以数据的方式表现出来，如对抽油机的测量，以示功图数据以及油井压力、油管温度数据等显示和反映出来。

油田物联网属于数字油田的核心建设内容，是智慧采油的基础设施。

油田物联网采集数据种类繁多，依照不同油田单位建设物联网的深度和广度而不同。主要的油田物联网采集数据包括如下几大类：电参数据（电压、电流、功率等）、示功图数据（载荷、位移、冲程、冲次等）、平衡度数据、耗电量数据、压力数据（油压、套压）、视频监控数据。

在油田，有几项数据是采油人最渴望的数据，即单井动液面数据、单井含水率数据和单井产量数据，这几项数据在油井动态分析中不可或缺，但一般采用人工测量加填报的方式，频次较低、效率较低。随着物联网的发展，行业内出现了一些自动化的单井动液面采集设备、单井含水率采集设备、单井产量采集设备，但这几项数据的自动采集，仍是业界的高端难题，许多设备的精度也存在争议，单个设备的价格较昂贵，也很难在油田全面推广开，目前在油田中主要以小片试验和研究为主，但仍不失为一种趋势。

6.1.4 采油中的关键分析

油井、水井是注水开发油藏的基本单元。注水开发油田，水井和油井不断地进行注水和采油，这就使得油层中的油、气、水始终处于不断运动变化之中，这些变化又不断地通过油水井的日常生产和采集到的各种生产数据反映出来。这样，把不同范围内油井、水井的动态变化情况综合起来，就可以反映出井组、区块乃至整个油藏生产状况的变化。通过这些动态变化的分析与归纳，可以掌握开发过程中油、气、水运动的规律和特点。

采油过程中的分析很多，大的分类包括单井动态分析、注采井组动态分析、开发动态分析。本书重点叙述单井分析中的油井动态分析，水井动态分析、注采井组动态分析、开发动态分析不在此赘述。

地下原油经过油井采出地面，要经过两个互相衔接的阶段，即油流在一定压力差的驱动下，经过油层岩石的孔隙，从采油井井底周围的油层流向井底的油层渗流阶段和油流从井底通过井筒流向井口的举升阶段，而后再输送到集油站。所以，油井生产过程中的动态变化，主要表现在地下、井筒、地面三个阶段的动态变化，油井动态分析即包括这三个方面内容。

要做好油井的动态分析，需要将地下、井筒、地面看作一个有机的整体。地下分析与生产管理相结合，循着先地面，再井筒，后地下的分析程序逐步深入地搞好分析。必须从地面工艺生产管理入手，与本井组油水井联系起来分析，逐渐深入每个油层或油砂体，以及彼此的相互关系。综合分析各项生产参数的变化及其原因，找出它们之间的内在联系和规律，包括从每口井的以油砂为单元，搞清各类油层的开发状况及其动态变化规律。总之，先本井、后邻井，先油井、后水井，先地面、次井筒、后地下，根据变化，抓住矛盾，提出措施，评价效果。

1. 地面管理状况的分析

油井地面管理状况的分析主要包括热洗、清蜡制度及控制合理套压。

1）热洗、清蜡制度

总的要求是保证油流畅通，抽油机井示功图无结蜡显示。在此前提下，使热洗次数达到最少。

2）控制合理套压

套压高低直接影响着动液面的高低，也影响着泵效的大小。总的来讲，合理的套压应是能使动液面满足于泵的抽汲能力达到较高水平时的套压值。

套压太高，迫使油套环形空间中的动液面下降，当动液面下降到深井泵吸入口时，气体窜入深井泵内，发生气侵现象，使泵效降低、油井减产，严重时发生气锁现象。发生这种状况时，应当适当地放掉部分套管气，使套压降低，动液面上升，阻止气体窜入泵内。

2. 井筒动态分析

在井筒动态分析中，重点分析抽油机泵效和动液面两方面内容，除此之外，间抽开关井时间分析，因其依赖于泵效分析和动液面分析，所以在此一并叙述。

1）抽油井泵效分析

泵效分析已在前述章节“采油中的关键装置”的抽油泵部分做了介绍，此处做一些补充。

一般地讲，影响泵效的主要原因有六个方面：油层供液能力的影响、砂气蜡的影响、原油黏度的影响、原油腐蚀物质的影响、设备因素和工作方式的影响。

此处主要叙述工作方式的影响。

深井泵采油，在油层供液充足的情况下，泵径、冲程、冲次三个参数决定了抽油井理论排量的高低，调配好三者关系，可以少耗电、多采油。如果调配不当，则会降低泵效；如参数过大，则理论排量远远大于油层供液能力而造成供不应求，泵效自然也很低；泵挂过深，使冲程损失过大，也会降低泵效。

当抽油机已选定，并且设备能力足够大时，在保证产量的前提下，应以获得最高的泵效为基本出发点来调整参数。在保证活塞直径、冲程、冲次的乘积不变时，可任意调整这三个参数。但冲程、冲次、泵径的组合不同时，冲程损失不同。一般采用小泵径、大冲程、低冲次，对连抽带喷的井则选用高冲次快速抽汲，增强诱喷作用。对于深井，可下入较大的泵，采用长冲程适当增加冲次；而对于浅井，可下入较大的泵，采用小冲程、大冲次。

2）动液面分析

动液面是指抽油井在正常生产时，油管、套管环形空间中的液面深度，而深井泵的沉没度是指深井泵固定阀淹没于动液面之下的深度，及泵挂深度与动液面深度的差值（图6.5）。动液面的变化既可反映出地层能量变化，又可反映出泵工作状况的变化。所以，分析动液面应与示功图分析结合起来。

动液面上升一般有三个原因：一是油层压力上升，供液能力增加；二是泵参数偏小；三是泵况变差。反之，动液面会下降。

确定合理的动液面深度。合理的动液面深度应以满足油井有较旺盛的生产能力所需沉没度的要求为条件。沉没度过小，会降低泵的充满系数；沉没度过大，会增加抽油机的负荷造成不必要的能量损耗。根据国内一些油田的经验，对油稠、含水高、产量大的油井，沉没度一般应保持在 200～300m 左右。

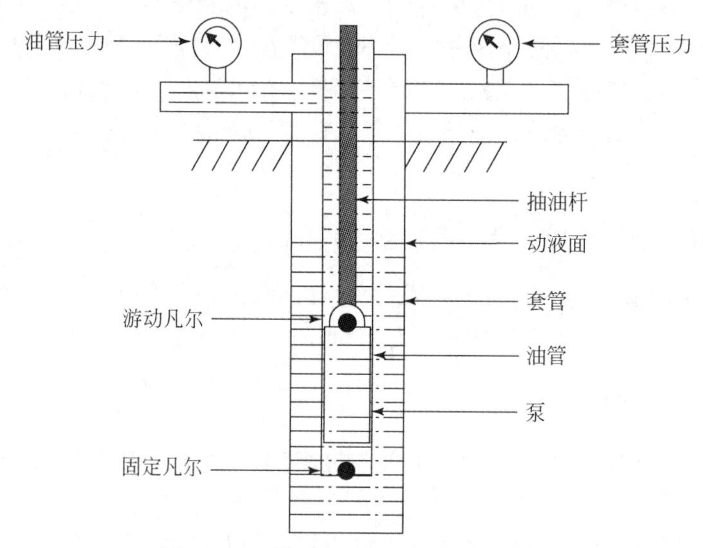

图 6.5　油井环套空间与动液面示意图

动液面是油田采油领域非常重要的数据，也是调整间抽开关井制度的重要依据。动液面自动采集设备的研究，也是行业的热点与难点，但受限于技术的复杂性和设备的高成本，一直未能得到大规模应用。在这种背景下，也有一些单位着手研究基于示功图和生产数据的动液面计算方法，可获得动液面变化的大致趋势，对生产起到一定的指导作用。

3）间抽开关井时间分析

间抽开关井时间分析，因其依赖于泵效分析和动液面分析，所以在此一并叙述。间抽是指对油田中供液不足的油井，通过分析油井的产液量，科学的制定关井和开井时间，合理的打开和关闭抽油设备，从而达到节能降耗的目的。间抽井就是采取这种措施的油井。间抽制度是指确定抽油机井的开井和关井时间。

据数据统计：目前国内的供液不足井处于液击或空抽状况的时间是所有运行时间的 50%～80%，而这部分井占总井数的 30% 以上。通过间抽，可以有效提高泵效和节约电量，实现降本增效。

主要的间抽制度（间抽开关井时间分析）设计方法有：

（1）通过沉没度恢复高度。一些油田根据经验确定出一个沉没度范围，例如，当抽油泵的沉没度小于30m时，关井停止生产；待沉没度恢复到500m时再开井生产。不同油田具有不同的沉没度范围。该方法经验的成分太大，但是油田的生产情况是不断变化的，因此误差较大。

（2）通过液面恢复曲线。停机关井后的液面上升关系是曲线型，不是直线型上升。关机停井初期液面出现一定程度的降低，而不是上升，这是因为初期井底流压较低，液体出现脱气现象，较高的气压使得部分井筒环控液体被挤入油管内，因此环空液体开始阶段会降低。当井底的流体流入井底，动液面就会逐渐恢复，开始恢复阶段速度比较高，曲线几乎是一条直线，当液面上升到一定阶段时，出现拐点，液面上升速度逐渐减慢，原因是随着环空液面的上升，地层压力和井底流压之间的压差减小。曲线的拐点就作为开井时间点。

（3）其他方法还包括：依据井筒流动压力分布理论和压力恢复试井理论、根据时间和产量之间的关系变化曲线确定停抽点时间、根据抽油机井的流体流入动态、从经济极限角度确定间抽制度、通过套管压力变化速率等参数来确定间抽制度等。

合理的间抽制度可以保持产量稳定，降低耗能，是油田采油领域不断追求的技术，目前也出现了一些配合自动间抽的设备。合理的间抽制度也是智慧采油建设追求的目标之一。

3. 地下动态分析

油层条件是油井生产的基本条件。分析油井地下动态变化，首先要搞清油层的地质状况，主要是：①搞清油层的层数、厚度情况；②搞清各小层的岩性和渗透性；③搞清油层的原油密度和黏度；④搞清生产井的油层与其周围相连通的油水井的油层连通发育情况。在此内容的基础上，可以对油井地下动态变化情况进行分析，主要包括八个方面：地层的压力变化、流动压力的变化、含水的变化、产液量的变化、产油量的变化、油井的生产能力、分层动用情况的变化和层级差异调整。

6.1.5　采油中的关键指标

采油过程中，一些关键指标具有非同寻常的意义，它是评价、衡量油田开发生产效果科学合理的依据与参数，对关键指标进行提升是数字油田、智能油田、智慧采油的重要目标。

1. 油井关键指标

（1）采油速度。采油速度表示每年有多少地质储量被采到地面上来，同时也是衡量油田开发速度的一个很重要的指标。与之相关的指标还包括：折算年产量、折算采油速度、采油强度、水油比。

（2）采出程度。采出程度指一个油田任何时间内累计产油占地质储量的百分比。它代表一个油田储量资源总的采出情况，用于检查各阶段采收率完成的效果。

（3）产油（液）指数。产油（液）指数指单位采油压差下油井的日产油（液）量。它代表油井生产能力的大小，可用来判断油井工作状况及评价增产措施的效果。

（4）产油（液）强度。产油（液）强度指单位有效厚度的日产油量。它是衡量油层生产能力的一个指标。

（5）含水率（综合含水）。含水率指产水量与产液量的比值，包括日含水率、综合含水率、年含水率等。

（6）含水上升速度。含水上升速度指在一定时间内，油井含水率或油田综合含水的上升值。可按月、季、年计算，分别叫月含水上升速度、季含水上升速度、年含水上升速度。

（7）其他指标，包括含水上升率、自然递减率、综合递减率等。

2. 水井关键指标

（1）注水强度。注水强度是单位砂岩厚度油层的日注水量，反映油层的吸水能力。注水强度越大说明注水井吸水能力越强。

（2）吸水指数。吸水指数指注水井在单位注水压差下的日注水量。它反映注水量注水能力及油层吸水能力的大小，并可用来分析注水井工作状况及油层吸水能力的变化。

（3）注采比。注采比指某段时间内注入剂（水和气）的地下体积和相应时间的采出物（油、水和地下自由气）的地下体积之比，包括月注采比、季注采比和年注采比。它是研究注采平衡状况和调整注采关系的重要依据。

通常还用累计注采比的概念，即到目前为止，注入地下的总注入量与采出总的地下体积的比值。累计注采比小于1，表示地下有亏空。

（4）其他指标，包括存水率、水驱指数、地下亏空等。

3. 经营管理指标

除了油井关键指标、水井关键指标等油田开发指标外，还有一些重要的指标，即运行指标和经营指标等经营管理类指标，它不一定是对油井、水井的客观的统计，而是结合油田成本效益、管理水平等提出的一系列以提升效益、提高效率、降低成本为目的的指标。

（1）部分开发指标，包括配注合格率、抽油泵效、维护性作业频次、采油时率等。

（2）运行指标，包括系统上线率，数据上线率，数据准确率，油井示功图数据准确率，油井工况诊断准确率，油井单井液量计量准确率，油井含水在线检测率，动液面在线监测率，输油泵、注水泵等动设备状态监测及故障自诊断率，远程控制准确率，报警准确率，报表自动化率，井场无人值守覆盖率，仪器仪表故障在线诊断率，数据采集设备具有远程配置、调试、升级、故障自诊断和自主管理等功能等。

（3）经营指标，包括作业区单井综合用工、市场化用工减少水平、运维费用降低水平等。

6.2 智慧采油的建设方法

在分析了油田采油的基本要素与关键指标等以后，我们就要研究智慧采油了。

智慧采油建设与传统的任何一个时期的建设都不一样，包括数字化建设、智能化建设等，这些主要围绕地面与生产管理过程，以提高工作效率为主的建设，不涉及油藏、储层、单井个性化等问题。智慧采油建设是一个完全创新的模式。

6.2.1 智慧采油建设思想

油田主要围绕着采油业务进行各项工作的开展，采油不是单一的通过人工举升将油采出地面，而是与地质研究、经济评价、物联网、智能操控等各项工作紧密相关的一项工作。

1. 关于智慧采油

随着数字油田、智能油田的建设，许多信息化技术在采油工程中得以应用，为油田在采油过程中的节能增效带来了一定的效果。传统的信息化、数字化作用于采油工程，目前局限于油田物联网设备的安装应用，即在抽油机上安装传感器，并通过网络远程传输至中控室，可实现对抽油井的远程感知与控制。传统的数字化、信息化在采油工程中多侧重于对地面的关注，对采油工程中的其他内容的涉及不够深入。对通过油田物联网降低成本研究较多，对产量增长研究较少，然而油田对产量最为关注。一个完整的采油工程，从纵向上看，除了地面，还包括井筒、地层，尤其储层对井的产量起比较大的决定性作用；从横向上看，包括注水措施、增产工艺、经济评价等对油井产量影响较大的活动。因此，要实现采油工程的数字化、智能化，需要完整地认识采油工程的内容，系统地考虑采油工程中的各环节，通过数字化、信息化技术的应用，将采油工程在各个节点实现突破，实现整体的智慧化，达到油田增产、降低成本的目的，是新形势下的研究重点。

智慧采油即是在这种思想下诞生的一种新型的采油方式，在这种新思想下，采油过程的信息化不再是使用单一技术，而是混合技术；不再是采油中的单一对象，而是整体采油系统；不再是仅仅关注地面，而是地上、地下一体化研究。

2. 智慧采油设计思想与模式

传统的数字化采油，仅仅关注了地面数据的采集、展示与管理，而没有将地下与地上统一起来。要想从本质上提升智慧的水平，必须从地层做起，实现地上地下一体化协同，构建智慧采油一体化建设模式，因为，在油田是地下决定地上。

所以，智慧采油建设的基本思想是“两个一体化”的思想，即地上地下一体化和开发生产一体化的数据工作模式，如图6.6所示。

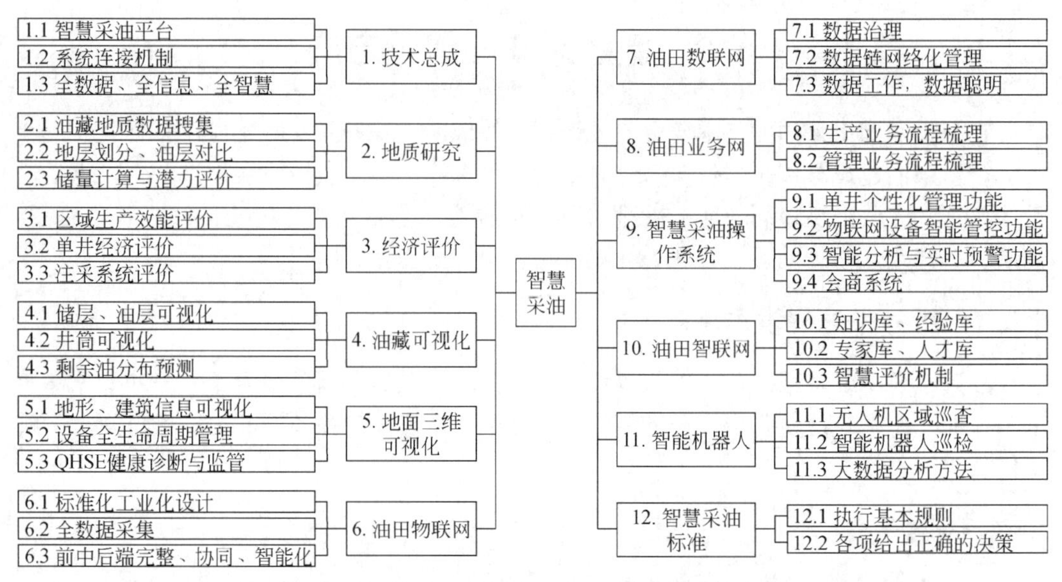

图 6.6　智慧采油整体设计思想与建设模式构建图

图 6.6 是一个完整的智慧采油建设模型图，其一体化共包括 12 个大项，分别为技术总成、地质研究、经济评价、油藏可视化、地面三维可视化、油田物联网、油田数联网、油田业务网、智慧采油操作系统、油田智联网、智能机器人与智慧采油标准。

智慧采油的是系统化建设的大工程，只有保证上述 12 项内容相互关联、相互协同、完整建设、形成一致，才能提升油田的智慧采油水平。主要体现在以下五个方面。

（1）储层分层与经济评价。智慧采油建设一上手，不是购置传感器、RTU 等设备，而是地质研究与储层划分。这项工作不同于地质研究或储量计算及油藏描述，而是在前人关于油藏地质研究的基础上进行储层精细划分，然后对每一个划分后的层进行经济效益评价。经济评价主要工作包括油藏地质数据的收集、治理，通过地质研究摸清油藏划分层的特征、油水井注采关系，完成油藏三维可视化，结合经济评价也就是算账，知道现在每一个层还有多少潜力，然后制定层的方针与政策。

（2）单井经济评价与单井个性化管理。长期以来，人们都非常努力地对地面工程和油井利用油田物联网实现数字化管理，如油水井工况智能诊断、智能远程控制；利用智能机器人巡检，实现地面三维可视化，确保生产运行过程的安全环保等，但还没有做到位。

其实，在油田每一口油井都是不一样的，即使同一个井台子，井口距离 2m 的两口油井都不一样。有的是直井、有的是定向井、有的是水平井。更重要的是所采的层不一样，油水关系也不一样。智慧采油建设必须针对每一个单井的特征、性质建设，为此我们称之为“单井个性化管理”。为此，必须对井进行全面的经济评价。

（3）井层关联一体化。通过对油井、储层的经济评级之后，下一步就是要完成井、层关联。井层关联就是将每一口井与自己所采的层关联上，建立关联关系模型。这样就建立起地上地下一体化的开发生产业务网，通过地质研究成果与物联网数据的深度融合、数据与业务的深度融合，实现开发生产过程的小型化、精准智能。

（4）编制单井、储层生产方针。我们说经济评价的过程是一个算账的过程，就是经过划分后的层，每一个层现在还有多少潜力，它现在关联多少口井在从事着原油的生产，根据层的潜力与井的状态和生产能力，给每一口生产井编制工作方针。例如，长的方针叫规划，10年或20年；短的方针是一周或一天，如根据这口井的能力与个性，每天生产多少产量为最佳。

（5）开发智慧大脑。智慧采油其实很简单，就是充分利用智慧大脑，根据“小型化、精准智能”和“微服务”技术，对每一个井的个性的管理和对每一个小的环节的精准化决策，如提高每一口油井的采油时率，降低每一个小点的能耗等。这些工作虽然很小，但都十分有意义，基本不需要人来操控，都由智慧大脑来做。

所以，智慧采油一体化将改变传统数字、智能建设中的工作模式，实现地上地下一体化和开发生产一体化。

3. “两个一体化”的设计思想

（1）地上地下一体化思想。这是一个与我们以往提出的或见到的完全不一样的思想，因为那个时候只是希望在管理上完成一体化，大量地在系统开发、操作管理上完成地上与地下的协同（图6.7）。

然而，智慧采油的地上地下一体化，是“地下决定地上”的一体化。地下储层潜力、储层潜能、储层油水关系决定着地面工程建设的程度、投资水平、生产运行及长远发展，更是智慧采油编制单井生产方针的依据。其中需要十分重视的有：

①通过油藏精细描述、油藏流动单元划分、油藏动态储量计算、注水井网评价、地层压力预测，实现井、地（储层）关联，完成油藏动态智能管理。

②利用油藏动态储量，油井产量及生产成本，结合油价，实现油井动态经济评价，指导关停转减改、分析高成本规律，总结完善控制对策。

③针对油、水井生产过程中的关键数据与指标进行动态监测、实时分析，实现生产数据动态智能分析。

④实现对油井物联网数据、水井物联网数据及场站物联网数据的集中管理与智能分析，完成物联网数据的智能管理。

⑤实现油藏动态、经济评价、生产动态数据与物联网数据的深度融合，建设智能油井、智能水井，实现地上地下一体化。

（2）开发生产一体化思想。

①通过地上地下一体化，实现油井智能开发，智能化的完成配产配注。

②通过油田数据与生产业务的深度融合，实现原油开采、集输、接转等业务的智能化，实现智能生产。

③通过建立油田智能开发、智能生产的联动机制，实现油田智能化管理，进而实现油田开发生产一体化。

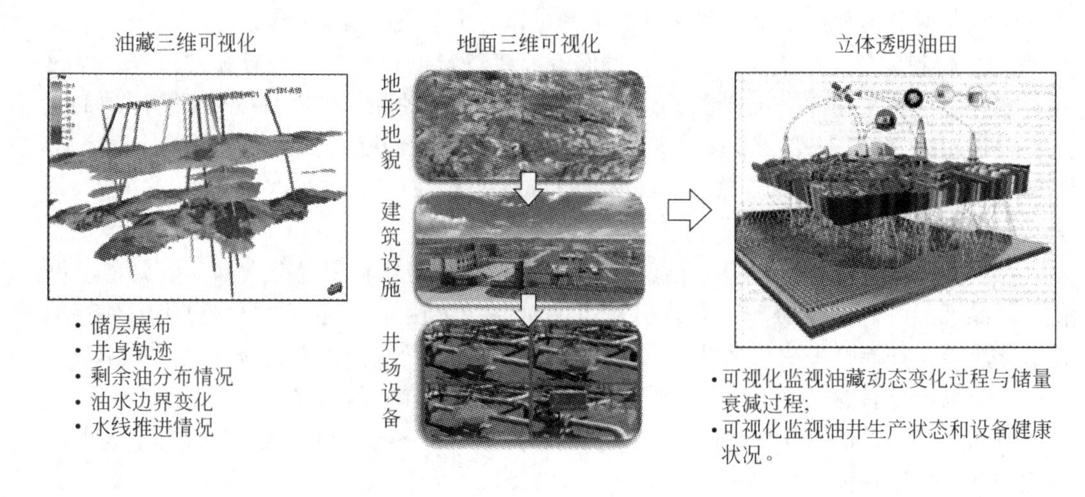

图 6.7 智慧采油整体设计地上地下一体化示意图

6.2.2 智慧采油建设方法与主要内容

智慧采油建设是智慧油气田建设的一个模块，也是最重要的一个模块，具有十分重要的意义。在智慧建设中，对油田做了重新划分，分别为采油、采气、联合站、井区和工程。为此，对于其建设的方法与技术，以及内容的研究与实施都是非常重要的。

1. 智慧采油建设方法

我国地域辽阔，油田分布广泛，有的在沙漠、有的在黄土高坡、有的在草原、有的在大海、还有的在水乡，等等。地下储层、油藏非常复杂，有的油藏就像一个瓷盘子掉在地上摔成八瓣，然后还被踩了一脚，十分破碎，完全找不到规律；有的深埋数千米；有的油-水同层或水层非常发育。

对于智慧油气田建设的基础建设程度也非常不一样。不一样的基础建设，如数字化、智能化建设的程度不一样，智慧建设的起点也不一样，大体上可分为以下几种：

1）“零起点”智慧采油建设

“零起点”是指这个油田区块完全没有数字化、智能化建设过程，还处于传统油田模式。

其实这种“零起点”的建设有其优势，就是不用考虑原有建设的各种系统，直接从“0”开始，按照智慧采油的完整模式建设成一个高水平的智慧油田。对于这种“零起点”建设，就是要扎扎实实地做好油田物联网、数联网、智联网的全面建设，打好基础，完整地实施智慧采油建设。

2）数字油田建设基础上的建设

这类油田是经过了数字化的基本建设，如完成了油田物联网的“采、传、存、管、用”，这时要深入地了解数字化建设的程度，如网络覆盖率与网速、数据传输与存储、数据库建设与云建设、数据应用开发的管理信息系统有多少，等等。

这类建设在全面地了解其数字化程度的基础上，就要编制在数字化的起点上建设智慧采油方案。这时需要进行一个大的工作，就是“补课”。补什么课？补网络建设、补数据治理、补原有系统接口标准化，等等。

数字化建设之后开展智慧采油是有难度的，它不像“零起点”建设，无非多花一点费用将油田物联网建设补上。在数字化建设起点上的智慧采油，需要对原有建设保留和对接，反而投资费用也不会少。因为，还要完成很多系统整治、数据治理、数据智能分析等。

3）智能油田建设基础上的建设

智能油田建设的基础，是指在这个区域已经完成了智能化建设，这样的建设要比“零起点”高两个台阶，比数字化建设高一个台阶，这就省了很多基础建设的过程。

这个时候需要做好三件事：

第一，对智能化建设做一个非常深入的了解。必须深入调查，然后要做一个切实的评估，给一个基本的定位，如是1.0、2.0，还是3.0，等级越高说明建设的程度就越高。3.0基本已经非常接近智慧采油了，说不定这个时候略加提升就是智慧采油。

第二，如果是1.0或2.0，就要做好数据治理与中台建设，这个时候的建设工作量非常大，需要按照智能化3.0的建设标准补建完成，千万不可以有投机心理，直接进行智慧采油建设，如果投机取巧地建设最后问题会非常多。

第三，智慧大脑的开发，也就是类似于智能化建设中提出的“微服务”。智慧大脑一定要小，不要开发大平台。按照“小型化、精准智能”的思想开发，就越接近智慧采油。

由此可见，起点不同，方法也不同。

总之，智慧采油建设之前需要做很多工作，切不可盲目冒进，投资也要跟进，不要投资一点、建设一点，有很多建设“如鲠在喉”，废弃吧可惜，用起来又不完善。所以，油田企业一定要做好连续投资，一口气做完。

2. 智慧采油建设的主要内容

在智慧采油建设思想和建设方法的指导下，最终实现智慧采油，面向几大对象可分为基础设施与平台建设、数据治理、系统整合、油藏动态智能管理、生产数据动态智能分析、油井动态经济智能评价、物联网数据智能管理。我们将列出每一大对象的关键建设内容。

1）基础设施与平台建设

已做好基础设施与平台建设的油田，具备了很好的智慧采油建设基础。基础设施与平台未建设好或建设不完备的油田，需要进行完整建设和提升建设，打好基础。

（1）数字化生产现场。建设或进一步完善井、间、站、库等生产现场的数字化建设，实现示功图、电参、压力、流量、液位等各类生产参数的实时采集与回传，生产作业现场移动端数据的采集与回传，油水井、泵阀等设备的远程控制，以及重要生产现场的实时视频监控等功能，构建内容完整、功能完备、技术先进的油田物联网基础设施。

（2）IT 基础设施。建设或进一步完善 IT 基础设施建设。主要包括传输网络建设、云基础资源建设和信息安全建设三个方面。

①传输网络建设：在现有传输网络的基础上，对油田的有线、无线传输网络进行进一步的升级完善，保障容量充足、高速畅通、性能稳定、安全可控的油田数据传输。

②云基础资源建设：充分利用云资源，实现高性能计算云资源调度与管控，实现对油田各业务领域数据汇聚的支撑，实现对关键业务系统和重要数据的容灾备份等功能。

③信息安全建设：进一步增强网络安全基础设施建设，建设“有组织、早发现、能溯源、防扩散、可授权、统一管、有检验”于一体的综合网络安全体系，重点开展网络监测、网络防护、网络管控和网络管理等四个方面的工作。

（3）数据生态。围绕油田主营业务，以区域湖建设为重点任务建立数据生态体系。源头数据采集系统实现油田数据统一标准、统一入口；数据管理系统实现勘探与开发、动态与静态、原生与成果的数据一体化管理；通过数据治理全面提高数据质量，建立以用户为中心的应用数据库；提升数据流动性、数据表现力、数据共享度及专项数据服务能力，为油田高质量、可持续发展提供数据支撑。

（4）技术平台。结合各项业务的实际需求，遵循“组件化、模块化、微服务化”原则，重点开展通用基础底台和服务中台建设，实现数据、业务、技术的深度融合，保障各类资源科学、合理、快捷的调度与应用，为智能应用提供强有力的技术支撑与共享服务保障。

①通用基础底台建设：围绕规范核心技术应用、提升基础组件研发能力以及把握关键技术走向的建设目标，为前端智能化应用提供技术保障与平台支撑。

②服务中台建设：通过建设涵盖数据管理基础、业务服务、应用开发工具的服务中台，以满足不同用户对应用数据、软件资源及专业技术服务的需求，为油田专业知识的积累沉淀与核心业务流程的优化提供技术环境。

2）数据治理

该部分针对绝大多数已建数字油田的单位，因为这是数字油田建设至今的普遍问题，在智能、智慧时代，数据鸿沟会严重影响数据的流转和智能、智慧的实现，是智能油田、智慧采油不可跨越的环节。

数据治理是一项关乎多部门、多岗位、多业务的综合性工作，涉及油田作业区范围内所有与油藏工程、采油工程、地面工程、集输系统、资料业务等相关的部门、岗位和业务。需要在组织体系、管理体系、技术体系三个层面进行设计与建设。

（1）在组织体系上，可分为数据生产者、数据使用者和数据管理者。其中，数据生产者是数据采、存、管、用数据链路的源头——采，是一切数据应用的基础。数据使用者是数据链路的终端——用，是所有数据需求的体现。数据管理者是协调数据产生侧和数据需求侧的重要岗位，是保障数据运行流畅的关键角色。

（2）在管理体系上，旨在保障数据治理可以在科学合理的标准和机制下进行，完善的数据治理目标是使得数据生产者、数据使用者、数据管理者在规范的数据标准之下，按照科学的数据管理机制，遵循合理的数据应用规则，在统一的数据模型之下，形成并在采、存、管、用的数据智能运行中进行业务工作的开展。数据治理管理体系的建立需要：①制定数据标准（定义标准、使用标准、选择标准）；②制定数据运行机制（管理流程、权责关系）；③制定数据应用规则（数据集成、推送规则）；④制定数据模型（统一数据出口）；⑤制定数据管理与监督制度（数据监管机制）。

（3）在技术体系上，第一步是完成油田作业区范围内的数据探查，即对所有核心业务数据进行摸底，对数据生产者、数据使用者、数据管理者进行基础调研，全面掌握数据从哪来、到哪去、如何用等信息，刻画数据运行流程的完整链路，结合业务流程发掘潜在的应用需求。在数据治理中，对各种数据库、不同格式的数据钻取。第二步是在数据运行链路的基础上，对数据进行清洗、整理。第三步是对数据进行集成和提升，完善数据质量，在集成和整合的过程中，充分考虑结构化数据和半结构化、非结构化数据，统筹兼顾自建系统和统建系统，运用科学的数据转存、同步、提取、推送等机制，建立数据湖。第四步是建立数据模型，为未来数据应用做准备，在充分考虑功能和性能的基础上，为多样化的应用系统提供支撑。

在三个体系的基础上，最终建立油田作业区统一数据湖，在充分调研数据运行链路和数据应用需求的基础上，构建物理上分散、逻辑上集中的虚拟化存储容器。该数据湖不是对油田现有数据库进行重构或重建，而是根据现状和需求，在充分利用现有存储设施和系统设施的基础上，进行的数据整合与完善。在建设数据湖的过程中，对于已建系统充分利用，或转存，或提取；对于未建系统，按照油田规范标准进行新建。其他策略还包括：对于结构化数据和非结构化数据采用不同策略，对不同数据采用不同的同步规则、推送规则、查询规则、接入规则等，从而构建一个逻辑上集中统一的数据模型，使得油田核心业务相关的所有数据应用者都能在该数据湖中随心所欲的获取自己所需的数据，更加方便地获取数据生成的各种成果，形成智能化的数据应用模式。

3）系统整合

该部分针对绝大多数已建数字油田的单位，也是数字油田建设至今的普遍问题，在智能、智慧时代，系统孤岛会严重影响工作的效率和智能、智慧的实现，也是智能油田、智慧采油不可跨越的环节。

系统软件是建立在数据之上，直接面向油田工作者提供展示、分析、控制等功能的载体。数字化、智能化最终通过系统体现。和数据相比，系统更加独立与分割，通常来自不同厂家、不同协议、不同开发语言等。

油田生产的业务环节众多，但最终目标通常落实到产量，所以系统本质上都是直接或间接反映产量问题。以中心站为例，最关心的是产量，通过各系统之间的流转，正向统计得到，当产量出现波动，则需要逐系统反查，查找问题原因，即“正向计产、逆向反查”。这些系统包括数字化生产系统、控制系统、报表系统、SCADA 系统、视频系统等，要想查找问题原因，给出对策，需要在不同系统中流转、分析，费时费力。

要想实现智能化、自动化的系统应用，需在数据治理的基础上，进行系统整合的建设，将各业务环节分散在各系统中的各功能，打通逻辑，形成一个统一体，即完整的智能化管控平台，给出最终决策。

4）油藏动态智能管理

对油藏精准解析与精细化描述是油田开发生产的前提条件，特别是在油田开发的中后期，储量目标更加复杂、隐蔽，要实现稳产、降本，必须进一步加大地质综合研究能力，实现油藏变化的实时监测，为智慧采油打下坚实的基础。

（1）油藏精细描述。充分利用油藏资料与数据，完成油藏沉积微相、储层评价、测井解释、储量估算、递减率分析、注采井层关联等油藏精细描述工作。

（2）油藏流动单元划分。利用油藏精细描述成果，划分并确定渗流屏障类型，从单井出发，结合储层隔夹层分布特征，根据单砂体划分对比、沉积微相、储层结构，预测各类渗流屏障的空间分布特征，进而划分各油藏的流动单元。

（3）油藏动态储量计算。根据注采开发动态信息及各类监测、采集数据，动态分析剩余油分布变化趋势，确定油藏的空间剩余油分布特征，实现油藏动态储量计算、单井控制动态剩余储量计算。

（4）注水井网评价。针对目前的注采井网，通过分析含水与采出程度关系、含水上升率、水驱指数、存水率、累计水油比、注水利用率等，结合注、采井射孔井段与油藏流动单元划分数据，综合评价目前注水方案的注采平衡关系，实时评价注采效能并及时预警。

（5）地层压力预测。油藏的地层压力是油层能量的反映，是推动油在油藏中流动的动力，是油藏的“灵魂”。因此，研究油藏的地层压力具有十分重要的意义，通过对压力测试数据、注采参数、剩余油分布现状、井筒压力、抽油机各类参数、动液面变化参数（目前为人工测试值）等的综合分析与多元拟合，应用大数据人工智能的方法，实时计算、模拟油藏地层压力，为优化注水配注量、注采双向智能分析、动液面计算、油井生产制度智能优化等提供依据。

5）生产数据动态智能分析

生产数据动态智能分析主要是针对油、水井生产过程中的关键数据与指标进行动态监测、实时分析，为智慧采油提供依据。

（1）动液面计算。鉴于目前市场上没有价格合理且准确度高的监测仪器，可以通过油藏动态监测数据、油井物联网数据来计算动液面。

前面利用压力测试数据、注采参数、剩余油分布现状、井筒压力、抽油机各类电参、动液面变化参数（人工测试值）等对油藏地层压力进行了模拟，反过来可以通过模拟的实时地层压力数据来反算动液面数据。

（2）产量自动计算。油井示功图能够反映抽油系统做功的大小，而油井的产量与系统的水动力有直接的关联，所以油井的产液量与油井的示功图具有一定的固有联系。在市面上没有经济实惠的原油计产仪器出现之前，示功图计产无疑是最佳的选择。

示功图计产的具体做法包括：①采用迭代算法进行阻尼系数计算；②采用多种方法求解泵示功图，互相印证，确保示功图计算的准确性；③针对低产井，对凡尔开闭点寻找方法做出改进；④采用大数据分析的思想，进行产量标定。

（3）单井运行状态监测。①通过采集单井运行周期的电机输出功率数据、示功图数据，实现单井系统效率自动计算；②通过油井电参数据分析、结合单井小时耗电量均值统计，充分考虑现场网络状态不佳（或断网）、停电的情况，对数据缺失时段的开、关井时间进行精确估算，计算油井开、关井时长，从而对采油时率自动采集；③应用计产数据、泵型号数据实现抽油泵效自动计算。

（4）注采井组双向智能动态分析。注采井组动态曲线分析，包括注水井注入量、受益井开井数，受益井产量、综合含水及受益量分析，局部注采比分析。

（5）配注量动态调整与配注合格率监测。根据局部注采比分析，利用相关配注经验值，动态调整水井配注量。设置各注水井实注与配注的误差范围，实时监测注水合格率。

（6）配水间调配量动态分析与压力、流量误差计算。根据注水井配注及误差分析，统计计算各配水间需调配水量分析及误差范围。

（7）注水间供水量、压力分析及屯水量监测。根据各配水间水量及压力需求，计算注水间供水量及供水压力，根据储水罐储量、输出水量速率设置合理的注水间合理屯水量区间。

（8）水源井供水量分析。通过接转站来油量、含水监测及污水处理时长分析，预测污水回注利用量，结合屯水量区间，计算各注水间需水量，进而计算各水源井供水量区间范围。

（9）注水系统效率分析。充分利用现有的注水系统压力、流量监测数据，注水泵及电机运行效率数据，实现注水系统及其子系统的效率实时监测分析，为注水稳流、恒压提供依据。

（10）措施效果智能分析。充分利用油藏智能诊断功能，在油、水井措施静态评价的基础上，实现动态措施效果智能分析。

6）油井动态经济智能评价

油井动态经济智能评价，指结合实时油价按月对油井的经济效益进行动态跟踪分析，为优化油井工作制度提供重要的参考依据，对降本增效提供考核指标。

油井动态经济智能评价是油田企业把管理目标细化到油田生产的最小单元——单井，从单井生产的各个环节入手，分解构成单井生产成本的各项因素，对影响单井效益的主要因素进行分析，从而找出降低成本对策，由点及面地提高油田经济效益的一种方法。目的是让企业管理者清楚地掌握油田生产中每口油气井的基本运行状况，明确不同效益区间的单井分布，为油气生产投资决策、控制成本及关井提供量化依据。

油井动态经济智能评价以地质开发、财务、资产等基础数据为基础，将油井生产中发生的材料费、燃料费、动力费、直接人员费用等各项费用进行分类统计，单井消耗的一般材料费等能够落到单井的直接计入单井，不能直接计入单井的费用，如厂矿管理费等，按总公司、采油厂、作业区、场站以一定的标准分摊到单井，形成单井投入和产出数据，进而计算油井的操作成本，考虑折旧折耗得出油井的生产成本，如再考虑油井应分摊的期间费用及地质勘探费用可计算出油井的营运成本。通过计算单井年产油气及伴生产品的税后收入并与投入成本相比较，便可确定出单井的效益状况。油井经济评价贯穿油田生产的每一个环节，是一项全员化、系统化的工程。通过油井经济评价，措施成本的投入更加透明，效益计算更加科学、规范。只有保证核算结果的质量，措施才具有针对性，才能量化资金投入、成本挖潜的方向，才能收到良好的经济效益回报。

7）物联网数据智能管理

物联网数据智能管理包括对油井物联网数据、水井物联网数据及场站物联网数据的智能分析，为油井、水井提供工况、设备健康分析提供依据，为油井、水井安全有效的自动控制提供有力保障。

（1）油井物联网数据智能管理。

①实现示功图自动诊断，平衡度自动计算，平均日、小时耗电量动态监测，为油井工况分析提供依据。

②根据历史电参数据与油井历史工况，利用大数据分析，针对每口单井建立不同的工况异常与电参变化之间的关联关系，实现单井电参诊断模型。

③数据采集质量监测，包括数据缺失监测与数据异常监测，其中数据异常是指采集数据超出了各类设备采集范围。

④网络监测主要是对网络丢包率和延迟的实时监测，主要用于对数据采集质量异常的原因分析、网络维护提醒。

⑤远程启停控制状态告警，动态监测远程控制状态，发现油井控制异常信息，及时通知维护，避免在应急处置过程中出现设备失控的情况。

⑥井场高清视频监控、闯入警示与报警，通过安装智能高清视频管理系统，实现闯入警示与报警，为油井启停控制、安全生产提供辅助手段。

智能高清视频管理系统，引入人工智能（artificial intelligence，AI）技术通过有监督学习对视频、图像资料的训练与校验，实现人员闯入告警、盘根漏油识别、大型作业车辆与运输车辆检测，达到对井场安全隐患的立体综合监测与智能告警。

（2）水井物联网数据智能管理。

①数据采集质量监测与网络监测，同油井类似。

②源-供-注各环节压力、流量实时监测与告警，通过配注、实注误差范围，实现源-供-注压力、流量告警；通过分析源-供-注上下游之间的关系，实现各节点压力、流量相互推算，实现异常节点告警。

③各阀组远程调配状态动态监测，发现阀组远程控制异常，及时通知维护，避免在应急处置过程中出现设备失控的情况。

④收集整理注水系统中各设备的设计承载压力，当监测压力曲线高于或者即将高于设计承载压力时，发出预警或告警，并及时停机，或中断上游供水，或开启下游输水，实现高压智能保护。

6.2.3 智慧采油建设的技术

在智慧采油建设思想和建设方法的指导下，最终实现智慧采油。在实现智慧采油的技术上，面向几大对象可分为智能油井技术、智能水井技术、智能运行技术和智能管理技术。

1. 智能油井

智能油井的运行如图6.8所示。

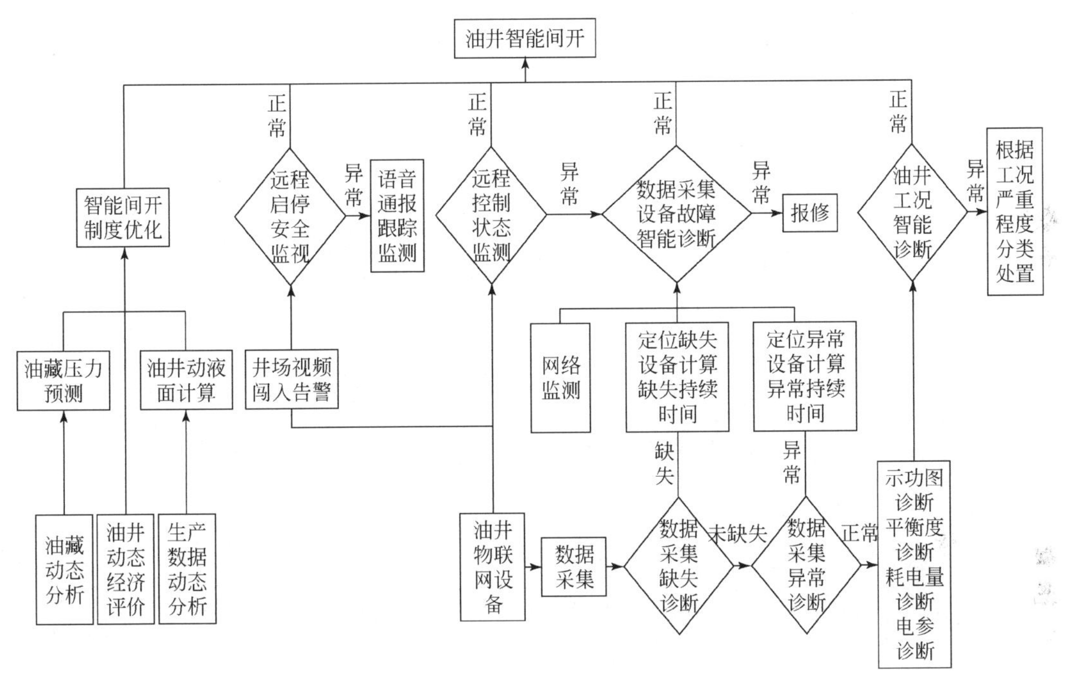

图6.8 智慧采油中智能油井的运行图

1）油藏动态管理

该内容主要面向地质工作。

（1）目标：主要功能是将井层关联以三维的形式动态展示出来，业务人员可以直观的了解单井、单层可采剩余储量的变化情况。

（2）详细功能：通过对油藏进行精细划分，计算单层可采剩余储量，结合油井当前生产情况，将可采剩余储量分配到单井，从而了解单井可采剩余量、掌握单井生命周期。

（3）解决问题：该模块主要解决井层关联，实现井层动态关联，帮助业务人员了解可采储量变化情况，根据具体情况对单井进行关停、转采转注、调整工作方案，对生产起到一定指导作用。

2）油井经济效益评价

该内容主要面向地质工作、工程工作和生产运行工作。

为了能够将每一口油井的最大价值发挥出来，需要对其开展经济效益评价。受油层构造位置不同、油层数量不同、油层所处沉积微相不同、油层物性不同、油层原始饱和度与有效厚度不同和原油性质不同等因素的影响，每口油井的地质条件不同；此外，受油井钻井、完井质量不同、生产过程中产量、故障及措施等不同，每口油井对应的生产成本也不同，这就造成不同的油井具有不同的盈利状态。因此，需要针对油井进行经济效益评价，计算油井盈利空间及盈利潜力，并在此基础上实行油井分类，对油井实施“一井一策”个性化管理，为大幅降低生产成本，提高生产效益提供保障（图6.9）。

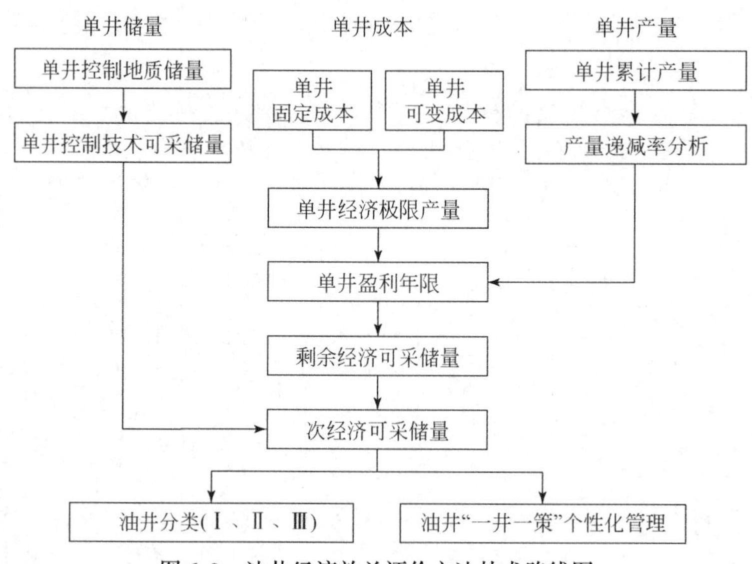

图6.9　油井经济效益评价方法技术路线图

油井经济效益评价方法是，通过对单井直接生产成本、单井公摊成本的统计分析，计算单井可变成本、单井固定成本，在此基础上结合油井产量及单井控制技术可采储量对单井进行经济效益评价，实现油井的分类，并在此基础上实施单井“一井一策”个性化管理。

（1）确定单井控制技术可采储量计算方法；

（2）计算分析产量月递减率和年递减率；

（3）分析单井固定成本和可变成本；

（4）计算单井经济极限产量；

（5）计算单井盈利年限；

（6）计算剩余经济可采储量；

（7）计算次经济可采储量；

（8）油井分类及“一井一策”个性化管理。

根据计算得出的单井盈利年限对油井进行分类，分类标准如下：

（1）单井盈利年限≥5年，为Ⅰ类井；

（2）0<单井盈利年限<5年，为Ⅱ类井；

（3）单井盈利年限=0年，为Ⅲ类井。

依据油井分类，对不同类别的油井实施“一井一策”个性化管理，具体管理方式如下：

（1）Ⅰ类井管理措施：通过对电机与抽油机的调节与优化，使开机平稳，减少故障停机次数；严格控制冲程、冲次及泵深；在不影响产量的前提下，通过优化冲程、冲次及泵深调节，提高泵效，节约单井能耗。

（2）Ⅱ类井管理措施：结合次经济可采储量计算结果，针对其值相对较高的井，开展油藏地质分析、作业问题分析与采油速度分析等工作，提出优化整改措施。

（3）Ⅲ类井管理措施：结合次经济可采储量计算结果，针对其值相对较高的井，采取与Ⅱ类井相同的方法提出优化调整措施，使之成为Ⅱ类井或Ⅰ类井；针对其值相对较低的井，建议对油井采取相应的间抽措施，或者实施关、停、转、减、改。

在油井出现故障需实施修井或维护作业时，应依据上述油井分类标准进行优先级排序，按照Ⅰ类井→Ⅱ类井→Ⅲ类井的顺序进行作业。

3）电参智能分析

该内容主要面向设备工作、工程工作和生产运行工作。

（1）目标：对采集的电流数据进行分析，判断抽油机运行状态。

（2）详细功能：抽油机正常运行状态下电流相对稳定，如果出现油井结蜡、结垢时电流会增大，因此通过电流增大，结合相应的示功图对油井的结蜡、结垢进行预警。另外，当抽油机皮带断后，电流也会变化，根据此原理判断皮带是否断，并给出警告。

（3）解决问题：依据电流的变化帮助业务人员实时掌握抽油机运行状态。

4）平衡度分析

该内容主要面向生产运行工作。

（1）目标：判断抽油井平衡状态，并做出预警、告警。

（2）详细功能：平衡度是衡量抽油机正常运行的重要指标。常规人工方法是用钳形电流表测得抽油机上行、下行最大电流值计算获得。人工方法无法连续获得抽油机的平衡状态。而利用物联网设备采集的电参数，可以实时绘制平衡度曲线，对抽油机的平衡度进行监控和分析，在平衡度曲线出现上升或下降的趋势，即将超出平衡度范围时，给出预警。

（3）解决问题：依据平衡度的变化帮助业务人员实时掌握抽油机运行状态。

5）耗电量分析

该内容主要面向设备工作、生产运行工作和工程工作。

（1）目标：分析判断单井耗电情况

（2）详细功能：目前油井生产的主要动力为电力，耗电量的多少影响着油田生产的效益，因此耗电量的分析对油田生产的经济效益有一定的帮助。控制柜能显示单井耗电量情况，进而确保业务人员能掌控单井耗能成本。如果耗电量增加，则给出预警。

（3）解决问题：分析判断耗电量情况，进行异常告警，帮助业务人员能掌控单井耗能成本。

6）示功图分析

该内容主要面向地质工作、工程工作。

（1）目标：对物联网采集的示功图数据实现自动分析，包括示功图的采集时间、异常起始时间、异常持续时间、示功图诊断结果和措施建议，减少业务人员分析示功图的工作量。

（2）详细功能：示功图是判断油井生产工况的最重要的指标之一。通过示功图可以判断井下抽油泵的工作情况。常规人工方法是业务人员定期去采集示功图，并分析、解释示功图，进而采取措施。该方法存在一定的延迟性。而利用示功图仪采集示功图，能够实时连续的采集示功图，一方面，利用机器学习算法自动完成示功图的分析、解释，另一方面，通过示功图叠加，判断示功图的变化趋势，在示功图出现异常之前给出预警，减少油井异常率，进而避免油井误产。

（3）解决问题：减轻业务人员在管理单井生产时的工作量。

7）示功图计产

该内容主要面向地质工作。

通过计算将油井示功图转化为泵示功图，可以确定泵的有效冲程、泵漏失、充满程度、气体影响等，用以计算井下泵排量，进而折算地面有效排量，最终求出油井的产液量。

8）产量分析

该内容主要面向地质工作。

通过分析单井产液-产油的变化趋势，对单井的生产状况进行判断，如果出现突变，即产液产油突然增加或者降低，给出油井产量突变异常警告；如果出现缓慢下降的趋势，给出相应的预警；如果该井是非注水受益井，则结合示功图、电流、修井历史数据，给出相应的处理方式，如维护；如果该井是注水受益井，则需要结合对应的注水井相关数据进行分析。

9）含水分析

该内容主要面向地质工作。

（1）通过在线含水分析仪实时监测单井含水变化，如果单井含水大幅增加或下降，则给出警告。

（2）绘制含水变化曲线，分析单井的含水变化趋势，如果单井为非注水受益井，且含水出现上升或者下降的情况，则给出相应的警告，并告知业务人员进行含水化验和水样分析；如果单井为注水受益井，则结合对应的注水井数据进行分析，给出相应的警告，并告知业务人员进行油井的含水化验及水样分析，注水井的水质化验分析。

（3）产出水化验。通过手持设备及时录入原油含水化验数据，分析原油含水的变化趋势，掌握油井油水比情况；分析氯离子、钙离子、硫酸根、碳酸根含量变化趋势，对比各层位地层水的各离子含量标准范围，判断产出水是外来水，还是地层水，进而实现初步判断是否出现水淹情况，为油田的注水开发提供指导性方案。

10）剩余油预警

该内容主要面向地质工作。

单井剩余油及采出程度预警主要是结合地质图件、油水井基础数据（层位、射孔段），隔夹层数据等，实现注采关系预警、剩余油预警。

（1）注采关系预警。

①通过地质研究的小层数据、隔夹层数据，确定油水井的射孔段是对应的，如果不对应，则给出警告。

②进一步结合油水井生产数据，对油井的受益情况进行分析，并对受益无效或受益效果较差的油水井发出预警。

（2）剩余油预警。

参考以前的储量报告，结合历史产油情况，计算出单井可采剩余储量，对单井可采剩余油进行动态显示（数值、图形的形式），如果单井经济剩余油过低，无法盈利，则给出预警，考虑关停。

11）动液面计算

该内容主要面向地质工作。

鉴于目前市场上没有价格合理且准确度高的监测仪器，可以通过油藏动态监测数据、油井物联网数据来计算动液面。

前面利用压力测试数据、注采参数、剩余油分布现状、井筒压力、抽油机各类电参、动液面变化参数（人工测试值）等对油藏地层压力进行了模拟，反过来可以通过模拟的实时地层压力数据来反算动液面数据。

2. 智能水井技术

智能水井的运行如图6.10所示。

1）注水效果

（1）注水达标率分析。

该内容主要面向地质工作、生产运行工作、工程工作。

通过计算“七率”指标来展示注水区整体注水达标率，包括配注合格率（%）、水

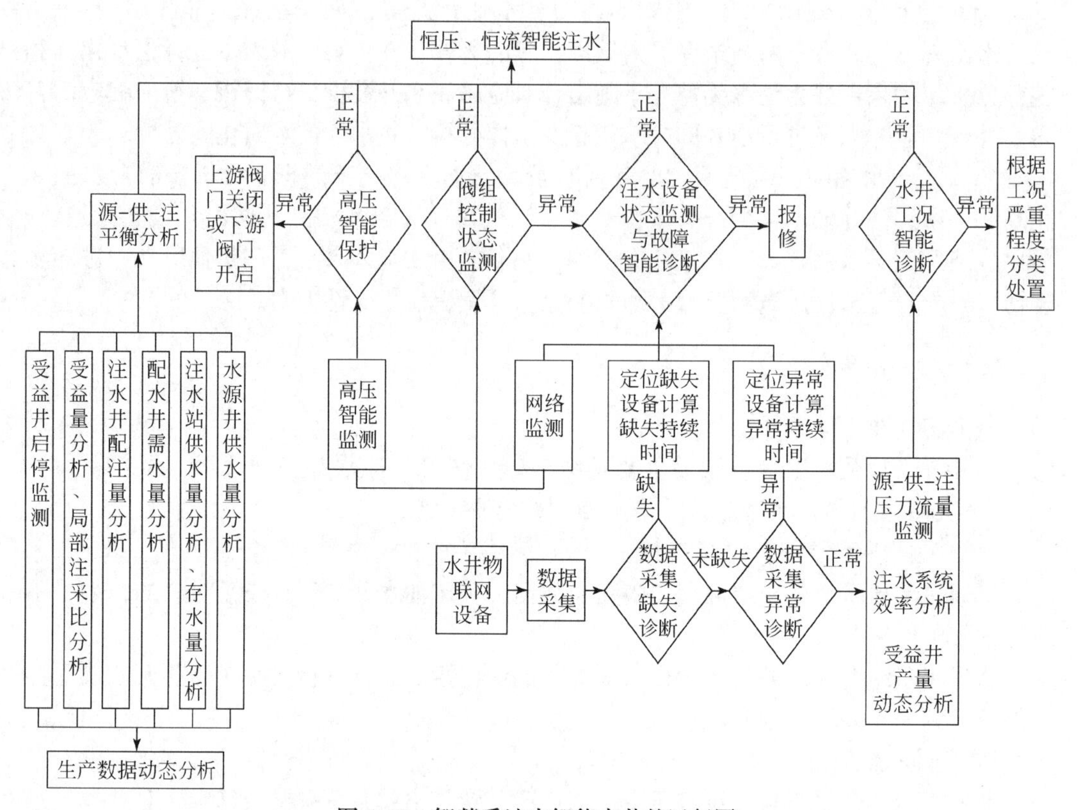

图 6.10　智慧采油中智能水井的运行图

质达标率（%）、注水井利用率（%）、资料全准率（%）、自然递减率（%）、综合递减率（%）和注采对应率（%）。

计算结果通过柱状图的形式展现在软件中，便于相关人员实时查看各项指标的完成情况。

（2）注采动态分析。

该内容主要面向地质工作。以注水井组为单位，开展注水井组的注采动态分析。

①注采井组油层连通状况分析。在小层对比的基础上，结合生产动态资料进行油水井连通情况的检验，如利用注水量与产液量的动态响应关系判断油水井的连通关系。

在油层连通状况分析的基础上，对油水井射孔层段的连通情况实施三维可视化展示：以注水井为中心，展示一个注采井组内注水井与各受益井的油层连通情况，刻画砂体与隔夹层展布情况，并实现各剖面的三维旋转，可多角度查看油层连通情况。

②井组注采平衡分析。首先分析注水井全井注水量是否达到配注要求，其次分析各采油井采出液量是否达到配产液量的要求，计算出井组注采比。

③井组综合含水状况分析。通过定期综合含水变化的分析，与油藏所处开发阶段含水上升规律对比，检查综合含水上升是否正常。

（3）注采效能评价。

该内容主要面向地质工作、生产运行工作、工程工作。

通过对每个注采井组的动态分析，可以对各注采井组的注采效能进行分类划分，总体上可以划分为以下三类：

①Ⅰ类：注采效能好，油井产量、油层压力稳定或者上升，含水上升比较缓慢；

②Ⅱ类：注采效能中等，油层产量、油层压力稳定或缓慢下降，含水呈上升趋势；

③Ⅲ类：注采效能差，油井产量、油层压力下降明显、汽油比明显上升。

根据上述分类，对Ⅱ、Ⅲ类注采井组进行注、堵、压、换等相应的调整和控制措施，使井组的开发状况尽量达到最佳效果，从而提高开发单元的开发水平。

2）注水量分析

该内容主要面向地质工作、生产运行工作。

（1）注水区域效果分析预警。

对注水区域的注水井、受益井进行动态监控和动态分析。对分析的结果进行分类，并在平面地图上显示出注水效果好和注水效果差的区域，将注水效果差的油水井信息告知业务人员。

（2）注水量分析预警。

对注水井进行实时监控，动态分析注水井的日注量情况，绘制瞬时流量曲线图，如果出现上升或者下降的趋势，经分析可能会出现超注或者欠注的情况时，给出相应的警告。

3）恒压、恒流智能注水

该内容主要面向生产运行工作、工程工作。

充分利用智能生产系统中的生产数据动态分析、水井物联网数据分析的成果，完成源-供-注平衡分析、阀组控制状态监测、数据采集设备故障智能诊断、水井工况智能诊断，最终形成恒压、恒流智能注水。

（1）源-供-注平衡分析，通过受益井启停监测、注水双向智能分析，计算注水井配注量、配水间需水量、注水井站供水率与存水量、水源井供水量，及其各自的压力、流量误差允许范围。

（2）高压智能保护、阀组控制状态监测确保各节点安全且远程可控。

（3）利用网络监测、数据采集缺失、异常监测，实现注水设备状态监测与故障智能诊断。

（4）通过源-供-注压力与流量监测、注水系统效率分析、受益井产量动态分析，实现水井工况智能分析。

（5）利用以上四个功能，实现源-供-注水量自动调配，实现恒压、恒流智能化注水。

4）注水调整、堵水调剖

该内容主要面向地质工作、工程工作。

通过生产动态智能分析，监测水井注水量、油井含水率，结合手持终端上传的注水水质分析化验数据，原油含水及水质分析化验数据，实现堵水调剖预警，并给出针对油、水井的封堵建议，暂时无法实现注水自动调整与堵水调剖自动化。

5）配注合格率监测

该内容主要面向地质工作、工程工作。

根据局部注采比分析，利用相关配注经验值，动态调整水井配注量。设置各注水井实注与配注的误差范围，实时监测注水合格率。

6）压力、流量误差计算

该内容主要面向注水工作、工程工作。

根据注水井配注及误差分析，统计计算各配水间需调配水量分析及误差范围。

7）注水间供水量、压力分析及屯水量监测

该内容主要面向生产运行工作、工程工作、安环工作、注水工作。

根据各配水间水量及压力需求，计算注水间供水量及供水压力，根据储水罐储量、输出水量速率设置合理的注水间屯水量区间。

8）水源井供水量分析

该内容主要面向生产运行工作、工程工作、安环工作、注水工作。

通过接转站来油量、含水监测及污水处理时长分析，预测污水回注利用量，结合屯水量区间，计算各注水间需水量，进而计算各水源井供水量区间范围。

9）注水系统效率分析

该内容主要面向生产运行工作、设备工作。

充分利用现有的注水系统压力、流量监测数据，注水泵及电机运行效率数据，实现注水系统及其子系统的效率实时监测分析，为注水稳流、恒压提供依据。

10）双向智能动态分析

该内容主要面向地质工作。

注采井组动态曲线分析，包括注水井注入量、受益井开井数、受益井产量、综合含水、受益量分析，以及局部注采比分析。

3. 智能运行技术

1）物联设备监测

该内容主要面向设备工作、生产运行工作、工程工作。

目标：对所有物联网系统进行监控管理，包括网络监测、设备状态、数据质量等。

（1）网络监测。展示出油区内网络拓扑图，通过 ping 的方式实现对网络的监测，或安装网络监测设备，监控网络的传输情况，包括网络中断、传输速率、延迟情况等。对于网络异常情况以告警的形式呈现。

（2）设备状态。在网络监测的基础上进行物联网设备状态监测，主要包括设备的启停、设备是否正常。

（3）数据质量。在网络监测、设备状态的基础上，对数据采集进行监测，包括数据的持续异常、持续缺失、实时异常、实时缺失等。

解决问题：帮助业务人员实时掌握物联网设备状态，减少异常时间与数据质量控制。

2）远程控制

该内容主要面向设备工作、生产运行工作、工程工作。

目的：智能控制柜配合高清 AI 摄像头，实现抽油机的远程智能控制，保证油井始终在最优配置与最佳状态下运行，满足油井最低成本运行的要求。

（1）抽油机远程智能控制。

根据油井“个性”，量“井”定制抽油模式，对于低渗透油田，常年开采，单井产量低，对于大多数井来说，即使抽汲参数调至现有条件的最低值，泵效依然达不到要求指标，造成资源上的浪费，“大马拉小车”现象非常普遍，针对这种现象，根据泵效和实际油井生产情况对抽油机定制四种智能调节模式，保证油井始终在最优配置与最佳状态下运行，满足油井最低成本运行的要求：

①冲次模式。

a. 按照实际需求冲次，系统可直接设定抽油机冲次（需接入“冲次开关传感器”）；

b. 手动冲次控制预估节电率约3%～5%；

c. 预留能量回馈单元接口。

②间抽模式。

系统将数字化系统采集得到的示功图转化为泵示功图，根据泵示功图对泵工况进行诊断，对工况为供液不足的井转为间抽模式。根据井组生产参数，实现定时间歇抽油运行。

a. 具备抽油机“定时”间歇性运行功能；

b. 具备上死点、下死点打摆运行，可有效避免定时运行模式中长时间停机带来的“卡井”问题（需接入“间抽开关传感器”）；

c. 间抽（打摆）模式控制预估节电率约5% ~8%。

通过控制柜软件界面远程设置油井间开制度，现场智能控制系统实现油井间抽管理。

③泵效模式。

根据井组工艺、设备参数，针对抽油机泵效进行控制，实现智能周期变参、保证日产液量变化稳定，达到油井供采参数平衡。

a. 直接设定对应泵效参数运行（具备自定义编程）；

b. 周期变冲次自动节能运行；

c. 与原机械采油方式（工频）对比，日产液量变化稳定；

d. 泵效模式控制预估节电率约15% ~30%。

④差速模式。

根据井组工艺参数，手动设定上、下冲程运行速度。

a. 具备上、下冲程速度自行设定；

b 差速控制（上、下冲程）不同速控制预估节电率约3% ~5%。

（2）高清 AI 摄像头。

配合高清 AI 摄像头，利用 AI 算法判断油井在启停状态时是否有人、动物或者其他安全隐患存在，如果存在，则在现场进行自动喊话形式进行告警，同时后端业务人员也会收到告警信息，实现油井安全启停。

解决问题：解决抽油机无法在最优化状态下工作的问题，针对单井实现智能远程控制，在保证井场环境安全的前提下，优化油井设备状态，提升油井质量，降低各类损耗。

3）视频监督

该内容主要面向安环工作、生产运行工作、视频工作。

通过添加 AI 智能盒子或更换高清 AI 摄像头，以油田生产实际需要为目标，进行专用视频 AI 定制应用的开发与提升，实现油区智能视频监控管理功能。

（1）安全监控。以劳保穿戴等异常行为检测为例，通过检测安全帽颜色进行比对，当现场人员佩戴时，正常巡检，当现场人员未佩戴或脱下安全帽，通过智能设备分析，摄像机跟踪抓拍，并向中心发送报警信息，平台通过发送报警短信至相关区域安全负责人，提醒管理人员记录及处理。通过远程安全帽检测，对未佩戴安全帽人员及时教育，提醒人员时刻注意施工规范。智能行为分析一体机还可以对监控区域内人员因突发情况导致倒地等异常行为，进行智能分析、主动学习及告警。

（2）智能盘根监测。利用高清 AI 摄像头，实现对单井井口实时监测，当井口盘根出现磨损漏油时，AI 摄像头自动分析识别，实现告警功能，并将现场图片展示给业务人员。

4）智能抢单

该内容主要面向工程工作。

油井异常是不可避免的问题，通过智能抢单机制，实现修井作业维护自动派发、作业队伍抢单、修井数据上报等功能。

采集所有修井队伍的信息，并监理评价机制，根据修井作业质量和时效对修井队伍进行打分评价；根据评分排名及修井队伍当前的工作状态，系统自动推送修井任务；修井队伍通过抢单的形式接收任务，并在规定的时间内高质量地完成修井任务；修井完成后系统根据完井后油井工作情况对本次修井进行评价。

在修井过程中，修井人员利用手持防爆终端，及时将修井记录上传至数据库，包括修井类型（接断杆、活动解卡、座井口、检泵、换光杆、换油管等）、油管油杆组合、泵型、泵内情况、扶正器组合、结蜡、腐蚀、偏磨、结垢等数据，建立单井工况档案，并且利用大数据技术分析每一口油井的异常周期，在油井异常前做出预警，减少因油井异常而造成的损失。

5）移动式可燃气体监测

该内容主要面向安环工作、工程工作。

该内容主要针对可能出现有毒有害气体的现场，利用布置在现场的固定式、便携式无线气体检测仪与视频监控设备，及时发现有毒、有害气体，在现场、远程发出报警信号，并自动接入附近的视频监控画面，利用公网的通道加密传送，在保证数据安全的前提下，远程实时地了解现场情况，并能与现场音频交互，同时也可远程查看历史监测数据，掌握空气质量。

4. 智能管理

1）会商系统

该内容用面向各业务部门和岗位。

（1）功能。

智能会商系统实现油水井生产信息、预警信息、注采效果信息、经济效益信息及产量与发油汇总信息的定时、定向、定制推送，使用户在PC端和移动端都可以方便快捷地获取自己所需的内容，及时做出相关反应措施。该系统将油田生产过程与管理过程一体化，促进人员之间的分工合作，提高工作效率，帮助实现生产过程的精准智能管理。

（2）呈现内容与方式。

智能会商系统根据油田生产管理特征，向不同层级用户分别推送油水井生产信息，预警、告警信息，注采效果信息，经济效益信息，以及产量与发油汇总信息等。根据几类信息的特点，信息内容将以实时、日报、周报、月报等形式推送。

①生产信息。包括油井生产信息、油井工况信息、注水井生产信息，以日报的形式定期发送到中心站、作业区、采油厂等部门。

②预警、告警信息。包括油井生产设备预警、告警，油井生产状态预警、告警，油井生产成本预警，油井产量（含水）异常告警，事故灾害告警，当触发预警、告警报告时，以实时报告的形式发送到中心站、作业区、采油厂等部门。

③注采效果信息。包括注水达标率信息、注采平衡信息、注采效能优化信息，以周、月报的形式定期发送到中心站、作业区、采油厂等部门。

④经济效益信息及产量与发油汇总信息。包括单井经济效益评价信息、吨油成本信息，以周、月报的形式定期发送给中心站、作业区、采油厂等部门。

产量与发油汇总信息，包括产量汇总信息、交油汇总信息，以周、月报的形式定期发送给中心站、作业区、采油厂等部门。

2）应急管理

该内容面向安环工作、工程工作、生产运行工作。

风险应急管理是对油田生产运行中可能产生的各种风险进行识别与评价，并采取有效措施，来综合处理风险，以实现安全保障。

油田生产运行存在的主要风险包括生产环节风险、施工作业风险、交通运输风险、设备故障风险和自然灾害等五类。

（1）风险监测。通过场站、路卡视频摄像头，各类传感器、无人机、气象卫星和北斗等设备实时监测油田生产运行中的重点防御点，对主要风险进行全天候感知。

（2）风险告警。当事故或灾害发生时，系统将在第一时间将告警信息推送至控制中心和相应的管理人员。告警信息包含事故或灾害发生地点、现场设备及人员概况、现场气象条件、灾害或事故初步描述等。

（3）应急响应。事故或灾害发生时，系统将自动采取应急响应措施，如声光报警、切断电源、关闭阀门、关停抽油机等，降低现场二次事故发生的概率；同时，自动控制视频摄像头和无人机采集事故现场照片和视频。

（4）智能决策。通过事故或灾害现场采集的实时照片和视频资料，结合事故或灾害发生前各类感知设备采集的数据，综合分析、判断事故或灾害发生原因，自动生成原因分析报告和应急救援策略。

（5）辅助救援。在系统平台上显示事故危害半径，提供附近救援场所信息、公共设施信息，模拟应急救援路线，辅助管理人员进行救援人员、车辆、物资等的调度指挥。

6.3 智慧采油的建设作用与效果

智慧采油建设是一项完全创新的建设，目前在国内甚至国际上也很难找到典型示范与案例，但是，我们在某油田做过一定的示范建设，可以算作1.0。同时也给了我们很多的启示，看到了很好的效果。

6.3.1 智慧采油建设的作用

智慧采油建设不在宏大、气派，而关键在于解决问题，即如何为智慧油气田的建设“简单、无人、美丽”的目标服务。其中有很多建设项非常细小，如采油时率。

什么是采油时率？采油时率是指每一口井的生产时间与停产检修的比值关系。举一个简单的例子。在油井作业中的“抢单”过程，当某一作业队伍的信誉好、技术能力强、诚信指数高、队伍专业化程度高时，它在智慧大脑中的排名就靠前。当“抢单”开始时，这个队伍就具有优先权。例如，他们抢到了5口井的作业、修井任务，然而，当“抢单”系统这个智慧大脑发现他们队伍手中还有另5口井的任务时，根据工作量评估，还需要5~7天，也就是一周的时间完成，这时智慧大脑就会果断终止其此次“抢单”，将这5口井分配给第二个匹配的作业队伍。这个队伍排名与等级也不错，且他们刚刚完成了作业，即手中为“空”。这样一来，这5口井在下一周就能很快地完成修井作业，这5口井的采油时率就提前了一个周，这时的采油时率就提高了，每一口井的生产都是最佳的，生产产量也便是最好的了。

所以，智慧采油建设的作用，就是在采油过程中对每一个环节都能做出正确的决策。

6.3.2 示范建设

1. 建设背景

某油区是某采油厂最早进行数字化建设的油区之一，地理条件的优越使得这里成为众多数字油田建设服务厂商检验数字化油田设备、系统的理想区域之一。从实施油田数字化建设以来，在油田生产管理方面已取得了一定的成效，但仍然存在以下两个方面的制约因素：一方面，由于标准不统一，技术要求不一致，多期次、多厂商、多技术建设，形成了很多的技术“孤岛”建设，很难发挥整体效应。另一方面，除部分建设的井场视频监控系统外，示功图采集、三电参数等数字化井场设备及系统均处于产品老旧、效果与现实需要差距大的状态，油区生产工作仍以传统人工方式为主。由此带来的问题主要体现在以下四个方面：

（1）人员短缺，一线职工劳动强度大、条件艰苦，劳动风险大；

（2）特低渗透对注水开发要求高，注水能耗和注水效果难以评估；

（3）HSE、安防管理规范，但是管理、监控手段需要进一步整合；

（4）信息应用处于起步阶段，数据资源建设亟待加强。

为了解决上述现实问题与矛盾，降低生产运行成本、提高生产管理效率、提升企业运营效益，加快油田企业数字化转型发展，应充分利用数字、智能化方法技术改变油田企业现有状态，推动建设“低成本、高质量、零事故、高效率、高效益”的“美丽油田”，重点解决以下三个方面的问题：

（1）解决油田长期将油井模糊化和同一化的问题，引入单井个性化管理思想。即将油井如同人一样，按照“个性”区别管理，这是最好的办法，可有效降低成本。

（2）精准采油。精准主要体现在以单井小型化的精确（油藏潜力）判识与均衡（注水井组内的井均衡受益）采油。其打破了传统的单井成本模糊化和所有油井管理同一化与开发生产分离的做法，即只注重高产井，放弃低产井。实施油田数据分析与人工智能经济评价下的单井成本核算与储层及注水结合的油田精准采油方法，解决了油田开发与生产脱节的问题，形成开发生产一体化的最佳油田生产模式。

（3）解决油田生产过程管理智能化运行的问题，让油田生产过程中的问题提早知道。力求做到分析预测和趋势预测，手机推送，及时发现问题，及时解决，大幅降低一线员工的工作量，将劳动风险降到最低，提升员工的幸福感。

2. 建设内容

于2019年对某油区内80口油井进行了一期示范建设，内容包括：

1）硬件与工程安装

某油区智慧采油一体化项目，工程建设包括：

（1）无线示功图传感器、RTU等数据采集系统。

（2）以网桥为主的Zigbbe+Wi-Fi等多通信模式油田物联网系统。

（3）高清AI视频监控、网络系统。

（4）智能变频控制系统。该控制柜结合主轴电机，实现不停机冲次调节，支持本地、远程（手动、自动）操作，并具备语音提示功能。

（5）大数据多元数据采集与分析控制单元。该单元具有强大的自我保护功能，控制柜自动诊断，对过流、过压、缺相等31种故障信息自动报警并停井。

具备载荷、位移、电流、功率等数据采集、传输功能；支持低频运行，最低冲次可达1.6次/min。

（6）智慧采油单井变频模式与自动优化抽油机平衡系统。

（7）某油区智慧采油一体化项目工程，包括80口油井主轴电机、智能变频柜、示功图、网络；40个井场高清AI视频监控、网络；高性能数据存储及应用服务器两台；其他配套硬件设施与辅材。

（8）主控室工程建设与相应的设备采购。

（9）其他智慧技术实验项目，主要包括激光动液面实验研究；单井在线智能远程含水率测试分析实验；大数据多参数动液面分析实验研究；利用AI高清视频监测盘根漏油实验；井层关联三维可视化多参数油藏潜力动态分析研究等。

（10）建设工程标准研究与编制及开发智慧采油大脑。

2）软件开发

软件开发包括：

（1）油田物联网数据管理系统；

（2）油田物联网设备健康状态管理系统；

（3）区域储层精细划分；

（4）项目区油井单井经济评价；

（5）井层关联、注水效果监测；

（6）油井间抽制度优化，油井启停及状态监测；

（7）油井工况智能诊断；

（8）注水系统运行状态实时监测；

（9）智能会商系统；

（10）单井个性化管理。

3. 实现效果

（1）通过硬件设备的安装，实现了油井、井场的全面数字化；

（2）通过油井工况的智能诊断，实现油井工况自动分析，实时预警；

（3）通过油藏精细描述、油井经济评价制定了动态的油井最优生产制度；

（4）通过井层关联，实现了注水效果的实时监测，注水系统运行状态监测；

（5）通过安装智能变频柜、主轴电机，实现了对抽油机平衡度的优化、高含水井的低频运行（最低冲次1.6次/min），并实现了油井按照生产制度远程自动启停、冲次自动调整；

（6）井场高清AI视频监控，实现入侵报警、敏感点监测、盘根漏油识别，并支持高清夜间模式，实现24小时不间断监控，为油井生产提供了安全保障；

（7）通过会商系统强大的数据融合、处理功能，实现物联网监测、工况告警、油水井生产动态、油藏分析等数据的快速融合，实现了多种类、多格式的报告、报表自动生成功能，并实现移动端报告推送，提高了生产运行中各类问题的发现、解决速度，降低劳动强度、提高运行效率；

（8）通过建设基本满足了“智慧”需要，采油智能分析与智慧决策基本实现。部分建设效果如图6.11～图6.17所示：

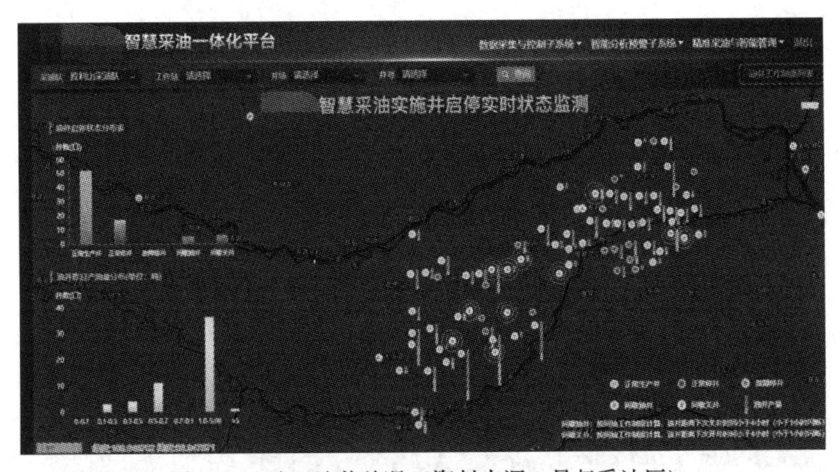

图6.11 油区油井总况（资料来源：吴起采油厂）

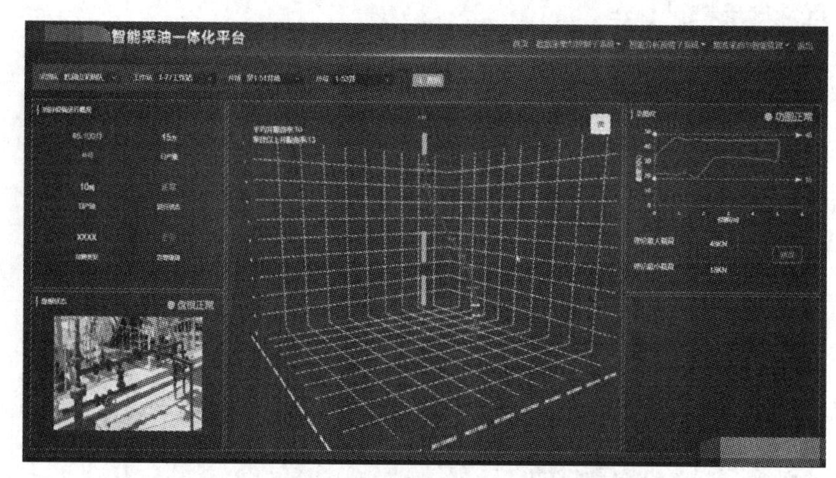

图 6.12　智能井筒（资料来源：吴起采油厂）

图 6.13　智能油井（资料来源：吴起采油厂）

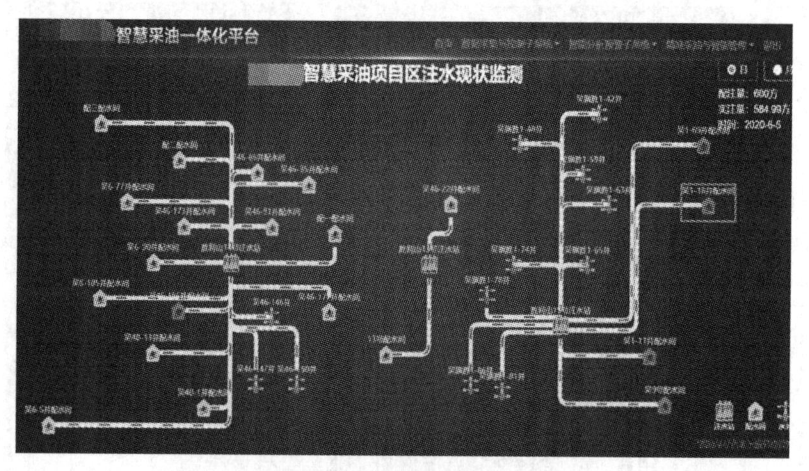

图 6.14　智能水井（资料来源：吴起采油厂）

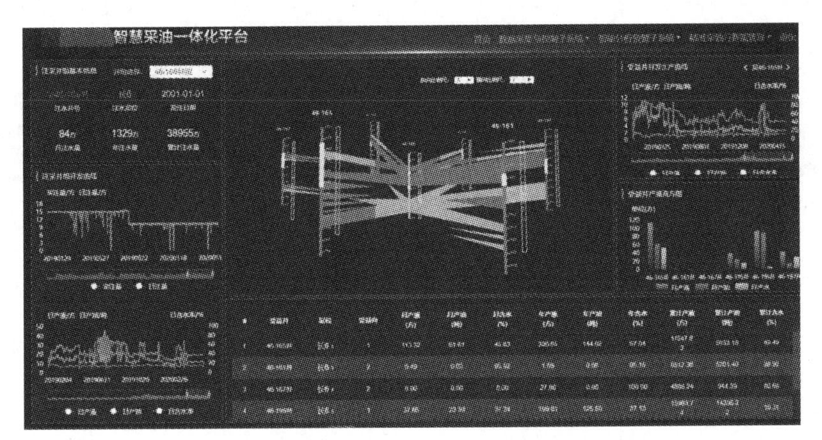

图6.15　注水双向智能分析示意图（资料来源：吴起采油厂）

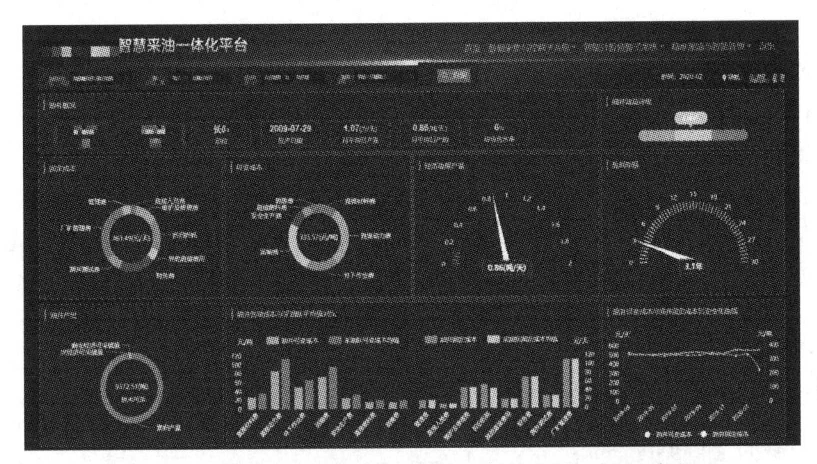

图6.16　单井动态经济评价示意图（资料来源：吴起采油厂）

图6.17　智能会商（资料来源：吴起采油厂）

4. 经济效益

本项目建设完成后，我们依据工程建设经济评价理论，重点从项目实施前后由于井场数字化建设水平提高和智能化应用投入带来的节能降耗和生产管理模式转变两个方面入手，做了大量的比较研究与分析，实施前后项目区能耗成本、维修成本、材料成本、用工成本、采油时率、采油效率的变化情况汇总分析，真实可靠。

由于受到篇幅的限制，这里就不一一介绍了。但是有两个重要指标还是要简单介绍一下。

1）采油时率

采油时率是指采油井的工作时效与提升产量的效率。主要是通过会商系统控制作业井的作业时间，就是不能将所有作业井分配给一家公司，如果公司积压的作业井太多，就会影响油井的生产时间。

采油时率可以通过以下四个方面提高。

（1）提高管理水平。

通过高清 AI 视频监控，调取修井作业现场的实时画面，对修井作业现场施工进行全天候安全管控，并通过会商系统定期生成作业跟踪报表，对修井队伍自动考评排序，减少人工干预，提高了修井作业的安全管理水平，从而提高生产管理效率，提高采油时率1%。

（2）提高运行效率。

智能会商系统，报表、报告自动推送，实现了信息共享、决策有效、反应快捷、过程管控，生产运行效率大幅提高，提高采油时率2%。

（3）降低抽油机故障率。

优化抽油平衡度，并对抽油机平衡进行实时监测，降低抽油机故障率，提高采油时率1%。

（4）智能诊断、远程操作。

智能工况诊断、油井自动远程操作保障了各类问题的及时发现、及时处理、过程管控，提高采油时率2%。

2）单井个性化精细管理

（1）单井个性化，就是针对每一口井的“个性”而实施建设与管理。如电机，就是根据每一口井的需要设计并安装，避免了“大马路上小车”现象的发生，这样的实施是一种科学的建设。

（2）单井个性化管理，就是要针对每一口井的不同区别，精准管理，如好的节能指标是按照单井的个性落实的，不是均摊计算。我们虽然对建设区里的290多口井做了全面的分析，对80口井做了精细化管理，但目前还在精致地调整中，最终要做到完全根据单井“个性化”管理，这样更加科学，节能降耗会做得更好。

（3）单井个性化管理最终要落实在井层关联上，根据每一口油井与所采油层的关联度，计算出层的潜力，编制采集方针与制度，实现精准的油井生命周期的科学管理（表6.1）。目前由于将油井分散，实现起来比较困难。但是，希望二期建完后，将整个采取人员减至“无人”管理的智慧油田效果。

表6.1 智慧采油单井个性化优质管理精细指标表（部分井的简表）

编号	井号	特征	关联层数	单井产量指标	达到程度/%	电机型号	节电指标	达到程度/%	维护更换/年	受用年限指标/年
1	1-1	正常	3	0.25	94	18.5kW	3.5	99	10	8
2	1-2	正常	3	0.07	106	18.5kW	3.5	122	10	8
3	1-3	套喷	2	0.05	94	22kW	4	110	10	8
4	1-4	套喷	3	0.05	82	22kW	4	98	10	8
5	1-5	套喷	2	0.05	109	11kW	2	105	10	8
6	1-6	高产井	3	0.35	106	18.5kW	3.5	103	10	8
7	1-7	套喷	3	0.05	99	18.5kW	3.5	111	10	8
8	1-8	正常	3	0.20	111	18.5kW	3.5	104	10	8
9	1-9	套喷，高含水，低产井	4	0.05	111	18.5kW	3.5	111	10	8
10	1-10	高含水，低产井	1	0.05	109	18.5kW	3.5	119	10	8

6.3.3 效果分析

通过智慧采油的建设，原有应用系统从原来的多系统整合为智能一体化平台，多源的数据链条统一归入区域数据湖，复杂繁重的业务变得简单轻松，油田各业务得到了智能化、智慧化提升。

1. 地质工作建设效果

（1）地质工作得到智慧化提升。业务由产量分析、含水分析、动液面分析、示功图分析、配注优化、措施选井、措施方案、措施评价、间抽制度调整等繁重的人工统计分析工作，变为查看注水系统运行、油井生产制度执行、措施井实施效果等智能化分析告警分析界面。

（2）提升方法。①数据治理；②系统整合；③智能油井，包含油藏动态管理、油井经济评价、产量自动分析、示功图智能分析、示功图计产、动液面计算、剩余油预警、含水智能分析；④智能水井，包括注采动态分析、注采效能评价、注水调整、堵水调剖、配注合格率监测、双向智能动态分析、注水达标率分析；⑤智能管理，包括智能会商系统。

（3）提升效果。实现从数字化+人工到智能化的转变，业务工作由零散的分析统计工作，变为更加系统的监测工作，不仅提升了工作效，降低了工作强度，异常识别率也会得到提升。

2. 工程工作建设效果

（1）工程工作得到智慧化提升。业务由系统效率分析、采油时率分析、泵效分析、检泵周期统计、管网集输统计、注水系统运行监测变为油水井综合工况监测、维护与作业监察。

（2）提升方法。①数据治理；②系统整合；③智能油井，包含油井经济评价、电参智能分析、示功图智能分析、耗电量智能分析；④智能水井，包括注采效能评价、注水达标率分析、恒压恒流智能注水、压力流量误差计算、注水系统效率分析、注水间供水量压力分析及屯水量监测、水源井供水量分析；⑤智能管理，包括智能会商系统、应急管理；⑥智能运行，包括物联网设备监测、远程控制。

（3）提升效果。实现从数字化到智能化的转变，指标计算工作与管理工作，只需通过一体化平台进行查看，工作强度明显降低，系统利用率也明显提高。

3. 生产运行工作建设效果

（1）生产运行工作得到智慧化提升。业务由压力、流量监测、温度监测、管网监测变为系统运行监测，其他业务不变。

（2）提升方法。①数据治理；②系统整合；③智能油井，包含电参智能分析、平衡度智能分析、油井经济评价、耗电量智能分析；④智能水井，包括注采效能评价、注水达标率分析、恒压恒流智能注水、压力流量误差计算、注水系统效率分析、注水间供水量压力分析及屯水量监测、水源井供水量分析；⑤智能管理，包括智能会商系统、应急管理；⑥智能运行，包括物联网设备监测、远程控制。

（3）提升效果。实现从数字化到智能化的转变，业务工作繁杂的监测与管理工作，变为运行异常接收，异常处理与半自动化的管理，管理职责更加明确，效率更高。

4. 设备工作建设效果

（1）设备工作得到智慧化提升。原来的设备档案管理、设备状态监测不变，只是工作方式发生变化。

（2）提升方法。①数据治理；②系统整合；③智能油井，包含电参智能分析、耗电量智能分析；④智能水井，包括注水系统效率分析；⑤智能管理，包括智能会商系统。

（3）提升效果。设备工作很多工作由原来的人工巡检改为系统自动巡查，降低了劳动强度，提高了工作效率。

5. 安环工作建设效果

（1）安环工作得到智慧化提升。业务由现场操作规范、环保监测、消防检查、职业健康检查、交通安全监测、特种作业安全检查、安全附件检查变为作业规范编制、

QHSE 监测、巡检考核监测、安全隐患管理。

（2）提升方法。①数据治理；②系统整合；③智能水井，包括注水间供水量压力分析及屯水量监测、水源井供水量分析；④智能管理，包括智能会商系统、应急管理。

（3）提升效果。实现从人工到数字化提升的转变，原来都需要人去现场落实、检查的工作都可以在线上进行，监管也更加规范，考核更加公平公正。

6. 经营管理指标建设效果

（1）业务职能得到提升。智慧采油建设完成后，油田各职能单位业务逻辑如下：

①地质工作：负责油水井生产动态监测，向上执行采油厂开发方案、反馈实际监测效果至油气院与研究院；向下核实中心站运行岗油水井生产异常原因，如遇设备异常或需作业事项反馈至工程组。

②工程工作：负责油水井工况监测、油水井设备维护与作业监测，向上反馈工况监测效果至油气院；向下核实中心站维护岗工况异常原因，如需作业下发作业指令至中心站作业管理岗。

③生产运行工作：负责场站与管网系统监测、基础设施保障，向上执行采油厂生产规划、提交重点工程实施申请；向下核实中心站维护岗工况异常原因，如需作业下发作业指令至中心站作业管理岗。

④设备工作：负责设备档案管理与设备状态监测，核实中心站维护岗确认的设备故障问题，向场站下发故障维修指令。

⑤安环工作：负责生产运行安全、环保、健康、培训、考核及隐患管理，向上执行采油厂安环管理制度、上报考评结果；对平级与下级进行培训、考核、监管。

⑥站的工作：负责各类异常核实、作业监管，运行岗负责生产异常监测，维护岗负责油水井工况异常监测、场站异常监测、设备故障监测，作业管理岗负责作业调度与过程监督。运行岗与维护岗上报异常核实结果至作业区，作业管理岗接收作业区作业需求并执行；向下核实场站上报信息。

智慧采油建设完成后，数据流转链路清晰，各职能单位分工也很明确。总的来说，可以概括为以下几点：①环节变少、链条变短；②数据通畅、系统关联；③交叉变少、智能化高；④工作量少、强度降低；⑤产量提升、成本降低。

（2）技术、用工、经济指标得到提升。包括：

①用工降低。建设后，被替代的岗位可被重新安排。大部分岗位，劳动强度和工作量降低。

②经济提升。建设后，经济效益的提升由具体效果结合财务进行核算，整体效益得到提升。

③指标提升。建设后，油田开发指标、运行指标等，整体得到提升。

6.4 本章小结

本章主要讨论了智慧采油建设的方法与技术，系统阐述了智慧采油的设计思想，给出了具体的建设方法与技术，并以示范建设给出了智慧采油建设后取得的效果。

（1）智慧采油是一种新思想下的新型建设方式。在这种新思想下，采油过程的信息化不再是传统建设中使用的单一技术，而是混合技术；不再是采油中的单一对象，而是整体采油系统；不再是仅仅关注地面，而是地上地下一体化研究。智慧采油通过数字化、信息化技术的应用，将采油工程在各个节点上实现突破，以“小型化、精准智能”实现整体的智慧化，达到油田增产、降本的目的。智慧采油是一个系统性的工程。

（2）智慧采油的建设方法与技术，整体上就是在数字油田的基础上，利用采油工程中的关键资料与数据，将信息技术、智能技术作用于采油工程的各个节点与环节，将地下分析与生产管理相结合，循着先地面、再井筒、后地下的分析程序逐步深入地搞好分析，综合分析各项生产参数的变化及其原因，找出它们之间的内在联系和规律。先地面、次井筒、后地下，根据变化，抓住矛盾，提出措施，评价效果。

（3）智慧采油建设完成后，建设效果总体来说可以概括为以下几点：环节变少，链条变短；数据通畅，系统关联；交叉变少，智能化高；工作量少，强度降低；产量提升，成本降低。智慧采油的建设，可以在油田形成一种新业态，彻底改变原有的工作方式，将繁重的业务变得简单轻松，从而带来的是技术、用工、经济等全方位的效果提升。

需要说明的一点是，由于受篇幅的限制，没有对采气进行论述，但基本思想、理念与方法是相同的，可供参考。

第7章 智慧联合站建设技术与方法

前面我们讨论了智慧采油，现在我们需要讨论联合站。因为智慧联合站是智慧油气田建设的重要组成部分，需要对智慧联合站建设做全面的研究与探讨。

7.1 联合站研究与基本要素

智慧联合站建设是智慧油气田建设中的一个重要模块，也是地面集输系统建设中的重要一环。将联合站作为一个独立的模块建设，主要是因为其具有独立的特征，不宜与采油井混合在一起建设。为此，我们需要首先对联合站的基本要素等有一个认识。

当然，很多油气田企业还是采用以站为中心将该站范围内的井划归，实行井、站一体化建设与管理，并创建了数字化的管理，这里将其作为一个独立体系来建设。

7.1.1 地面集输系统

在介绍联合站系统之前，我们首先对地面集输系统做一点介绍。

地面集输系统的研究对象是油气田内部原油、伴生天然气的收集、加工处理和运输。油气集输流程是油气在油气田内部流向的总成。

当油气田的工业开采价值被确定后，在油气田地面上需要建设各种生产设施、辅助生产设施和附属设施，以满足油气开采和储运的要求。油气集输工程与装备等是油气田建设中的主要生产设施，在油气田生产中起着重要作用，保持原油开采及销售之间的平衡，使油气田生产平稳，并使原油、天然气、轻烃等产品的质量合格。采用的油气集输工艺流程、确定的工程建设规模及总体布局，将对油气田的可靠生产、建设水平和生产效益起着关键性的作用。

1. 集输站场的类型

原油集输系统站场按基本集输流程的生产功能，一般分为采油井场、计量站、接转站、联合站等四种站场。采油井场、计量站和接转站的作用是利用采油、采气、油气计量和集油、集气的生产设施，将油、气收集起来，再输往联合站进行处理。

采油井场的主要功能是控制和调节从油层采出的油和气的数量，通常称为产量，以满足油气田开发目标的需要；将油井采出的油和气收集起来并输出；提供进行油井井下作业的条件。

计量站的主要功能是进行分井计量，测取所辖油井的单井油、气、水产量。一座分井计量站一般管辖 8 ~16 口井。基本方法是轮流计量，通常将这种计量方式称为单量。

接转站的主要功能是为计量站来油增压并将其输至集中处理站。接转站根据油井可利用剩余能量和集油的距离来确定。

联合站是对原油、油田气、采出水进行集中处理的地方，包括油气分离、计量、原油脱水、原油稳定、天然气净化、污水处理、油田注水、供变电和辅助生产等工艺流程及设施。联合站的建设规模、大小主要依据该站关联多少口油井及这些油井的产能与产量确定，称为该联合站的处理能力。一般情况下，如一个区块的产能建设规模超过了 50 万 t/a，就可考虑建联合站；有的油气田虽然产能建设规模不足 50 万 t/a，但远离已建联合站或周围还有一些小油气田，从油区总体布局考虑，也可以在适当的位置建设联合站。

联合站往往具有工艺流程复杂、操作烦琐、占地面积大、能耗多、效率低、安全风险高等特点。目前国内油气田主要采用全密闭集输流程，采用高效、多功能设备及自动计量和控制技术，以达到节能降耗、提高油气田集输水平、降低油气集输成本的目的。

2. 集输流程的布站形式

油气集输工艺按布站形式可分为：一级半（或一级）布站集输流程；二级布站集输流程；三级布站集输流程。

一级半布站集输流程是指在各计量站的位置只设计量阀组，数座计量阀组（包含十几口井或一个油区）共用一套计量装置。其流程图如图 7.1 所示。

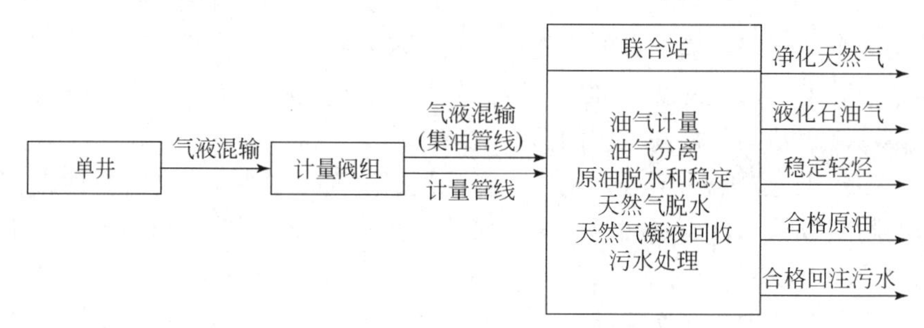

图 7.1 一级半布站集输流程图

由于多数计量站简化为计量阀组，而计量阀组至计量装置由计量管线相连，从而使集输流程大大简化。与二级布站流程相比，这种一级布站流程的工程量大幅度减少，其工程投资显著降低。

由于各油气田的基本情况略有不同，建设方式也不一定相同。例如，延长油田吴起采油厂就采用了“单井—联合站”构成的一级布站技术流程，简化工艺、降低投资。

二级布站集输流程是指“单井—计量站—联合站”构成的布站流程形式。其流程如图 7.2 所示。

三级布站集输流程是在二级基础上发展而来的，产生了“中间过渡站”即接转站。接转站的目的是实现油水分离、管道增压、原油预脱水（原油中含水部分脱出）、污水处理和注水，使采出水就地处理，将原油及天然气输送至联合站处理。三级布站集输流

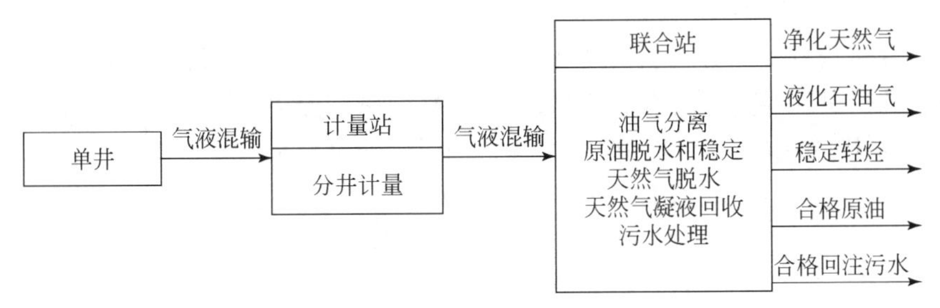

图7.2　二级布站集输流程图

程如图7.3所示。

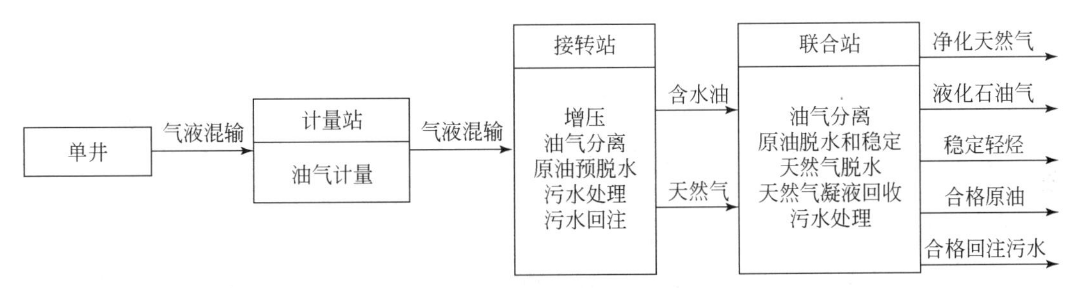

图7.3　三级布站集输流程图

3. 原油密闭集输流程

根据油气田油气集输工艺的密闭程度分为开式集输流程与密闭集输流程。

密闭集输流程是指石油与天然气等混合物从油井中出来，经过收集、中转、分离、脱水、原油稳定、暂时存储，一直到外输、计量的各个过程中都是与大气隔绝的技术流程。

开式集输流程是指其中有部分过程不与大气隔绝。石油与天然气等混合物从油井出来在集输、中转、脱水、原油稳定等过程中所用的容器如缓冲罐、沉降罐、贮油罐等因为有机械呼吸阀和液压安全阀与大气相通，使它们都是或接近常压，这样因温度或压力波动就不能保证流程的密闭程度，因而这种流程称为开式流程。

无论采用哪一种方式，特别是针对油田的原油处理，都需要一个从井口输出至炼化厂的过程。由于有这样一个过程，就必须建设联合站，这就成了一个重要的数字、智能与智慧建设的场景或工程。

7.1.2　联合站的功能与流程

1. 联合站的概念与功能

联合站（multi-purpose station）是指将油田生产井产出的原油（液）、伴生气收集并进行集中处理的场所。由于在油气处理过程中同时还要完成污水处理、油田注水等功能，故称为油气集中处理联合作业站，简称联合站。

联合站的主要功能包括接收油井、计量间、接转站或转油站输送来的原油（生产液），并对其进行分离、处理；对含水原油进行加热、脱水（脱盐）、稳定；对油田伴生气处理，回收其中的轻烃；将处理后符合标准要求的原油、天然气、轻烃，经计量后输送到矿场油库和用户；将原油中脱出的含油污水输至污水处理装置，处理合格后回注油层。也就是说，其主要作用是通过对原油的处理，达到三脱（原油脱水、脱盐、脱硫；天然气脱水、脱油；污水脱油）、三回收（回收污油、污水、轻烃），出四种合格产品（天然气、净化油、净化污水、轻烃），以及进行商品原油的外输。

所以，联合站就构成了油田原油集输和处理的枢纽，其工作是石油生产中非常重要的一环。它并不像上述提到的那么简单，如处理、集输等，而是一个大的系统工程。它的工作流程复杂，环节多，而且对安全性要求极高。由于原油、伴生气都是可燃物质，所以十分重视静电的影响，如衣物上的静电等，以防火灾。

一般油气田企业为了缩短流程、节省占地、节省投资和运行费用与方便生产管理，常将采出水处理、注水和变电等站场与油气集中处理站一起总体布局，联合建设。

这就是联合站的基本概念与主要功能。

2. 联合站系统的流程

联合站作为原油生产过程中的一个基本单元，具有非常重要的枢纽作用，整个生产或集输处理过程十分严谨，需严格按照工作业务流程运行与管理。

联合站系统流程主要分为五大系统：油系统、水系统、天然气系统、加药系统和其他辅助工艺系统。

（1）油系统。油系统的基本流程包括

①管输联合站流程：井场管网—中转站来油→进站阀组→三相分离器→游离水脱除器→一段加热炉→沉降罐→含水油缓冲罐→脱水泵→二段加热炉→脱水器→净化油缓冲罐→稳定塔→原油储罐→外输泵→计量→外输。

②车辆运输联合站流程：井场或单井—原油运油车→称重→卸油→三相分离器→游离水脱除器→一段加热炉→沉降罐→含水油缓冲罐→脱水泵→二段加热炉→脱水器→净化油缓冲罐→稳定塔→原油储罐→外输泵→计量→外输。

这是两种生产模式的联合站业务流程，主要区别在于从井场或单井到站的过程模式，分为管输和车辆运油两种。无论联合站的规模大小，其一般生产运行过程的基本流程大都差不多，都需要这样来完成原油的处理。

（2）水系统。流程包括：①游离水脱除器→污水站→注水站；②沉降罐→污水缓冲罐→污水泵→污水站；③脱水器→污水站。

（3）天然气系统。流程为中转站来气→收球配气间→除油器→天然气净化厂→增压站→计量→外输。

（4）加药系统。流程为调配罐→加药罐→加药泵→阀组汇管。

（5）其他辅助工艺系统。包括加热供热系统（供站内各系统加热保温和对站外各系统的供热，如油管线伴随和掺热液加热）、锅炉房系统、设备站内设备自动控制系统、供排水系统、供电系统、润滑系统、冷却系统、消防系统、通信系统等。海上油气田的生产辅助工艺系统还有仪表风–工厂风系统，柴油、海水和淡化系统，生活住房系统等。

综上所述，一般情况下油气在联合站内处理的工艺流程，如图 7.4 所示。

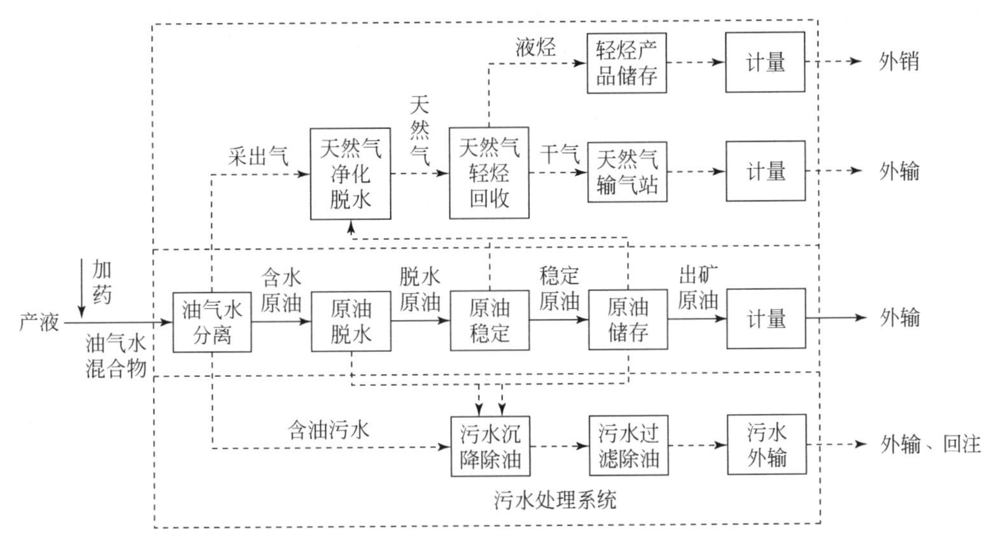

图 7.4　油气在联合站内处理的工艺流程

3. 联合站的生产单元与关键装置

联合站内一般包括油气水分离、油气计量、原油脱水、原油稳定、原油储存、天然气处理、采出水处理、油气外输、通信、自动控制、热工、采暖通风、阴极保护、化验、维修等生产单元。其功能与关键装置如表 7.1 所示。

表 7.1　联合站的主要生产单元

生产单元	功能作用	关键装置
油气水分离	为了处理、储存和输送油井产出的油、气、水混合物，将油井产出的原油、伴生气和采出水在一定条件下分离	气液两相分离器、油气水三相分离器、多功能组合处理装置（具有分离、沉降、加热、脱水等功能）、油气分离缓冲罐等
油气计量	包括单井油、气、水的计量以及油气在处理过程中、外输至用户前的计量	液体流量计、气体流量计、在线含水分析仪等
原油脱水	将乳化原油破乳，并脱除游离水、乳化水、盐及泥沙等杂质，使其达到净化原油含水要求	游离水脱除器、加热炉、沉降罐、缓冲罐、脱水泵、原油电脱水器、加药装置等
原油稳定	从原油中比较完全的脱除在大气条件下可能被挥发的轻烃组分（C_1—C_4），降低原油蒸气压，减少在储运过程中蒸发损耗	压缩机、原油稳定塔、冷凝器、三相分离器、稳定原油泵等
原油储存	接收、储存和发送经过净化和稳定的原油	储油罐等
天然气处理	脱除天然气中的饱和水蒸气、硫化氢及二氧化碳等酸性气体，并回收液化石油气和轻烃组分，使天然气达到商品气质标准要求	三相分离器、天然气除油器、抽气压缩机、进口缓冲分离罐、凝液泵等

续表

生产单元	功能作用	关键装置
采出水处理	通过物理、化学方法将油田采出水中油及其他杂质从水中分离出来，使污油得到净化达到符合注水水质标准、回用标准或排放标准要求	三相分离器、沉降罐、缓冲罐、过滤器、提升泵等
油气外输	将油气集中处理站经过净化和稳定的原油进行计量、加热、增压并使其进入管线进行输送	原油储罐、给油泵、外输泵、加热炉、流量计和清管器发送装置等
其他	包含通信、自动控制、热工、采暖通风、阴极保护、化验、维修、消防等，主要功能为辅助生产	各类机泵、阀门仪表、传感器等

4. 联合站的岗位设定

在联合站的生产运行过程中，最重要也是最大的风险就是安全管理。联合站是高温、高压、易燃、易爆的场所，是油气田一级要害场所，在这里安全是第一要务。为此，安全管理十分重要，一般需要根据各种操作设置很多安全作业岗位。

根据联合站处理原油过程的具体操作与功能，油气田企业一般在联合站设定以下岗位：

（1）脱水岗（沉降岗）。脱水（沉降）岗主要任务是将高含水原油，通过热化学脱水、沉降脱水和电脱水处理，并将脱水后的净化油转输到输油岗，把含油污水转输到污水处理岗。

（2）输油岗。输油岗将脱水岗的净化油输送到缓冲罐（或大罐），再经输油泵加压，经流量计计量外输后外输到油库或长输管道。

（3）污水岗。污水岗把一、二段脱水处理后的污水和站内的其他污水收集起来进行处理，达到回注水质量标准后，送往注水站进行回注。

（4）注水岗。注水岗把本站经净化处理和外来质量合格的水，根据实际配注需要经注水泵加压输送到配水间，通过注水井注入油层。

（5）集气岗。集气岗主要任务是将中转站来气，经增压机加压，经流量计计量后输送到供输油站或气处理厂。

（6）变电岗。变电岗把35kV、110kV、220kV 高压电，经变压器及其他设备降压，向联合站（库）各用电设备配电。

（7）仪表岗。仪表岗对本站各岗位使用的一、二次仪表，流量计进行投产运行时的调试和正常生产时的维护、保养、调试、标定。

（8）化验岗。化验岗一般设三个岗。①原油化验岗。负责本站进站原油含水、外输原油含水及原油脱水过程中的质量检测化验和原油密度的测定。②污水化验岗。负责本站整个污水处理过程中的水质检测化验。③锅炉化验岗。负责锅炉用水水质的化验。

（9）锅炉岗、供热岗等岗位。

（10）安全巡检与门禁岗。安全员对所有岗位实施随时巡检、巡查，包括门禁保卫、重点部位定点值班等，是联合站安全系统的重要岗位或团队。

这些岗位每个都是高风险、高强度、高成本的岗位。在联合站建设中，安全是联合站工作的第一要务，既要生产，同时还要保证安全，不出事故。

除此以外，设置管理岗位是联合站队伍建设的一个重要组成部分，很多企业都在考虑如何才能减员增效，这成了一个重要课题。

5. 联合站的地位、安全与管理

联合站是油气田生产中的重要场所之一，起到加工、“承上启下”的作用。在原油的整个生产过程中，联合站处于勘探、开发、生产、集输四环节中的后两个阶段的保障系统。无论是通过集输管网，还是通过车辆运输，联合站的主要任务都是将井口生产的原油输送到这里，在此进行集中处理并输送至下一级的生产场所。

因此，联合站具有十分重要的地位与作用，从而使联合站的数字化建设更加重要。它将直接影响到原油的生产数量与质量，并在一定程度上决定了原油的经济效益，同时对原油的安全生产也具有十分重要的意义。

由于原油处理过程十分复杂，具有高风险，而且是 24 小时连续工作，所以，工作通常实行三班倒，需要配置大量的工作人员。一个百万吨级的联合站大约需要配置各类工作人员 100 人以上。人多、岗位多、安全性要求高，从而管理难度就大。

7.1.3　关于联合站数字化建设的研究

1. 国内外数字化联合站建设现状

（1）国内数字化联合站建设现状。我国数字油气田建设 20 年，其中数字化联合站建设一直就没有停止过，创造了很多建设模式。

例如，“集中监控、无人值守、大班组巡检、专业化维修、信息化管理”的模式，这种模式落实到联合站就是建设自动化程度高、人员配置少、工作流程优的数字化联合站。其中比较突出的是中国石油长庆油田的建设模式，联合站通过站库系统和视频监控系统实现了数据采集、安全报警、视频监控、启停控制，初步实现了由传统模式向信息化、数字化、智能化模式的转变。通过建设联合站可实现减少人员劳动强度、提高工作效率、控制用工总量的目的，已取得了良好的效果。

此外还有采用“气提脱硫+负压稳定一体化”工艺和混烃分馏脱硫等专利技术，按照“无人值守+巡检维护”模式建设的油气处理能力“双百”的大型联合站。这种联合站的好处是将工艺技术同数字化技术融合，完成了“无人值守+巡检”，是需要智能化程度较高才可以做到的。

当然还有很多，这里不一一介绍。总体来说，联合站建设在中国数字油气田建设中没有缺席，做得很不错。

（2）国外数字化联合站建设现状。国外油气田经过多年的数字化建设，自动化程度普遍较高，大都达到了控制与优化管理，即原油从开采、处理、运输、销售的全过程都能够通过自动化系统全面监控。在数字化联合站建设方面，不仅做了数据监控、远程采集、视频监控等工作，更多的是通过数字化对公司的运营结构、员工的工作流程等进行了深入的细分整合和改组，从而使联合站能够流畅、安全、高效地运行，减少了冗长的数据计算、繁杂的重复工作及复杂的设备控制。

例如，英国的石油公司可以通过自动化控制系统实现联合站生产参数的自动调整，并建立三维可视化模型，实时监控生产情况。美国的石油公司在联合站盘库过程中基本实现计算机运算，精确算出温度、压力、密度等的影响，代表了行业内的较高水平。

还有数据采集与监控系统（supervisory control and data acquisition，SCADA）在联合站中的应用。SCADA 系统自诞生之日起就与计算机技术的发展紧密相关。SCADA 发展到今天已经经历了四代的更迭历程，四代更迭主要是让 SCADA 系统完成从集中式阶段到分布式阶段，最终发展到网络式阶段，其在联合站的应用十分广泛。

SCADA 系统是工业过程自动化和信息化不可或缺的基本系统。在实际生产中，如果生产过程分布很近，那么就可以采用就近控制的办法，包括就地接线、就地监视、就地控制等。对于复杂的过程生产采用 DCS 系统控制的比较多，也有采用 PLC 的或者专业控制器的。而对于生产各个环节分布距离非常远、生产单位分散的，如距离几千米、几十千米、几百千米甚至几千千米，如变电站、天然气管线、油气田、自来水管网等生产系统，为了实现科学生产，随着技术的发展，人们慢慢发展出远程采集监视控制系统——SCADA 系统。以实现对工业现场进行本地或远程的自动控制，对生产工艺执行情况进行全面的实时的监控，为生产和管理提供必要的数据支撑，即 SCADA 系统著名的“四遥”功能。

2. 联合站数字化建设的趋势

随着国家“两化”融合、“互联网+”等战略的提出，石油行业也在大力推进本领域的建设实践。特别是在“十四五”期间，各油气田企业面临着国际油价长期低位徘徊，油气田老化、资源劣质化进一步加剧和国家安全环保要求越来越严格等。目前大多数联合站通过在关键部位安装数字化仪表来实现对实时数据的自动采集与记录的建设做法，由于内外因素的双重作用，已经无法应对整个业务链条上的各类风险，尤其是人为因素带来的管理投入高、巡检人员难以精确监督等一系列突出问题。这就要求联合站在数字化、智能化建设过程中要主动适应新形势、新要求，以节省投资、降低成本、提高效能、改善环境、安全环保为目标，以数字化、智能化、智慧化建设为载体，进一步加强技术攻关，增强提质增效能力，实现创新发展。

针对联合站在设备参数控制、人力资源配置、员工工作流程上已经很难满足业务需求和数字化之后的新需求，急需一种新的运行模式来解决这些矛盾。如何优化工作流程，减少人员配置，精控生产参数等。从技术层面讲，如何充分利用新技术、新工艺，充分发挥联合站的作用，提高工艺流程运行的合理性、高效性和安全性等，这些都是需要重点投入研究的课题。

特别需要研究的是，在联合站的安全生产中需要采取一系列的保障措施，使生产过程在符合规定的物质条件和工作秩序下有序进行，从而消除或控制危险和有害因素，无人身伤亡和财产损失等生产事故发生，保障人员的安全与健康，设备和设施免收损坏，环境免遭破坏等，使生产经营活动得以顺利进行，完成相应的任务。也就是说，对人员、生产设备设施安全监管，以实现最优化反馈控制，有效保障联合站的安全生产，达到 QHSE“0”事故的状态。

3. 联合站数字化建设的特点

联合站的数字化建设，对于智能化联合站甚至智慧联合站建设具有十分重要的意义。联合站数字化建设初步完成了数字采集、数据传输、数据存储、数据管理的全过程构架，这为后期智能化建设打下了良好的基础。

联合站的数字化建设同井场的数字化建设完全不同，具有如下几个重要特点。

(1) 从空间上看联合站相对比较集中，范围要比井场小。联合站的建设过程主要集中在站内，且多数是一次性建设，尤其是网络建设。很多联合站在工程设计和施工时，一次性地完成所有光缆建设，数据库、数据中心、中控室等也是一次性地完成建设。

(2) 防爆等级高，对各种设备要求高，且对施工措施要求高。在联合站数字化建设中，各类传感器、仪表、RTU 等设备都要求必须是防爆设备，一般价值比较高。工程防火、防爆、防雷、防电措施要求高，施工过程比较复杂。

(3) 联合站自身包含很多系统，如各种专业系统，但融合困难。例如，SAGAD、DCS、基于 PLC 和 Profibus 现场总线技术的计算机控制系统等专业系统，它们在各自的专业化、自动化等方面自成体系，相对比较独立，但这给数字化联合站的统一管理带来了困难，就是这些系统无法很好地融合在一起。

当然，在联合站数字化、智能化建设过程中也带来了一些重大的难题，主要是多期次建设，多技术、多系统、多商家、多规格数据等问题，形成了一个个数据孤岛与信息壁垒。

总之，经过这么多年的探索与实践，联合站的数字化建设相对较好，外加管输数字化及井区“最后一千米”的管网数字化建设，还是取得了很好的成绩。现在越来越多的联合站正在走向智能化，如相继出现各种自动控制设备、智能机器人巡检、人脸识别智能门禁系统等智能化技术与方法。

7.2 智慧联合站建设的技术与方法

随着时代的进步与发展，新技术已对全球油气行业产生“颠覆性”的影响。越来越多的油气田企业利用云计算、大数据、移动互联网、物联网、人工智能、机器人、区块链等数字化技术进行全产业链的业务转型，进一步实现降低成本、更快更好的做出决策及提高运营效率。

而新的勘探开发作业模式、新的项目管理模式、新的人才使用模式、新型资本运用模式等的不断出现，已对油气行业的盈利模式产生了巨大的影响，对联合站建设也不例外。

7.2.1 智慧联合站与基本模型

1. 智慧联合站的概念

智慧联合站是指在数字、智能联合站建设的基础上，通过智慧建设形成的一种新型的管理、运行和最优化控制的“简单、无人、美丽”的联合站。

一般来说，联合站的数字化程度比油井要高一些，因为在联合站建设的初期，在其蓝图设计中就已将很多自动化控制过程作为工程建设的组成部分加入并进行了建设，而这些系统本身就是一个集数字、智能与业务监控为一体的系统。

例如，联合站微机控制系统是采用工业控制机巡检一次仪表信号，经过CPU处理后，完成对游离水脱除器、电脱除器、净化油缓冲罐等设备的油水界面、液位、压力、温度、流量等工艺参数的显示、打印生产报表和调节控制等任务，整个系统已实现了数字化、智能化。

但是，在智慧联合站的建设中，还要将这些既有的各种系统进行融合与统一，将各种业务流程标准化，将安全等级提升，减员退岗，岗位变少、人员劳动强度降低，从而经济效益会更好。

2. 智慧联合站建设模式

我们通过智慧联合站建设，到底能够解决哪些问题?

（1）可以将联合站提升一个档次。在智能化基础上构建的智慧联合站是一种新型的联合站模式，它是利用“智”让联合站变“慧”。“慧”即聪明集成，这个过程就是智慧联合站的建设过程。

（2）可以解决联合站的安全生产问题，从而实现“简单、无人、美丽”的联合站。就是让联合站原油处理过程简单化、安全操作高效化、经济效益最大化、无质量问题、无事故发生、无污染出现等。

（3）可以在智能化基础评估的基础上构建智慧大脑。智能联合站建设可能有1.0、2.0或3.0。我们希望能达到3.0建设，因为这时的智能化程度很高，我们只需将各种聪明集成，完成“慧”的建设即可。主要解决联合站存在的比较麻烦的问题，如出现了多期次建设、多技术、多厂商、多方法、多系统等，这种大概是智能化程度2.0的标准。所以，我们还需进一步补充和完善智能集成和智能分析等工作。

其实，近年来联合站数字化、智能化建设与发展得很快，也很好，如智能联合站2.0模式。这种模式为了将联合站内与安全生产有关的各项业务系统进行一体化协同管理，通过在联合站建设过程中引入数字、智能等技术，并使之与站内核心业务环节进行深度融合，设计了以大数据分析预警系统为主线，由前端的数据采集系统（AI摄像头、鹰眼系统等）、中端的物联共享平台及后端的智慧大脑共同组成的“三端”模式，进而打造一套完整的预警体系，如图7.5所示。

这是一种联合站“三端”模式。在该模式下，联合站以建设数据的“采、传、存、管、用、智”闭环式运作模式为主线，前端以超能智能联合站视频网和DCS/SCADA监

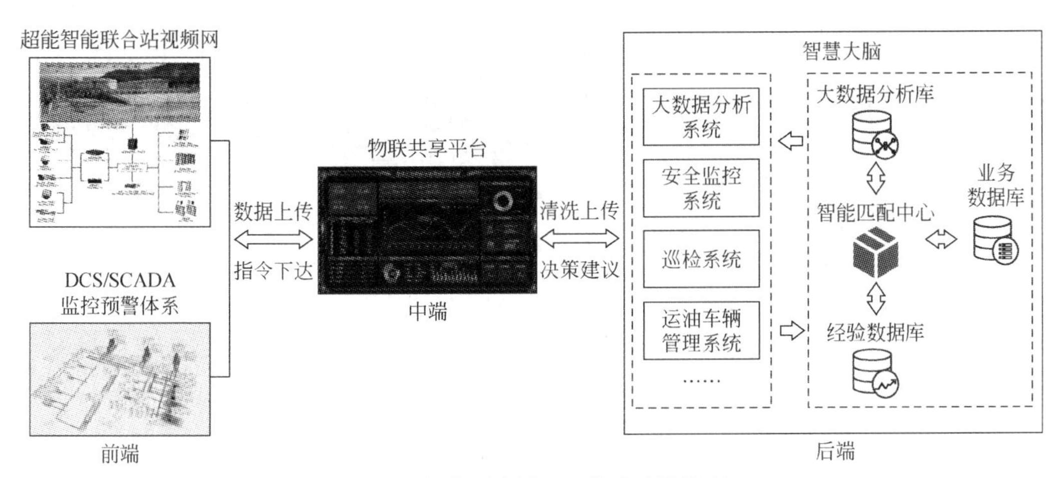

图7.5　智能联合站2.0模式建设模型

控预警体系为感知主体，主要采集和上传数据，实现各类生产视频参数的远程监控和安全生产过程无人值守；当数据上传到物联共享平台以后，以简化管理为目的，对站内信息资源进行整合呈现、集中监测，实现对站内、站外生产数据的集中监控，以及对重要生产过程的自动控制；当数据继续上传至智慧大脑，以统一站间生产、管理、决策为目的，对数据集中分析处理，建立大数据分析库、业务数据库、经验数据库与智能匹配中心，将业务、技术、算法等智能匹配，实现区域内生产运行过程模拟展示，故障生产参数实时报警，生产报表自动生成，生产调度在线办公等。其目的就是在保障安全的前提下，通过采取各种措施，对联合站进行智能化改造升级，进而实现采油厂降本增效、生产收益最大化的目标。

“三端”模式的本质是以数据智能化为核心，通过大数据分析手段，对联合站内各业务场景、业务环节的生产与安全管理活动进行全过程的动态监控与大数据分析，实现数据的动态分析、评估预测以及综合预警与辅助决策，从而建立更为高效智能的新型油气田生产运行模式。

从以上看，这种“三端”模式联合站已经非常先进了，但是，我们认为这种建设仅是2.0。这个2.0模式问题出在哪里？主要在于其没有完成智慧大脑的构建，还存在一种非常浓重的数字化的“痕迹”，即“两股道”与“两张皮”问题。这说明虽然联合站工艺技术与管理已经很先进了，在数字、智能建设上也已经很先进了，可是联合站的这种“多期次建设、多系统、多技术、多参数、多岗位”等问题依然存在，所以，这并不是最先进的建设，还达不到3.0。这里我们给出一个3.0模式建设模型，如图7.6所示。

由图7.6可以看出，智慧联合站建设必须要在数字、智能联合站建设的基础上进行。图的左侧代表整个联合站生产与工艺系统，当然首先这些系统大都处于数字化、智能化状态，可以生产出很好的数据，还能保障联合站的正常、完整的生产，并可以形成完好的业务流程。图的右侧是联合站经营管理体系，这个体系主要是成本与效益控制，即成本必须降低、效益必须提升。

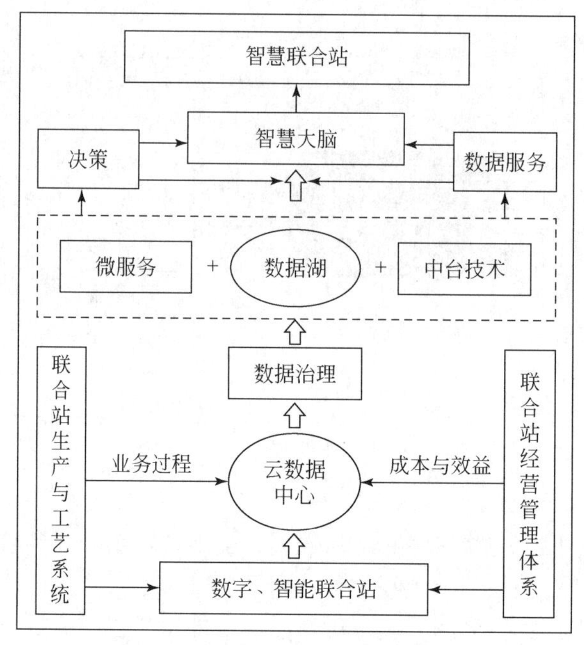

图7.6　智慧联合站3.0模式建设模型

这两者的数据都要标准化后进入云数据中心，它们都是联合站的数据资产，也是智慧建设的重要资源。但由于多期次建设，以及多系统、多技术、多企业、多数据、数据多元化等，导致出现了很多问题，为此必须实施数据治理。数据治理之后，数据采用数据湖模式，再加上中台技术与微服务开发模式，就可以构建智慧联合站的“智慧大脑”，完成各种科学、正确的决策与高质量的数据服务。

3. 智慧联合站建设的基本特点

智慧联合站建设的主要特征有以下几点。

（1）通过智慧建设后，数据建设完成了最好的治理；各种已建系统完成了集成，形成了一体化平台；采用中台技术与“微服务”模式，利用“小型化、精准智能”理念，可以根据新需求实时开发各种小型应用，以完成各种操作与管理；针对生产问题能够提前预警、告警，做到早发现、早处理，所有系统都处于最优化反馈控制，生产流程更加优化。

（2）数据完成秒级应用、云服务，流程更加优化后，生产过程链更短、环更少；对人员轨迹可以实施智能追踪分析；生产过程与操作的智能分析与告警；QHSE“0”事故，即设备质量达标，则事故为0；工程质量达标，则事故为0；操作质量达标，则事故为0；只要各方面质量可靠，则总体事故为0，那么HSE一定也为0。

（3）未来智慧联合站的过程工作与控制都将由“智慧大脑”来完成，鹰眼、超脑、智能机器人等工作在相应岗位上，需要的人员将大大减少，最终一个百万吨级的智慧联合站大约需要不到20人就可以了。他们主要由三类人组成：联合站CEO与助手，数据工程师与助工，以及原油处理工程师与助工。这三类人的主要任务是与智慧大脑和数据联合为联合站创新而工作。

至此，一个“简单、无人、美丽”的智慧联合站就基本建成了。

7.2.2　联合站智慧建设需要的技术

针对数字化联合站在生产运行和安全管理中存在的主要“痛点”和“难点”，我们需要将技术、产品与油气田业务进行融合创新，以实现整个作业流程更加智能、智慧。例如，将生物识别、大数据分析和开放式的AI算法平台、机器学习、知识图谱、超脑技术、深度学习及数字孪生等智能、智慧技术应用到联合站的日常生产管理之中去，将有助于对站内的关键区域、重要节点，尤其是对人员、生产设备实施安全监管，以实现最优化反馈控制，有效保障联合站的安全生产，达到QHSE“0”事故发生的效果。

我们结合联合站业务中存在的问题，提出相应的技术应用构想，如表7.2所示。

表7.2　联合站各业务工艺技术与数字、智能技术

序号	业务环节	存在的主要问题	技术与应用	难度/%
1	卸油	车辆管控、人员管控、安全防护、原油渗漏污染等	利用油气田物联网、视频监控、智能门禁、电子围栏等技术手段，安全、无人操作与管理	60～80
2	脱水（沉降）	有毒气体监测、可燃气体监测、消防火灾及其他	利用视频监控、大数据分析、数字模拟等技术手段，安全、无人操作与管理	50～70
3	污水处理	设备故障、环境污染等	利用视频监控、大数据分析、数字模拟等技术手段，安全、环保、无人操作与管理	70～80
4	化验	取样困难、人员坠落、有毒气体伤害等	利用视频监控、大数据分析、数字模拟等技术手段，无人智能在线分析	70
5	注水	压力损失、回注水泄漏、设备故障等	利用视频监控、大数据分析、数字模拟等技术手段，智能、无人操作与管理	40～50
6	仪表	巡检不到位、仪表破坏等	利用油气田物联网、视频监控等技术手段，全部自动化	30
7	变电	巡检不到位、线路破坏、电击伤害、安全措施不到位等	利用视频监控、大数据分析、数字模拟等技术手段，安全、智能化操作与管理	60
8	计量	计量误差大等	利用视频监控、大数据分析等技术手段，自动化与智能化	80
9	外输	外输管道破坏、原油、可燃气体泄漏，设备故障等	利用视频监控、大数据分析、无人机巡检等技术手段，安全、环保、无人操作与管理	60
10	管理	安全防控不到位、告警不及时、预测不准确、决策困难等	利用视频监控、鹰眼系统、大数据分析、智慧的大脑等技术手段，全部智能化	80

表7.2中所列的各项技术手段是我们在对联合站业务进行系统梳理和应用实践后取得的成果总结，是现阶段解决联合站生产管理智能化建设问题的最优方案。对于解

决智慧化这一超前问题就需要在未来将量子示踪、虚拟仿真、数字孪生、边缘计算、大数据处理与分析、区块链、智慧计算、深度机器学习、知识图谱、知识管理等先进技术在智联网条件下进行智慧融合，形成超级智慧大脑，从而解决长期困扰生产管理人员的地上地下一体化、注采输一体化、源供注配一体化等多领域协同问题，并逐步形成一个以“超级智慧大脑”为运转中枢的少人或无人化的采集输智慧生态体系。

7.2.3 联合站智慧建设方法

1. 前端感知体系的建设

在前端建设中，围绕人员、设备、生产、仓储、物流、环境等方面，开发和部署各类专业智能传感器、测量仪器及边缘计算设备，打通设备协议和数据格式，是打造全面感知体系的关键。根据联合站业务的特殊性，通过建立智能联合站视频网和 DCS/SCADA 监控预警体系，实现对业务节点数据的采集、上传与一体化控制。具体建设思路如下：

1）超能视频监控网络的建设

这是一个以超能视频监控设备为节点，由光纤传输组成的全覆盖的智能联合站视频网络。该网络包含三个技术要点，分别是基于站内网络全覆盖与组网的数据采集，基于安全智能人脸识别的门禁系统和基于超脑分析的一体化系统，如图 7.7 所示。

整个视频网络由前端、中端与后端三部分组成。

（1）前端为智能人脸识别门禁系统。门禁系统是联合站的第一道防线，主要防止外来人员闯入和工作人员带入非允许的物品，形成规避安全隐患的保障。采用人脸识别技术以后，可以有效制止非内部人员进入。

（2）中端包括人脸抓拍机（可做到全局+动点抓拍识别）、河道监控、周界监控（热成像）及区间监控等，构成一个全面感知的单元。

（3）后端主要为用于数据存储和智能行为分析的一体机，从而构成一个综合管理智能分析平台，即智慧大脑开发。

该视频网络具备以下三点技术特征：

（1）全面覆盖。在建设设计中将联合站网络全覆盖，彻底消灭盲区，真正做到 7×24 小时无缝无死角的监管。

（2）全面感知。全部采用高清、智能设备，做到联合站的“全面感知”，改变以往安全管理工作“事后处理”的模式，转向对危险的预先识别、分析和控制的科学化管理方式，做到提前预警、报警，精准识别，最终实现联合站内安全生产中的 QHSE“0”事故的目的。

（3）全面服务。超能视频网络要为联合站的全部业务与生产运行安全服务，做到用数据工作、给数据赋能、让数据聪明，并确保整个网络能够高度稳定、快速、流畅地运行。

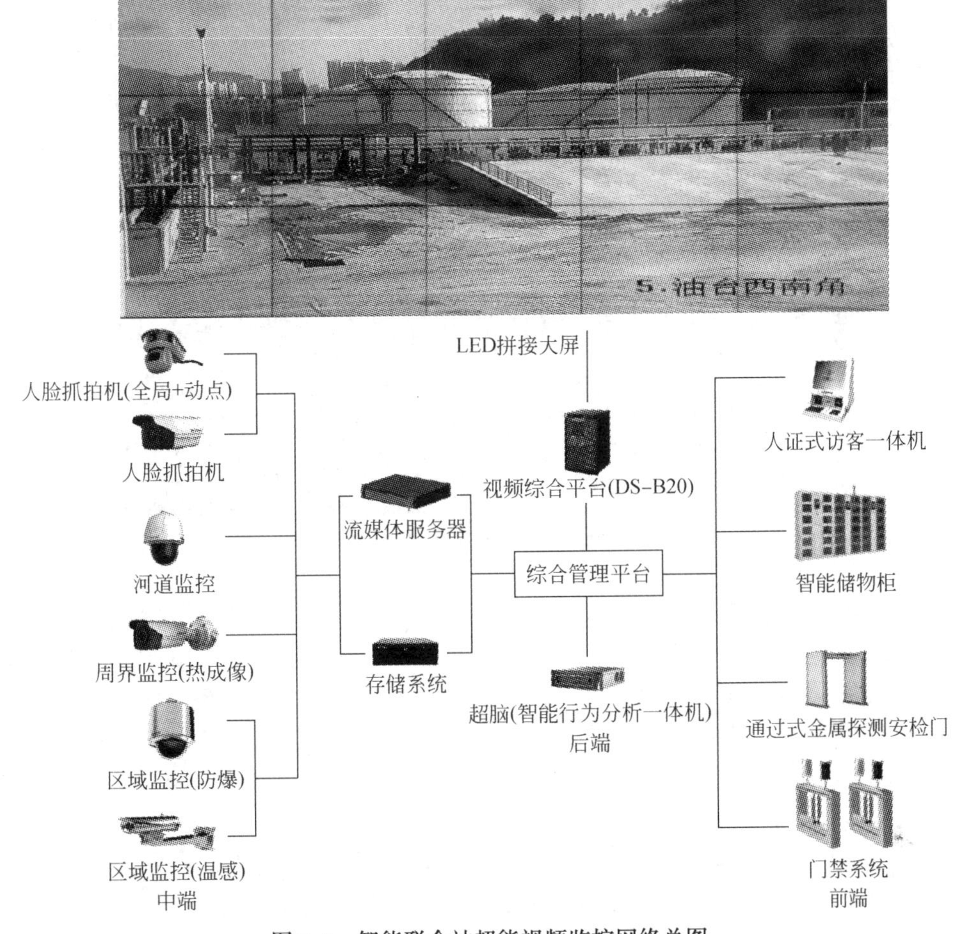

图7.7 智能联合站超能视频监控网络总图

2）DCS/SCADA监控预警体系的建设

通过在站内区供热、供水、供电及关键单元系统上安装水位可燃气体监测、有毒气体监测、压力变送器、温度传感器、无线传输模块、智能供电模块、智能电表等设备，实现对整个站内关键隐患点数据的实时采集、上传，并根据联合站智慧大脑提供的指令信息进行远程调整与关停控制，以提升各独立单元的工作效率与安全管控能力。

2. 中端物联共享平台的建设

通过对现有各类生产管理系统的集联优化与数据获取，以及数据整合与管理平台建设等工作，加强站内信息资源的整合力度，加快推进多系统融合互联，打造集多系统数据整合、生产管理信息呈现、网络状态监测、视频信息汇集、综合调度指挥于一体的物联共享平台，为实现整个联合站的全数据联动、全流程管控，以及各项业务的智能分析与优化决策提供坚实的基础。具体建设内容如下：

（1）生产管理信息呈现。为了便于采油厂、联合站各级人员查看联合站最新生产运行情况，针对站内卸油情况、设备工况、工作人员巡检、来访人员信息等以图表形式进行大屏呈现（图7.8）。

图7.8 生产管理信息呈现

（2）网络状态监测。联合站内通信网络的工作状态是一项非常重要的参数，通过对联合站内各个环节的网络运行状态进行监测和可视化呈现，能够极大提高网络运维人员的工作效率，确保站内生产运行的稳定。一方面，它可以为判断各系统运行状态提供直观依据；另一方面，通过对整体网络状态的实时监测，可以辅助系统自动进行决策分析与操作调整；此外，还能够在网络故障报警提示后，做到及时报修响应，提高系统的运行稳定性。

（3）视频信息汇集与呈现。将联合站生产运行数据推送至高清视频监测系统，可以在生产指挥平台中更加直观地呈现重要数据，并且可以跟随画面的缩放、移动切换呈现的数据信息。

（4）生产运行管理信息呈现。为了便于站内管理人员能够从宏观上更加直观地掌握联合站安全、生产运行状况，针对卸油量、罐区液位、管线压力、流量、可燃气体监测等关键生产环节数据进行集中呈现，提升联合站的安全生产管控水平。

（5）告警管理。为了便于站内管理人员及时掌握安全生产报警信息，及时有效地指挥生产作业、排除安全隐患，针对联合站内各生产环节、网络情况等告警信息进行可视化呈现，包括告警时间、告警级别、告警来源、是否处理、责任人等信息。

（6）值班管理。为了进一步实现人员优化管理，确保人员在岗，安全生产管理。管理人员可以清楚地了解到每天各岗位的在岗情况，展示值班人员信息。

（7）报表管理。为了便于管理人员查看当日生产运行数据和历史汇总数据，可以按定制化模板实现各类数据的自动报表生成与导出功能。

（8）移动端信息推送。针对采油厂、联合站管理人员，在移动端推送联合站当日生产运行情况及各项生产管理指标完成情况。

3. 后端智慧大脑的建设

智能决策和智能运维是智慧建设的重要一环，更需要结合先进的技术。例如，基于智能 IT 系统能够为专家和员工提供所需数据，支持他们快速制定最优决策，使员工能够快速、有效地应对突发事件，从而支持实现人员赋能。通过建设安全生产案例库、应急演练情景库、应急处置预案库、应急处置专家库、应急救援队伍库和应急救援物资库等，基于物联共享平台和应用数字孪生技术，能够推动应急处置向事前预防转变，帮助企业实现从被动响应模式转为主动的预测性维护和服务模式，并提升应急处置的科学性、精准性和快速响应能力。

1）设计思路与架构

联合站智慧大脑平台承担着企业安全指挥控制，通信联络，数据采集、上传、分析和共享，辅助决策，运维调度的重任，是企业安全生产和管理信息化的关键和枢纽，其设计原则必须保证整个平台具备可靠性高、稳定性强、技术先进、人机界面友好、操作简单、维护方便、升级方便等特点。在系统梳理联合站既有业务管理流程的基础上，利用中台技术和微服务架构，将联合站内多期次、多技术的各类既有生产管理系统进行融合开发与功能扩展，为建立统一的联合站安全生产智能管理体系提供功能平台支撑与业务应用服务。

基于上述思想，我们设计了联合站安全生产智慧建设的总体架构，如图 7.9 所示。

2）系统功能设计内容

该总体架构主要由基础设施层、数据层、数据整合层、技术层、智慧大脑和功能层六个部分组成。其具体功能如下：

（1）基础设施层：主要为数据采集，提供包括原有系统（DCS 系统、SCADA 系统、其他系统等）、视频设备（进出站视频监控设备、称重磅视频监控设备、生产区巡检视频监控设备、鹰眼监控设备）、基础信息（在册职工信息、在册司机信息、在册车辆信息、采油队信息、生产区巡检路线/点位信息等）等的源头数据服务。

（2）数据层：通过建设 DCS/SCADA 实时数据库、DCS/SCADA 历史数据库，视频识别数据库和基础信息数据库，将基础设施层所采集的源头数据进行分类存储。

（3）数据整合层：主要将 DCS/SCADA 实时数据库、DCS/SCADA 历史数据库、视频识别数据库和基础信息数据库中存储的各类源头数据，在统一的数据池中进行数据清洗、整理和关联，为前端技术层提供高质量的综合数据服务。

（4）技术层：通过在系统平台建设过程中将包括 DCS/SCADA 协议集成、视频 SDK 接入开发、人脸-车牌识别及大数据分析等技术进行容器化封装，为前端用户提供智能化技术支撑服务。

（5）智慧大脑：在技术层建设基础上，利用中台技术和容器封装技术搭建数据中台、技术中台、算法中台、知识中台，为用户提供包括数据管理、高性能计算、知识共享及敏捷的应用开发服务环境。

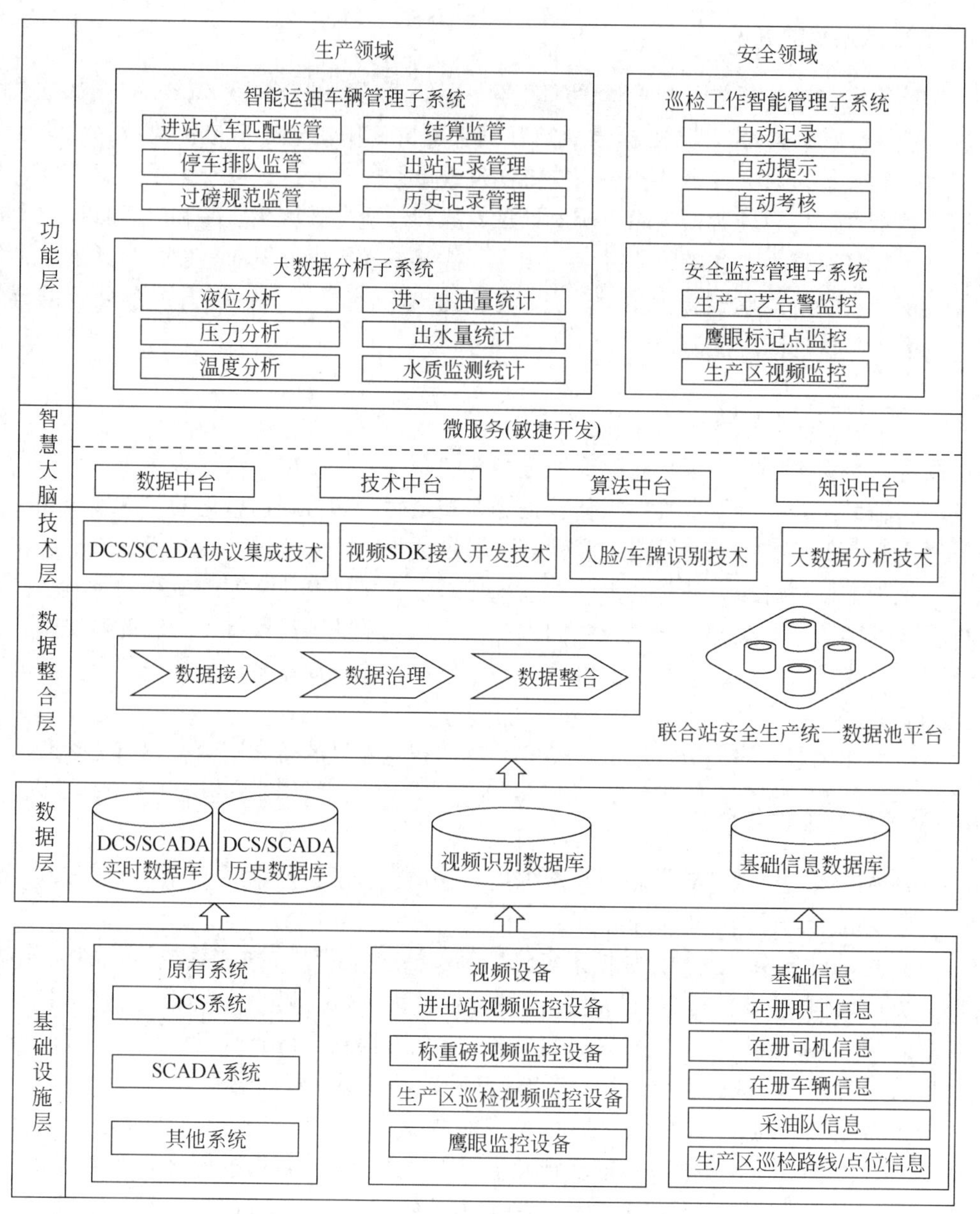

图 7.9 联合站安全生产智慧建设总体架构模型

（6）功能层：根据联合站生产和安全两大领域的功能需求，设计开发各管理子系统，如大数据分析子系统、巡检工作智能管理子系统、安全监控管理子系统等功能模块，为前端用户提供一站式的智能化服务。

3）关键技术与难度

在智慧联合站建设中，关键技术主要是数据治理技术、中台技术与微服务开发技术，他们共同需要采用大数据方法论与人工智能技巧来完成，这里不做详细论述，在很多章节中都有。

但需要强调的是，还有针对多期次建设、多厂家、多系统、多数据问题，我们是打通系统，还是打通数据的问题。这是一个方法、理念与认识问题，不能算作一个技术问题。就是说必须具有先进的思想方法指导，然后才能完成这样一个建设。可以明确地告诉大家：必须是打通数据，而不是打通系统。

当然打通数据是需要技术的，这种技术也是联合站建设的关键技术。需要告诉大家的是，目前还没有成熟的技术，因为很多系统是不开放的，不愿意将接口公开，这样就需要针对具体的系统接口采用不同的技术，最终需要将这个系统中的数据采集出来供智慧大脑来决策和应用。

这就是目前存在的一个建设难度，需要克服与创新。

7.3　智慧联合站建设案例

前面我们对智慧联合站建设过程中的技术与方法等进行了探讨，下面我们将以曾经参与的数字、智能建设的一个典型联合站——石百万联合站作为实例来进一步研究。尽管因为投资等问题，还没有真正建成智慧联合站，但一个智慧联合站的雏形基本已形成。

7.3.1　石百万联合站概况

1. 基本情况

吴起采油厂石百万联合站隶属于延长油田股份有限公司，占地约4.2万m^3，设计原油处理能力100万t/a、净化油外输能力100万t/a、产出水处理能力1600m^3/d，总库容为4.6万m^3，现共有职工65名，属于二级重大危险源站库（图7.10）。

石百万联合站是一座集原油接收、处理、外输为一体的综合性联合站，主要承担各采油队三叠系含水油的接收，每天接收含水油约3000吨，净化油约1200吨，平均每日外输2800吨，日处理产出水约1500m^3。

图7.10　吴起采油厂石百万联合站全景图（资料来源：吴起采油厂）

2. 建设必要性

石百万联合站受黄土高原沟壑纵横自然条件的制约，部分开发区未建成完善的密闭集输系统，因此，单井产液首先进入井场储罐，再通过汽车运至附近联合站集中处理，这与国内其他地区以管网为主的集输方式有很大的不同。石百万联合站这种以传统的车辆拉油、卸油及人力操作为主的作业方式，最大的问题就是整个作业流程均需要人来参与操作，站内工作人员劳动强度大，安全管理质量不易把控，容易存在盲点、死角。针对这样的特殊性，选择建设“高起点”的智能化建设之路是解决企业发展困境的不二选择。

3. 需解决的关键技术问题

在明确了石百万联合站建设智慧联合站的必要性后，我们有必要将石百万联合站在建设过程中需要解决的主要问题做简要介绍。具体内容如下：

（1）保证对整个联合站业务链条的7×24小时无盲点、无死角的安全生产智能化监控，以及有效杜绝各类安全事故频发的问题，对各类危险源进行预警、告警；

（2）提升联合站内的生产效率、风险防控能力、员工综合素质和产品质量，降低运行成本、劳动强度、产销误差与用工总量，解决人力资源成本过高的问题；

（3）打通各应用系统的数据通道，解决多期次、多系统难以协同管理的问题，开发适应联合站业务的一体化平台，形成“智慧大脑”。

7.3.2 石百万智慧联合站建设案例

万丈高楼平地起，基础建设非常重要。我们要对石百万联合站实施智慧建设，就必须打好数字化、智能化建设的基础。

1. 石百万联合站的建设思路

在建设之前必须首先进行或做好顶层设计，要给出建设的基本思想与模型。于是我们设计、编制了石百万联合站基本框架，如图7.11所示。

图7.11是石百万联合站智慧化建设的总体框架，该框架是在系统梳理石百万联合站生产管理现状与存在的痛点、难点的前提下，以创新安全管理体系、创新管理机制、优化业务流程为切入点，重点围绕“构建三大支撑体系，创建一个智能中心、十大智能系统”开展融合创新工作，以实现对联合站内各生产管理环节的全面感知、实时监控和远程智能控制等功能，最终形成覆盖整个业务链条的一体化管理运行机制的成熟、可复制、易推广的一体化解决方案。

2. 具体建设举措

根据图7.11的建设构想，石百万联合站以完善视频感知体系，开发十大智能系统和建立联合站智能生产指挥中心的方法，实现智慧联合站建设所需要的前、中、后三端的建设工作，如图7.12所示。

图 7.11　石百万联合站管理创新思路模式图

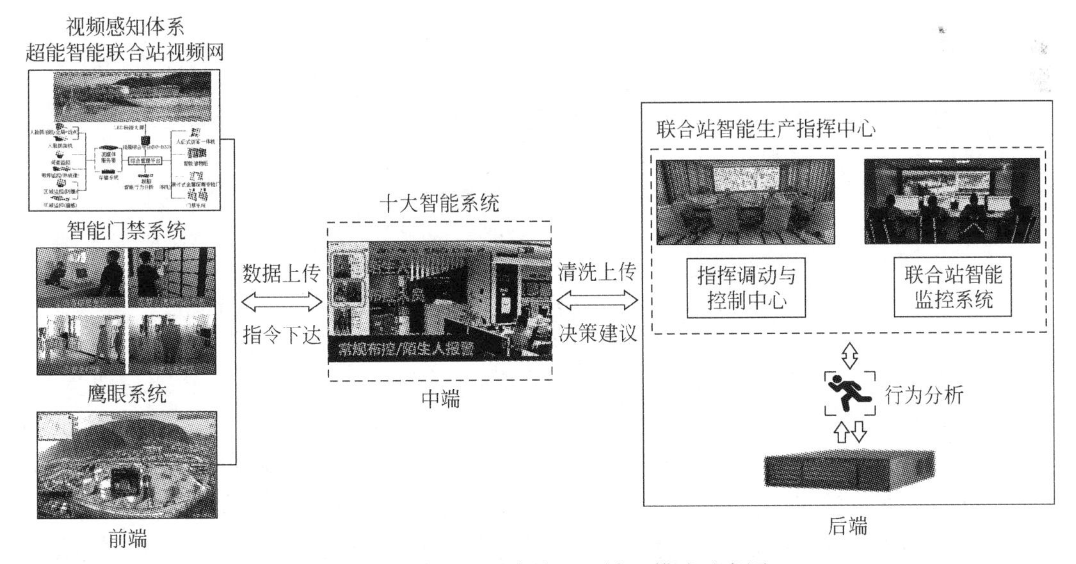

图 7.12　石百万联合站“三端”模式示意图

石百万联合站在建设初期已有了不错的数字化过程，为此我们实施了高起点建设，先后共完成了一大体系和十大智能系统。

1）视频感知体系

石百万联合站在前期完成视频网络和DCS/SCADA预警设备的建设基础上，通过引入智能门禁系统和鹰眼系统的方式，对原有的前端感知体系进行了功能完善与补充，实现了人员和车辆从进入联合站开始到离开的全方位监控与精准抓拍。这里重点对智能门禁和鹰眼系统的功能作用做一下介绍，其包括：

(1) 智能门禁系统建设。

在联合站智能化建设过程中，在站内生产区域人员、车辆进出频繁的情况下，传统人工作业方式无法确保对所有人员、车辆进行有效的管控。通过将一体化智能访客登记机、智能存储柜、金属探测通道、安全宣讲大屏、人脸识别门禁、人脸识别专用摄像机、区域监控摄像机等人工智能设备与联合站具体业务环节相结合（图7.13），并进一步将整个系统与联合站的智能生产指挥中心应用相对接，是构建联合站智能化安全管控体系的关键基础。

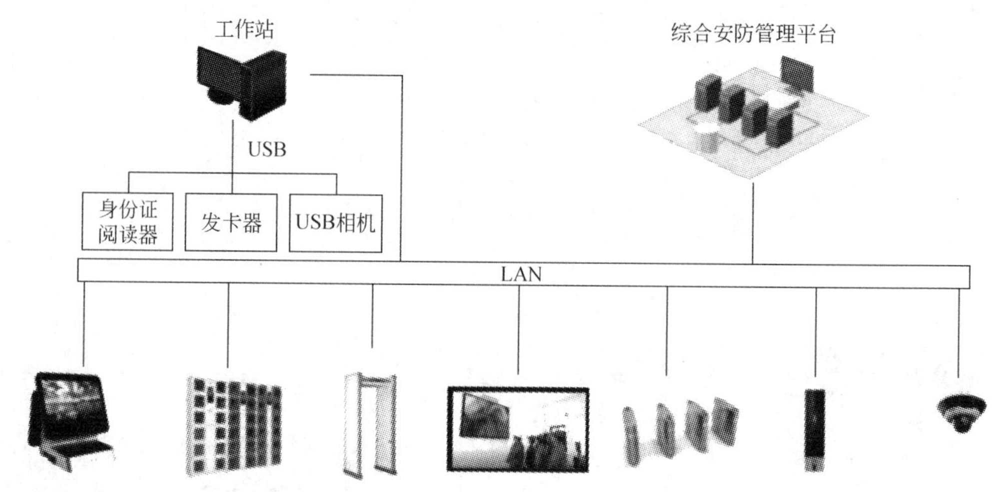

图7.13　智能门禁系统建设硬件系统结构图

在充分考虑联合站门禁业务具体流程的情况下，以完整实现门卫登记值班的智能化与自动化为目的，提出智能门禁管控系统业务流程如图7.14所示。

出入联合站的人员一般分为两类，即本单位人员和外来人员。对联合站人员的出入管理流程，首先是通过人证访客一体机实现对访客的身份验证和人脸信息登记，然后给予相应的权限，再通过智能门禁通道实现人员的身份识别、进出权限核对、进出权限管理等相关业务应用，并基于综合安防管理平台实现统一的数据和权限管理。

基于人脸识别的人员身份核验，其技术特点包括人脸检测、人脸跟踪、人脸比对、人脸查找、人脸属性检测、活体检测等。随着深度智能人脸识别等技术的成熟与发展，人员身份核验的方式已从传统人工方式向生物特征识别智能解决方案转变。基于人脸识

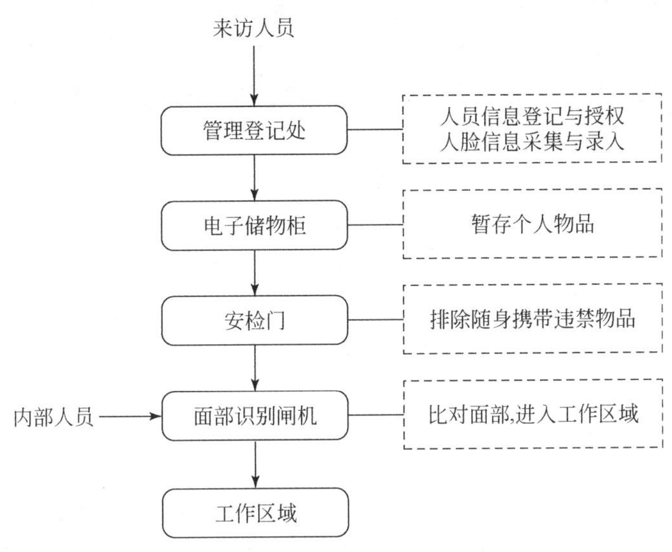

图7.14　智能门禁管控系统业务流程示意图

别技术，并充分结合联合站人员准入管控的实际需求，进而实现对进出联合站人员的管控布防，保障生产安全。人脸识别系统结构图如图7.15所示。

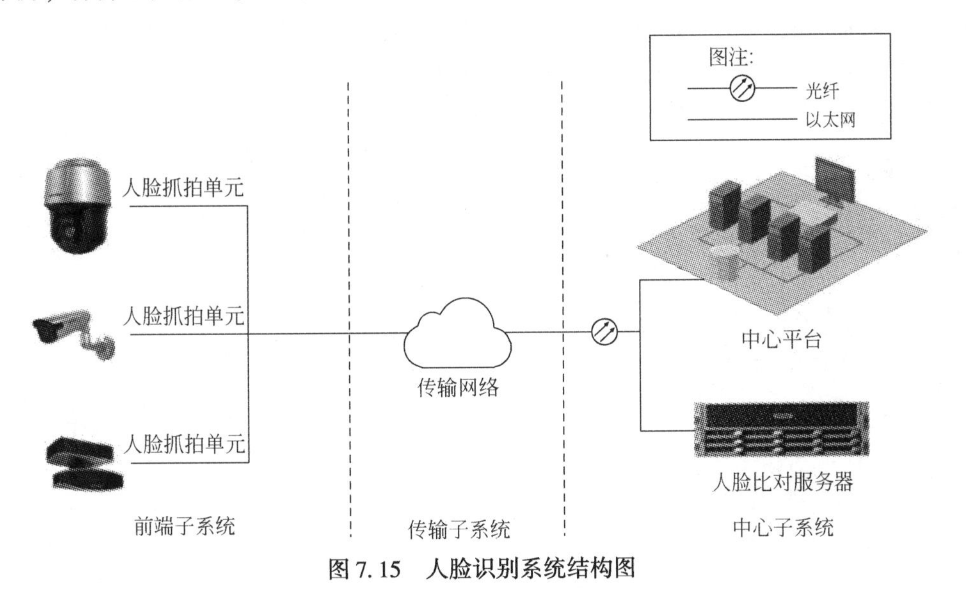

图7.15　人脸识别系统结构图

（2）鹰眼系统建设。

为保证对整个联合站内外关键区域人员、设备实施有效的监管，解决传统作业模式下存在的人员运行轨迹监控不够精确，安全防护措施不规范，巡检不到位，突发事件处置不及时，很多关键部位、关键环节存在盲区、死角等实际问题，在建设智能联合站视频网络过程中，通过在关键节点设计安装具有人脸抓拍、动态人脸监测、轨迹跟踪、综合评分以及智能筛选等多功能的星光级全景网络高清智能球机（鹰眼系统），可实现在智能指挥中心对作业区7×24小时无盲点、无死角的智能化监控与告警，可减少非作业人员出入关键生产区域的频次，有效杜绝关键区域内由人为因素带来的安全隐患。

鹰眼系统的技术特点包括：目标提取、人脸抓拍、动态目标跟踪、大视场相机、高分辨率、点击联动以及自动调焦等。

2）十大智能系统

根据图7.11的设计构想，石百万联合站重点围绕现有实际业务流程与业务场景，分别研发了智能门禁系统、智能车辆管理系统、智能卸油系统、智能计量系统、智能信息系统、智能用电系统、智能消防系统、智能监控系统、智能巡检系统及智能考核系统等十大智能系统，实现了最大限度地减少人为因素给站内工作质量带来的不利影响，并进一步为联合站的日常生产与安全防护提供保障。

（1）智能门禁系统。

通过对人脸识别、智能安检、劳保报警、人员安全识别技术进行系统化的优化与集成，实现了人员签到、签退信息化管理，站内人员劳保着装报警管理以及站内人员安全状态管理，确保了人员安全受控。同时通过设置红外围墙的方式，对站外非法入侵进行实时监控与告警，保障站内人员、生产的安全。

①智能门禁管理。由一体化智能访客登记机、智能存储柜、金属探测通道、安全宣讲大屏、人脸识别门禁、人脸识别专用摄像机、区域监控摄像机等部分组成，完成了适应于石百万联合站生产区人员进出流程的智能化改造（图7.16）。

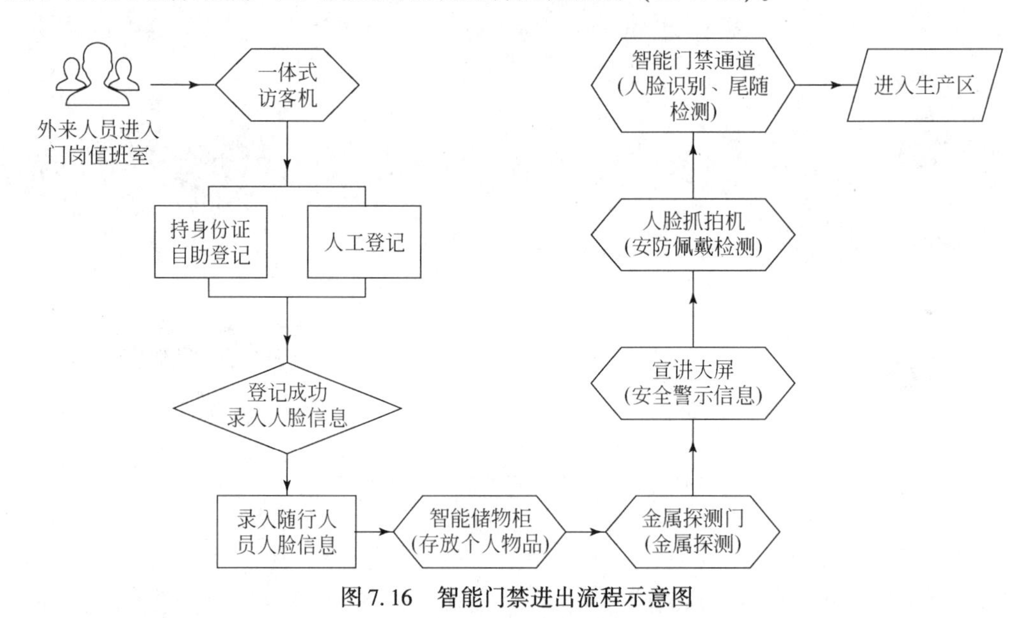

图7.16 智能门禁进出流程示意图

对于来访人员，首先通过一体化访客机进行身份登记与人脸信息采集，综合安防平台对其下发访问区域权限；访客通过人脸识别开启智能储物柜，存放手机、钥匙等金属物和其他个人物品；经过金属探测门对金属物品进行探测，无告警提示则表示顺利通过；进入大厅观看宣讲大屏上播放的安全警示宣传片；人脸抓拍机对其拍照和安全帽等防护装备佩戴识别告警；最后通过支持人脸识别的智能门禁通道进入生产区域。对于内部员工，则只需提前录入人脸信息，直接通过金属探测门和智能门禁通道实现日常进出（包含防护装备佩戴识别）。

②陌生人预警。通过综合管理平台，将授权人员的照片录入名单库并与前端人脸抓拍机进行同步关联。关联后，取抓拍到的人脸信息与名单库内的人脸信息进行实时比对和报警；若比对命中，不产生报警；若比对未命中，则认为是非名单库的人员，属于陌生人，上报陌生人报警事件。

平台接收到人脸陌生人报警后，将报警中的人脸抓拍图片与信息进行展示，提醒安保人员核心区域有陌生人员闯入，通过联动视频及时查看现场情况并处理。

③劳保穿戴检测。智能行为分析一体机会自动对设定区域内的人员进行是否佩戴安全帽等行为进行检测。以安全帽佩戴监测为例，通过检测安全帽颜色进行比对。当现场人员佩戴安全帽时，正常巡检；当现场人员未佩戴或脱下安全帽时，通过智能设备分析，摄像机跟踪抓拍，并向中心发送报警信息。平台发送报警短信至相关区域安全负责人，提醒管理人员记录并处理。通过远程安全帽检测，对未佩戴安全帽的人员进行及时教育，提醒该人员时刻注意施工规范（图 7.17）。

图 7.17　劳保穿戴检测告警界面（资料来源：吴起采油厂）

另外，智能行为分析一体机还可以对监控区域内人员因突发情况导致倒地的异常行为等进行智能分析、主动学习与告警。

④人员活动轨迹分析。搭配高清 IPC，当指定区域内的人员有特定行为时，系统会自动报警。具体包含以下几种行为分析检测：通用行为分析检测（穿越警戒面、区域入侵、进入区域、离开区域、徘徊、人员聚集、奔跑、剧烈运动、倒地）、人员滞留检测、安全帽检测、离岗检测、人数异常检测。

（2）智能车辆管理系统（图 7.18）

①运油人、车匹配监管。在油车司机申请任务后，由生产运行科分派每日运油任务，并将任务信息以二维码的形式推送给油车司机；油车司机通过识别二维码获取运油任务详情，并前往任务中指定的采油队进行运油作业。当油车装满准备离开时，采油队人员对运油人、车进行审核，审核完成后发放施封锁与监督上锁，并生成新的发油信息

二维码推送给运油车司机。

满载原油的运油车根据任务指派将原油运送至指定联合站。系统记录车辆进出站时间和通过 GPS 监督运油车行驶轨迹。

运油车到达指定联合站后，在进入联合站之前，油车司机通过人脸识别系统进行人脸识别和二维码认证、车牌号认证，只有当人脸识别、二维码和车牌号三者全部验证通过后，车辆方可进入联合站准备下一步卸油工作。

②自助排队监管。当验证通过的车辆进入联合站后，在进入卸油台前，按照车辆进入顺序自动录入过磅称重系统，通过高清摄像头将对该车的车牌进行识别，如果车牌信息与车辆进站顺序不符合则无法进行称重，这样可有效地避免卸油现场混乱及潜在的安全风险。在排队过程中，将语音播报当前的排队车辆数量及等待时间。

③过磅与卸油过程监管。满载原油的车辆需首先进行过磅称重，通过高清摄像头判断油车是否平稳、完全的进入称重平台。如果视频监控系统判断油车未停稳，将通过广播播放告知该车司机调整车位；如果车辆正常停靠称重，则车辆在称重后进入卸油台。

当油车进入卸油台后，解除施封锁、登记使用并智能销号。在进行卸油工作时，高清摄像头判断泄油员的操作是否规范，若不规范则及时给出报警。

卸油后，车辆再次过磅，具体流程与卸油前过磅相同。

④结算监管。卸油与二次过磅完成后，系统会自动进行结算。结算信息在后台存储，并发送给运油车司机和相应的油车公司。

⑤出站记录管理。运油车完成结算后出站，系统记录车辆的出站信息。

⑥历史记录管理。记录每日运油车辆、运油量、车辆进出站信息并发送至相应数据库中。

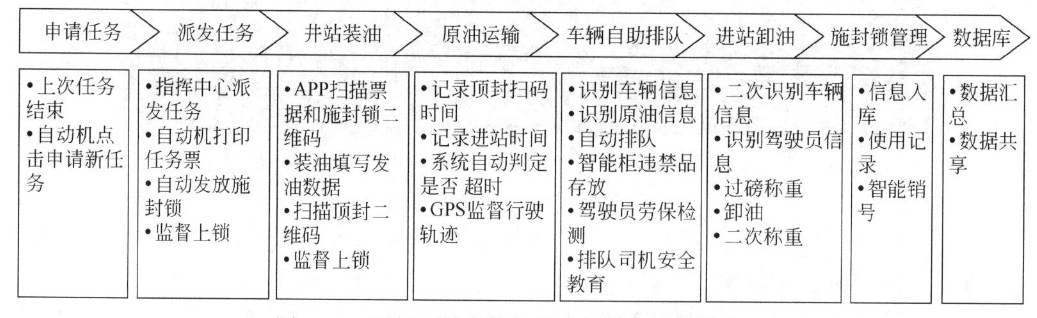

图 7.18 石百万联合站智能车辆管理系统示意图

通过以上功能的建设，实现了科学合理的调派运油车辆，提高生产效率；规范车辆及施封锁使用、销号管理，加强原油管护；车辆、人员、原油产层信息核查，确保“三分一同”模式正常运行；智能化排队，规范卸油秩序，杜绝微腐败。

（3）智能卸油系统。联合站通过在磅房内创建一套智能卸油系统，实现了自助智能卸油管理。设置电子围栏，规范罐车上磅计量行为；刷卡自动计量车辆总重和二次过磅重量；在卸油口进行在线分析原油含水，数据上传智能中心，校核采油工填报数据；卸油与二次过磅完成后，自动打印拉运票据，数据与结算系统共享，费用自动结算。数据上传系统后，(再申请）领取下次运油任务。

(4）智能计量系统（图7.19)。

采用大数据分析，统一计量口径，倒逼单井计量模式，提升单井计量管理水平。

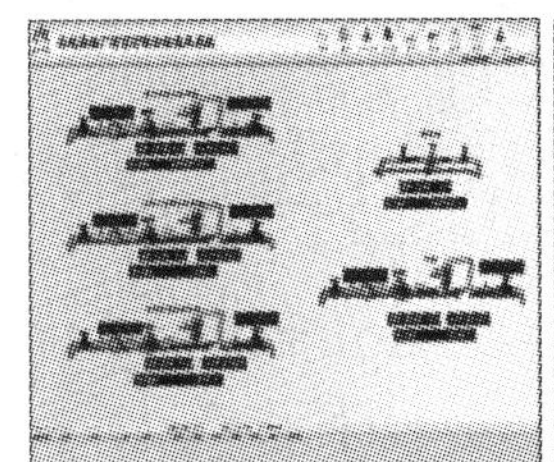

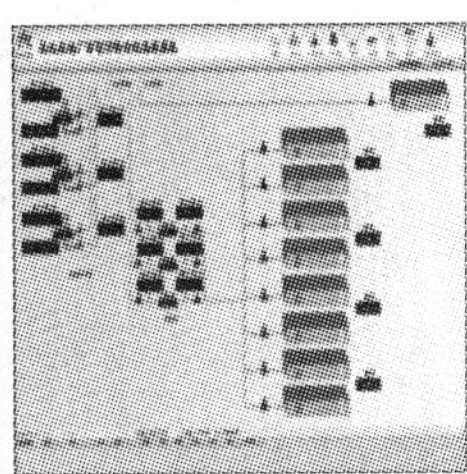

图7.19　石百万联合站智能计量系统示意图

①管输自动计量系统。在管输过程中实现了“流量计+在线含水分析仪”，完成了采油队管输精准计量。主要是在采油队与采油队、采油队与联合站之间的关键交接点上安装了计量与化验设备，以此来计量管输量，实现在线自动计量与控制。

②卸油自动计量。这是一种“地磅+在线含水分析仪”方式，实现了在线自动计量卸油。由于石百万联合站目前主要大量地采用车辆拉运方式进站卸油，所以，在地磅称重计量与卸油口安装了在线含水分析仪，可自动对单车卸油进行计量与监控。

③自动盘库系统。利用液位计与界面仪结合，实现了自动测量库存。这一自动系统可通过界面仪24小时自动探测油水界面，然后实施数据分析，平台自动测算库存量。

系统还实现了日产填报、发油、拉运、卸油、计量过程的自动管理，系统自动精准劈分采油队产量，以联合站接收量倒逼对单井产量的计量。

(5）智能信息系统。

基于智能信息系统，井场数据通过手机APP填报，联合站数据由系统自动提取，生产动态集成共享，报表自动生成（图7.20)。取代了（井场）各类手工填报生产报表12套，联合站各类报表40余套，且数据精准、永久存储、随时查询、实时共享。原油运输运费日核算、日结、日清。减负基层，减痕管理。

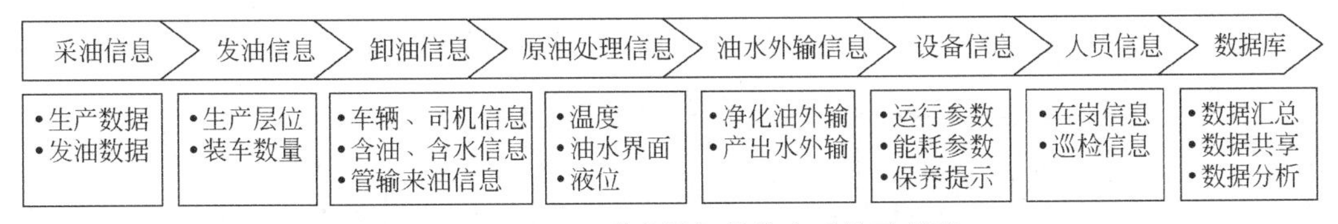

图7.20　石百万联合站智能信息系统示意图

(6）智能用电系统。

建设石百万联合站智能用电数据监控系统，将所有用电设备的运行参数上传至生产指挥中心，然后系统实时监控其运行状况，分析运行参数，掌握耗电效能，当发现异常时及时报警提醒，全程监控用电安全。

(7）智能消防系统。

智能中心实现一键启动消防冷却系统。对于人员安全，视频监控系统监控安全出口、疏散通道，以及站内风向，引导站内人员安全撤离。在日常监控方面，系统监测自动喷淋系统水压、消防水罐水位、消防管道阀门启闭状态，控制水源井自动启停，实现消防应急物资信息化管理。

（8）智能监控系统。

该系统主要由生产工艺告警监控、鹰眼标记点监控和生产区视频监控三部分组成。

①生产工艺告警监控。基于 DCS/SCADA 系统数据库，对生产工艺中温度、压力、液面等参数的各类告警信息进行统计分析，实现对生产工艺告警的智能管控。

②鹰眼标记点监控（图 7.21）。借助鹰眼工具，对生产工区内的特定危险点、关键点进行监测分析，当这些危险点、关键点出现异常人员、物体闯入或异常操作行为等状况时，触发实时告警流程，及时通知相关部门做出反应。

图 7.21　石百万联合站鹰眼全景效果图（资料来源：吴起采油厂）

③生产区视频监控。对生产区内所有的实时视频进行汇总或轮巡展示，如遇特定区域视频告警，及时锁定并凸显（放大及闪烁）该区域视频，以引起相关人员注意并做出处理。

（9）智能巡检系统。

巡检工作是保障设备顺利运行的一项重要措施。巡检是一项时效性较强的工作，要求值班人员必须周期性地巡检每一个巡检点。但是，人工巡检方式难以有效监督值班巡检人员，导致经常出现巡检报告不到位、故障处理不及时，引发的各类事故；另外，纸质形式的巡检无法实时传递巡检数据，这些都会导致故障处理不及时，影响各类设备安全有效地运行。

基于巡检智能管理系统，利用人脸识别、RFID 和 GIS 结合的方式，确保了每个巡检点位的按时巡检和专人巡检，以及对巡检人员监督与考核。同时管理员能够通过防爆单兵对现场进行远程视频监控，与巡检员进行语音对讲，图片、视频的上传，以及数据的实时传递。此外，巡检员还能利用防爆单兵进行巡检过程记录，方便数据的进一步分析与挖掘。

巡检智能管理系统主要包含以下三个功能模块:

①巡检班组与任务的配置。根据联合站的巡检管理需求，共分为消防岗、锅炉岗、卸油岗、外输计量岗、产出水处理岗五个岗位，包含五套不同的工作流程；通过平台对巡检人员进行身份采集，包括姓名、性别、身份证号、岗位（班组）等；在巡检岗添加相应的检测人员，并按岗位配置巡检任务，包括巡检时间和巡检点等内容；每个巡检岗都配置了一个独立账号，用于在移动端实时查看巡检任务。

②巡检签到。巡检人员根据所属岗位，使用分配的账号登录防爆单兵开始巡检；手持单兵中提供出联合站的地图，并标注出任务中的巡检点位，当巡检人员抵达某巡检点后，首先在单兵上选择该巡检点，然后利用单兵进行人脸比对，再用单兵靠近巡检点附近的NFC卡进行签到；平台与单兵对巡检点状态进行显示，已完成巡检任务的巡检点图标由红色转变成绿色。

③巡检APP。定制开发巡检APP，使联合站巡检业务、单兵设备与平台系统深度融合；APP可提供照片、视频的录入和上传功能，实现将人员巡检过程记录、管理起来；巡检数据上传至安全生产管理平台，融入鹰眼AI平台中，为后期数据挖掘提供基础。

(10) 智能考核系统。

智能考核系统主要包含生产任务考核和人员考核两部分内容。生产任务考核体现在信息的及时性与准确性等；人员考核体现在巡检到位率和巡检质量等。通过实施智能考核系统，进一步保障了安全智能系统的正常运行，提升了队、站以及在岗人员的管理水平，统一考核标准，智能自动考核，体现了公平公正原则。通过实施科学合理的绩效考核体系，极大地提高了员工工作的积极性，使生产效率大幅提升。

3) 智能生产指挥中心的建设

石百万联合站以构建安全智能系统的智能生产指挥中心为目标，在完成视频感知体系和十大智能系统的建设过程中，通过建立智能生产指挥中心将站内各类信息资源进行汇总、统计及应用分析，实现了为生产调度指挥、安全监控预警及生产决策提供统一的协同管理环境的构想。其主要的建设内容如下:

(1) 生产指挥中心大屏建设。

生产指挥调度系统以物联共享平台为基础，进一步通过数据融合、系统整合，实现了对SCADA、DCS、地面优化、管线监测、油改气、消防系统、网络系统、供电系统、视频系统及车辆、人员活动状况的集中大屏展示，对联合生产运行进行集中管理与管控，为生产指挥调度高效运行提供了有力的手段。

(2) 智能报表、报告生成系统。

基于石百万联合站存在多期次、多系统难以协同管理的问题，在建设物联共享平台和智慧大脑的过程中，通过应用多源数据融合技术，以物联共享平台的报表管理与移动端信息推送功能为框架，进一步设计开发了智能报表、报告生成系统，实现了对复杂业务的有效管理。其主要技术特点是对现有的数字化、智能化成果进行多元融合，实时生成各类报告、报表，并在此基础上实现故障诊断，预警、告警分析，并通过手机和PC端及时推送。

(3) 数据管理系统。

在数据管理方面，通过建设统一的数据管理系统，实现全流程业务生产数据的传输、存储、汇总统计、分析、查询等功能。在生产调度方面，依据全流程生产数据，科学合理的安排生产调度。在生产预警方面，对生产全过程和重点区域实施实时监控、巡检、预警及指挥应急处置预案。在生产决策方面，集成、分析生产信息与设备运行数据，辅助生产决策，从而实现安全管理智能化、运行管控一体化和生产管理信息化。

(4) 开放式AI算法平台。

为了有效提升联合站的智能化管理水平，还建设了一套开放式的AI算法平台。在后续管理中，联合站可根据需要，定制开发各种基于前端视频与AI算法平台的行为管理功能模块。

(5) 其他应用。

①安全守护。包括危险区域滞留告警、人员倒地昏厥告警、人员行为异常告警等方面，全面智能的对生产区域人员的安全状况予以监测。

②作业人员确认。对具体作业人员予以确认，非作业人员或负责人员进入，则自动告警。

③危险区域闯入告警。危险区域或关键区域的实时自动化监控，如有人员或活动物体闯入，则自动告警。

④灭火器识别。对消防设施有要求的区域或作业过程，自动识别灭火器。

通过上述三项任务建设，为石百万联合站进行持续性智慧化建设打下了良好的基础。

7.3.3 石百万智慧联合站的建设思想与考核指标

根据论述看，石百万联合站数字化、智能化建设的基础非常好，同时问题也来了，这就是石百万联合站这么多的既有系统怎么办？这就需要开发一个统一的、智慧的平台，成为“智慧大脑”。

1. 石百万智慧联合站的建设思想

智慧联合站建设的关键是“智慧大脑”。石百万联合站需要将各种系统整合，开发出一个统一的管理平台，然后构建成一个石百万联合站“智慧大脑”。

根据图7.6、图7.10和图7.11这几个智慧建设的基本模型，智慧联合站建设是在数字化、智能化建设程度比较高的基础上建设的，目前主要缺少一个“智慧大脑”。还需要做好这样几件事：

(1) 数据治理。数据治理的主要工作是建立数据标准，从各种封闭的系统中获取数据，然后建设好云数据中心。云数据中心建成后还不够，还要建设“数据湖”，数据湖的建设将有利于给“微服务”开发提供便利。

(2) 中台技术。中台技术是一种弥补性的建设，主要是由于在数字、智能建设中没有实施，但为了更好地完成科学、正确的决策，以及为在“微服务”开发中提供技术支持而建设，包括算法中台、技术中台和知识中台等。

(3) 智慧决策。在这几个模型中都没有给出智慧研讨厅或大成智慧集成一类的系统。虽然没有给出，不是不需要，而是由于联合站毕竟是油气田一个生产单元，相对来说还不是一个大系统，不需要大的决策过程。但是，各种问题的决定、预测、趋势分析结论还是有的，这时智慧大脑的开发重心不是一般意义上的分析和预警，而是为预判做出正确的决定。

以上就是智慧联合站建设最重要的基本思想。由于投资、经费等问题，这个建设还没有启动，为此我们只能给出一些基本的思想。不过这件事很快就会启动，最终会完成一个完整的智慧油气田联合站建设。

2. 智慧联合站建设的考核指标

一个智慧的联合站建设到底应该是个什么样？目前还没有一个完整的案例呈现给大家，但是，我们可以给出一个完整的考核指标体系，如表7.3所示。

表7.3　智慧联合站建设考核指标

序号	智慧建设	主要考核内容	建设达到的最终目标	指标
1	数字、智能建设	十大智能系统建设需要完整的完成	十大系统全面启用，效果好	
2	消除多系统与数据孤岛	将所有独立、封闭的工艺技术系统，开放接口，开发智能搜索	利用大数据技术与智能搜索技术打通所有数据	
3	数据治理	全部数据通过统一标准，完成数据建设与治理，获得高质量数据，从源头到云数据中心，数据安全、高效，建设“数据湖”	数据标准化、高质量、高可靠性，高性能数据湖	
4	云数据中心建设	建设好云服务的云数据中心，同采油厂、油气田公司具有非常好的关联，数据畅通，开发与建立可提供秒级服务功能	秒级服务，主动推送	
5	中台建设	数据中台（数据湖）、技术中台、知识中台（经验与教训）、算法中台等	完整的中台，保证具有良好的算法、算力与智能化	
6	微服务	根据中台技术，建立微服务模式，敏捷开发	敏捷开发、适应性强	
7	智慧大脑	智慧大脑属于最高境界的决策，要集成设备聪明、数据聪明和专家大脑，形成一个科学、最优化的决策系统，“小型化、精准智能”	完整的、系统化的科学决策系统，微型智能决策	
8	决策	建立决策机制，给出各种预测、预警和趋势分析的研判即决定，可靠、正确、完美	科学、正确的研判与决策	
9	联合站业态	一个完整的数字化转型发展的新型智慧联合站，机构简单，人员很少，安全与环境、质量控制一流的联合站	新型的智慧联合站状态	
10	联合站经济形态	成本低、效益高的新型智慧化的智慧型联合站经济模式，具有很大的创新性，高质量发展	智慧型的经济形态形成，联合站高质量发展	

这是一个智慧联合站建设后的初步的考核指标，也是对其的基本“画像”。虽然目前还没有成熟的、完整的智慧建设联合站典型案例，但根据理论研究后给出的初步考核指标，供读者参考。当然，读者在采用时可根据实际情况再做调整，这里仅供参考。

需要说明的是，指标现在还没有能力完成，期待未来研究完成，心里预期当然是100%。

3. 效益分析

尽管这个案例还没有成行，但由于其数字化、智能化建设的程度比较高，目前主要缺一个“智慧大脑”建设，当其完成后就会形成一个先进的、智慧化的联合站，其应用效果会更加惊人。当然，工作量还很大，但我们从中已基本能看出了未来智慧建设的高质量、高效益、低成本的“简单、无人、美丽”的联合站的形态了。

针对目前已建的数字、智能联合站部分，就其经济效益与社会效益给出如下几点总结：

（1）提高了生产运行效率，降低了产销误差。

①通过建设制度保障、技术保障和管理保障，实现了运行程序合理，操作有标准，管理有标准等。如单次车辆平均拉运时间减少了20分钟，百车卸油时间缩减了4小时，产出水100%输送，以及注水站的有效回注，各类生产信息汇总提前2小时。提高了生产效率20%。

②通过智能信息系统，创建倒逼单井计量模式，利用“地磅+在线含水分析仪+在线流量计”计量方式，精准劈分各采油队产量，实现了拉运、管输在线自动精准计量；结合雷达液位计和油水界面仪，自动精准测量库存变化，从而使产销误差由15%降低到4%以内。

（2）提高了安全生产管理能力。

①安全生产管理方面，通过集成先进的安全生产管理、安全监控系统，实现智能生产运行管理。生产层面，集成先进的控制系统和智能化仪表，实现了生产数据自动采集、生产过程自动控制、生产趋势自动报警、生产参数综合优化，达到了少人集中监控；管理层面，实现了多方高效联动、分层授权、智能调度指挥。

②管理方式创新方面，将分散式管理为集中管控模式；提升了生产全程人员安全管理与在岗管理；加强了原油管护，降低了安全环保风险。

③机制创新方面，通过数字管理平台、四级巡查联防双重举措，构筑人防、物防、技防、智防相结合的站内防线，形成多级立体式的联合站风险防控数据链路和闭环，提升了站区防控的信息化、智能化水平，保障了生产安全受控，提高了防控效率。

（3）降低了运行成本。

①通过标准化管理模式，减少了设备维修频次和延长了设备使用寿命，实现了年节约设备维修与材料成本共计约500万元以上，降低了运维成本。

②通过制度减员，驻岗变巡岗，四岗变三岗（即生产辅助岗、调运卸油岗、净化外输岗、消防保卫岗改为生产运行岗，生产指挥中心岗、消防保卫岗）；通过模式减员，

利用智能系统支撑创建集中管控模式；通过技术减员，实行数据统一上传、存储，查询、分析，自动生成电子报表以及核算费用，减痕、减负、减员。石百万联合站基于公平、公正的原则，用工总量减少 35%。

（4）增强了员工幸福感。

①通过智能计量系统、智能盘库系统、智能管理系统，取代人工取样化验、人工上罐探测，自动生成各类生产报表，自动核算拉运费用，减痕、减负。通过无人机巡检，在站外沟塬峁墚地形复杂条件下，减轻人员的劳动强度。

②基于智能计量系统，减少了人员长期接触油气的时间；基于智能中心集中管控模式，驻岗变巡岗，使人员远离高分贝噪声，同时，减少了人员减少在高风险区域的驻留时间，保障了人员的安全，降低了职业健康风险。

③通过多维立体培训系统，培养一专多能人才，使岗位人员在生产实践中真正提升职业素质与业务能力，同时，激励人力资源创效。岗位人员优化后，联合站 60% 的岗位人员达到了一职多能、一专多精和一岗多技。

（5）构建了和谐有序的发展环境。

在疫情持续、国际油价低迷的情况下，通过实施数字化、智能化联合站建设，降低了安全、环境污染事故的发生，在地方、企业与环境之间构建了和谐有序的发展环境。

除此之外，通过实施数字化、智能化联合站建设，促进了企业管理方式变革，为高风险企业安全生产提供了长期的解决思路。

显然，这样的建设效果还是令人振奋的，如果将来完成了“智慧大脑”的开发，实现智慧联合站的建设，将会在这个基础上人员再减半，成本再降低，经济效益会更好。到那时，一个智慧联合站的基本业态形成，智慧经济形态全部完成，将是对智慧油气田整体建设的一个重要贡献。

7.4　本章小结

智慧联合站建设是智慧油气田建设中的一个建设模块，本章主要针对一个数字、智能建设比较好的联合站作为案例，进行了一些研究。

（1）联合站是油气田生产过程中的一个重要枢纽，在油气田地面工程设计、建设过程中是一个不可或缺的组成部分。这里我们不是研究联合站，而是研究联合站的流程与基本要素，有利于对联合站进行智慧建设。

（2）联合站智慧化建设，是在数字化、智能化建设的基础上完成，需要一个完整的、系统化、效果良好的智能化联合站，然后针对本站实际情况开发出“智慧大脑”。其核心技术与方法是通过对数据的全面治理，消除多期次、多技术、多系统等影响，建立统一的数据分析与最优化反馈控制即决策系统，在生产运行中给出最好的决策。

（3）本章给出了适用于任何一个智慧建设联合站的基本技术与考核指标，建立了智慧联合站的基本技术体系，给出了相应的建设模型。并以延长油田吴起采油厂石百万智能化联合站建设为例，论述了建设的整个过程，详细介绍了十大智能化系统，给出了智能联合站安全生产运行与管理所带来的经济效益与和社会效益。

总之，智慧联合站建设作为油气田智慧建设中的一个重要组成部分，需要全面、完整地研究联合站，并积极投入建设，将会带来巨大的变化，为油气田智慧业态与经济形态的形成做出贡献。

第8章 智慧井区建设技术与方法

前两章我们对智慧采油和智慧联合站建设进行了研究与探索，本章将着重对油气田井区的智慧化建设做一点探讨。虽然在数字、智能建设中也多有涉及，但将油气田井区当成一个独立的模块建设还是第一次，这是一个全新的课题，是智慧油气田建设的需要。

8.1 油气田井区研究与基本要素

油气田井区是一个具有范围性、面积性、复杂性的一种区域，有的在沙漠、有的在崇山峻岭、有的在草原、有的在海洋，等等，不能一概而论。但智慧井区建设研究，还是要根据油气田井区的普遍性对其基本要素做一点讨论。

8.1.1 关于油气田井区

1. 油气田井区的概念

关于油气田井区，我们分为广义和狭义来认识。

广义的油气田井区是指油气资源勘探、开发、生产、集输范围内的整个区域，常常被称为油田或气田。这是根据油、水、气井的分布，联合站、集输管网等布局后对形成的一个范围或区域的总称。由于在井网安排上大都会形成网格状布局，称之为田。

狭义的油气田井区是指油气生产范围内有关油井、气井所在的区域，是以井为主，即以油气生产井布局范围内，包括与井相关联的井场（单井、丛式井、定向井、水平井）和集输、注水、管网等地面工程，共同构成油气生产综合性的作业单元区域。这是一种剥离了行政村户、农业生产等以外的石油专业化的井区，包含了地下油藏、井筒及地面设施。

2. 井区在油气田中的地位与功能

明白了油气田井区的概念，包括内涵与外延，然后就要知道井区的地位与基本功能。所以，必须要明确这样几点：

（1）井区的地位。井区在油气田企业中的地位非常重要，它是油气田企业进行所有活动与工作的区域。从表面上看，只看到了油气井装备、设备等生产设施与资料，其实关键在于地下的资源与储量。

有井区就意味着有油气资源，有油气资源就意味着要进行油气生产；油气生产就意味着储量，储量就意味着产量，产量就意味着经济效益与发展。故不能将井区仅看作石油类活动与作业的场所，其实井区地位非同一般，核心是矿权。

（2）井区的功能。油气田井区的主要功能只有一个，这就是承载力。井区承载着油气田油气生产中的所有要素，包括业务活动与建设等。

（3）井区的任务。主要任务是油气田企业在该区域内组织与保障油气开发、生产与集输有序地开展。就日常工作内容而言，油气田井区的任务是保障该区块范围内相关人员进行油、气开发与生产活动的安全，以及作业区域的稳定。

油气田井区作为一个业务功能涉及油气生产全过程的综合作业单元，是油气田企业实现对单井、管线、站（库）等基本生产单元进行过程控制与管理的重要作业单元，在整个油气田生产活动中具有重要的作用。

3. 油气田井区的作用与意义

井区研究是一个全新的课题，为了给未来智慧井区建设做一个铺垫，这里还需要对其作用和意义进一步介绍。

首先，从表面上看，井区需要承载油气田地面上的所有活动与工程建设，包括井场、联合站、集输站、中转站、计量站、道路、管网、通信和职工生活工作场所等，其承载能力非比一般建设区域或场所，其项目内容多、建设过程长、活动频繁。

其次，油气藏、储层勘探开发中的各种作业活动都必须在井区范围内进行，包括地震勘探、钻井、测井、固井、压裂、分析化验、试油试采和油气地上地下的关联活动等，特别是对油气产量、采收率、成本的控制都要在这个区域内完成。

再次，从国家高度看，油气田井区是美丽中国、山川秀美的重要组成部分之一。油气田井区内的所有生态系统，包括植被、水体、山坡、森林、气象等，即山、水、天、林、路、土、矿等，都是美丽中国的基本要素。

油气田井区具有面积大，生产规模大，作业“点多、线长、面广”的特点，几乎所有与石油、天然气生产和集输有关的设备装置、技术工艺及建设施工等各项生产技术与流程均包含在井区的日常生产管理范畴内。因此，井区的建设和日常管理与石油、天然气的产量息息相关。更重要的是油气田最为关注的 HSE 问题，即健康、安全与环境问题，亦是井区内最重要的问题，必须保证事故为零。

4. 智慧井区的概念

智慧井区在这里主要是落实“简单、无人、美丽”的智慧油气田建设任务，关键是“美丽”。

“美丽油气田”是“中国梦”，是“金山、银山”和“乡村振兴”等国家战略中的一个重要组成部分。例如，有些油气田就处在乡村之中，油气田里有乡村，乡村里面有油气田，彼此完全分不开，没有边界。油气田美丽了，乡村也就美丽了，我们的国家就美丽了。

目前，“碳中和”与“碳达峰”，是“美丽”油气田建设中的一个重要任务。作为化石能源中的油和气，正是碳排放的一个重要领域。在油气生产过程中的碳排放有很多方面，大型作业现场、联合站排空等都存在碳排放。不要以为只有一点点，可以忽略不计，其实累加起来就很可观。所以，在油气田生产过程中，减少任何一个细节的碳排放量，都是为国家做出贡献。这些就要依靠智慧井区建设来完成。

总之，油气田井区建设和管理在油气生产经营中占有非常重要的地位，是油气田企业生存发展的基础，对保障我国石油、天然气资源的开发、生产具有重要的作用。

8.1.2 油气田井区的基本要素

1. 井区要素概念

油气田井区要素是指在井区内与油气生产过程中所关联的内容。按照广义井区的概念，可归纳为一个由井区内很多要素组成的区域，包括山、水、田地、林、道路、井场、站库、装备设备、工程、生命体与人等，是一个复杂、庞大的系统。

大体上可分为生态自然（自然类)、动物与人，装备与设备（不动物）等三类要素，各有各的特征。例如，自然类就是井区内的天然物质与事物过程；动物与人属于具有生命体的活动与生存；不动物就是安装在油气田井区内的一切财产与物品及其过程。

2. 井区全要素的基本内容

关于井区内的全要素，由于油气田区域环境复杂，如沙漠、大海、山川等，这里只能做普遍意义的梳理，构建一个油气田井区内主要基本要素表，如表8.1所示。

表8.1 油气田井区内主要基本要素一览表

序号	基本要素	内容与作用	可能存在的隐患
1	山	内容：按地形地貌划分为山地、丘陵、谷底、洼地、沟壑等	植被破毁、滑坡、崩塌、泥石流等
		作用：决定了井区、井场的区域、场地方式、组成以及生产方式等	
2	水	内容：地下水、地表径流、河流，水库、湖泊、湿地、海洋，包括浅海、深海等，水源地、雪线	山洪、地下水污染、河水污染、海洋污染、异常降雨、台风等
		作用：保障井区的生产、生活用水与防范安全风险	
3	田地	内容：沙漠、耕地、园地、牧草地、其他农用地、设施农用地、盐田、采矿用地、仓储用地、交通运输用地等	沙尘暴、农用地污染、矿权侵占、人员非法闯入、土地确权、违规用地等
		作用：划分井区内土地的使用类型、规模、用途、执法权限等	

续表

序号	基本要素	内容与作用	可能存在的隐患
4	林	内容：水源涵养林、水土保持林、防风固沙林、农田防护林、自然保护区林、环境保护林、经济林等	毁林开发、森林火灾、原油污染、气候变化等
		作用：决定井区作业范围、确保井区环境、防护气候灾害等	
5	道路	内容：路基、路面、桥梁、涵洞、隧道等	道路阻断、隧洞塌方、车辆事故、路面结冰等
		作用：为井区原油生产、运输以及生活保障提供便利	
6	井场	内容：采油井场、采气井场、注水井、抽油机、配水间，钻井、作业等	原油泄露、油井故障、设施破坏、偷盗原油等
		作用：油气资源的开采与生产	
7	站库	内容：计量站、接转站、注水站、联合站、集油（气）站、储油库等	原油与有害气体泄露、消防火灾、设备故障、非法闯入、偷盗原油等，包括质量问题
		作用：原油的集输、处理、转运、存储等	
8	装备设备	内容：锅炉、长输管道、汽车罐车、起重机械、专用机动车辆（压裂车、防砂车、锅炉车）、电力设施等	管线破坏、设备故障、违规作业、车辆事故、疲劳作业等，工程质量与设备质量问题
		作用：为油气资源的开采、集输储运、井区建设提供保障	
9	工程	内容：钻井作业、完井作业、测井作业、试井试油、大修作业、小修作业、地面工程等	工程质量不保、基础设施损坏、人员违规作业、环境污染、设备故障等
		作用：原油生产、集输、储运等基础设施建设与维护	
10	生命体与人	内容：机关单位、机构部门；农（渔）民、石油工人（勘探、开发、生产等）、作业队伍、社会工作人员（护林、海警等）；动、植物，其他生物等	人员安全与健康、组织机构与人事制度改革，保护动植物
		作用：人事组织、生产组织、安全保障	

由于油气田井区内要素众多，很难统一规格的建设与操控，但可以用四大要素来概括，这就是 QHSE。也就是说，表 8.1 中的全要素可归结为井区“四大要素”——QHSE 来完成统一标准、统一规格的建设。

研究油气田井区全要素，主要是为了摸清井区作为油气生产过程中的一个重要载体到底包含什么内容，从而有利于找到智慧井区建设的方法与突破口。

3. 研究井区要素的意义

表 8.1 列举的 10 个要素不是很全，因为不同区域的井区条件完全不同，如深海与沙漠，该表的内容更适合内陆条件下。但无论井区是处于什么地域和条件下，最为关注的就是四件事：QHSE，即质量、健康、安全与环境（“碳中和”）。

Q 是指质量问题。质量包含设备质量与工程质量这两个最为重要的方面，当然还有其他工作与管理等方面的质量问题。质量问题处处存在，但关键是设备质量与工程质量，只有当这两个质量确保了，一切就都能确保了。

例如，在基础设施建设方面，由油（水）井、增压站、计量站、接转站、注水站、联合站、集输管网、道路交通、通信电力和安全防护及相关配套设施构成的井区基础设施，都可能存在质量问题，只有有质量保证，才不会出现事故，也不会出现“灰犀牛”与“黑天鹅”事件。

此外，通信、供电、供水、供热、暖通、道路、机修、建筑、消防、安全、节能、环保等基础设施，都与井区 QHSE 业务管理关系紧密。这些基础设施在建设过程与运行过程中，与井场周边的地形地貌、气候环境、油气藏特征、开采技术条件等客观因素关联，就构成了一个井区内的 QHSE 大系统。

H 是指健康。它不仅包含人的健康，也包含所有生命体（即动植物）及设备的全生命周期健康。过去我们对这方面看得比较简单，主要关注人的健康与幸福感，其实这也是一个 QHSE 大系统，它们相互关联，并形成一体。

S 是指安全。这是油气田最重要的一个管理指标，即“一票否决制”。安全的主要问题是不可预见性，这与石油人的劳动性质、地域、天然灾害、大气变化等不可掌控因素有关，而智慧井区建设就要令其可管、可控、可预见。

E 是指环境。环境是井区的自然生态系统，包括“碳中和”的低碳建设与行为管理，是油气田企业考核的一个重要指标。油气田企业本身是一个高污染源生产企业，如果在生产过程中的一时疏忽，就会出现问题。

QHSE 是一个不可分割的统一体，其对于智慧井区建议的重要性，归纳如下：

（1）QHSE 是井区管理最好的抓手。油气田井区 QHSE 业务管理是指在整个井区范围内，开展包括安全、环保管理、职业健康、质量、考核等综合业务管理行为过程。其主要工作内容涵盖地面工程施工、矿权管理与维护、管线设备巡检与维修，以及公共安全与环保治理等多个方面。就组织形式与实施目标而言，井区 QHSE 业务管理的每一项内容都具有其独立性与特殊性，但从管理的角度上看就是具有关联的统一体，即通过各种技术手段，在确保原油生产和安全管理工作有序进行的前提下，最大限度的消除或控制生产、施工、交通运输、设备故障和自然灾害等五大类风险带来的人身伤亡、设备损坏、财产损失以及环境破坏等问题的发生概率。

（2）人的生命安全是第一要务。一个井区内有多少人在活动？几乎很难统计全区域内一天或者一个时间段有多少人在这里作业与工作，如果将机关都算在井区内，那就是这个油气田企业有多大，这个井区内工作的人就有多少。假设一个大型油气田企业是 10 万人，那么大约就有 12 万人在这里活动，这因为还有很多第三方作业队伍在这里工作，对这些人员做了一点初步估计，甚至更多。

所以，井区内的 QHSE 管理的核心是对整个井区范围内可能出现的各类风险隐患的预防，以及事故发生后的应急处理，确保人员与财产的安全。在这个业务领域里，对安全风险的预防与管理是第一要务，因此，根据业务处理过程的实际需求，各油气田企业一般都会建立包括人员健康与安全的防护、生产作业的安全管理与监督、环境保护与污染防治、质量考核与职业健康、道路交通管理与消防等专业性的部门与科室。

（3）QHSE 管理是一个长效机制。对于传统油气田企业，即使是数字化、智能化建设后的油气田企业，都要依靠HSE办公室来具体监管，往往会制定包括安全管理、安全监督、管线巡查、特种设备管理、污染防治与隐患排查、应急救援等一系列的操作指南、管理办法和运行机制，以规范井区QHSE管理中存在的一些不当行为。这些管理办法、操作流程在实施过程中，均须做到精细化、规范化，相关技术人员的工作强度、工作范围、质量要求也会随之增加。但是，难免会出现“防一万却漏万一”的情况，每每都是被动消除影响。只有通过智慧建设，将整个井区的QHSE作为一个整体，利用智慧技术与方法，完整地、实时地实施监管，形成一种长效机制，才能对“不怕一万、就怕万一”的“黑天鹅”与“灰犀牛”事件时刻提防。

一个完整的井区除了具有上述基本要素外，为了保障井区生产的顺利开展，不同的油气田企业一般会以岗位的不同，定期或不定期地对人员、工作任务进行重新调整，这就需要再制定一系列措施，使整个生产过程在符合规定的物质条件和工作秩序下进行。但任何调整与变更都会有一个过渡期，在这个过渡期内，由于业务人员在认知程度、专业技术素养方面的差异，无法对预防“黑天鹅”和“灰犀牛”事故有明确的解决思路与办法，因此，建设完全智慧化的井区将成为一个必然趋势。

8.1.3 智慧井区的建设思想与特征

1. 智慧井区的建设思想

根据上述论述，智慧井区建设的基本思想已经非常明确了，就是要让油气生产中的场所管理变得简单；让油气生产管理场所内的人变少，成为“无人”井区；让油气生产的场所变得美丽（“碳中和”），特别是要成为“美丽中国”的一个重要组成部分，这就是要将QHSE纳入智慧建设系列中。

井区是油气生产的重要场所，车间、厂房、生活区间等与油气生产过程的每一个细节、环节都有关联，要确保在这个区域内的人员、物资、生产资料等的安全、健康、环保，这就需要全天候的监管。为此，要充分利用“物、大、云、移、智”等数字、智能、智慧技术，在一个井区或作业区范围内实现业务、数据双流融合，做具有完整性、系统性、可靠性、融合性的最优化建设。其基本思想是利用大数据与人工智能等技术手段，消灭业务过程中的“黑天鹅”，防止生产运行中的“灰犀牛”，让数据工作、给数据赋能，做到抵御防范，实现智慧大脑对整个井场各业务节点的全方面管控，并最终形成一种“简单、无人、美丽”的生产运行模式。

这是需要强调的是，QHSE的关系，即只要Q=0，HSE也为0；如果Q=1，质量有问题，HSE是0，就是1000。

2. 智慧井区的基本特征

一个完成了智慧化建设的井区，应该是在“井、站、区”三个层面上全面实现了一体化、智能化、智慧化运作。其应具有如下几个特征：

（1）数据的实时精确采集。能准确地采集到井区范围内任何关键节点、任何时间所需要的各项生产管理数据。

（2）高效快捷的数据传输与管理。所有井区数据通过局域网或广域网进行准时、可靠、安全的传输后，在数据池中进行统一的存储与治理，从而形成规范化的数据资产，为井区各应用场景提供统一的数据通道和复用性极高的数据资源。

（3）强大的数据分析与决策。利于大数据分析、人工智能技术、“智慧计算”等技术手段，及时对井区可能存在的诸如危险源辨识、灾害预警、方案设计、计划编制、过程控制、指标分析和调度优化等方面进行快速分析，并给出最优化决策，最大限度地降低人员工作强度，避免人为因素对决策过程产生不必要的干扰。

（4）QHSE 平台。由于井区要素非常多，每一个要素的参与都是一个方面的“诉求”，都需要高度重视。所以，要在建设中充分利用大数据、业务流与要素的高度融合，让其智慧化。

（5）综合集成的智慧决策系统。智慧建设的关键是解决高度自觉与觉悟的决策系统，就是让系统、数据帮助人们早知道、早发现、早预警、早决策，并且能够做出正确的决策。

3. 智慧井区建设模式

每一个井区都是天时、地利，人、财、物，点、线、面，生产、运行的一个集合体，为此，对井区范围内包括气象、地质灾害、森林植被、井区管网、拉油车运行轨迹等诸多影响生产运行、安全管理的要素都要关联在一起考虑，在智慧大脑中进行及时分析，预判后给出决定，自动进行一体化的指挥调度与联动处置，从而实现整个作业过程无事故发生，即“零事故”。

智慧井区的本质就是在井区数字化、智能化建设的基础上，通过建立“数据驱动、智能分析、优化决策、自主控制、协同管理”的智慧化生态运营模式，提升数字领导力，实现给数据赋能、让数据工作、使数据聪明的目的，从而达到在井区范围内对日常生产运行、指挥调度、后勤保障及 QHSE 等方面的控制，在运行效率和安全生产管理水平上进行全方位的提升，最终构建“零风险、低成本、高效益”的生产运行环境。这样就构成了一个一体化智慧井区建设模型，如图 8. 1 所示。

图 8. 1 是一个井区智慧建设的构想，这是一个“空-天-地”一体化的 QHSE 智慧建设体系。

在 Q 方面，包含对设备、工程的全生命周期的标识解析与监管，大数据趋势分析，以及人工智能判识和决策。例如，全面实现对所有装备、设备从出厂到安装、应用及维护的大数据追踪分析、记录，并进一步根据设备疲劳度、极限参数等指标来判识事态的发展趋势，以达到对可能存在的风险隐患的秒级觉察与高效判别、预警、告警及联动处置，从而最大限度地消除由于方方面面的质量不过关而引发的各类事故。

在 HSE 方面，充分利用遥感卫星数据、北斗数据、气象数据、地理信息系统数据和井区内的各种自然灾害点勘察数据与道路分段等级评价数据、无人机定点飞行巡查数据等，实时分析每一个自然灾害点的变化动向，给出等级预判与告警。

智慧井区建设一个非常有意义的建设，对每一个人员、设备、植物、道路的健康都要追踪，每一个细节都不放过。只要井区智慧了，油气田就智慧了。

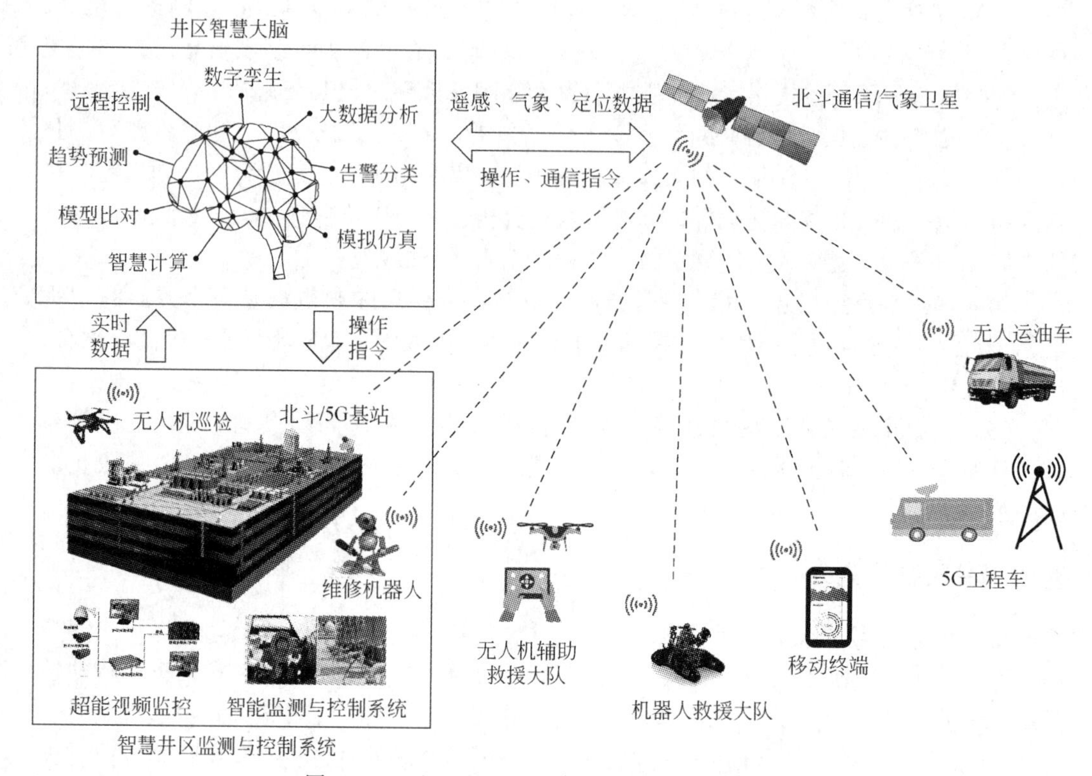

图 8.1 “空-天-地”一体化智慧井区建设模型

8.2 智慧井区建设技术与方法

关于智慧井区，从未有建设先例，即使在数字、智能油气田建设阶段也没有将井区单列为建设对象，很多油气田企业先后做了地面地理信息系统，但也没有对井区进行完整建设。这里将井区当作一个单元或模块建设，其实是非常重要的。大一点说是属于“美丽中国”战略的一个重要问题；小一点说是智慧油气田建设的需要，是其重要的组成部分之一。这里不仅仅是道路、生态等的安全、环境问题，还包含了很多内涵。为此，需要给出智慧井区建设的基本解决方案。

8.2.1 智慧井区建设的指标体系

智慧井区建设是智慧油气田建设的重要组成部分，我们依据井区基本要素给出基本的建设指标与难度指数，也就知道井区智慧建设该怎么做了。

1. 智慧井区建设的难度指数

将智慧井区建设的基本要素放在一个大系统中，汇总与凝聚成四个方面，就是QHSE；然后依照QHSE体系建设，再分解后给出智慧井区建设中的难度指数，如表8.2

所示。

表 8.2　智慧井区的主要问题隐患、解决思路及难度指数

<table>
<tr><th>序号</th><th>基本要素</th><th>主要问题隐患</th><th>解决思路</th><th>难度指数/%</th></tr>
<tr><td>1</td><td>山</td><td>滑坡、崩塌、泥石流、地震以及人员被困等</td><td rowspan="4">利用遥感卫星、气象卫星、航空摄影、无人机巡检、数字模拟、行为预测、大数据分析、趋势模拟等技术手段，以预警、告警为主要方法，提升态势感知能力，提高巡检作业质量，及时发现隐患</td><td></td></tr>
<tr><td>2</td><td>水</td><td>山洪、地下水污染、河水污染、异常降雨等</td><td></td></tr>
<tr><td>3</td><td>田地</td><td>用地污染、矿权侵占、人员非法闯入、土地确权、违规用地等</td><td></td></tr>
<tr><td>4</td><td>林</td><td>森林火灾、原油污染森林等</td><td></td></tr>
<tr><td>5</td><td>道路</td><td>道路阻断、隧洞塌方、车辆事故、人员被困、路面结冰等</td><td>利用卫星通信、无人机巡检、视频监控、4G/5G 通信、大数据分析等技术手段，提升预警、告警效率</td><td></td></tr>
<tr><td>6</td><td>井场</td><td>原油泄漏、油水井故障、设施破坏、非法闯入、偷盗原油等</td><td>利用油气田物联网、智慧采油系统等，提升对设备全生命周期的质量监控能力，提高维护质量</td><td></td></tr>
<tr><td>7</td><td>站库</td><td>原油与有害气体泄漏、消防火灾、设备故障、非法闯入、偷盗原油等</td><td rowspan="3">利用管线监测、超能视频、无人机巡检、电子围栏、超脑技术、鹰眼、过程监控、5G 智慧工程车、北斗、卫星通信、智慧大脑等技术手段，提升态势感知能力，提高巡检作业质量和对设备质量的全生命周期监测</td><td></td></tr>
<tr><td>8</td><td>装备设备</td><td>管线破坏、设备故障、违规作业、车辆事故、疲劳作业等</td><td></td></tr>
<tr><td>9</td><td>工程</td><td>基础设施损坏、人员违规作业、环境污染、设备故障等</td><td></td></tr>
<tr><td>10</td><td>生命体与人</td><td>危害人的安全与健康的因素（包含所有具有“生命体征”的事物也都在建设之列）；人事改革、机构消肿等</td><td>人是最主要因素，针对人的健康与不断追求幸福感的愿望，对动植物、生物体系、设备在生命周期内的健康与安全追踪分析；用高科技悄悄革命，消除不需要的岗位和机构，成立第三队伍</td><td></td></tr>
</table>

注：难度指数，目前还没有办法获得，后面需要由更多学者进行测试补充与验证。

2. 智慧井区建设难度指数分析

表 8.2 内包含了五项内容，除序号与要素同表 8.1 一样外，其余三项均属于新内容。这里主要说明与提醒人们，在智慧井区建设中每一个要素需要解决的问题是什么、难度在哪里、难度有多大。

（1）主要问题隐患。我们将井区内的基本要素划分为 10 项，每一项都在井区中占据重要的位置，不可忽略。根据这些要素在一般情况下最容易发生什么事故，给出隐患问题提示。这些就是在智慧建设中需要重点解决的问题。

（2）解决思路。这个思路是一种大思路，基本上给出要利用什么样的技术组合，针对隐患利用智慧的方法做到随时解决和决策。例如，对于“山、水、田、林”问题，给出“利用遥感卫星、气象卫星、航空摄影、无人机巡检、数字模拟、行为预测、大数据分析、趋势模拟等技术手段，以预警、告警为主要方法，提升态势感知能力，提高巡检作业质量，及时发现隐患”。

智慧建设的基本要素是依照井区要素而定的，这些要素虽然不会和所有油气田的井区特征一样，但大部分都已涵盖，基本可以满足建设的需要。

（3）难度指数。难度指数建立的主要依据是在井区内易发生、常发生，利用相应的技术解决时的难度，一般都是油气田企业十分头痛的问题，并给出难易程度的判定。

对于难度指数，目前还没有很好的实践证明，但大体上与根据数字、智能建设经验给出的难度相似，更多的是需要给予重视的程度。例如，有关道路的难度只给了30%，其主要原因是在数字、智能建设中建设了很多路卡，各种车辆管理系统与道路巡检都做得较好，所以在智慧建设中相对就比较容易了。也有难度比较大的，如人员问题。这里的人员问题不仅包含健康与安全，而在智慧井区建设中还要包含关于人员的组织建制与人事制度的建设。它的难度指数最高，给了98%，甚至可以达到100%。因为在这个方面，虽然原来的采油厂或区块都非常重视，也做了减员增效、降低劳动强度，HSE部门监管也很严，可是将智慧建设与人事制度改革、油气田企业组织建构一并实施，这还是第一次，从来没有见过，为此，难度非常大。

不过，需要说明的一点是，这一栏空缺，实在没有依据，留给未来研究确定。

3. 智慧井区建设难度指数体系

油气田井区一般是分散在野外的作业现场，在传统的管理中，很难将其纳入油气田企业管理的范畴内。在这个区域内包含很多因素，有国家管辖范围内的事，有居民生活、劳作场所的事，也有矿区以外其他矿业开采的事等，非常复杂。

但是，在智慧井区建设中必须将其视作一个整体。无论它是属于谁的管辖，作为井区范围内的要素之一，就应该将其作为建设内容，共同构成智慧井区建设的要素体系。同时，这也是建设中的难度指数体系。

这个难度大约包括以下几点：

（1）在建设过程中，它们都要一并纳入建设的范畴中。因为无论属于谁家，它们都在井区范围内，构成了一个整体，并且在很多问题、事故监管上有很大的关联性，不应该将其分得很清楚。

（2）在管理上，井区是没有边界的。虽然看起来各自归属各的，但具体在油气田中基本上是“互通有无”，不可能分得那么清晰明了。例如，在信息通报上和事故处理中要相互配合，但在管理上由于归属不同，又不相同。然而，在国家大战略与方针方面是一致的。例如，在“美丽油气田”建设上，这属于国家的中国梦，是大战略，大家的思想应该是一致的。

（3）在智慧建设上是一致的。所以，在数据采集中不要分谁是谁的，一并采集、保存与利用，共同分享。在智慧平台建设上各有重点，当然是以油气田自己所属范围内的重要事务作为第一要务，加强防范和预警。

总之，智慧井区建设是复杂的，但是，依据井区要素与指标又构成个了一个完整的统一体。当然，难度指数还待今后来完成，目前如果给也只能是心理预期的。

8.2.2 智慧井区建设的技术与关键技术

1. 智慧井区建设的难度

智慧井区建设的难度非常大，与智慧采油、采气和智慧联合站及智慧工程比起来一点也不差。其难度主要表现在这样几点上：

（1）平台智能分析。如何将遥感卫星数据、北斗数据、无人机数据、气象数据与地面的地理信息系统数据以及需要巡视、监视的重点结合起来，放在一个平台上，能够精准分析，还要每天定时更新。这个过程数据量大，智能程度要求高，还要构建成“智慧大脑”，这是一个难点。

（2）装备、设备、工程等全生命周期标识解析与健康管理。在井区内有多少装备、设备，有多少作业队伍在井区内作业，有多少人在这里活动，几乎是不可能全部摸清的。谁能将每天在井区内的人的活动和设备的健康都知道得一清二楚，谁就是王者。

现在这些就要交给智慧井区建设了。需要多长时间，要建立多少个数据库，完成多少数据采集和标准化管理等，都是一个难题。如果做不到这些，想将智慧井区建成是不可能的。

（3）综合集成。智慧井区建设是一个非常大的建设项目，专业性与技术性一点不比其他建设差。综合集成就是将“QHSE”放在一个大系统里，完成智能分析与智慧决策，其技术难度非常大。

当然，这个建设的难度不仅是这样几点，还有很多，需要在建设过程中好好地梳理。

2. 智慧井区建设技术

智慧井区建设是一项涉及地理信息、区域地质、地面工程、产能建设、规划设计，甚至包括水电、土建等业务领域的系统性工程。因此，在建设过程中对于信息技术、数字技术、智能技术及智慧技术的依赖是全方位的，尤其是在“井、站、区”三个方面和“天、地、深”三个层次之间，需要建立以智慧大脑为管控中枢的运行生态环境统一体。为此，智慧井区建设需要借助大量的技术来完成。这些技术大体上包括以下内容。

（1）硬件技术。在硬件技术方面，通常是将油气田物联网、移动应用、超能视频网络、鹰眼、智能路卡、无人机、传感器系统（DCS、SCADA、PLC 等）、电子围栏、远程控制、边缘计算、光纤传输、卫星通信及 4G/5G 技术等实时数据采集与控制技术及井区各业务流程进行融合，以建立覆盖全业务链条的实时感知与控制体系。

（2）软件技术。在软件技术方面，我们的初步设想是通过将生物特征识别、机器学习、动态环境三维建模、立体显示、实时三维图形生成、增强现实（augmented reality，AR）、人机交互、区块链、中台技术、微服务及数据库等关键技术应用到井区的超脑研发中，并以积木搭建的方式逐步完成“井、站、区”三个方面与“天、地、深”三个层次的“超脑”平台的关联融合。

（3）计算技术。在计算技术方面，包含边缘计算、云计算、智慧计算、北斗、遥感、气象、地理信息等计算技术，主要是借助大数据处理、人工智能、数据分析、大数据展现、数据可视化、数据治理、数字孪生、模拟仿真、云计算、知识图谱、知识管理等技术组合，将不同来源、不同结构的海量业务数据进行全面资产化管理后，智能化分析，通过井区智慧大脑进行一系列“智慧计算”，如边缘计算、态势分析、数据模拟、因素分析、趋势预测等，为管理人员在人工智能平台上提供全程可视化的分析预测与决策。

未来技术都是一个个组合技术，智慧井区建设更是一个技术组合。

3. 智慧井区建设中的关键技术

在未来建设中，无论哪个领域或行业的数字、智能到智慧建设，单一技术的能力已非常有限了，只有组合技术才能完成大型建设，其中智慧井区就是一个最为典型的建设。

在智慧井区建设中，除了一般性的技术以外，还需要几个非常关键的技术，它们是：

1）空-天-地技术

这是一个技术组合，也可以称为天-空-地或者是地-空-天。由于读起来比较顺，人们大都愿意称之为“空-天-地”。

天，主要是指遥感卫星、北斗技术的应用。这里遥感卫星提供遥感数据，在油气田区域内，需要获取大量的遥感数据，然后通过解译数据获取井区内的各种信息与变化的过程，尤其对于大区域如沙漠、大江大河、高原地区等，非常需要这样的数据以实时地看到区域内的动态变化情况。

由于遥感技术的应用与数据的解译专业性太强，成本也会相对较高，但是首先必须要用，然后还要定期修正，这是非常必要的。

除此外还有北斗卫星数据。北斗系统中的很多数据对于比较偏远的地方，尤其深山老林、沙漠、海域等，北斗的短报文是可以发挥很大作用的。

空，是对无人机巡检、航空测绘、无人机遥感蚀变分析等天际段应用技术的一个简称，这里主要是指应用无人机对油气田区域内自然灾害、管线状态、地理信息等数据的采集，然后通过大数据、人工智能手段对整个井区周边可能存在的风险隐患进行分析、判别及处置的技术。

地，主要指的是智联网技术的应用，这是一个以油气田物联网为基础的数据感知与应用的技术体系。在这个技术体系下，通过各类传感器、视频监控、智能仪表等设备来准确获知井区内人员、车辆、设备的运行状态信息，并实时进行动态分析、辅助决策及联动处置等一系列过程，这是整个井区智能化、智慧化建设的基础。

我们将空、天、地集合汇聚，构建一种量子计算模拟系统，为“井区模拟实验室”，称之为“域”。通过每天的数据快速计算，还可以演化模拟，判识每一个灾害点在一周内的可能变化等。

2）QHSE技术

在这里是对QHSE进行数据管理、关联处理、综合治理及人工智能分析等技术的一个统称。它是在利用各类空-天-地技术和设备完成实时采集与汇总后，根据QHSE的不同业务和应用场景特征，对多源数据、多模态数据进行全面的梳理分类、存储管理、融合关联、上传反馈和操控调整的一个过程。尤其是在对井区所有装备、设备、工程及作业过程质量的全生命周期监测、分析及状态判识时，就需要对照表8.1中所列举的10个要素的成百上千个数据进行随机调用、关联、计算及融合，形成高质量、高时效的数据流，然后反馈给系统单元进行系统的分析、判断和智能操控。

由于QHSE业务的特殊性与专业性，在技术应用过程中，需要在数据池中对遥感、气象、无人机监测、设备的参数指标等不同结构、不同类型的数据进行全面的治理，这是一个系统、持续的工作，也是一个非常必要的工作。

在这里需要补充一点的是，关于工业互联网与标识解析技术的应用，包括对设备标识和数据管理的标识与解析，如图8.2所示。

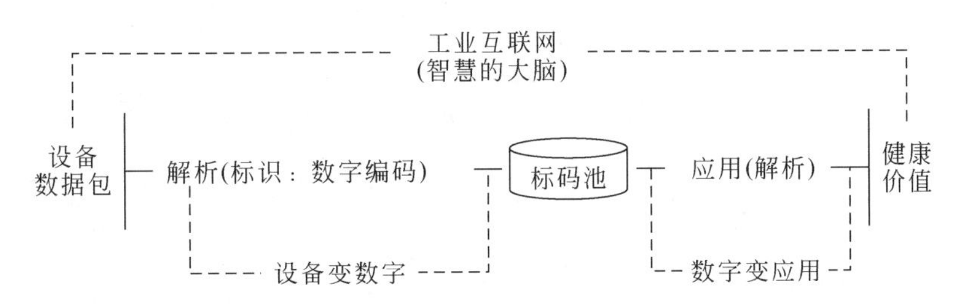

图8.2 设备等全生命周期标识解析管理技术法

这是对设备健康等全生命周期最好的一种管理办法与技术。

3）智慧决策技术

智慧决策从原理上讲，就是在大脑中对每一个事物进行系统的分析、判识后，做出正确决策的一个过程。在这个过程中，大脑需要通过不断对内、外部反馈而来的各种信息进行样本统计、因素分析、知识关联、模型比对、动态模拟、趋势预测等高性能计算，以取得最优的解决方案。

在智慧化建设中，要完成上述一系列计算就离不开大数据分析、云计算、智慧计算、数字孪生、知识管理、三维模拟、机器学习、深度学习+、超脑等先进技术的支持。

除此之外，在比较偏远的地方或整个系统的边缘末梢，边缘计算所具有的数据存储、计算与联动处置决策功能，将解决决策链条过长和决策处置方案时效性不强的问题。

智慧决策技术是一个多种技术应用的组合技术，是根据某一个问题或业务的需要而智能组成的一组技术，以期对这一问题或业务进行决策。

8.2.3 智慧井区建设的方法

前面我们从软、硬件及数据技术层面对智慧井区建设过程中常用的技术手段进行了简要叙述，目的是为井区的智慧化建设方法提供最新的技术应用支持。下面重点对智慧井区建设的具体做法进行一下探讨。

图 8.3 是一个智慧井区建设的架构设想。我们将通过剖析该架构的组成来对整个智慧井区建设的具体举措进行论述。该架构模型主要是围绕数据的“采、传、存、管、用、智”进行设计，其核心本质是一个数据智能化的过程，即从底层的基础设施和井区生产数据的采集开始，经过光纤和无线传输的方式，在数据池中进行汇聚、整合、存储、治理及容灾备份后，借助各类数据处理技术形成数据流和业务流的协作决策方案，并最终提交给一体化智慧管理平台进行决策处理。

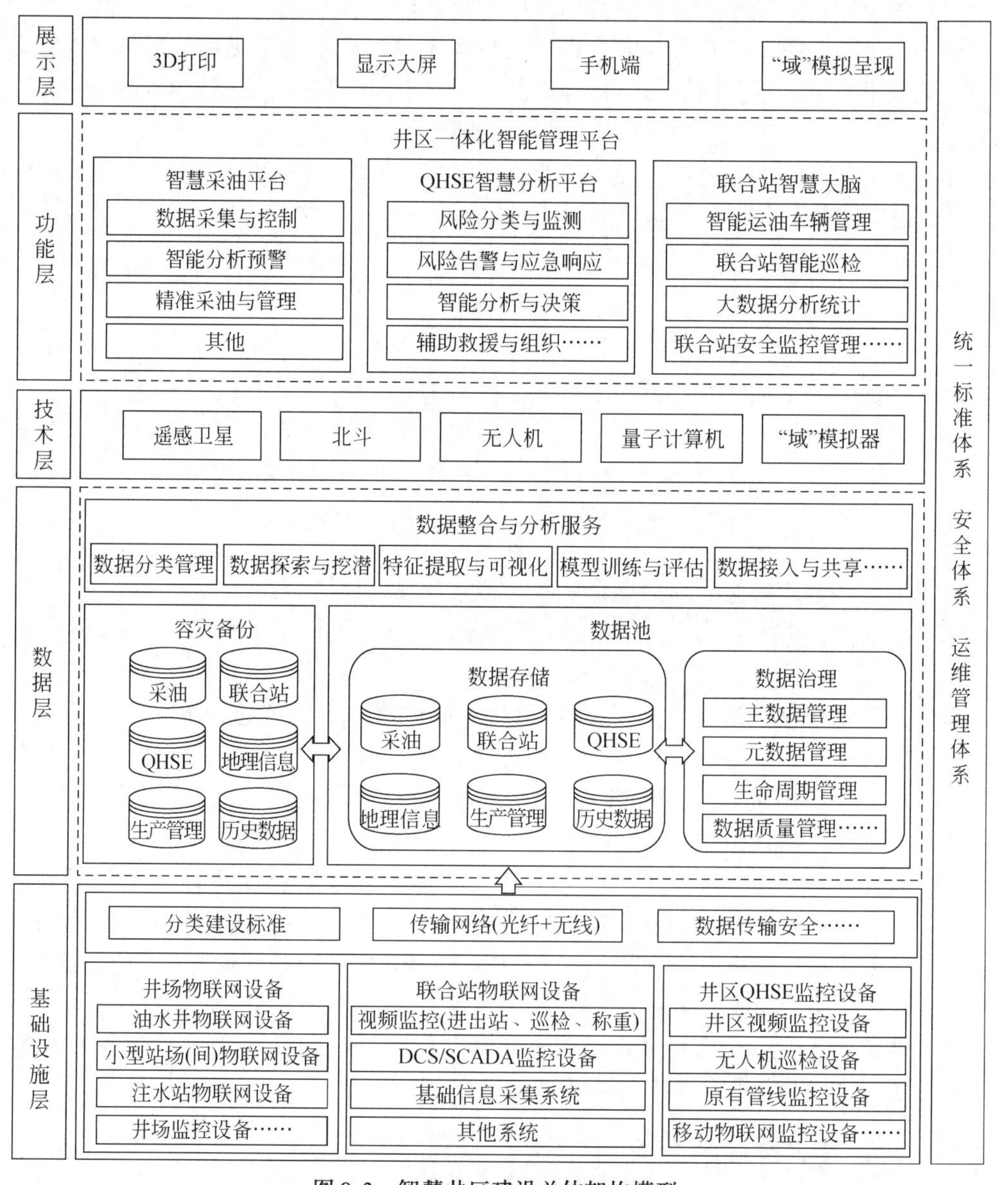

图 8.3 智慧井区建设总体架构模型

这个架构设想主要是依托井区内完整的监控预警体系、高效数据处理能力及“井、站、区”智慧平台的一体化协同能力，来实现对整个井区的全面感知、智能分析、辅助决策及协同管理，其中“井、站、区”数据的关联建设是关键。

例如，井区 QHSE 业务管理的建设就涉及井区 QHSE 监控预警体系建设、QHSE 数据建设、QHSE 智慧分析平台建设，以及“井、站、区”智慧关联建设四个方面。

1. 井区 QHSE 监控预警体系的建设

针对井区 QHSE 管理业务的特殊性和复杂性，我们在前面的章节已经进行了充分的叙述。在这里我们重点围绕 QHSE 监控预警体系的建设方法，就整个智慧井区的监控预警体系构成与建设方法进行研究。

按照井区 QHSE 监控对象、任务目标、工作内容的不同，我们的构想是利用无人机、视频监控以及管线 DCS/SCADA 设备等监控设备，在井区（油区）范围内构建天地一体的监控预警模式。具体包括以下五个方面的内容。

（1）井区（油区）视频监控。在井场、联合站所辖的检查站、关键卡口安装高清路卡视频监控系统的基础上，对井区内的交通事故多发点、井口未进行高压座封的长期关停收益井、综合管理办公区、锅炉房、储油罐及高压电力设施等高风险场所布控 AI 摄像头、区域监控摄像机、广播系统、人脸-车牌识别系统、边缘计算模块、鹰眼系统、网络传输与存储设备等人工智能设施，以满足井区对重大安全生产区域或环境污染隐患点 7×24 小时的实时监控报警需求，从根本上提升井区对于突发事故的综合预防能力。

（2）管线 DCS/SCADA 数据监控。通过在井区供热、供水、供电等系统上安装水位感应器、压力变送器、温度传感器、无线传输模块、智能供电模块、智能电表等设备，实现对整个井区水电管网中水位、温度、压力、电参、设备工况等关键数据的实时采集，并能根据井区智慧大脑提供的参数自动进行远程调整与关停控制，以提升各独立单元的工作效率与安全管控能力。

（3）作业过程质量安全监控。主要是利用 5G 智慧工程车、手机 APP、边缘存储模块等先进技术设备与现场智能视频监控系统、中心控制室进行数据对接，实现将现场作业数据、监控数据实时回传、展示和指令发布等功能，提高作业质量和效率、降低安全风险和作业成本。具体的建设内容应包括以下三个方面。

①作业现场视频监控系统建设。

主要由现场视频采集设备、广播系统、网络传输设备和存储设备构成，可实现音视频信号的采集、本地存储与实时传输功能。作业全过程的监控视频数据将统一存储到本地存储设备中，可实现录像回看、事后追溯、人员行为分析等功能；对于重要作业环节、复杂事故处理等情况，可实现实时音视频对话，实现指挥控制中心对现场作业的监控与指挥。

②作业监管系统建设。

作业监管系统应实现的功能点如下：

a. 综合信息展示。对历史作业地点、作业内容、作业项目、作业效果、违规事件等信息进行展示、查询。

b. 录像存储及回看。保留历史作业视频数据，可实现历史作业视频的回看。

c. 实时作业监控。实时接收现场作业队的即时作业数据和多路视频图像，及时掌握和发现作业现场存在的问题并及时发布命令。

d. 智能安全监测与分析。对违规作业行为进行监测，如作业施工流程是否合规、作业施工方式是否正确、安全保障措施是否到位等，对于违规作业行为进行智能识别与报警。

③中心控制室的建设。

利用统一建设中心控制室的相关设备，实现对生产现场的远程视频监控、作业数据实时展示、语音对讲与指令发布等功能。

（4）无人机巡检。利用无人机在井区范围内进行扫面巡检（每日一次）和重点区域巡查（每日三次或根据具体防御点情况制定巡查频次），采集各风险防御点数据与图像，与QHSE信息数据库中的标准模型进行比对，判识异常情况，自动推送预警、告警信息和“一事一策”报告。对此，我们需要从无人站场、周边环境和管线巡检等方面进行融合创新，初步建设思路如下：

① 无人机场站及管道周边环境巡查及监测。利用无人机对井场、联合站及管道周边和高后果区周边环境，进行地面沉降、位移，周边植被情况，预警区域非法施工、可疑人员活动等影响场站、管道安全的地质、环境、人员等要素监测，其中针对滑坡和崩塌风险较高的隐患点，应利用无人机投放位移传感器，以实现对沉降与位移量数据的实时监测。

同时，利用大数据分析与人工智能手段，实时与前期获取的数字正射影像图（digital orthophoto map，DOM）、数字高程模型（digital elevation model，DEM）、数字线划图（digital line graphic，DLG）、倾斜摄影三维模型数据（图8.4）进行分析对比，快速完成对于重点区域的地面沉降、位移及周边变化情况判别计算，及时进行预警或措施整改信息发布。

图8.4　无人机高精度影像图（资料来源：马宏兵）

② 无人机管道维护巡检。主要是通过无人机在管道上空沿线飞行，精确采集管道表面和高后果区遥感影像，然后通过图像处理和模型分析提取疑似物，再经过解析数字摄影测量技术转换得到目标点的位置信息，管理人员审查确认后，通过网络平台将图像及位置信息推送给线路管理人员（手持终端设备）并到现场查看，最后经线路管理人员现场查看后，在线反馈巡检情况，其构成模型如图8.5所示。

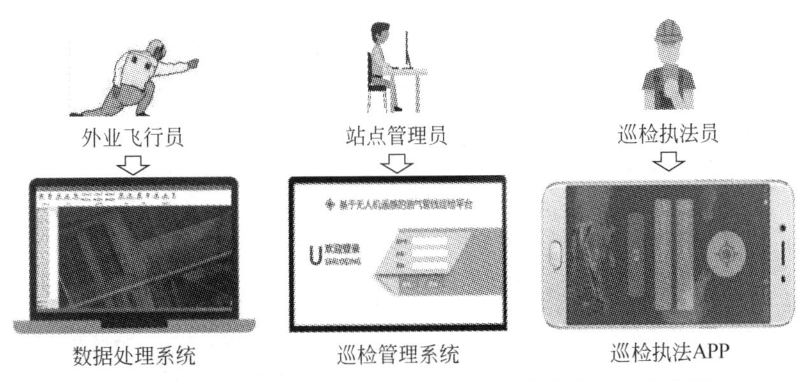

图8.5　无人机数据处理及软件系统功能（资料来源：马宏兵）

数据处理系统：主要实现疑似物与样本的比对，标记处理疑似物，并将疑似物照片和坐标推送给手机APP。

巡检管理系统：实现用户数据的存储和管理、二三维展示、仿真飞行、巡查管理和用户管理等。

巡检执法APP：实现管线巡检工人的便捷安全执法和无纸化作业，为管线巡检上报及处理全流程提供整体解决方案，使得外勤巡检和内勤统计工作变得高效和准确。线路管理人员通过手持终端设备，接收指挥中心推送的疑似施工信息，可快速到达现场查看具体情况并且反馈上报现场情况。

（5）传输网络的建设与升级。按照数据传输技术的发展规律，借助4G、5G、北斗卫星通信、边缘计算、云计算以及光纤通信等技术服务手段，实现在整个井区范围内QHSE业务各要素监测数据的实时高效传输，其中针对地面工程、修井作业、勘探作业以及设备检修等可能存在传输网络功能未完善或异常气候造成的网络故障，应充分借助5G智慧工程车或边缘数据传输模块与北斗通信卫星、5G基站等先进装备实现快速定位与网络对接，以保障现场作业数据传输时效性。

2. QHSE数据建设

我们知道，要完成智慧井区的建设就必须依靠数据智能化这一把钥匙，但是要实现数据智能化就要有足够的数据进行支撑。所以，最大限度获取各类业务场景的数据，并进行智慧计算与应用共享是QHSE建设的重点。

我们的解决思路是充分利用无人机采集井区范围内的建筑设施、管线、道路、桥梁等地形地貌信息，使用GIS三维可视化技术建立1：2000高精度地形图，并将井场、联合站等生产场所信息以及区域内重要风险防御点的信息，按照QHSE管理要求进行梳理、分类和QHSE信息入库，最后在统一的数据池（库）内完成业务核心数据的治理与资产体系的建设。

QHSE数据池（库）中应准确记录井区内每一个风险防御点的名称、地理坐标、风险种类和正常情况下的图像等数据，形成各风险防御点信息对比标准模型；对于实时监测的作业过程，应按照环节、流程、风险等级和典型案例分析成果等要素，建立统一经验库、知识库，为智慧井区应用进行知识沉淀。

3. QHSE智慧分析平台建设

在油气田井区QHSE数据应用方面，我们的构想是开发由风险类型、风险监测、风险告警、应急响应、智能决策、辅助救援等子系统组成的智慧分析平台，其技术架构见图8.6。

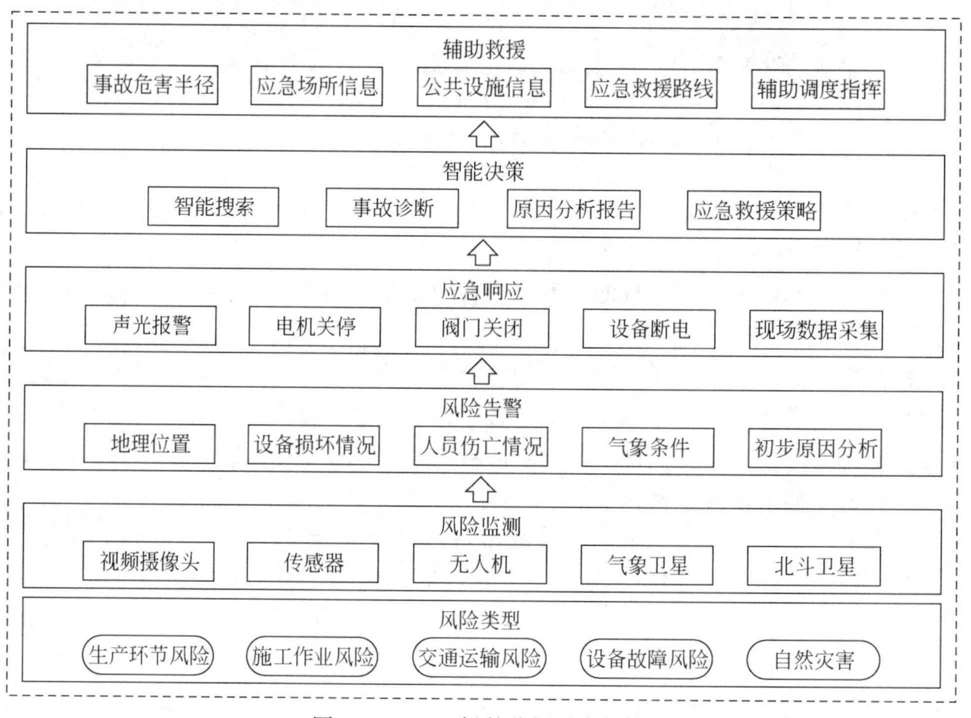

图8.6 QHSE智慧分析平台架构

从图8.6中我们可以看出，整个智慧分析平台是由多个子系统组成的。该平台建设的思路主要是借助中台技术和微服务技术，将各不同逻辑语音、不同数据来源的应用系统进行容器化封装和编排调度，然后以微服务的形式提供给不同场景、不同过程的作业人员进行应用。一般这个操作由以下几个过程组成。

（1）风险监测。通过无人机定时巡检、气象卫星及北斗卫星定位等技术手段，结合场站、路卡视频摄像头、传感器等设备，实时监测油气田生产运行中的重点风险防御点，进行全天候监测。

（2）风险告警。当事故或灾害可能发生或已经发生时，系统将在第一时间将预警、告警信息推送至控制中心和相应的管理人员。预警、告警信息包含事故或灾害（可能）发生的地理位置、设备损坏情况、人员伤亡情况、气象条件、初步原因分析等。

(3) 应急响应。当事故或灾害发生时，系统将自动采取应急响应措施，如声光报警、电机关停、阀门关闭、设备断电等，降低现场二次事故发生的概率；同时，自动控制视频摄像头和无人机采集事故现场照片和视频。

(4) 智能决策。通过事故或灾害现场采集的实时照片和视频资料，结合事故或灾害发生前各类感知设备采集的数据，综合分析、判断事故或灾害发生原因，自动生成原因分析报告和应急救援策略。

(5) 辅助救援。在系统平台上显示事故危害半径，并提供附近应急场所信息、公共设施信息，应急救援路线，辅助管理人员进行救援人员、车辆、物资等的调度指挥。

4. “井、站、区”智慧关联建设

在完成油气生产、原油集输处理和井区 QHSE 业务管理三大板块的智慧建设后，为了最大限度地解决井区生产运行管理的协同问题，就必须开展“井、站、区”的智慧关联建设工作。

按照图 8.1 的设计构想，我们需要将已有的智慧采油平台、联合站智慧大脑和井区 QHSE 智慧分析平台进行一体化关联融合，并最终形成统一的“井区超脑”（图 8.7）。其主要做法是以数据为核心，围绕安全和业务两个维度实现各环节数据的融合、共享，彻底消除因多部门、多专业、多系统、多设备而导致的数据鸿沟与数据孤岛问题。

(1) 在安全方面，应在整个油气田井区范围内实现风险监测与应急响应智能联动，对重要防御点进行定时监测、趋势分析，识别异常信息后自动推送预警、告警信息，并触发各级联动应急响应，最大程度降低灾害、事故造成的影响和财产损失。

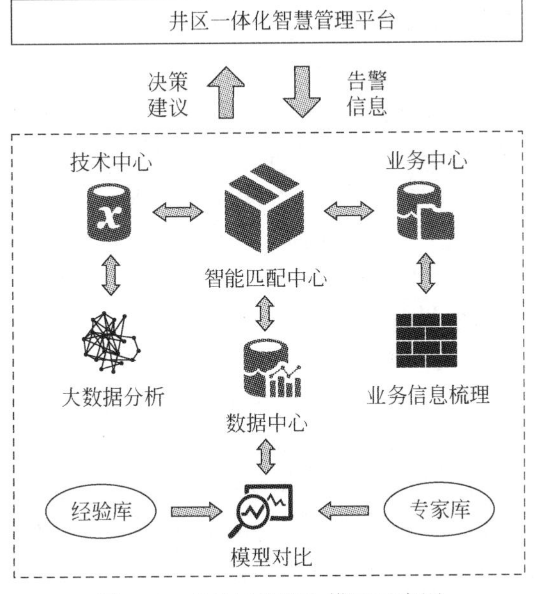

图 8.7 “井区超脑”模型示意图

（2）在业务方面，应打破多部门、多专业之间的壁垒，以数据为主线，打通从数据前端产生至数据终端应用的整个链路，充分挖掘数据价值，通过给数据赋能，使数据聪明，让数据工作。推动现有业务流程和组织机构的变革，通过减少组织层级、岗位数量，降低人员工作量，用“井区超脑”取代人力劳动，大幅提升油气田生产工作质量和效率。

5. “域”模型器开发

这里的“域”是指“空-天-地”的时域和空域，同时还代表“QHSE”井区智慧建设的油气田井区区域的“域”。它采用一种“自然计算”的方式，可根据每天采集的最新数据自学习、自识别和自计算，并对之前的模拟结果更新。其方式就是一种“数字孪生”的模式，即模拟器中的数字井区与现实井区的变化是同步的，以达到早发现、早知道、早处理的效果。

8.3 智慧井区 QHSE 操作与建设指标

随着数字油气田、智能油气田建设的深入，智慧井区是我们在开启智慧油气田建设过程中必须完成的工作。但油气田井区的智慧化建设应该达到何种程度，实现哪些效果，会给井区日常生产与管理工作带来怎么样的改变？为此，我们有必要在此对智慧井区的建设成效和考核指标进行一下分析探讨。

为了更好地说明问题，我们以智慧井区 QHSE 操作可能取得的建设效果为切入点，提出一个初步的成效构想。

8.3.1 智慧井区 QHSE 操作的效果

随着油气田井区智慧化建设的持续推进，在 QHSE 业务管理领域的成效将主要表现在提升工作效率和风险管控能力，降低井区业务人员劳动强度和优化组织结构，以及促进井区工作转型和发展等几个方面。

（1）提升工作效率方面。通过在整个井区内开展 QHSE 监控预警体系和智慧分析平台建设与应用，将大大提升企业对于重大安全生产区域、环境污染隐患点及生产作业过程的全面感知能力和应急事故的处置能力。以数据驱动为核心的运行生产方式可最大限度地提升风险监测与告警、应急响应与决策及辅助救援的工作效率，减少事故信息在上传、汇总、分析、决策等环节的操作时间。其中 5G 智慧工程车、手机 APP、边缘计算、大数分析平台等设备集中应用，将会解决井区“最后一公里”的数据采集、传输、处理的问题。

相比传统的井区管理方式，智慧井区 QHSE 操作方式可将一般事故的处理时间减少至 30 分钟，重大事故的反映处理时间为 1～2 小时，整体的工作效率提升了20%～30%。

（2）提升安全风险管控能力方面。借助无人机、视频监控及管线 DCS/SCADA 设备等监控设备，可实现井区对生产、施工作业、交通运输、设备故障和自然灾害等五大类风险隐患点 7×24 小时的全天候监测。尤其是将大数据分析技术与视频监控、无人机、北斗技术等手段进行结合后，可提升对突发事故、灾害的预警能力。

例如，2018～2021 年长安大学借助“高精度北斗地质灾害监测预警平台”在甘肃省黑方台地区的黄土滑坡灾害进行了多次的精确预警，有效降低了突发自然灾害给当地带来的损失。

再如，延长油田某联合站通过运用大数据分析、机器学习及超脑技术，实现了对站内穿越警戒面、区域入侵、进入区域、离开区域、徘徊、人员聚集、奔跑、剧烈运动、倒地等行为的准确预测与告警，大幅度提升了企业对于安全风险的管控水平。

（3）降低劳动强度方面。管线DCS/SCADA数据监控和无人机巡检系统的建立，实现了对井区油气管网、通信、供水、供电、供电、道路、消防等基础设施的无人化巡检，大大降低了QHSE业务人员的劳动强度。例如，大庆油田采油三厂通过在萨北开发区将无人机技术应用到管线巡检、环境监察、作业监督、矿区建设、应急响应、航拍测绘等业务领域之中，实现了工作效率提升16倍和一线巡检人员的工作强度降低约70%以上的效果。

（4）优化组织结构方面。一方面由于“井、站、区”天-地一体监控预警模式功能的逐步完善，传统井区QHSE业务的组织结构将会实现扁平化，各业务部门将由分散、独立管理转变为统一管理，形成“中心控制”与“作业现场”的两级管理方式；另一方面与传统模式相比，智慧井区QHSE在操作过程中的一体化协同管理与自主控制将会促使QHSE人员由原来的“一职一能、一专一精”向“一职多能、一专多精、一岗多技”转变，生产成本和用工总量将降低约10%。

（5）促进井区工作方式转变与发展方面。一方面，井区一体化智慧管理平台和智慧大脑的研发应用，将实现QHSE管理向着精细化、协同化及自动化转变；另一方面，借助系统的快速分析能力，实现模型比对、趋势预测、智能告警等过程的智能化运作，提前对可能发生事故的隐患做出预警、告警和决策建议，将传统被动式的工作管理方式转变为以“数据驱动、智能分析、优化决策、自主控制、协同管理”的主动性工作方式（图8.8）。

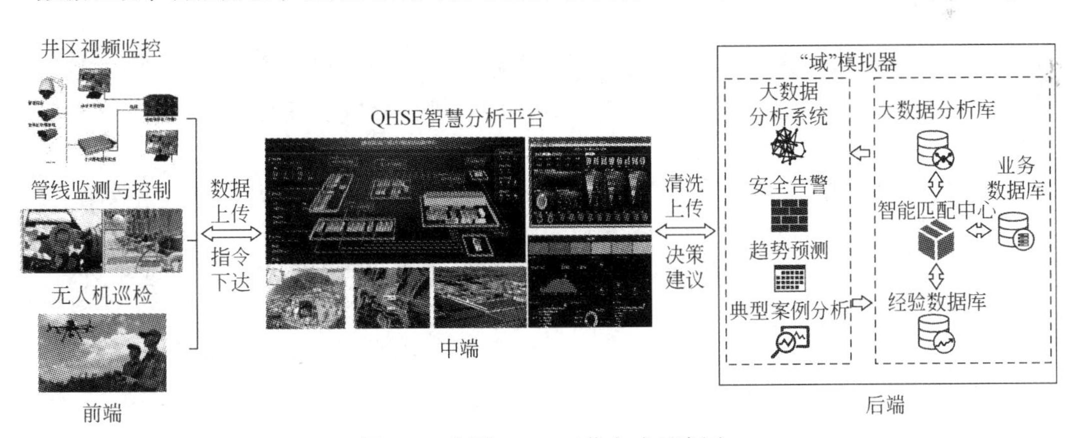

图8.8 井区QHSE工作方式示意图

（6）“域”模拟器。这就是井区智慧建设中的“智慧大脑”。当每一天最新的数据到来后，“域”都要进行一次计算与模拟，将所有的结果重新更替。这种模拟器属全自能型的，注意这里是“自能”而不是“智能”，“大脑”会自动学习、识别，模拟计算，更新结果，然后推送给需要的人，就像天气预报一样每天播报。从而，可构成油气井区中的“数字孪生”油气田井区模式。

8.3.2 智慧井区 QHSE 操作的工作模式创新

通过智慧井区的建设，必然会形成一套行之有效的做法和经验，这就涉及技术创新和应用创新这两个方面。

1. 技术创新方面

根据技术创新定义中将已有技术进行应用创新，为企业实行新的组织方式或管理方法提供条件的相关论述，在智慧井区的建设过程中，将必然会在软、硬件技术进行业务的融合创新。下面我们对这两方面可能存在的主要创新点进行一下简要探讨。

（1）硬件方面的创新。智慧井区 QHSE 在操作过程中将会对超能视频网络、管线 DCS/SCADA 设备、无人机、机器学习、人脸识别、边缘计算、5G 智慧工程车及北斗技术等硬件技术进行智能化、智慧化的融合应用。以 5G 智慧工程车的研发为例，研发人员将会对无人机、5G 基站、北斗通信设施及边缘计算模块进行一系列的智慧化改造，以实现利用无线网络、三维数字技术、AI 智能设备在作业现场进行语音、视频、数据的快速采集、传输、存储、计算及智能处置等过程的闭环式运作。

（2）软件方面的创新。在 QHSE 智慧分析平台与井区超脑的研发过程中，会针对不同应用需求，对大数据分析、深度学习算法、数字孪生、模拟仿真、云计算、动态环境三维建模、立体显示、实时三维图形生成等技术进行集中应用与算法模型设计，以满足智慧井区 QHSE 操作过程中对于各类行为动作的超前预测需求，为井区进行管理与组织创新提供技术条件。

2. 应用创新方面

智慧井区在建设过程中，将不可避免对传统井区 QHSE 业务的管理模式与作业流程进行应用创新尝试，在此我们以管线巡检典型案例进行分析，将大数据分析、无人机、数字孪生及移动应用等技术对巡检业务可能带来的改变做一下预测。

传统的管线巡检工作多采用“一表制”，即巡检人员在领取巡查工单后，按照巡检路线对管道、设备进行逐项检查后填表，返回办公区后交班组长进行统一汇总统计，然后班组长对可能存在的安全隐患进行上报，最后交由管理科和设备科统一安排故障检修。在这一过程中由于天气、道路、工作冲突等因素的制约，使得安全巡检与故障检修工作的质量大打折扣。

在智慧井区 QHSE 操作中，我们完全可以借助无人机、人工智能设备等将这一业务流程优化为：

（1）业务人员在 QHSE 智慧分析平台上下发巡检指令；

（2）无人机沿管线飞行巡检，进行数据比对；

（3）无异常告警情况，自动进行下一节点，直至巡检结束返回站场；

（4）发现异常情况后，无人机自动进行悬停接近，并进行异常数据采集、分析、计算与信息上报操作；

（5）在 QHSE 智慧分析平台和井区智慧大脑接收到告警信息后，快速进行业务梳理、大数据分析、数字孪生模拟、趋势预测分析等一系列“智慧计算”后，下发技术指令至无人机、维修操作人员或智能机器人；

（6）无人机在接到指令信息后，引导维修作业人员或智能机器人进入异常事故点后，自动进行下一节点的巡查，直至巡检结束返回站场；

（7）维修作业人员或智能机器人在完成故障检修后，通过移动应用设备或数据传输模块将处理结果上传至 QHSE 智慧分析平台确认；

（8）系统确认完成后，维修作业人员或智能机器人离开作业地点返回场站。

由该作业流程可知，未来智慧井区 QHSE 操作将具有更高的智能程度，尤其是各类先进技术的集中应用与创新，将会最大限度的解决人工作业中存在的数据采集精度不够，分析周期较长，指挥协调不及时等问题。

3. “碳中和”创新方面

在井区最能体现低碳效应，减少跑、冒、漏，无事故发生；减少碳排放；减少投资，降低成本，提高效益，从而为油气田智能经济形态做出贡献。

上述对于技术与应用的创新构想只是未来智慧井区 QHSE 业务中的一小部分内容，对于在整个井区智慧化建设过程中可能出现的理论创新、组织创新、操作创新以及服务创新，仍需要相关学者进行深入研究与探索。

8.3.3 智慧井区 QHSE 操作的建设考核指标

在完成了对智慧井区 QHSE 操作可能取得的建设成效分析后，我们有必要对智慧井区建设程度建立一个初步的考核指标，这个考核指标应包含质量（Q）、健康（H）、安全（S）与环境（E）四个方面，参考指标如表 8.3 所示。

表 8.3 智慧井区建设的考核内容与指标

序号	范围	考核内容	考核指标
1	Q	人员、设备、工程、施工作业质量信息的跟踪；作业质量的合格性；设备与工程质量问题、保障体系的动态分析率；设备全生命周期的标识与解析	跟踪记录率达到 100%，流程质量合规性达到 100%，动态分析率 100%，告警预警准确率达到 85% 以上
2	H	人员、设备、道路等所有生产运行“生命体”的健康状态；放射仓库、危险化学品存放区、高温高爆作业区等重点区域的人员健康；“碳中和”等	所有生产运行“生命体”的健康状态把控率达到 80% 以上（人员、设备、道路应达到 95% 以上）；重点区域无人化率 100%，“碳中和”完成率 100%
3	S	各业务场景、节点、流程内人员、车辆、设备的实时监控、事态的发展趋势预测等	环节、流程把控率达到 100%；生产安全风险识别率达到 100%；告警预警准确率达到 85% 左右；应急响应时间提升 40% 以上
4	E	自然灾害点、环境监控区、污染防护点、河流、水源地；长期关停的未封井口、放射源或同位素装置、危险废（固体废物）物利用及钻井泥浆等高污染区域或作业过程的监测；节能减排等	自然灾害预测能力提升 15% 左右；重大污染区的排查监测效率提升 30% 以上，高污染区域或作业过程的实时监测率达到 100%；节能减排效果提升 10%~15%

上述各项考核指标并不完全，因为不同的井区受内、外部环境，以及生产组织结构和作业特点的限制，或多或少的具有一些独特的地方，但 QHSE 业务所关注的四个要点却能很好地将不同专业方向、不同应用领域的各项事务进行有效关联。因此，对井区 QHSE 的建设程度进行指标量化考核，能够保证整个建设工程质量的最优化。

这里需要说明的是，在建设过程中存在两大难题：①建设中的质量问题。它包含很多方面，尤其是所有装备、设备的质量监控，其工作量巨大，投资也巨大，但一定要有，且必须获得完整的数据、参数，数字建设要做好；②井区智慧大脑。井区智慧大脑的开发一定要科学，大数据分析要做到“全数据、全信息”，人工智能要采用“全智慧”，但不能做成大系统、大平台，一定要做“微服务”与“精准智能”。当然，除了以上两个关键点外还有很多方面，但其基本原则应该是一致的。只有做好这些，HSE 才能做好。

8.4 本章小结

智慧井区建设是在完成井区数字化、智能化建设的基础上，借助“智联网技术”“智慧计算技术”、大数据分析和人工智能等先进技术手段，在整个油气田井区范围内实现以“数据驱动、智能分析、自主控制、协同管理、优化决策”为特征的一种“简单、无人、美丽”的生产运行模式。目前，国内尚未有成功的智慧井区建设案例，但很多企业都在进行如智慧厂区、智慧矿山建设的尝试。

（1）智慧井区建设是智慧油气田建设中的一个重要组成部分，重点在于对井区实施智慧建设，这在数字建设以来是首次全面建设的一个模块，本章重点研究了井区的基本要素。

（2）智慧井区是以油气田物联网、数联网、智联网为基础，通过利用“智慧计算”、大数据分析、人工智能等技术手段建立的一体化生态运行体系。其充分利用“空-天-地”的时域和“QHSE”井区的区域，构造了一种“域”模拟器智慧大脑，采用量子计算后形成一种“数字孪生井区”模式。

智慧井区的建设完成将在根本上减少传统井区生产管理条件下由人为因素带来的不利影响，对于改善整个井区的生产运行与安全管理条件，以及提升整个井区的综合管理水平具有重要意义。同时，给出了基本的考核指标，该指标适用于任何类型的井区建设考核。

（3）随着油气田数字化、智能化和智慧化建设的持续深入，以“井、站、区”为总体布局的智慧油气田建设工作将逐步完成。作为原油生产基本单位的井区，进行全面的数字化、智能化、智慧化建设已经成为未来油气田企业构建一体化运行生态环境、实现提质增效的主要方向。

总之，智慧井区的建设是未来油气田企业进行智慧化建设重要组成部分之一，对于改变井区这一基本单元的作业模式具有重要的意义。

第 9 章 智慧油气藏建设

本章我们来讨论智慧油气藏的建设问题。油气田是“地下决定地上”，没有油气就不可能有油气田，而油气藏就是地下的核心与关键。油气藏是油藏和气藏的统称，其基本上是一个非常复杂的“黑箱”，我们摸不着、看不见。为此，智慧油气藏建设是一个重大课题，也是一个难题。

9.1 关于油气藏

9.1.1 油气藏的基本概念

油气藏是油气田中最为重要的地质单元之一。一般来说，它是指聚集一定数量油气的圈闭，也是油气在地壳中聚集的基本单元。这里我们需要知道以下几个概念。

1. 油气藏的基本定义

油气藏包含油藏与气藏。油藏是指在单一圈闭中具有同一压力系统的原油聚集的地方。如果在一个圈闭中只聚集了原油，称之为油藏；如果在一个圈闭中只聚集了天然气，称之为气藏。当一个油气藏中含有几个含油气砂层时，称为多层油气藏，如图 9.1 所示。

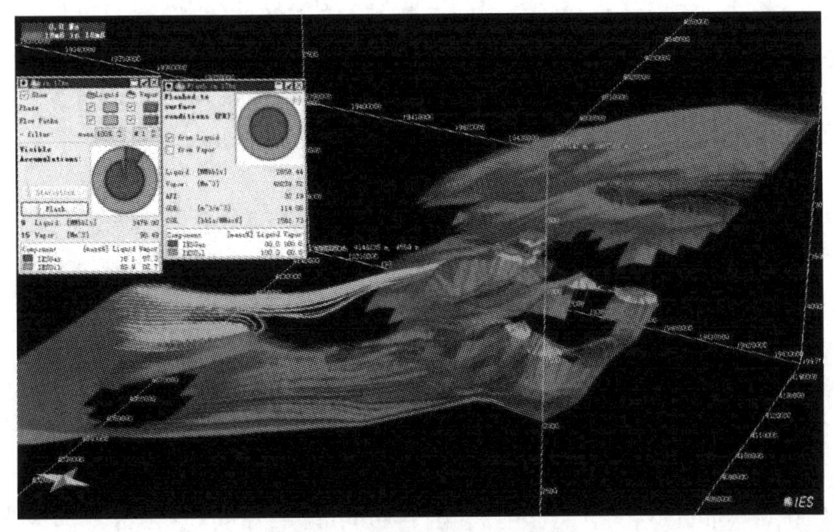

图 9.1 油气藏三维可视化图

油气藏实质上是深埋在地下岩石或是岩层中“藏”着油或气的地层。根据定义，它是含有油气的砂岩或其他岩石层，经常被称为储层，就是储存了原油或天然气的地层。

人们要开发油气资源，首先要想尽办法找到油气藏，就是指这个储层。要知道这个储层的基本情况，需要动用很多技术与力量，包括地质研究、地球物理勘探、钻探等，获得足够的数据来研究，最终可以在相应的圈闭中发现油气藏，确定储层。

寻找油气藏的过程是一个发现未知的过程，发现未知的过程也就是一个数据获取的过程，是一个科学研究的过程，也就是解开“黑箱”藏着的油气秘密的过程。

2. 油气藏的基本特征

油气藏分为常规油气藏和非常规油气藏，这是近年来的普遍共识。常规油气藏是指在传统地质理论指导下利用勘探与地质研究的方法发现的油气藏。自 1917 年石油地质学成为一门独立学科以来，其理论发展经历了油气苗现象、背斜理论、圈闭理论、油气藏理论，直到含油气系统等。常规油气地质理论以常规油气藏为研究对象，圈闭是其研究的核心问题。

常规石油地质理论研究的基本问题，通常概括为生、储、盖，圈、运、保，其主要内容可以概括为油气形成、分布、富集三大基本科学问题。重点研究包括常规圈闭的成藏要素和成藏作用过程、油气运聚为一次（初次）或二次运移、动力作用是聚集成藏的显著特征、遵循达西渗流规律等。

非常规油气藏是区别于常规油气藏而提出的，要很好地理解非常规油气藏，首先要理解什么是非常规，其次是理解什么是非常规油气。

非常规当然是指相对常规而言，非常规油气也是相对于常规油气而提出的一种油气资源。非常规油气主要是指连续型分布的油气，无明确圈闭与盖层界限，流体分异差，无统一油气水界面和压力系统，含油气饱和度差异大，油气水常以多相共存等。

非常规油气藏具有连续型和断续型两种分布模式。非常规油气包括页岩油、深层气、页岩气、致密砂岩气、煤层气、浅层生物气、天然气水合物等典型非常规油气，也包括火山岩、缝洞型碳酸盐岩和变质岩等非常规储层中的油气。人们将这些非常特殊的无规则油气藏，称为非常规油气藏。

由此，我们可以看出，油气藏的特征，主要表现在以下几方面：

（1）必须是含有油气资源的地层，一般称之为储层。

（2）必须通过能够寻找的技术与方法，包括地球物理勘探技术与方法、钻探地质研究等才能寻找得到，一般称之为油气勘探。

（3）必须具有开发价值。所谓油气开发，是指针对具有良好油气储量的储层，布设井网，从储层中获得油气产量的过程。油气藏中的油气通过开采，其价值同市场需求相一致并具有盈利，才具有开发价值。

一般来说，无论是常规油气藏还是非常规油气藏，其地质特征都存在圈闭条件、储层特征、源储配置、成藏特征、渗流机理、分布和聚集等特点。需要注意的是，非常规石油地质在连续型油气藏的地质特征、分类、研究内容和研究评价方法等方面与常规油气地质有明显的不同。常规构造与岩性地层圈闭油气藏在圈闭、储层、源储组合、运移、渗流、聚集等方面，与非常规连续型和断续型油气藏有本质的区别。

这就是油气藏的几个主要特征或特点。

3. 油气藏研究的基本要素

油气藏地质研究的目的主要是研究油气成藏内具有多少储量和是否具有开采价值。于是，针对油气藏研究包含了对油气成藏动力系统，成藏时间、成藏过程，以及油气分布规律和储量的研究，还包括油气藏静态特征描述以及油气藏机理和成藏过程动态分析。静态特征描述主要从油气藏类型、生－储－盖层、流体性质和温度、压力等方面进行描述；油气藏机理和成藏过程分析主要用各种分析方法，如流体历史分析法等，研究油气成藏期次与成藏过程，包括油气的生成、运移、聚集与保存及破坏等环节。

由此可以看出，油气藏研究的基本要素主要包含这样几点：

(1) 有机地球化学研究。包括确定有机质类型、封堵、演化，对成烃、排烃进行评价。

(2) 地质研究。研究成藏过程中的油气二次运移和聚集机理，包括油气二次运移的相态、动力、阻力、运移通道、方向、距离，以及运移时间和运聚效率研究。

(3) 油气藏特征。系统地研究油气成藏的宏观条件，指出成藏圈闭、充足油源和有效运移及其所在位置，以及油源区相关水压梯度与流体性质。

其实，油气藏研究中的要素还有很多，我们很难用几点就完全说清楚，但油气藏研究的核心是通过对油藏特征的描述后发现油气在哪里、储量有多大、是否具有开发价值等，这也是人们研究油气藏的重要课题。

9.1.2 油气藏研究的主要方法

油气藏研究是一个重要的课题，从而形成了相应的学科，创建了很多研究方法。很多研究方法已相当成熟，包括模型、模拟与算法等。今天我们需要研究的智慧油气藏建设方法，其意义不同于以往。不过我们首先需要知道传统油气藏研究是怎样进行的。

一般来说，油气藏地质研究方法可以分为以下三种。

1. 定性的油藏描述法

定性的油藏描述法也就是一种传统意义的综合地质研究方法，需要大量的人工地质调查、露头观察、地质标本分析与剖面计算等，还需要大量的数据进行研究。因为油气深埋地下，在当初勘探手段不高的情况下，就是依靠大地构造、盆地演化、油气成因等进行推断。

2. 定量的数值模拟法

地质建模是利用定量的数值模拟法进行油藏描述的核心内容，是建立定量的储层模型、提高油气产量的关键技术。目前人们主要使用各种商业软件进行地质建模，以对油气藏定量解释。这些方法包括协克里金法、序贯高斯算法、截断高斯算法、序贯指示算法以及黑油模型等。

定量研究油气藏是一种科学研究的方法，需要大量数据做支持，人们将其统称为“资料”。这个资料包含了各种前人的研究成果、利用各种技术方法采集的数据，以及各类软件技术，如“黑油模型”软件等。

3. 含油气系统综合法

含油气系统（petroleum system）是系统论在油气藏地质研究中的应用，它是以盆地为研究单元，构建一个自然的烃类流体系统，即包含一套有效烃源岩、与该源岩有关的油气及油气藏形成所必需的一切地质要素及作用构成的一个系统。

含油气系统的内涵是指地质要素，包括油气源岩、储集岩、盖层及上覆岩层这些静态因素，而地质作用指的是圈闭的形成及烃类的生成、运移、聚集这一发展过程。这些基本要素和作用必须在时间上和空间上配合好，以便源岩中的有机质能转化为石油聚集。只有同时具备基本要素和作用，才能构成含油气系统。

含油气系统分布于已知所有这些基本要素作用的地区，或者认为很有希望或很有可能出现的地区。因此，含油气系统综合法是一种油气地质综合研究方法。从油气聚集单元来看，含油气系统是介于含油气盆地（或含油气区）与油气聚集带（或成藏组合）之间的一个油气地质单元。一个含油气盆地或含油气区内，可有若干个含油气系统重叠分布。

为了论述方便起见，我们将油气藏地质研究简单化地划分了三种方法，其实，具体方法与技术相当多，我们不再一一赘述。但无论采用哪一种研究方法，数据是一个必不可少的要素，通常人们都愿意称之为“资料”。

“资料”包含数据、文档、图件与成果报告，特别是前人勘探、地质研究的成果与数据，这对地质油气藏研究来说非常重要。这里我们之所以要对这些传统的方法提出研究与探讨，就是因其与智慧油气藏研究和建设有着很大的关系。

油气藏研究过程是一个知识与智慧并发作用的过程。知识主要是指前人研究所积累的成果知识，这些知识都是由一代一代人研究后积累所得。而后人在学习了这些知识以后，经过实践再总结、提高、升华成智慧，然后再创造价值，这个价值就是发现油气藏。

油气藏研究的关键是对所发现油气的决策包括储层决策、探井定位决策、开发井网布设决策等，处处决定、时时决策，这就是一个智慧的过程。

9.1.3 油气藏数字化、智能化

智慧油气田建设是当今油气田企业必须面对的一件事。因为，人们在完成了数字、智能油气田建设之后，并没有完成人们对油气田业态和形态期盼的历史任务，还有更加美好的油气田状态在等待着我们。

1. 数字、智能油气藏建设

我们知道，在油气田是“地下决定地上”。油气藏的好与坏决定着这个油气田企业的建设与发展，也就是影响着整个油气田的建设质量、寿命，决定着油气田的生命周期。为此，对地下油气资源的认识、勘探、探明及开采等工作十分重要。

自20世纪90年代末以来，我国石油行业的数字化建设工作已积累了大量的地质与生产数据，近年来又有不少企事业单位加大了对油气田智能化设备、工艺、监控及维护等方面的投入力度与建设，使得传统的油气上游行业工作更加定量化和现代化。

在数字油气田建设阶段，数字油藏的建设比较滞后，主要原因是人们并不知道如何让油气藏数字化。但是，人们还是做了大量的工作，这些数字化的工作主要是将原有的石油“资料”电子化与数字化入库。

所谓“电子化”，就是将各种图件电子扫描，然后用计算机管理。但这样的问题是很多图件属于图片式存储，很不利于人们进行科学研究与开发利用。所谓“数字化”就是将所有的“资料”全部以数据的方式入库存储，如测井图不再是一种图片，而全部都是以数据存储在数据库中。

由此，人们开始了大规模的数据建设。数据建设的核心就是建立数据标准，统一建立数据库，然后按照勘探数据库、开发数据库、生产数据库等归类管理。一般将这些数据称为“静态数据”；将通过传感器实时采集的数据称为“动态数据”。

在数字化以来，人们为此付出了非常大的努力，成果也是显著的。但是，人们对于地下油气藏或者储层到底什么样，还是前人研究与自己研究后形成的概念，这就是人们常说的“油气藏就在地质家的大脑里”，人们还是没有办法建立实时三维可视化的、动态变化的油气藏。

人们想要的是，对于油气藏，犹如地面工程那样通过安装很多传感器，可以实时的实测储层的压力、温度、流体变化等，加以分析再三维可视化展示。于是就出现了一种新的建设，这就是智能油气藏。

其实，这样的思想、理念与技术方法应该没有太大的问题，但是，真正实现起来十分困难，这就是成本与产出的问题。由于地下高温、高压，人们并不知道地下或油井深处到底什么样，即使安装传感器，其供电、数据传输也都是非常困难的。

当然，目前人们还在探索，如分布式的压裂大数据分析智能化、单井开发地质研究井下智能分析，以及在油气藏研究中图形导航的企业级大型地质研究平台等，一些先进的技术与方法不断出现。

不过目前来看，虽然我们在数字油气田的基础上，智能建设也有很大的进展，研制了不少的智能设备，更便捷地获取准确的、大量的油气地质数据，但应该指出，仅仅高效、自动化的获得大量数据是远远不够的。我们在如何高效地利用数据及大数据技术进行地质解释、数据挖掘、油气智能勘探开发及生产与评价等方面，还有很多工作要做，还有较大的发展潜力。

2. 智慧油气藏建设是一个必然

显然，在数字化建设阶段人们还是做了大量的工作，主要是对油气藏、地质数据完成了数字化的管理，现在人们在思考，如何长期地、常态化地对油气藏进行智能分析与科学决策，这就是一个问题。

从智能建设的层面上来看，油气藏拥有如此巨大的数据量，也不可能由一个、二个或多个油气专家在短时间内一一处理与解释，这就需要我们基于扎实的专业知识，将人工智能、大数据分析、机器学习等手段与传统地质分析和油气工业深度融合，以科学的决策分析手段，加上众多科学家大脑中的智慧，来完成对油气藏的完美研究与决策。

从智慧油气田建设来说，虽然现有的自动化和智能化在一定程度上指导了部分油气工业活动，但油气行业各个环节之间的连接性高，相互制约与叠加性强，甚至有的环节相互矛盾，虽具有一定程度的“智能”功能，但远谈不上“智慧”。缺少智慧化的油气田建设工作，会使得数字化和智能化的油气行业的实际应用大打折扣。因此，如何对已有数据进行筛检、挖掘，提出有价值的信息，如何通过智能化设备及流程，由专业人员一键式“决策”整个勘探、开发、开采及评价流程，这是我们面临的关键问题。

而在油气藏研究、开发利用方面的数字化、智能化程度比较低，特别是对地下储层的实时动态监测，其传感器成本高、研发困难，需要耐高温、高压，还要长期埋藏，需保持数据的精准采集、不间断供电与实时数据传输，其难度相当大。

因此，我们需要进行智慧油气藏的建设研究，即在数字、智能油气勘探、开发、开采获得的大量数字油气信息的基础上，利用近年来出现的新技术、新理论与新方法，动态且全面地认识现有油气藏、高效开展各项与油气藏相关的地质与工程工作，并做出合理准确的评价及预测。

由此可以看出，唯有智慧油气藏建设是一个比较好的办法。

9.2 智慧油气藏建设

有一种说法，叫作“石油在哪里？就在地质家的大脑里”（据说是美国石油地质家毕比的语言），还有一种说法，是“一个脑子里没有勘探模式的石油勘探家，一定是个不成功的勘探家”。这就给了我们一个道理，油气藏的研究与建设离不开智慧。这一节我们需要重点来讨论智慧油气藏研究与油气藏建设中的问题。

9.2.1 智慧油气藏建设的概念及特征

1. 智慧油气藏建设的概念

智慧油气藏建设就是要让油气藏智慧化。这就给人们提出了一个问题：如何建设？

油气藏深埋在地下，很难将其说清楚，如它在什么地方、埋藏有多深、储层有多厚、储量是多少、油水气什么样的关系、储层（地层）压力有多大、温度有多高等一系列问题。所以，人们都说“上天容易，入地难”，往往将油气藏研究的过程比作“盲人摸象”“医生看病”和“考古复原”等。

一般来说，我们需要做好以下几件事。

(1) 最大限度地获取各种数据。包括岩心、物性、电性、流体性质等数据，以得到尽可能丰富的地质信息、油气藏信息，这就需要地质研究、地球物理勘探、钻探、测井、分析化验、试油试采数据，以及前人研究的成果等。

(2) 数据分类与分析。变杂乱为有序，这个过程为去伪存真、地质模拟和建立地质模型，突出主要矛盾，完成“生、储、盖、圈、运、保”。

(3) 确定成藏时间、分析成藏机理、建立成藏模式、总结分布规律。这个过程就是对油气藏做出决定，从已知油气藏精细分析入手，确定其何时成藏、分析其成藏后是否经过改造，其次，在这个基础上建立成藏模式，找出关键控油、控气因素，最后总结油气分布规律。

(4) 评价勘探潜力，进行区带评价，预测有利目标，给出结论，做出最终决定。

人们常说“说起来容易，做起来难”。其实，对于油气藏，要说起来也非常不容易，以上所述都是根据多年来人们总结的结果，其实还不是很全，真正做起来更是非常不容易。

(5) 确定勘探技术与方法。很多技术与方法其实就是为了生产数据，如地球物理勘探、钻探、录井、测井、取心、分析、化验等，这些技术要动用很多大型装备、设备和先进技术，就是为了获得很多数据。例如地震方法，采用二维地震和采用三维地震所获得的数据量是完全不能比的，三维地震的数据量巨大，其处理、解释难度更大。但他们的目的是一致的，即都为获得数据，返现油气藏。

我们以石油钻探为例。石油钻探是指利用钻井技术与方式，从地面开始按照钻进目的层给地层打一个孔，以获得油气信息。也就是说经过地质调查、地球物理勘查后，选择油气聚集最有利的钻孔位置，用钻探技术钻穿油气层，以达到检验物探资料、了解井下油气地质勘查资料，求算油气储量，提供开发远景情况为目的的钻探工程，简称油气钻探，也叫“一孔之见”，如图9.2所示。

图9.2 石油钻井井场与钻机（资料来源：汇图网）

油气井的钻探既是一个石油工程，也是一个油气工艺，更重要的是数据获取的技术与方法。其主要包括：

（1）钻进。从地面开始破岩成屑，由钻井液携至地面，即将钻井中的泥浆带到地面。

（2）取岩心。根据钻井设计与研究油气的需要，设定在油气层位及换层部位取得岩心，主要为了解含油气情况及岩石的物理性质与化学成分。在钻探过程中，要观察、研究岩屑与岩心，做出钻井的地质剖面图，这一过程称为录井。

（3）测井。随钻或完井后利用测井技术，用电、声、放射性探测等手段，识别岩性与油气水层。

（4）注水泥固井。钻井后要给油气井下套管，下入一层或多层套管，在管外与井壁之间灌注水泥，使其固结，以强化井筒的承压能力，并为在套管顶部装防喷器、控制井喷、进行压井等作业创造条件。

（5）中测。钻遇油气层时，立即用钻杆测试器在油气层未遭到污染、损害之前，测出油气的原始生产能力及地层参数。如在完钻后测试，还可根据生产能力的大小，决定是否下入油层套管。

（6）射孔完井。当确定了储层后，需要开采油气，就要在下入油层的生产套管用射孔弹射穿，然后下入油管、装地面采油树（采油设备）采油气。

（7）试井与生产，也叫完井测试。自下而上分层测试其地层压力、地层温度、不同回压下的油气产量。计算油气的最大产量，确定安全可采产量。为了计算储量及相互对比，还要取油气流体样品在常温常压或高温高压下进行实验分析。试井作业完了，即可投产。

以上这些过程都是数据生产的过程，没有数据就没有办法发现油气在哪里。为此，在数字油气田建设过程中，人们做了最大的努力，将这些油气勘探数据进行统一标准、统一存储、统一管理。为此，油气田企业不惜一切代价，尽最大的努力对已获得的油气藏“资料”进行数字化。

然而，将油气藏实体进行数字化实在太难，按照数字油田建设的基本过程，应该给所有的油气藏（储层）安装传感器，对地下进行实时的数据采集，然后获得数据进行适时的分析，让储层三维可视化，实时的观察，发现问题，但这是不可能的。为此，数字油气藏建设是一个非常困难且人们至今也没有办法完成的建设任务。

在数字油气藏建设之后，就要完成智能油气藏。但由于数字油气藏很难做到实时的采集储层数据，为此智能油气藏建设也是比较困难的。但是，人们还是做了很多的工作，比如远程随钻导航就是一个非常智能化的过程，在国际上可以对远程达到几百公里以外的钻井进行指导，完成地质导向决策，如图9.3所示。

除了智能随钻导航技术以外，还有一种油气藏研究方法，就是井下压裂研究中的分布式智能分析技术。这是针对正在开采的油气井储层原有压裂的测试分析方法，其基本做法就是将传感器下到储层后获得相应的数据，再利用大数据与人工智能技术进行分析。一般情况下，当一口采油井当初的压裂裂缝状态仅有50%处于开裂状态，即正在工作状态，其余基本处于闭合状态时，如果实施了分布式智能压裂分析技术，能够将封

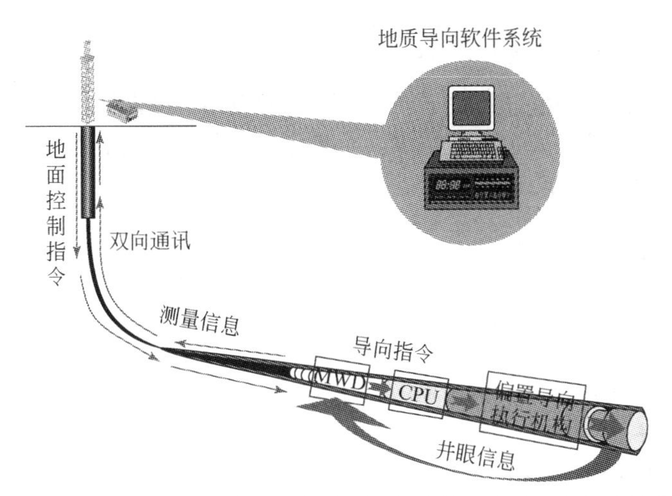

图9.3 智能化远程地质随钻导航技术［资料来源：周广陈，自动导向钻井技术简介（PPT）］

闭了的压裂裂缝“救治”让其重新工作，这就相当于开发了一个新的油气田，是提高采收率和单井产量的最好办法之一。

对此，人们感觉这种方法也是智能化油藏建设的方法。这里有几个智能的点：①分布式。分布式压裂是指在具体实施过程中对井下、储层压裂点的施测过程分段实施；②下到井下的传感器，这个过程就是一个智能化过程；③采用了大数据的分析，等等。人们认为这个过程算作是智能油气藏建设的一种。

现在还有人研制新的水平井储层传感器，可长期下入到储层里，实施数据采集，根据这些数据进行综合分析，完成配产、配注等，以提高采收率等。

以上这些过程与建设，是否是一种油气藏智能化或智慧建设，我们还是需要认真地思考与研究。

其实，智慧油气藏建设包含以下三点：

第一，对油气藏或者储层实施全方位的智能监测，适时地采集数据、分析数据，建立地质模型，建立油气流体关系模型，及时发现问题，实施预警、告警和趋势分析，完成科学的决策。这是我们应该建设的方法。但是，根据前面的论述，其实很困难。

我们可以做一定量的示范研究，或者选择典型井投入巨大的研究，取得经验与成果后再推广，不过这样的投入还是十分巨大的。我们都知道国外研究与开发十分精细，技术十分精湛，但是，他们仅对某一口井做，而我国油气田都希望全面地、大范围地做，这种投入会相当大。

第二，利用勘探、开发、生产等多种数据，采用大数据分析，特别是在研究、分析过程中，加入智慧技术，包括数据聪明方法、人工智能技术与大数据技术和地质、油气藏专家、科学家的智慧，进行适时的地质决策，这样也是一种建设，还是可以实现的。

第三，如何将地质研究过程智能与智慧化。这是一个很大的挑战。如在一般的研究过程中，如何采用智能技术让常规研究、作图“自能化”。例如，当研究储量时，云平台会自动将该区域所有的数据推送给研究系统，研究系统会自动分析、评价参数，自动完成各种图件的制作与绘制，自动进行储量计算与评价等，最后给出结论与报告。其余类推，即研究过程全都自动化，我们称之为“自能化”过程。

为此，我们给智慧油气藏建设下一个定义。智慧油气藏建设是指充分利用所有的油气田数据，采用大数据与人工智能技术，在研究上改变传统的地质油藏研究方法，加入智慧技术的油气藏科学过程。

2. 智慧油气藏建设的意义

有了先进的智能化油藏建设，还要不要建设智慧油气藏呢？当然是需要的。其意义主要表现在：

（1）智慧油气藏建设是智慧油气田建设中的重要组成部分。根据我们前面已经建立的智慧油气田建设模型，如图5.5所示。智慧油气藏建设处于顶层，属于重要的五个研发配套中的关键内容。

油气行业作为世界第一大工业，具有资源量庞大、资产规模大、员工人数多、勘探开发难度高、流程与产业链长、前期投入资源量大和生产环境复杂的特点。但“地下决定地上”，而不同的人对油气藏有着不同的理解与认识。在常人来看，智慧油气藏建设就是利用人工智能技术，在油气藏的勘探与开发过程中减少人工干预，减少由于人为操作不当或地质认识与油气富集认识不清而造成的失误或误判。

但在相关专业人员的眼中，智慧油气藏建设是在全面应用人工智能技术与大数据的前提下，以提高勘探准确率、降低勘探成本、提高油气采收率、精细油藏管理与采油工艺、实现效益最大化为目标，形成全面而灵敏的感知、机器自控、智能预测、优化决策的系统性的油气藏单元。

不管怎么说，智慧油气藏建设还是非常需要的，它是智慧油气田整体建设中不可或缺的部分。

（2）智慧油气藏与传统油气藏和数字、智能油气藏具有相同的目的，即实现效益最大化。在油气田，往往提高采收率与效益与生产投资、建设投资成本是一对矛盾体，人们很难做到既要投资很少，又要效益很高。在数字油气田建设中，人们就试图解决这一问题，其实很难做到，如在数字化的条件下如何降低成本，是能够做到一部分，但是，很多方面还是不好做，也做不到。

智慧油气藏是油气田数字化发展到高级阶段的产物，但智慧油气藏建设与数字、智能油气藏的建设在本质上是一致的，例如：①可视化：在生产过程中不但要实时感知并向外传达各项工程的参数变化，如钻速、泥浆成分、钻压等一系列的钻井钻进参数，还要能够实时测控地层内部的流体信息的变化，如储层的含油气性与含油饱和度、随开发推进而变化的油气藏边界与剩余油的分布及地层温度、压力的变化。②自动监测与分析：当上述变量超出预测范围时，检测系统不但要自主做出判断，还要进行报警及相关设备参数的调整；③智能决策：能够基于专业智慧库与油气藏中的生产数据及时准确地做出判断与决策，控制设备与相关人员。基于此，智慧油气藏具有三大基本素质：数字可视化、人工智能化、决策智慧化。

（3）根本上是要解决油气藏研究过程的复杂性和难以决策的问题。油气藏研究过程非常复杂，专业领域多、技术参与多、方法过程长、参与的各个专业人员多，很多时候对于油气藏决策是非常困难的，也就是难以下结论。

智慧建设的核心是“要将对的事情做对，给出正确的决策”。油气藏研究长期以来都是“首长制”决策，尽管不断开会，召开各专业科学家联席会议，很多专家汇报根据各自学科研究给出的结论与建议，但是，最后还是需要领导做出最后的决定。

那么，智慧油气藏建设能不能解决这样的科学决策问题，就成了一个重大课题。

3. 智慧油气藏建设的作用

随着石油工业的发展，面临的难题也在进一步增多，如传统区块的油气勘探已趋近尾声，探明储量的增速减缓、开发的深度与难度进一步加大、油藏含水率上升、采收率下降及发现新区块与新层系的难度增大，人员成本及管理、设备更新与自动化生产等要求逐渐增高，这些都是近年来石油工业所面临的新挑战。而建设智慧型油气藏可以很好地解决上述众多问题。其实，智慧油气藏的建设将是石油工业生产方式的一大转变。智慧油气藏将静态数据赋予一定的专业化思想，实现对地上部分设备设施的智能化管理，有效降低设备运行中产生的风险，实现智能化地面工程和生产运营的一体化，从而提升决策与管理能力。

（1）将进一步提升油气藏的勘探开发与生产的效率。智慧油气藏不但能够在勘探阶段增益，而且能够通过大数据的方法在油气开发阶段进行增益。随着油气行业近几十年的大力发展，国内大量油气田出现含水率高的情况，而智慧油气藏将通过智能化与大数据的方法对高含水的油井进行全面而准确的预测，再通过三维建模的方法建立渗透率三维展布，进行各储层内剩余油分布的预测，实现在相应的区域打出相应的井，实现低耗能、高采收的目的。

具体而言，智慧油气藏系统将根据其所测控的数据，在开发过程中实现生产设计的最优化而提高收益，其主要表现在以下几方面：①优化井网，在井位设计上实现剩余最大开采度，从而提高井网的精度与质量；②合理设计开发层段的优先顺序，提高单井采收率。智慧油气藏将通过三维建模动态控制钻进轨迹，并通过压力感知系统合理控制多油层段的开发顺序；③通过管道监测实现对管道的保养，提高其使用寿命；④通过数据分析，为之后的炼油工艺做准备，全面改善下游产品。通过智慧化管理，减少现场施工人员和监控人员，既有效提高石油工业的人员利用率，又有助于减少人员的事故发生率；⑤地质研究过程“自能化”，降低科研人员的劳动强度，“无人”研究后减员增效。

（2）智慧化建设将进一步降低各项成本。智慧油气藏体系除了上述优点，另一大优点将会是降低工业生产的成本，而其降低成本主要从以下几个方面进行：①井身设计优化，命中“甜点”率增高，“一趟钻”成功率明显提高，并且在非常规油气开采的定向井中普遍实现二开单趟钻或双趟钻。②大幅减少非必要生产时间。智能钻进系统、井控系统、控压系统及人工智能预警系统和钻井事故处理系统的智慧化将明显提高，有望实现井下复杂情况的预知、预防而降低钻井事故的发生率。③明显缩短单井钻进时长。如上所述，采用智能化钻井及开发系统，钻井成功率高而事故发生率降低、“甜点”命中率高、处理问题短，因此未来智慧油气藏系统的发展将大幅削减非必要时间，大幅缩短钻井时间。据报道，曾有人预测到2030年，美国超深超长页岩油水平段钻井的单井钻头用量将减少2~3个，平均钻井时间将缩短至5.5天左右。④单井钻井成本降低，采油智能化钻井系统，将使钻井成本降低一半。因此，过去因为钻井成本较高而未开发的油气井将会得到开发，使得探明储量的使用率增高。此外，油气行业受到国际油价波动的影响将会进一步减小。

（3）智慧化建设将进一步增强决策力。智慧油气藏系统将会使油气钻井的信息采集、开发设计与突发预测、实时监测警报与决策等环节有机结合为一个整体，结束过去钻井、完井、试油、开发等环节联系紧密度较小的状况。油气田开发过程中，提高采收率是一大核心目标。智慧油气藏系统将通过安置在油藏中的传感器与控制阀，实现对油气井与油水界面的动态监测。通过实时传入与传出数据、分析和筛选数据，优化决策，改变完井方式。通过实时检测设备的性能，进行设备的保养，进而使设备的性能最大程度的保持最优，从而提高油藏的采收率，增加收益，实现油藏的精细化管理。此外，油气勘探方面的智能化将进一步加大，从减少勘探人员的劳动作业而降低成本，相对增加收益。特别是提高油气田在各个方面的决策力。

从以上分析来看，智慧油气藏建设是非常重要的。

9.2.2 智慧油气藏建设的基本思想

现在我们来讨论智慧油气藏建设的基本思想，也就是基本想法。未来的油气藏智慧建设是在良好的数字、智能油气田建设以后，数据极大地丰富，油气田地面各种业务与生产过程的智能化程度非常高，是从事了智慧采油、智慧联合站、智慧工程、智慧井区等一系列建设后进行的建设，实现度高并具备了非常先进的思想与技术建设。将会出现这样几种情况：

1. 智慧油气藏勘探方式将会发生彻底的改变

这是一个非常重要思想，我们不但要解决油气勘探人员的劳动强度，还要降低成本、提高勘探准确度。因此，未来的油气藏勘探基本上不要动用传统的地球物理勘探、钻探、地质标本采集测试等方式了，而是很有可能会出现一种量子动力勘探手段，这种技术将地下4000~5000m以上的地层划分清楚，对岩石成分、岩性、物性、矿物成分等按照每米的要求成像告诉我们，然后采用3D打印的方式形成实际的地质模型，并快速呈现出所有的数据与地质信息。

我们的油气藏一般在5000m左右，这样的勘探信息已经足够我们使用。未来传统勘探、地质调查等企业基本不会存在了，这些队伍与团队将转岗为地质数据生产企业，也能发挥其巨大的作用。

2. 油气藏地质研究方式将发生根本性的改变

地质研究依赖油气田企业智慧大脑与智库，拥有非常多的科学家、专家与工程技术研究人员。多少年来，很多油气发现，地质研究、开发采油方案都是由研究院所贡献的，他们已经形成了一整套的管理与运行方式，各种研究岗位固定、研究模式固定，取得了很多重要成果。

但是，随着数字、智能油气田建设程度的提高，特别是科学技术的快速发展，智慧油气田建设的深入发展很快将触及到研究院所。很多常规性的研究任务将被人工智能机器人所代替，包括构造岗、储量岗、岩性分析岗、经济评价岗，等等。由于数据实行了云数据、云服务，又经过各种数据治理，数据质量大大提高，数据非常安全可靠，区块链技术、大数据技术的与边缘计算技术的应用，动态适时数据从源头采集直接进入云中心或数据湖，智能搜索针对业务需求可以实现秒级数据服务，每天对应所做的研究分析都是 24 小时不间断地进行，随时提供研究成果。

对于重大研究将会充分发挥“集大成智慧研讨厅”技术的作用，这是一种集众多智慧的研究与决策的线上平台。就是对于初级研究成果或分专业研究成果，当需要组织更多科学家论证时，都会自动提交给“研讨厅”进行科学汇总与自动推送。“集大成智慧研讨厅”也是一种“综合集成智慧研讨厅”，它可以随时启动智慧系统，按照智慧研讨厅机制从事工作，如寻找相应的专家、科学家、领导，然后推送问题与成果及图件。科学家们在自己的研究模板上研究、咨询、征询后将诊断、评价与结论返回研讨厅。研讨厅开启相应的汇总、评价机制，如给专家付费，再反馈给其他学科专家等，最后构成完整的结论性建议或决定，提供给研究院主管领导。

同时，小型化、精准智能与决策，将会在智慧油气藏研究和建设上非常流行。这种方式可以面对任何一个问题，可以做到很小，充分利用大数据方法论与人工智能技巧以及大成智慧研讨厅机制，快速完成一个研究与决定，然后立刻应用于生产过程。这种研究将会成为一种常态化，灵活性、针对性、精准性、效果都会非常好。

3. 智慧油气藏的智能监测与实时诊断的智慧建设

这种建设主要针对已开发的油气田开发过程的中的配产、配注，如对水平井压裂裂缝的智能识别与诊断；油气水流体的智能监测与诊断，储层温度、压力的智能监测与诊断等。

但是，这种建设不是最好的油气藏建设，因为目前我们还有很多技术难题难以解决，即使有人投资示范做得不错，也不一定能大面积推广。这其中成本就是一个大问题。

不管怎么说，油气藏一定需要智慧建设，智慧油气藏建设的方法与目标，主要有三点：

（1）油气勘探的方式发生彻底的改变。从勘探着手，考虑完全不用传统的方式，而是采用量子技术与地质扫描的方式完成，达到“碳中和”的目的；

（2）油气藏研究的方式发生彻底改变。充分利用大数据与人工智能技术，将传统的、常规性的研究过程采用“智慧大脑”自动完成，将所有储量研究岗、构造研究岗、分析化验岗等全部采用智慧大脑来取代，达到智能分析与智慧决策；

（3）油气藏决策过程做到彻底的改变。利用“大成智慧集成”，建立“集大成智慧研讨厅”，将数据聪明、设备聪明和科学家的聪明实现汇聚，科学评判，建立科学决策智慧研讨厅机制，做出更加完美的油气藏科学决策。

9.2.3 智慧油气藏建设技术方法

智慧油气田建设的技术与方法有很多，在这里我们只论述以下几种。

1. “智慧大脑”的技术与方法

油气田数字、智能与智慧建设程度越高，就会越来越简单和无人化。简单主要表现在机构方面，即组织机构简单。我们目前需要召开很多会议，就是因为机构太多，学科领域复杂，责任需要明晰。为此要推论责任与分工，就要开会协调，领导在会上拍板决定。

另外一个就是无人化。所谓“无人”，就是当真正实现了智慧的油气田后，集成度越高，需要各类专家就越少，效率就越高，决策质量就越好。我们预测在未来智慧型油气田中，只有两种科学家：油气田科学家和数据科学家。开发油气藏智慧大脑是这一研究模式建立的关键，通过这一模式，很多传统的地质研究、常规性研究将由云数据、大数据、人工智能利用智慧大脑来完成，从而实现减员增效。

在数据方面，基于传统数据获取的基础上，可以依托区块链技术、数据池、云数据及云计算等服务，进行大数据的治理、管理与高速传输；在地质决策方面，在集大成智慧研讨厅内，以油气地质科学研究出发，基于云数据及相关算法，由数据科学家和油气田科学家针对油气藏中的各种类型数据进行综合关联分析，完成地质决策；在油气藏的开发与生产环节，同样在集大成智慧研讨厅内，由上述科学家基于生产运行数据构建的数据湖、预警机制及趋势分析等，智慧地制定动态生产决策。其运行方式与模式如图 9.4所示。

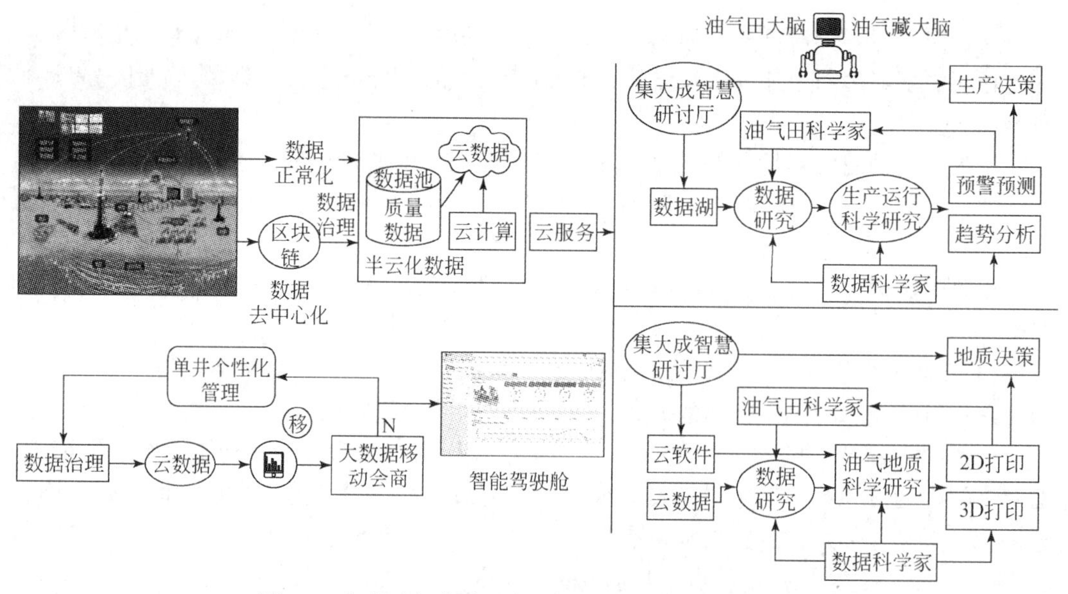

图 9.4 智慧油气藏建设中的智慧大脑运行方式与技术

图9.4的左侧是一个油气生产的智慧大脑，称为“智能驾驶舱”。这个流程主要解决非线性油气田生产过程中的决策问题。从左端的油气现场出发，数据实时地采用区块链技术实施“去中心化”管理，并进行数据治理，数据快速注入数据湖或数据池，完成云数据和云服务建设。图的右侧是油气田大脑和油气藏大脑工作机制。

“智能驾驶舱”根据现场实时数据与油气藏勘探、开发等数据，利用大数据与人工智能技术分析，以单井为中心，实施单井个性化管理，给出各种运行过程中需要解决的问题及其措施。这个我们在智慧采油、智慧联合站中等都有介绍。

而智慧大脑有两个方面，一个是“地质决策”；另一个是“生产决策”。形成两个智慧大脑，一个是“油气田大脑”；另一个是“油气藏大脑”。

这两个大脑的主要特征有以下几点：

(1) 都需要综合集成专家的意见。这里主要是“数据科学家”与“油气田科学家”，很多智慧就来自于他们。

(2) 都有一个“集大成智慧研讨厅”，这是一个重要的综合集成专家意见的机制与平台，可提供很多、很好的专家意见与智慧。

(3) 都有一个科学的、正确的决策系统，这个决策系统不但有专家、科学家的智慧，还有数据、知识、经验与教训的对比研究，最终都要给出很好的决策。

这样未来油气藏研究的方式可能会发生根本性的改变，如我们常规的研究方式是在油气田设立很多研究机构和院所，然后在研究院所里又设立了很多的研究岗位与项目组织负责人，如构造岗、储量岗、岩石岗、经济分析岗等。如果有了这样一套研究系统，形成一种模式后，传统的、常规性的研究会由人工智能机器人所代替，这样的研究又快又规范，然后提供给“集大成智慧研讨厅”交由科学家们集体研判，全部在线上完成，可形成更多的智慧。最终完成3D打印，所有的油藏、储层、构造、流体都是三维可视化的。

2. “集大成智慧研讨厅”的技术与方法

在集大成智慧研讨厅建立后，通过分配器给各个领域专家推送问题；通过智能搜索完成数据提取与分析后进行各专业知识库对比；通过中台技术与微服务模式完成自适应敏捷开发，构建智慧大脑等，为油气田低成本战略分析、油气田生产应用及智慧决策分析等服务，如图9.5所示。

由于地下地质的非均质性，油气分布与开采的复杂性、多样性，使得我们在建立集大成智慧研讨厅时，要根据研究对象，有针对性地制定适合该沉积盆地、含油气区带、油气藏、含油气砂体的独特检验指标，但不管特征如何，总体应围绕着地质认识、进一步勘探预测、资源评价、各项开发指标、产量预测及收益评估等几个大环节是一致的。通过这些指标，检验在集大成智慧研讨厅中的科学决策及规划部署的质量、可靠性及普及性等方面，可为其他未知或认识较浅的含油气区域的油气藏勘探及开发提供理论依据和借鉴。

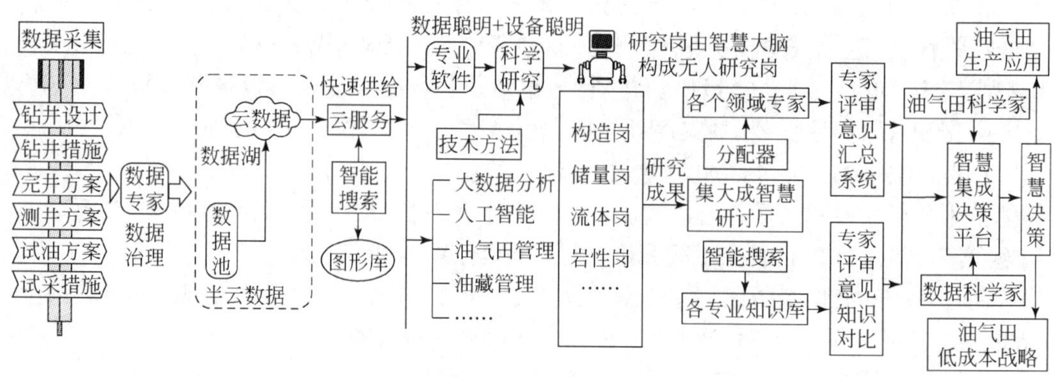

图 9.5 “集大成智慧研讨厅”技术与方法模型

图9.5是一种“集大成智慧研讨厅”技术与方法工作模式，从数据治理开始到智慧决策结束，构建了一个完整的过程。

“集大成智慧研讨厅”面对各种常规研究中的成果问题，经过研讨厅平台的分类，分配给各类专业领域专家与专家系统的知识库。专家进行初步的研讨论证，如果给出可行的结论，就会给出基本的结论；如果没有得出结论，就要进行下一个阶段，即提交给“智慧集成决策平台”。这个平台面对的是油气田科学家和数据科学家，系统会根据主要问题与矛盾，搜索与提出推送给哪些科学家，然后会自动推送。

科学家们通过研讨后，将自己的研究、评价的结果反馈回来，平台会自行汇总并与知识图谱、专家系统对接进行研究对比，得出最终的结论与给出最终的决策建议。

这种决策不是我们平常说的是一种辅助决策，而是一种最终决策。这种研究过程是非常高端的，智能化程度非常高，是集成了非常多专家、科学家的智慧而形成。

当流程结束后，系统会自动给各位专家结算付费，这就是一种数字货币结算系统。

这里需要说明一点的是“无人研究岗”问题。“无人研究岗”是指在很多科研院所中都会将研究内容细分，然后设立相应的岗位，如储量研究岗、构造研究岗、岩性研究岗等。这些岗位上的研究人员根据岗位职责来专项研究某一项问题。当智慧油气藏建设以后，这些岗位将由人工智能机器人所从事，而人员就会自然消失。因为这些研究都属于常规性的，人工智能机器人研究比实际研究人员更具有智慧，它能利用自适应、自学习、深度学习等，比人来研究的更好，而且可 24 小时不间断地研究，成本比人更低。

综上所述，智慧油气藏的未来是一种“全数据、全信息、全智慧”的油气藏，即全数据参与、全智慧参与、获得全信息的过程。这是智慧油气藏研究中的重要问题。大数据并非仅仅是数据量大，而是小任务、多数据、强关联，这样数据才能完全而准确的表达出油气藏蕴含的各项有价值的信息。更为重要的是，如何将不同领域、学科、专业的专家、科学家的意见汇聚，体现出“全智慧”，最好的办法就是“集大成智慧研讨厅”。该模式可以彻底解决“吵架”问题，建立科学的评价机制，汇集各种智慧，从而形成“全数据、全信息、全智慧”的智慧油气藏研究与评价模式。

3. “碳中和”是一种智慧建设技术与方法，将成为需求与岗位

在油气田，从表面上看，“碳中和”对应着油气生产与应用。有这样一种普遍说法，因为油气的广泛应用，之后大量地排放二氧化碳造成了碳的增长，气候变暖。其实，我们应该科学的看待这样一个问题。未来有可能“碳中和”成为一种智慧油气藏技术，提供给我们进行智慧油气藏建设。

（1）“碳中和”确实与油气有很大的关系。因为，油气本身就是碳原子产品，在油气开发生产过程与使用过程中都会出现污染等问题。我国制定的目标是到2060年实现“碳中和”，我们石油行业应该积极响应。但是，不能说我们今天就不应该生产油气了。

（2）“碳达峰”是一个重要的事件节点。按照我国规定到2035年达到碳高峰并形成拐点，那么距现在还有15年的时间。在这15年中，这是我国推进发展的关键时刻，油气将会是主要的工业产品，尤其是能源动力的主要产品。

目前我国生产油气还不到2亿吨（当量），而油气用量就需要5亿多吨（当量），在15年中我们需要一方面加快技术改进与创新，控制碳排放，另一方面还需要加大马力开采油气，保证油气安全。

（3）智慧勘探开发与采油，将是一个最好办法。在油气田，一切工作都是围着产量，产量又围着油气藏，所以，在油气田智慧建设中，油气藏是个关键。“碳中和”需要用智慧建设来解决。首先，在油气藏研究中注入碳的思想与理念，如何找到更好的办法在发现与开采之前解决，而不是依靠传统的办法解决，这个时候我们需要采用大量的装备、设备与施工过程，其本身就是一个碳排放的过程；其次，利用智慧建设提高决策能力，减少过程复杂性，时间越长，耗能就越大，成本就会越高。第三，未来油气开发可能会出现一种将化工厂、油气田生产过程中产生的碳收集，或者通过碳交易活动，用来开采油气或储藏碳。这种技术的核心是分子动力学系统。需要通过一定的算法与模型，将废物变成开采油气的一种动力学系统。

总之，利用“碳中和”的思维，将会彻底改变油气资源的开采方式，需要一种智慧建设的技术与方法。

9.3　智慧油气藏的建设考核方法与未来

未来油气藏的建设的目标包括以下三点：①整合井下参数、开发动态数据，基于专业智慧库进行油藏分析，实现油藏系统的精细化运作。②进一步进行增产措施的设计，实时检测产液含水率的变化，储量分析等。③根据动态分析结果，重新对井产量、采油速度、含水率、注水量等指标进行预测，较早地有针对性地改变应对方略指导生产，提高产量和采收率。

9.3.1　建设模式考核

智慧油气藏的建设可大致分为三个阶段：①第一阶段为经验及资料的积累阶段。该阶段以学习为主，各大油气公司之间可实现经验的共享。②第二阶段为渐进式的采用人

工智能代替普通的工人作业，并利用机器学习等初步建立智慧油气藏体系。在该阶段，普通作业已经全部被人工智能所替代，而一般的专家也将被人工智能淘汰。③第三阶段是在第二阶段的基础之上，全方位地实现智慧化。在智慧化油气藏建成后，上游的油气勘探和中游的油气开发将通过智慧系统统一管理和维护，实现对油气藏的勘探开发一体化。

智慧油气藏的建设环节，必须要考虑到以下方面：①油气藏数据的智慧化分析，如海量数据的筛选，建立数据库，制定基于油气行业的标准；②油气藏内部数据的实时监测、传输及分析，包括但不限于井网的设计，通过建模实时输出钻进的速度、轨迹、目标层位、取心层段等钻进过程中所涉及的大量数据；③开发条件及工程参数的及时调整，优化井位部署及层位优选；④采用人工智能技术进行大数据分析，充分发掘尽可能多的地质信息，以此提高地质体的分辨率；⑤智能化预测与决策，通过数据分析结合专家智库，对获取的地质模型进行调整，自动预测有利区域及层段、采油各项工艺、油气藏精细描述的各项参数及油气水动态变化等内容，自动制定下一步的勘探部署与开采工艺措施与手段等，利用智慧技术发现未知，发现油气资源。

智慧油气藏建设具有其独特性，主要表现在以下两个方面。①智慧油气藏的建设将是智能化在油气行业的进一步应用，包括但不限于以下方面：数学模型的建立（单井分析模型、油藏数值建模、油气实时追踪模型、测井解释与完井模型及随钻新模型）、全面感知系统的使用、高精度传感技术应用于传感网络的建立、自动化技术的全面普及，以及可视化分析与科学部署。②智慧油气藏建设离不开大数据方法与人工智能技术。将从数据（动态、静态、人工数据）、模型（大数据、人工智能）、可视化（2D、3D、4D）和业务（油藏建模、检测、动态分析）这些方面，对油气藏的探明、开采、评价各个环节进行智能化与智慧化建设，从而形成全面的油藏感知系统、智能化的预测分析系统和油藏操控系统。

9.3.2 建设内容考核

智慧油气藏的建设内容主要包括基础硬件设施的开发与应用、大型及专业化智能化数据库的建立、应用专业分析软件综合分析及评价油气藏，主要表现为以下四个方面：①基础资料，包括各项生产设备、感应设备、油藏静态与动态资料等；②数据层面，包括数据采集、数据传输、加工及分享；③地质分析，包括油藏地质模型、动态预测、油藏开发方案与调整措施等；④应用，包括大数据处理、人工智能分析、物联网、实时监测与维护、数据信息提取、进一步勘探决策及开发方案的编制与动态完善等。在这些研究内容中，会涉及油藏描述、人工智能、产量管理、数据监测、动态分析等环节。这些环节都很重要，需要认真对待，下面一一介绍。

在油藏描述方面，应该对开发方案进行动态管理与调节、现场调整、协同优化。智能化数据的对比，可在单井钻井数据、生产开发数据（如油藏的温度、压力、含水、产量）等方面进行。此外，动态分析评价井的各项数据，如油藏的边界、采收率、产能及经济效益等。

在人工智能方面，在开发与生产时，智慧油气藏将能够使用人工智能进行油气藏的管理与决策分析。与传统油气藏相区别，智慧油气藏需要数据的实时更新，且与历史生产数据相匹配，建立分辨率较高的三维动态模型实现预测开发效果，优化开发设计方案。除此之外，根据各项参数，可以指定所需的作业规划，实现施工、维护、调整等指令。

在产量管理方面，智慧油气藏是数字油气藏和智能油气藏的延续，可以建立智慧油气藏管理及分析系统、智慧开发系统，实现油气井产量趋势预测，产量变化因素的判定与分析，异常统计，增产、调整产量等措施。

在数据监控方面，智慧油气藏将从数据传输和后期分析两部分进行建设。数据传输主要包括测试、通信与计算。在数据传输方面不仅要考虑施工现场短距离的数据传输、还要分析远程数据的传输效率与容错率，更要考虑数据的安全。而后期数据处理则涉及数据的筛选、校正、参数优化等。监控的主要对象包括井底温度、压力、流量、采油（气）树的工作状况、诊断结果、报表信息等。

在智慧油气藏的建设中，油气藏动态分析是至关重要的。油气藏动态分析主要包括油气藏内部流体与储层物性的动态分析，也包括单井与井网的区块动态分析、聚合物驱油动态分析及油气田动态预测等。

9.3.3 建设方法考核

在信息时代的大背景下，智慧油气藏的建设主要包括人工智能——为智能决策赋能、机器学习——综合各方信息、深度学习——获取抽象数据。中国工程院院士韩大匡认为，如果能够利用大数据与人工智能增加上游油气勘探的科学性，减少现阶段油气勘探方面所面临的不确定性，就可以在大规模降低油气勘探成本的基础之上，增加高品位油藏的探明率，缓解油气行业面临的成本高、资源劣质且短缺等问题。

人工智能在智慧油气藏建设中的作用，可以初步总结为以下四点：①岩心-岩相的分类。利用目前流行的高光谱岩心扫描技术进行岩心岩相的自动分类。②测井曲线和地震资料的解释。目前这两类曲线的解释工作虽然已趋于成熟，但是由于在曲线的解释过程中会掺杂一些人的主观方面的判断，所以不同的人对一些有争议的曲线解释可能会不尽相同。但如果使用人工智能与数据库，进行曲线的比对与分析将会减少这种人为产生的误差。③油气甜点的预测。即通过三维建模、四维模拟与数据实时监测，进行油气层甜点的准确预判。④生产动态历史拟合与数值模拟预测。智慧油气藏的一大优势在于使用大数据及模拟，而在油气藏开发过程中，可以进行海量数据的统计与分析，再使用人工智能进行建模与预测，从而实现历史数据与生产动态相结合的特点。

我们以油藏管理智慧建设为例。油藏管理先后经历了由技术型向技术经营型、由技术经营型向数字管理型的转变，且经济增长方式也由粗放型向集约型转变，油藏经营管理的主要任务是提高采收率与油气田开发经济效益。

提高采收率的核心关键是对油藏或储层做全面地、精细地研究，实施精准开发，获得最大的产能与最佳的产量。开发经济效益，就是以最小的投入、最低的成本从油藏中最大限度地获取利益，准确或较准确地发现并认识研究对象的客观规律，并运用这些规律有效地解决已发生、正发生和未来要发生的问题，做到“已知过去，预测未来”。

可是，做最大的投资以提高采收率与以最低的成本获得最大的经济效益，而其对象都是一个——油藏，这就构成了一个最大的矛盾体。就油气田生产管理运行与油藏地质开发过程来说是一个非线性的运动过程；就经济学角度来看，随着产品销量的增加，产品的价格是变化的，使销售收入与产量不呈线性关系。而二者放在一起考察，油气生产的总成本也与产量呈非线性关系，这就更加复杂了。

油气生产的一个基本规律是产量递减规律，尤其是在油气田开发中后期，为使油气田稳产或减缓递减，就必须增大调整探潜费用，加大注水开发油气田。随着累积产量的增加，综合含水也在上升，注水费、堵水、调剂等工艺措施费用都会增大，可是为提高采收率，还需补打部分加密井、更新井等，地面设备也需要随着改造提升，等等。就一个油藏；就两个目标：提高采收率与提高经济效益，结果成了一个“跷跷板”，压下一头，另一头就要高，使得变动成本、固定成本与产量呈非线性关系。

怎么办？传统的做法是认识对象且能动地改造对象，使其能够更理想地按规律运行，满足人们对其研究与生产运行的需要，以最大限度地利用好各种数据，包括地球物理勘探中的地震与非地震数据，钻井、测井、试油、试采、地质、油藏工程、采油工程、井下作业、地面工程建设、动态监测和其他有关学科数据等，形成一种研究、实践协同，构建一个综合的、有效的、经济的最优化体系，较好的完整地、系统地、科学地来开发油藏。

现在我们汇总一下其有效途径：

（1）一是经济有效地提高油气产量；二是科学合理地降低生产成本。

（2）提高油气产量的经济有效性是以最小的投入获得最多的产量，以及最优的经济采收率，也就是最多的累积油气产量和最大的净现值。

（3）降低生产成本的科学合理性就是采用最新的技术和完善已采用的有效技术，提高人员素质、提高研究水平，最终按照经济规律使生产成本得以有效的控制和降低。

要实施以上有效途径，困难重重，主要表现在两个难度上：

（1）如何做到利润和产量达到理想的、可操作的平衡，如图 9.6 所示。

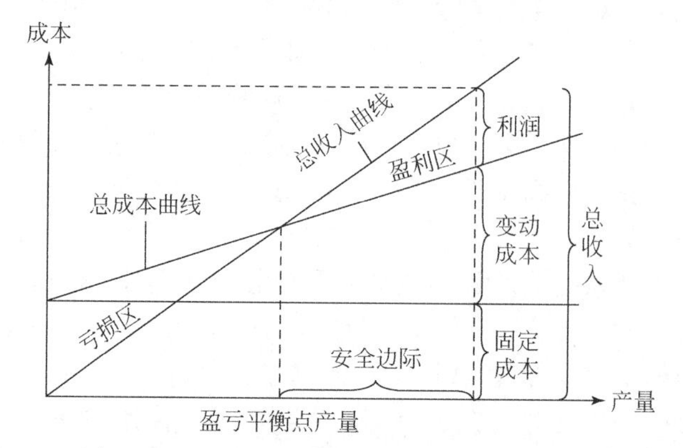

图 9.6 油气田利润与产量关系图（资料来源：吴德龙等，1996）

这是确定盈亏平衡点的其中一种方法，叫图解法。从图9.6中可以看出，假设产量（Q）、成本（C）等各种变量与利润（M）之间是一种动态变化关系，总成本与总收入出现交叉时，即为盈亏平衡产量，当然人们总是希望产量越大、利润越大，这显然是不符合经济原理与生产实际的，因此盈利平衡点到底在什么时间分叉是最好的？

（2）如何进行科学、正确的决策。这对油气田企业领导来说实在太难了，面对复杂的生产与管理过程，决策就成了一个大难题。

尽管人们研究了很多的技术与算法，如有线性盈亏法，包括图解法、代数法；非线性盈亏法，边际分析与增量分析法等，但是，到头来，还需要领导决策。

首先，这是一个复杂的大系统或者说是巨系统，对这样的系统主要给出一个正确的、科学的决策，不但要定量还要定性，最好是定量与定性的综合集成，如图9.7所示。

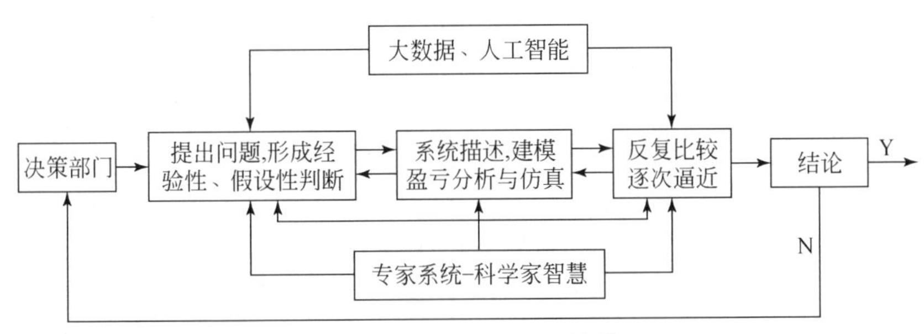

图9.7　智慧油气藏的决策模型

要充分利用大数据与人工智能技术，还有“集大成智慧研讨厅”的专家系统与科学家智慧，特别是知识图谱、经验与教训，不断地针对变化、变形、演化与实践中获得的新问题调整模型，修正参数。这样就不是单纯地进行盈亏分析来决策了。

9.3.4　智慧油气藏的未来

这种新型的“全智慧”油气藏科学决策机制目前还未建成。但人们已在现实中进行了不少探索性的实践，主要以机械及电子领域的智能化操作与管理为主，可以对智慧油气藏发展提供了一定的帮助。目前，国内的发展总体比较缓慢且尚未成熟，成功应用的实例主要集中在国外。一些国际知名的石油公司，如沙特阿美、昆士兰天然气公司、壳牌、雪佛龙等在智能油气田探索方面早已走在世界前列。目前已有的智能-智慧油气藏的建设工作集中于数据标准化和共有信息平台、井轨迹优化设计、油藏实时监测、井筒流量的持续化监测、采油流程模拟、生产及运行的数据分析与状态监控等方面，并已经取得相关的建设经验。此外，上述公司在数据自动采集、在线可视化、智能油气田示范等方面的建设也取得了一些成功之处。

国内在智慧油气藏方面的建设仅处于初级阶段，已有的工作主要集中于自动化设备的使用与数据的收集。虽然，很多油气田已采用自动化采集与监测系统，能够实现对生产设备与油水井产液状况的实时监控，基于此也产生了海量的数据。但如果不能有效的分析这些数据的实际意义并运用于智慧油气藏的下一步建设中，那么这些数据也只能是

“数据量大”而已，远称不上“大数据”。

在未来关于智慧油气藏的建设工作，应该首先从数据感知入手，即实时全自动化地采集高精度的多类型数据，基于5G或更新的网络实现海量数据实时传输、存储与管理。其次通过智慧决策系统提高对海量数据的认知，这需要基于大量有石油地质勘探、开发、成藏分析及现场生产经验的专家提供高精度的数学模型、地质模型、计算机模型与地质解释的经验方法实现。最后则是智慧化的决策与调整，在这一步将基于前两步的建设成果，建立精度高、反应灵敏的油气藏，明确各项参数与数据的意义，实现油藏可采储量的精准预测，并给出准确且最优化的油气藏动态勘探及开发方案。

智慧油气藏的未来，除了数据的感知外，更应该是感知智能与认知智能的有机结合。即在能够区分不同的地质现象、不同数据的基础之上实现数据的专业解释，达到数据与知识的碰撞，经验与创新的结合。换言之，智慧油气藏的建设与多数据、多方法、多知识、多领域和混合应用密不可分。基于以上的观点，可得出智慧油气藏的建设并非是朝夕间可以实现的，需要行业内人员、技术、资源、经验与其他领域内的知识大力支撑。

智能机器人将在未来智慧油气藏建设中起到重要作用。在油气生产中，个别环节偶尔会遇到危险情况，有些信息采集工作是在不适宜停留或无法停留区域完成的，这些已成为油气生产过程中的难点。而智能机器人采集系统，将会使机器人具有人的感知思维与行动功能，以此来代替人让其进行搜索、探测、处理各种危险品或者执行特定的任务，将保护人的生命与健康。此外，在油气钻井过程中经常出现卡钻、井喷等事故。究其原因，主要是在钻进过程中对地层的掌握不清晰。而智慧油气藏的建设过程中利用管道机器人的跟踪定位与数据采集功能，既可以实时确保管道内机器人的位置，还可以实时了解到机器人所处位置处的地层状况，以避免事故的发生。在降低事故发生方面，智能化油气井井口控制系统可以最大化的实现钻井过程中防喷器、节流压井管汇的智能化自动控制，提高工作效率，降低劳动强度，提升了钻井施工的安全性。

未来的“智慧油气藏”将会以智能化控制中心（人工智能、大数据分析、云计算中心、智能决策）为核心，实现油藏地面部分（智能井、油藏机器人、光纤监测）、油藏工程设备（故障判断、风险预警）、油气藏生产环节的自动化设备（无人机、机器人、自主行驶设备）及油气藏评价人员（位置跟踪、危险预警、实时技术支持）等多方面的一体化、高效化、无人化、绿色化。通过“油气智慧大脑”，对海量的数据进行自动化分析与预测，可直接精准地给出甜点位置、优化注采设计、提供开采方案等，为智慧油气藏的勘探、开发、评价及管理提供全方位的专业服务。

因此，可以看出，智慧油气藏是数字油气田发展的必然产物，具有鲜明的专业特征和较高的科研与生产价值，对其建设需要考虑石油地质、地质、生产、管理、预测等多方面因素，要引进新技术、新方法对多方面内容进行建设。可以预见的是，智慧油气藏是未来油气行业，尤其是智慧型油气田勘探与开发的重要一环，指导着该领域未来发展的方向和建设思路。应进一步加大对这方面的研究及投入力度。

9.4 本章小结

智慧油气藏建设，应该是智慧油气田建设中各大模块建设最难的一个建设，但是，智慧油气田建设的基本目标是建设一个“简单、无人、美丽”的油气田。所以，油气藏也不能落后，必须跟上。

(1) 在油气田，人们都知道是一种“地下决定地上”的一种方式，为此，对于油气藏研究十分重要。而智慧油气藏建设对油气藏研究更重要，必须知道其所以然，然后才能进行好智慧建设。所以，本章首先比较细致地研究了油气藏与油气藏研究的基本要素。

(2) 智慧油气藏建设是在数字、智能与油气藏建设的基础上进行的，目前，我们在数字、智能油气藏建设方面尚缺欠较多，智慧建设比较困难。智慧大脑与“集大成智慧研讨厅”技术与方法应是未来智慧油气藏建设的主要方法。

(3) 智慧油气藏建设过程复杂、技术难度大，需要动用全数据、全智慧参与，特别是通过集大成智慧与全知识图谱来解决油气藏研究过程的决策问题。其建设方法非常的独特。

总之，智慧油气藏建设任重道远，但前途无量。

第10章 智慧油气田工程与共享制造

本章是关于石油工程类智慧建设问题的讨论，其包含了工程与设备智能共享制造等，也是一个非常复杂的工程过程智慧化的问题研究。

10.1 石油工程研究

石油工程是一个大的学科方向，是集多种工艺技术与工程措施于一体，多种工艺技术相互配合、相互渗透、相互促进和发展的综合工程。

一般来说，智慧油气田工程建设是根据油气和储层特性，建立适宜的流动通道并优选举升方法，经济有效地将深埋于地下油气从油气藏中开采到地面所实施的一系列工程和工艺技术的总称，包括油藏、钻井、采油和石油地面工程等。在这里，还包括地面地球物理勘探、油气钻井及各种工艺措施施工作业，如压裂、固井、测井、修井等，统统称之为石油工程。

10.1.1 石油工程现状与发展趋势

在国际油气勘探的大背景下，油气开发模式逐渐发生转变。随着各国油气资源的不断开采利用，油气开采的传统模式逐渐被现代的开采模式所替代。我国对于石油资源的消耗在逐年增加，对外依存度已超过70%，而在石油需求量日益提高的态势下，提高石油工程技术成为石油行业发展的关键一环。

石油工程的涉及面非常广，是从地下到地面的复杂的综合系统工程，同时也是一项高投入、高风险的工程，它涉及机械学、物理学、化学、地质学、水利学、渗流力学、电子学、计算机等多个学科。

在运用石油工程寻找油气资源的过程中，也需要综合运用油藏工程、井筒工程、采油、采气工程、地面油气集输储运工程及经济管理等多项学科和技术进行有机地协同和集成。故而，石油天然气的勘探与开发离不开工程技术手段，石油工程自始至终贯穿于油气勘探开发的全过程并发挥着重要作用，以保证勘探、开发目标的实现。同时，油气勘探开发中不断出现的新理论、新方法和新思路也引导和促进了石油工程技术的进步及发展。

为了提升国内石油工程技术，促进油气田行业发展，就必须加大技术创新，打造专业化、职业化的队伍的同时，加快石油行业的数字化转型发展。然而传统的石油工程技术受到了很大的限制，必须加入数字、智能技术，或者将数字、智能技术作为内生要素植入传统的技术中，以提高作业过程的智能化程度。

数字、智能工程的现在及未来技术创新都将在石油工程的应用中扮演着重要的角色，同时也是对其自身技术的提升。我国面对国外石油行业对先进技术的封锁，必须提高石油工程技术中的自主创新科技含量，如在石油行业作数字化转型、智能化转型方面，也包括有关服务及后期维护方面等；加强人才培养，注重实践能力的培养，同时适当调整石油工程技术的人才结构，以数字化思维为核心，打造现代化、专业化、职业化的高标准复合型团队，将为油气田的转型带来新鲜血液；加快以数字技术为基础的云计算、大数据、人工智能、物联网、区块链及3D打印等新兴技术在油气田行业的下沉，推动油气田数字化、智能化转型，实现低成本战略。

10.1.2 数字化转型过程中的石油工程

国内石油工程企业的数字化工作已开展多年，基于数字技术，多职能、多地域、多业务单元的运营支持体系不断优化。为了迎接数字化转型发展，石油企业都在强化数字化发展的整体规划，结合业务发展和实际运营状况确定数字化发展的战略部署。一方面借助数字化创新，加快内部流程、业务模式等方面的变革，逐渐转变成为由数据驱动的组织；另一方面综合数字技术发展趋势、业务规划等多种因素，确定数字技术投资的优先级别，确保业务导向，围绕价值创造点进行数字技术的应用和研发。

石油工程领域在数字化转型的过程中，既要做好业务层面的数字化、智能化建设和管理，也要强化外部合作，与客户、供应商、高等院校、新兴技术研发公司等开展跨地域、跨行业、跨系统互动，构建企业级协同平台和发展生态圈。更重要的是还要增强石油工程自身的研发与智能制造能力。

10.1.3 智慧石油工程与建设思想

智慧工程与智能共享制造是一个系统工程，虽然一个是工程建设，一个是设备共享制造，但将二者作为一个共有的智慧系统放在一起来研究是很有必要的。

1. 智慧工程特点

首先，油气田智慧工程建设是“新天地”“无人区”。石油类的工程往往都在油气开采之前进行的比较多，如地球物理勘探、钻井勘探等都是要提前进入勘探区，很多地方都是无人区，包括沙漠、高原、森林、大海等，这些地方基本是“三无”，即无电、无路、无通信设施。

在油气田数字化建设阶段，工程建设基本上是一个“空白”，即使钻探时井场已修路、发电，但是，通信也很难解决。所以，在数字化建设阶段中，数字工程基本没有怎么做。

其次，油气田工程还具有分散性和临时性。石油工程类施工往往是集中在一个地方开展，如在井场和作业现场；最突出的特点就是做完就撤。所以，很难做到永久性地建设，如压裂工程一般都是10天左右完成，有时会更短，几天就做完，然后全部撤走。

所以，石油工程类施工具有临时性的作业特征，但施工时需要大量的工程车与人员到场，相互配合完成操作，最后完成施工后所有队伍和人员全部撤离，为此，不能建设一个永久性的数字、智能建设基地。

再次，石油工程类施工风险性大，质量要求高。石油工程都是大型的现场性的作业过程，具有很多大型装备与设备，工程操作过程高强度、重体力，24 小时连续工作，一般工作人员都是三班倒，如石油钻井类。施工过程具有很大的风险性和不确定性，容易发生工程事故，如在沙漠、海洋深处勘探，很容易失去方向和迷路。

同时，工程过程的工序较多，很多施工环节与细节非常难以监管，而对于一些操作要求很高，这些操作大都依靠具有较高责任心与自觉性的操作人员来完成，如配药、下管柱等都是一种质量问题的操作，但一般很难监管。

总之，石油类工程过程非常复杂，在数字、智能建设阶段由于各种条件的不具备，基本上是一个“空白”，而在智慧建设中，很多的基础性条件已具备，就要考虑给予增补。

2. 智慧工程建设的基本思想

对于这样特征鲜明的石油类工程，数字化、智能化建设时期都很难完成良好的建设，那么，到了智慧建设应该是更难实现的目标。

然而，随着数字、智能建设的发展，特别是数字、智能技术的快速发展，尤其是5G、北斗、无人机技术的快速发展，智慧建设的基本条件要比原来的数字、智能油气田建设时期好很多。所以，智慧工程建设的可能性还是存在的。

（1）基础建设不能少。智慧工程建设不是不进行数字化、智能化基础建设，而是必须使之加强，不能减少。这个基础就是油气田物联网建设。

油气田物联网建设是一个普遍的规律，不仅在数字、智能油气田的采油、采气建设中需要，而且是适用于所有的数字化、智能化与智慧化建设中，必须按照“采、传、存、管、用”这样的数据规律实施，打好基础。

（2）智慧工程建设是将这个工程作业范围或者区域作为一个整体来设计建设。例如，钻井工程就是要将钻井工程范围作为一个建设的边界；地球物理勘探将一个测区作为一个区域，将一条测线作为一个范围，或者一个炮点作为一个边界，完成一种可移动的智慧工程。

这主要是为了适用于工程作业的基本特点与特征。灵活性、分散性和重点性是智慧工程建设的基本特征。

（3）虽然智慧工程不同于智慧采油、智慧联合站、智慧井区这样的固定场所与地面性质，但是，将其固定在一个范围与时段内完全是可以建设的。

智慧工程建设要完全遵循智慧建设的基本思想与技术要求。要确保数字化、智能化建设基础性的完善。例如，要完全考虑将“采、传、存、管、用、智”放在一个系统工程整体中完成，然后在此基础上完成智慧建设，这就是“智慧大脑”的开发，最后与数字、智能建设一起构成一个完整的智慧工程建设。

3. 智慧工程建设效果分析

如何才能完成一个完整的、美好的智慧工程建设，完全体现出一种智慧油气田建设的统一“简单、无人、美丽”的目标，我们设想可以做到以下内容。

（1）智慧工程车。采用一种 5G 智慧工程车模式建设思想，可达到最佳效果。由于工程过程属于临时性、周期短、分散性的作业工程，我们设计这种智慧工程车，当作业任务确定后，工程车辆与人员进场后，我们的 5G 智慧工程车也一并开进现场。

到现场后，确定好一个车辆停放最佳位置，工作人员可迅速开启建网布线，完成视频监控点等的布设，构建一个现场的闭环网络，同时与远程指挥调动中心连接，开启智慧驾驶舱平台，开启工作模式。等现场工程作业完成后，所有设施快速收场，全部装进车辆后开走。

（2）智慧驾驶舱。智慧驾驶舱属于智慧工程车的灵魂与大脑，包含了对 5G 网络技术的快速现场组网建设与运行；快速接通远程指挥调动中心；可针对性地根据现场通信条件接入光纤、4G、网桥或 Zigbee，还有 485/232 等接口；现场视频点快速连通，图像高清显示，智能监控分析，技术告警与报警；各种业务操作监管与分析，如地震放炮炸药下井数量监管、套管下管数量计数、施工数据与设计数据分析比对、药剂配置监管等；人员违规监管分析预警等。

这是一个具有强大智能中台技术与“小型化、精准智能”的“微服务”开发系统。

（3）“简单、无人、美丽”是智慧油气田建设追求的主要目标，在智慧工程建设中其依然是追求的目标。“简单”主要体现在现场作业过程的精简，各种作业过程由复杂变简单，特别是现场监管与管理变得简单；“无人”主要是指通过智慧工程车的应用，使现场人员包括巡查、监管人员大大地减员，并提高工程质量。人员减少，设备质量、工程质量实时监管，就是减员增效；“美丽”是一个重要的指标，就是要在施工作业现场做到无污染、无生态破坏、无重大事故的发生，特别是在作业过程中减少碳排放。

总之，智慧工程建设就是让整个工程过程是一种无事故发生、质量可靠、成本最低、效益最好的过程。

10.2　智慧油气田建设中的 5G 智慧工程车

10.2.1　5G 智慧工程车建设的背景

数字油气田建设 20 年，我们主要围绕采油数字化，也就是油气田生产过程的数字化建设，而勘探、开发、油藏、工程类做得相对要少，主要是其难度比较大，其中有两个问题难以解决。

（1）通信问题。过去人们采用了各种通信方式，如电传、微波、3G/4G、光纤，甚至 Zigbee 等，但是，都不能满足分散、边远和临时性的工程需要。

（2）供电问题。供电是工程、地下、边远地区仅次于通信问题的第二大难题，往往困难重重，尤其是需要长时间的不间断供电，如网桥安装中的中继，就很难找到供电点。

以上两大难点使得石油能源全面普及，以及全油气田和全业务过程都实现数字化建设极其困难。石油工程是我国石油开发、生产中重要的工程项目，涉及物探工程、钻井工程、录井工程、固井工程、测井工程、压裂工程、地面工程及集输管网等诸多业务项目，这些工程项目具有工程浩大、人员众多、临时性强、难于监管等特点，为了保障石油工程项目的顺利开展与安全生产及质量控制，人们希望建立一种高稳定、高带宽、低延迟的通信网络系统，并同工区与外界保持通信畅通，实现远程指挥调动与控制，包括超高精度摄像机、高精度传感器、鹰眼等安装与指挥，以及远程科学决策。

随着物联网、云计算、大数据、5G（第五代移动通信技术）、北斗等技术的成熟与发展，这些新技术的融合使得为石油工程在所处的偏僻环境中提供稳定、高带宽、低延时的通信保障成为可能，如钛能供电、锂电池供电，特别是5G、北斗技术的出现，现在有很多过去属于“禁区”“边远”的难题都可以解决了。

石油工程作业环境复杂，常常处于高山、草原、荒漠、沼泽、海洋等自然环境复杂且位置偏远的地区，工区覆盖范围较大、自然环境恶劣、交通不便，通信环境很复杂，宽带和公网都很难覆盖。并且石油工程具有临时性强、工序复杂，人员车辆多，难管理等特征。由于施工地区地质和地理情况的多变性和复杂性，不仅需要对现场施工情况的实时掌控，还需要通过施工过程中产生的大量现场数据的采集，形成规律性的认识，达到完善和优化工艺技术，提高工程施工速度、降低成本的目标。

10.2.2 5G 智慧工程车建设意义

长期以来，由于石油工程的作业环境复杂、工区位置偏远、自然环境恶劣、交通不便等原因使得通信问题一直很难解决，专家和管理人员对施工现场和施工进度很难有系统的、整体的把握，迫切需要运用现代化信息科学与网络通信技术手段，研究开发基于5G通信的智慧工程车，并构成一个完整的数字化、智能化作业系统。

（1）能够为石油工程提供稳定可靠的通信环境，保障工区内具有通信功能的设备进行可靠的数据传输。通过传感器、视频监控、无人机等对石油工程施工现场作业有一个全方位的、实时的掌控，通过智慧车分析平台对采集到的工程数据进行及时准确的分析与综合直观的呈现，有利于加强后方专家同施工现场人员的实时沟通，实现跨专业专家的共同分析沟通，最大限度地发挥专家的智慧与数据分析的作用，方便后方指挥专家与领导对现场施工情况的掌握与远程科学决策。

（2）提高了工程现场的执行能力。“给数据赋能”“让数据工作”是一个系统执行能力的最好体现。通过梳理业务链条，建立统一的、独立的数据标准体系，进行数据治理，打通各业务之间的数据流程，通过专业化的智能分析平台，实现数据流程与业务链条的结合，从业务和现场管理两方面入手，对现场施工作业环节进行智能分析预警、告警和智能管控，最终实现现场人员少人、作业质量提升、作业效率提升、QHSE“0”事故的效果。

（3）提高了工程现场的协同能力。工程过程牵扯的专业领域、作业队伍、工程各种操作等非常复杂，要使他们在工程过程中协同一致是非常困难的。但通过建立统一的、独立的现场工程作业环节的数据标准，建立完善的管控协同平台，能够提升现场分析与协同能力，进而提升工作效率，避免各种现场事故的出现。

（4）提高了工程现场的决策能力。工程过程是在前期设计完备后的现场执行过程，然而，现场的复杂性往往会导致出现各种意想不到的问题，在施工过程中需要针对问题快速做出决策。该系统的开发利用有利于现场指挥针对问题快速决策，尤其是对很多过程中的一些常规性问题系统会自动决策。该模式成熟应用后，一方面可以复制推广到国内其他油气田，另一方面在非油气行业，如地质踏勘、灾害现场作业等领域都会有使用价值。

5G智慧工程车不仅仅是一辆汽车，而是依靠对新技术整合、数据融合和平台协同，构成一个完整的对石油施工过程进行监管、指挥、调动的大系统。其主要应用于推进石油工程技术的研究，并提高石油工程作业水平，指导现场施工生产，及早发现作业过程中的难题并监管，包括保护油气层，提高油气田勘探、开发、生产的整体效益等，也便于对整个石油工程系统的信息、资料进行管理、处理与分析，这对于整个石油工程系统的管理水平、技术水平和石油工程信息化水平的提高都具有重要的意义。

10.2.3 5G智慧工程车建设内容

1. 建设原则

建设过程中应遵循以下几项原则。

（1）系统性。该项目的建设涉及车辆系统、数据采集系统、5G系统、北斗卫星系统、油气田各类现场作业场景等多个环节，在建设过程中不但要保证每项环节内的内容完整，还要保证各个环节间的协调一致，硬件系统和软件系统要有机结合，确保建设完成的项目能够形成一个有机的整体。

（2）先进性。根据油气田现场作业的现状，充分结合前期研究成果和已有建设基础，利用先进的、成熟的信息化技术和产品、管理理念进行建设，做到技术先进、结构合理、应用科学。

（3）实用性。项目建设既要满足各类现场作业场景的需要，同时也要兼顾经济性和可操作性。

2. 建设目标

构建油气田现场作业全数据链条的业务流程监控管理系统，实现现场数据实时保存与传输，出现异常时及时预警、告警，力争现场作业实现“0”事故。具体目标如下。

（1）采用共享制造一辆5G智慧工程车，可实现现场数据采集以5G智慧工程车为中心，搭载可快速安装、拆解的智能摄像头、无人机和北斗等设备配置，实现包括视频数据、照片数据、作业过程监控数据的采集，并通过5G/4G、北斗卫星将数据传输至指挥中心，同时车内搭载数据服务器，确保数据在车辆本地的存储与分析应用及现场监管。

（2）结合油气田各类现场作业场景，开发一套工程业务应用的数据分析与业务管理和知识图谱智能搜索平台，包括车载平台和指挥中心平台两部分，实现数据的分析应用和现场作业的预警、告警，避免现场作业过程中的“黑天鹅”“灰犀牛”事件的发生。

（3）确保石油工程现场作业的安全生产的全程监管与可靠，做到“省人、省时、省力、省心、省成本”，工程现场全面、全程“一目了然”。

3. 总体设计

5G智慧工程车是基于最新一代移动通信技术——5G通信技术设计，车载5G基站在工区组网，通过宏基站与微基站相结合，建立高带宽、高可靠、低延迟、大容量的通信环境，满足石油工程可视化与物物互联的场景。然后将通信车采集的数据传输至总指挥部，实现实时信息采集、处理石油工程现场的平台，5G通信工程车作为石油工程施工过程中的指挥通信系统，完成信息收集、信息传输等功能。其设计包括车辆、5G基站、北斗模块、智能摄像机、无人机等设备。

4. 车辆硬件功能设计

（1）工程车。采用柴油、四驱的工程车为撬装载体，集成安装5G基站、北斗基站、车载服务器、搭载易安装和拆卸的各类设备，如智能摄像机、无人机、防爆终端等，实现可移动式的油气田工程现场监控管理工程车。

（2）5G通信基站。车辆搭载5G移动基站，在生产管理可视化、石油工程设备互联、远程运维等多个生产环节实现实时监控、快速响应、安全处理。这种基站是可以移动的，可现场即建即用。

（3）北斗基站。我国自主研发的北斗卫星导航系统在石油工程中已经得到了广泛应用，本次智慧通信工程车的设计将北斗卫星导航系统的定位导航和其独特的通信功能——短报文通信结合运用起来。通过北斗短报文的功能，可以在5G信号无法覆盖的区域实现数据信息的传输。尽管现场视频数据无法通过北斗短报文传输，但是作业开始时间、施工类型、操作人员、故障问题等信息是可以通过北斗短报文以文字的形式传输的，这样指挥中心依然能够掌握现场作业的过程。

（4）撬装集成功能。

① 智能摄像机。智能摄像机的作用主要是进行现场监控，同时具备电子围栏、人脸识别、行为识别等功能，对现场环境及人员操作进行分析，判断工作环境的异常、人员轨迹和操作是否规范。如果范围足够大，工期较长，可安装“鹰眼”超能系统，效果更好。

② 无人机。智能摄像机是固定安装的，在现场工作环境监控中依然会存在盲区，而无人机具有一定的灵活性，能够到达并拍摄智能摄像机的盲区，与摄像机形成功能互补。

③ 防爆终端。操作现场除了用智能摄像机和无人机进行视频数据采集外，还采用了防爆终端，通过APP将现场操作数据上传。油气田现场往往处于易燃易爆风险区，

因此需要采用具备防爆性能的终端进行数据采集和传输。

④ 备用发电机。在油气田现场工作场景中，部分工作可能需要长时间在野外环境，如果是在不具备持续电力的环境中，备用发电机就能发挥其作用。

⑤ 显示大屏。车载显示大屏采用多屏缝合的形式，每一小屏可以看单独的内容，也可以组合看同一个内容，便于操作监控人员进行现场管理。

⑥ 太阳能电板。太阳能电板与备用发电机功能一样，主要为车辆提供可持续的电能。

⑦ 可移动立杆。可移动立杆应具备快速搭建、快速拆卸的功能，立杆高度在 3 ~ 8m 的范围，顶部可固定摄像机和补光灯，底部具备三脚架拉绳，可抗 3 ~4 级风力，确保在作业过程中立杆和摄像机的稳定。

⑧ 补光灯。补光灯主要在现场光线不足的条件下使用。

⑨ 操作电脑、网络交换机等。根据作业现场和指挥中心的具体现场环境与条件，定制操作台、配套操作电脑、车载服务器、空调、打印机、网络交换机、PDU、UPS 等基础设施设备。

5. 通信模式设计

数据传输系统包含两个环节，第一个环节是在作业现场搭建局域网，形成网络闭环，采集的数据全部存放在车载服务器；第二个环节为利用 5G 或北斗卫星，将数据传输至指挥中心，该环节根据现场具体条件又可分为三种情况。

(1) 搭建局域网。此为数据传输第一环节，利用网线或在现场搭建无线传输环境，使得智能摄像机、无人机、防爆终端等数据采集设备处于同一个局域网，所有的采集的数据直接上传至车载服务器。

(2) 数据回传。此为数据传输的环节，根据现场传输条件分为以下三种情形。

① 5G 直连。

现场作业区域与指挥中心能实现 5G 直连，5G 智慧工程车能通过 5G 网络直接与指挥中心的核心网进行连接，此时在数据采集、保存在车载系统的同时，全部数据直接回传至指挥中心保存（图 10.1）。

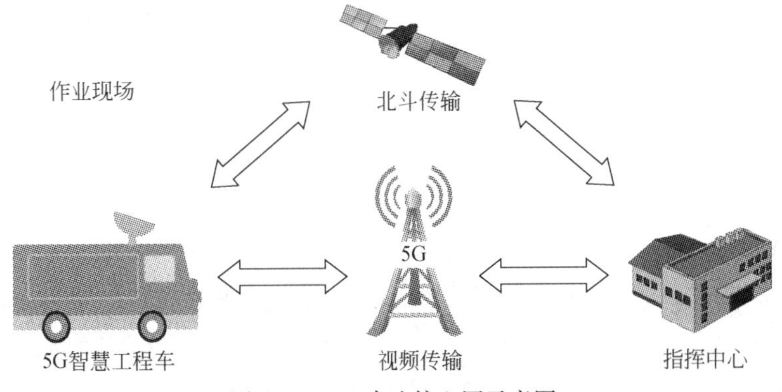

图 10.1　5G 直连核心网示意图

② 5G 与 4G 组网连接。

现场作业区域与指挥中心无法建立 5G 直连，但是能和 4G 进行组网，连接至指挥中心的核心网，此时只需将现场作业监控以图片的形式进行传输，回传至指挥中心。现场图片可设定回传频次，如 5 分钟回传一张现场图片，同时为了尽可能实现现场记录不缺失，一旦出现预警、告警，现场抓拍照片也要立马回传至指挥中心（图 10.2）。

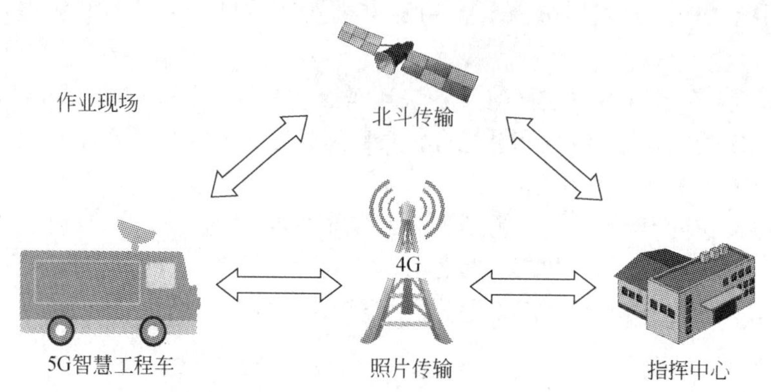

图 10.2　5G 与 4G 组网连接核心网示意图

③ 无法实现网络连接。

在与指挥中心无法实现网络连接时，现场采集数据全部存放在车载服务器，关键节点信息采用北斗卫星以短报文的形式进行回传，如作业开始时间、告警时间及内容、作业完成时间等信息，确保指挥中心对作业现场的实施管控，待到车辆回到有信号的区域后，再将所有数据回传至指挥中心（图 10.3）。

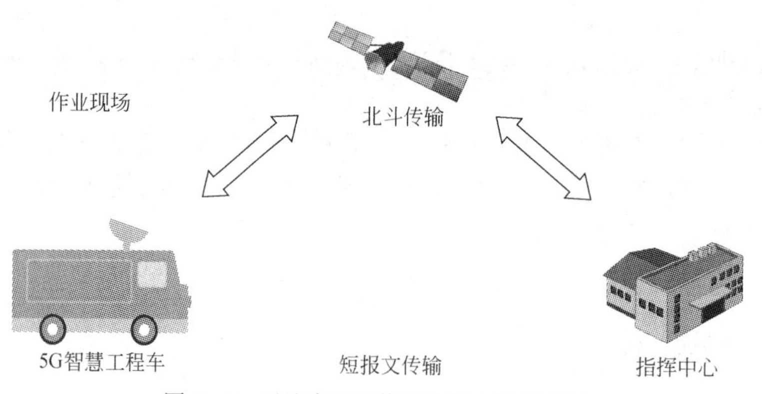

图 10.3　无法实现网络连接核心网示意图

6. 数据存储与管理

5G 智慧通信工程车的数据存储和管理分为车载本地数据库存储和指挥中心云数据池存储（图 10.4）。

（1）车载本地数据库存储。由于现场施工作业的特殊性，5G 信号可能无法全面覆盖，因此，所有施工作业数据必须存放在车载数据库中，数据库必须保证单次施工作业所有数据全部存储，并待数据上传至指挥中心云端数据库后方可删除。

（2）指挥中心云数据池。该数据池为云端数据池，保证了数据的快速查找、计算等功能，同时将所有施工数据进行汇总，进行数据整理和统一的数据管理。

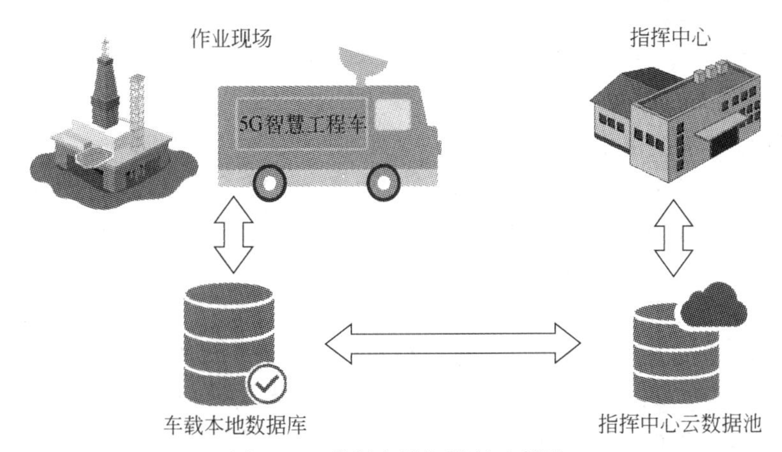

图 10.4　数据存储与管理示意图

7. 供电系统设计

油田现场作业施工往往处于野外环境，绝大部分区域用电条件不具备，因此，需要临时搭建供电系统，确保现场作业用电持续和稳定。供电系统的设计包含了供电点、配电线路布置、配电导线选择等方面。

（1）供电点（车辆位置）。5G 智慧工程车采用一体化撬装集成，供电部分安装在车身上，同时作业现场也有用电系统，为了保证在现场作业的安全，5G 智慧工程车应与现场实际作业区域保持一定的安全距离，避免用电干扰和用电风险。根据具体现场作业环境，车辆与实际作业区域的安全距离应保持在 5 ~ 10m。

（2）配电线路布置。

① 供电来源。在油田现场作业场景中，有的工作环境具备工业用电的条件，即工作区域内有高压线路，而有的工作环境则没有架设高压线路，因此，针对不同的工作环境，用电来源也不同。如果作业区域内已架设高压线路，则在具备安全用电的条件下，引入高压电，通过降压后实现供电；如果作业区域没有高压线路，则需要用备用发电机或锂电池进行发电，保证电源供给。

② 配电箱及架设、埋地。车内配备配电箱，配电箱内包含电源开关、熔断器、分隔离开关、断路器、过载器、漏电开关、电流表、电压表、电源接口等配件，确保用电安全。施工现场主要干线采用架设空线，配电箱和开关箱的进、出线使用橡皮绝缘电缆，临时配电箱采用统一铁制配电箱加工定做，其设置地点需平坦并高出地面 20cm，并且周围设置防雨、防砸棚。配电箱内设置两级漏电保护，即在配电箱和开关箱的负荷侧装设漏电保护器。电缆线路严禁沿地面明设，埋地线缆路径应有方位标志。

（3）配电导线的选择。电缆中应包含全部工作芯线和用作保护零线或保护线的芯线，需要三相四线制配电的电缆线路应采用五芯电缆。电缆截面的选择应符合国家规定，根据其长度连续负荷允许载流量和允许电压偏移确定。埋地电缆应选用具有防水、防腐能力的铠装电缆。

8. 智慧大脑

5G智慧工程车除了将5G基站、北斗模块、智能摄像机、无人机等设备撬装集成外，还具备业务应用分析，施工作业监控管理，预警、告警等功能。

现场施工作业产生了大量数据，如视频数据、图像数据、施工过程参数数据等，利用大数据分析和人工智能技术，结合作业场景的业务流程，实现操作过程监控管理，对操作风险进行预警、告警。为此，5G智慧工程车搭载了一套车载数据分析平台，同时指挥中心也可以通过此平台，实现作业现场远程监控。

图10.5为5G智慧工程车的数据分析平台系统架构。数据应用包括指挥中心系统和车载系统，其中，车载系统主要针对现场作业区域，对施工现场进行现场监控，预警、告警，网络监控，数据传输，数据查询和数据分析；指挥中心系统的功能包含了车载系统的所有功能，并在此基础上增加了设计信息录入、车辆管理及其他功能。

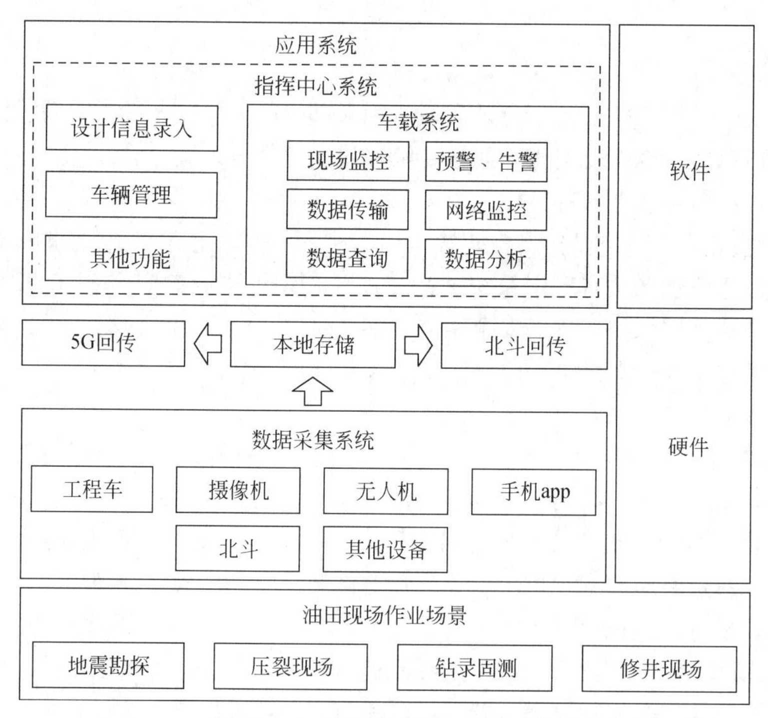

图10.5　5G智慧工程车系统架构

（1）车载系统。现场操作人员可以在工程车上，利用车载系统对现场施工进行实时的监控，降低了现场的人员风险。具体功能设计如下。

① 现场监控。5G智慧工程车到达现场，布置好摄像机、无人机等数据采集设备开

始施工后，业务管理人员可以在车载系统上查看实时的现场监控视频，并能在操作台调整摄像机、无人机的拍摄角度，确保施工作业各环节无死角的监控。

② 预警、告警。5G 智慧工程车在现场布置的智能摄像机，具备越界侦测、安全帽监测、工作服监测、烟雾监测、人脸抓拍、人脸侦测等功能。当系统识别出操作异常时，如出现人员闯入、未佩戴安全帽等情况，系统显示出异常信息，并通过扩音器进行现场警报。同时，系统将异常情况记录到日志文件，做到现场异常有迹可循。

同时，施工作业的设计在开始前录入到指挥中心系统，车载系统会对现场过程中录入的数据与设计方案的数据进行比对分析，关键参数差距比较大的操作，系统给出告警，由现场人员核实后更正现场操作（图 10.6）。

图 10.6　视频监控及预警、告警示意图（资料来源：吴起采油厂）

③ 网络监控。网络监控包括两个方面，一个是对 5G 信号监测，另一个是现场网络监测。

A. 5G 信号监测。系统自动监测 5G 信号，并以图标的形式在系统主界面上展示出来 5G 信号的强弱，如果 5G 智慧工程车与指挥中心实现 5G 直连，则显示 5G 标志；如果通过 4G 等网络组网，则显示 4G 图标；如果无法连接到指挥中心，则显示“无法连接”的图标；系统同时会显示北斗信号的强弱（图 10.7）。

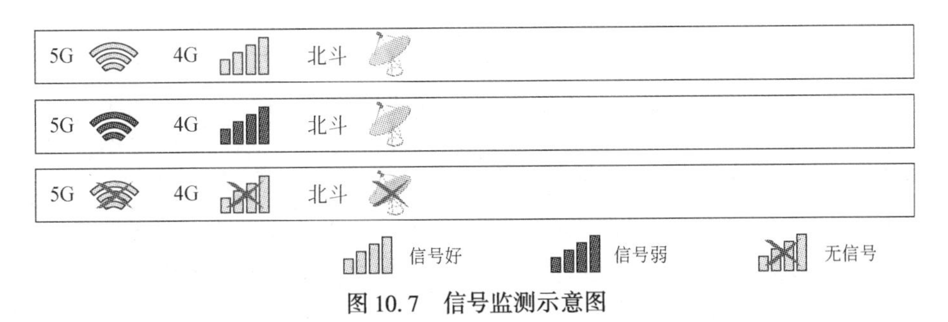

图 10.7　信号监测示意图

B. 现场网络监测。现场施工作业区域，5G 智慧工程车与摄像机、无人机、防爆终端等数据采集设备组建了局域网，系统会对局域网内所有连接的设备进行网络诊断，并以网络拓扑图的形式展现在大屏上，确保所有设备网络连接正常，当某个设备出现网络异常时，大屏会用不同的颜色标识出网络异常的设备，这时现场人员需要及时处理网络问题（图 10.8）。

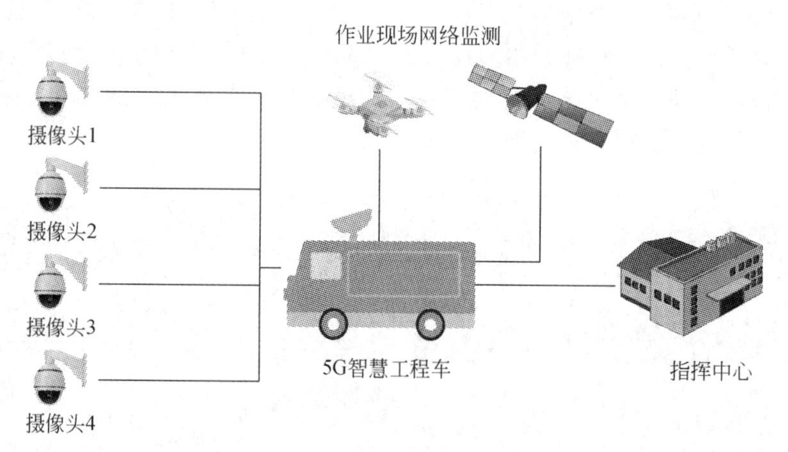

图 10.8　现场网络监测示意图

④ 数据传输。数据传输功能与网络监控相结合，实现数据自动或手动形式地回传至指挥中心。当系统监测到 5G 直连时，数据直接回传至数据中心，系统会显示数据回传的进度；当系统无法实现 5G 直连时，系统会显示数据存储在本地，一旦车辆达到具有 5G 信号传输环境的时候，系统会弹出确认数据上传的按钮，用户点击按钮数据自动回传，或者用户也可通过选择手动上传，将数据回传。

⑤ 数据查询。车载系统在 5G 直连的情况下，可以对所有历史作业数据进行查询，在无信号接入的情况下，仅可对本次作业的相关信息进行查询。指挥中心系统能对所有历史数据进行查询。

⑥ 数据分析。对现场采集的数据进行分析，判断人员的行动轨迹、操作规范、操作过程的异常等。

（2）指挥中心系统。指挥中心系统中除了包含车载系统的功能外，还包含设计信息录入、车辆管理等功能。

① 设计信息录入。油田任何现场作业前，业务人员都会根据需求设计相应的施工方案，方案中的关键操作数据，如炸药量、水泥量、管杆组合等信息，需要填写至指挥中心系统。录入的设计数据，会和施工作业过程数据进行比对告警，确保施工按照设计方案进行，如在施工过程中确实存在方案不合理，需要更改部分设计参数时，系统给予操作人员相应权限后，方可进行参数修改，修改过程也会记录到日志系统中，包括修改参数名称、数量、操作人员、时间等信息。

② 车辆管理（图 10.9）。每辆 5G 智慧工程车都集成了 GPS 和北斗定位，系统会根据定位系统，在地图上实时展示所有施工车辆所在位置，并可通过鼠标点击，显示车辆

的相关信息，如车牌号、司机姓名、施工内容、当前所在位置、计划所在位置、日期等信息。如果车辆未按照计划到达指定区域，系统则会进行告警处理。

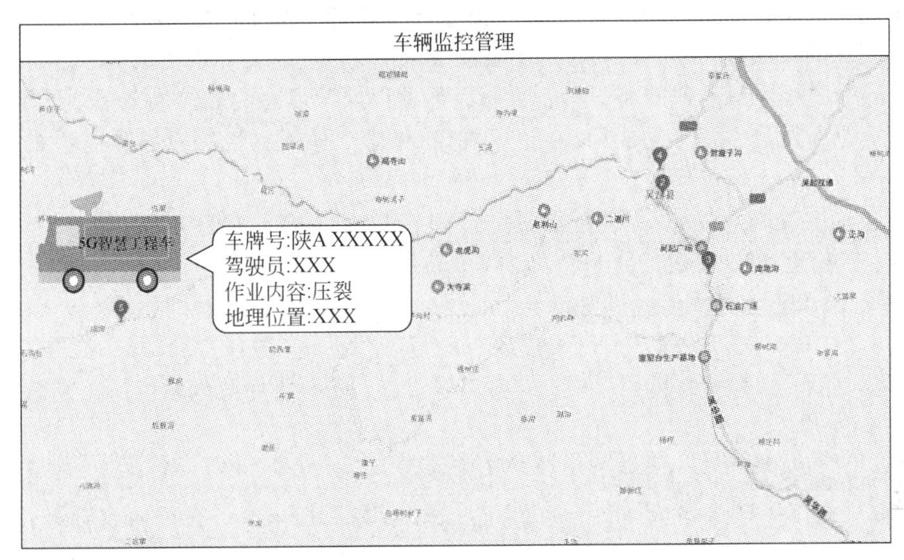

图 10.9　车辆管理示意图

10.2.4　5G 智慧工程车应用举例及效果

在油田现场作业的各类场景中，一方面，作业区域位于偏远地区，通信和持续供电是现场作业的最大问题；另一方面，传统的工作模式无法对现场作业的过程进行实时记录和监管，部分数据以纸质资料保存，无法做到全流程的数字化，过程监管不到位，也会造成各类风险事故的发生。

5G 智慧通信工程车的应用主要是针对油田现场作业场景，包括勘探、压裂、修井等多个场景，需解决过程监管不到位、数字化程度低等问题（图 10.10）。

图 10.10　5G 智慧通信工程车现场示意图

1. 应用总体流程举例

下面以油田物探施工为例，对5G智慧工程车的应用进行举例说明。

传统的油田物探施工，需要在施工现场下入一定数量的钻杆进行钻井，然后再下入炸药，这个过程没有有效的监管机制，所有数据以人工填写的形式存在于纸质资料上，现场作业是否规范、施工完成后现场是否造成污染，是否有工具遗漏等问题无法明确责任。

而在施工过程中，引入5G智慧工程车，应用场景则会转变为以下场景。

（1）施工前将施工设计数据录入指挥中心系统。

（2）5G智慧工程车到达施工现场。

（3）5G智慧工程车业务人员快速搭建现场工作环境，如安装摄像头，打开5G基站、北斗基站，组建现场网络，启动车载系统，确认与指挥中心的通信是否畅通，确认电力充足。

（4）待物探施工队伍准备完毕后开始正式施工。

（5）智能摄像机对现场进行实时监控，5G智慧工程车人员在车内大屏进行监控，并操作无人机多角度巡查监控现场，指挥中心管理人员通过5G远程监控管理作业现场。

（6）智能摄像机对现场施工操作行为进行智能分析，如安全头盔的佩戴、工作服的穿戴、现场明火监测等，一旦识别出异常系统会进行报警，现场车载扩音器会进行鸣笛，车载大屏和指挥中心大屏显示异常原因，并记录该次异常信息。

（7）现场施工数据由操作人员记录在手持防爆终端，并实施上传至系统平台数据库，如桩号、井深、药柱数量填报审批及监控过程照片或者视频上传、钻杆提取位置标定、钻杆提取、统一测量、药柱测量、下药过程监控、钻孔掩埋与掩埋情况验证等数据。系统对施工数据和设计数据进行比对分析，如果施工数据与设计数据差异较大，则会发出警报，车载大屏和指挥中心大屏显示异常原因，并记录该次异常信息。

（8）业务人员可以在系统平台上查看以往的施工作业记录。

（9）系统平台对全部施工过程中网络通信、车辆位置信息、施工数据等信息进行实时监控，确保施工过程安全可靠。

（10）针对不同的通信条件，5G智慧工程车会自动选择不同的通信接口与模式，如5G直连、5G与4G直连、北斗通信等，不同的通信模式对应的指挥中心的监控管理模式不同。

（11）施工完成，随车人员将设备拆卸收回，全部放在车内，检查完现场环境后即可驶离现场。

（12）引入5G智慧工程车对施工现场进行监控管理后，现场施工将达到“四升一降”的效果，即安全性提升，规范性提升，施工数据时效性提升，施工质量提升，事故率下降。

2. 业务场景举例

（1）现场模拟布局展示施工过程状态，如图10.11所示。

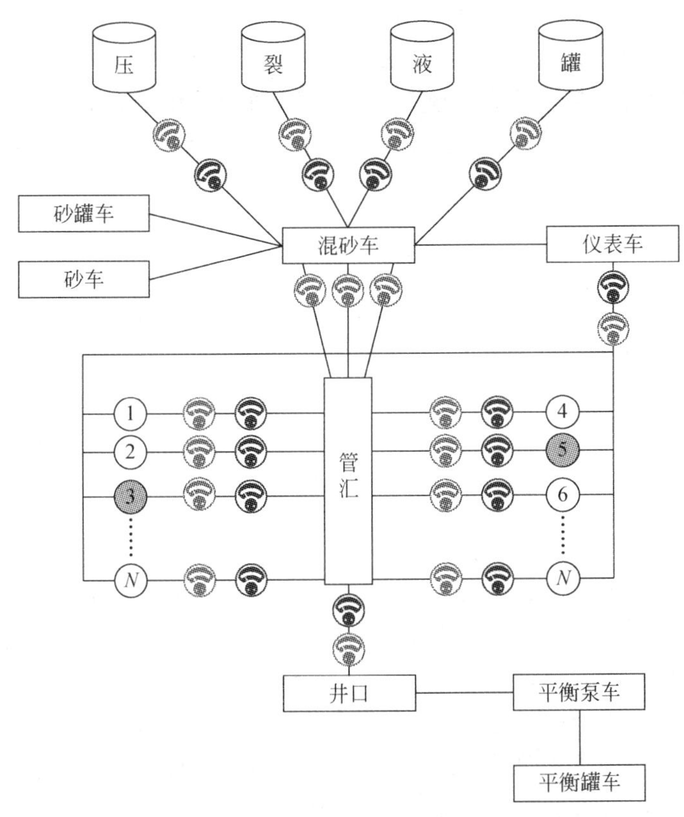

图 10.11　现场模拟布局展示施工过程状态

图 10.11 为现场模拟布局图，在设计数据、静态数据录入系统后，根据现场摆车情况，在智慧驾驶舱界面上呈现出车辆的相对位置，同类型车辆不同车进行对应编号，如压裂车在图中显示为 1，2，3，…，N。

模拟布局图设定好后，默认所有图标颜色为白色，各设备和仪表全部清零、读书正常为绿色，不正常为红色。在整个施工过程中，如果哪个环节出现故障，则显示为红色进行报警。

（2）井下管柱模拟，如图 10.12 所示。

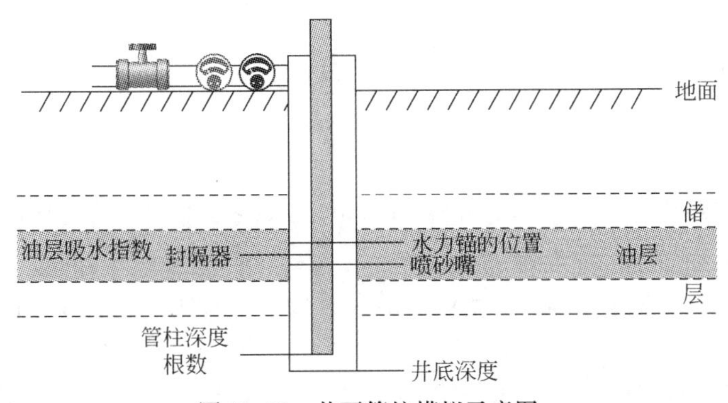

图 10.12　井下管柱模拟示意图

在下入管柱进行试压、试挤阶段，除了展示上述地面设备工作示意图外，还需展示井下模拟示意图，图中展示井的基本信息和一些压裂工具的信息，如下入压裂管柱的根数与深度、井底深度、人工井底、水泥反高、封隔器、喷砂嘴、水力锚位置、储层、油层、油层吸水指数变化、井口压力、流量、阀门状态等数据，让业务人员能快速知道压裂井的基本信息和施工作业工具的下方位置情况。

3. 应用效果分析

这一工程建设，如果达到一定的投资与投入，通过一定时间的精细开发，将会成为目前国内石油工程数字、智能化建设的先例，成为国内石油工程数字化转型发展的典范。

具体化的分析，能够从多个方面实现更好的效果与效益，具体如下：

1）业务环节减少、现场人员减少

目前工程现场作业依然存在大量的人员进行操作，业务分析流程烦琐，需要业务人员进行分析诊断。例如，压裂现场需要多个部门配合，人数达到数十人，现场作业既要管理业务流程、又要管理人，工作量巨大。而利用智慧驾驶舱，将大部分分析工作交给智慧大脑，让数据工作，平台将分析的结果和决策呈现出来，业务人员只需要一些简单的操作即可完成各项工作，减轻劳动力，而人员轨迹分析、操作规范管控等功能，可以让管理者在屏幕后面就可管理好现场的人和事，现场的监理、安全监督等环节完全有系统完成，减少人员的使用，大大提升了工作效率和工作质量。

2）作业质量提升

智慧驾驶舱对各项操作的业务流程单独进行质量评价，从微观层面入手，保证操作每一个环节和安全可靠，进而整体上的作业质量也得到提升，避免了因作业施工完成后质量不合格返工的情况。

3）追求QHSE“0”事故效果的实现

智慧驾驶舱从业务和管控两个方面入手，既提升了业务效率，又提升了作业质量，同时，对于现场作业环节的实时预警、告警，安全管控，最终实现QHSE“0”事故。这是因为，质量是核心关键，当质量为“0”事故，那么，安全、环保与健康也是“0”问题，它们共同完成“0000”，如果质量问题出现1个事故，那么就会是“1000”。而智慧工程建设就是追求“0000”。

10.3 智慧油气田建设中的数智共享制造

在讨论了智慧工程建设以后，我们需要再讨论一个问题，这就是智能共享制造。看起来同智慧工程建设没有太大的关系，但是，这对于智慧油气田建设却非常重要。

我国在数字油气田建设中，采用的是“引进”“购置”和“拿来主义”方式，就是只要有现成的产品和技术，我们认为是先进的、能买到的，绝不自主研发。

据我们 2018 年研究，数字化建设中的技术与产品大约 80 多种，而我们从国外购买、引进的大约占 85% 以上，核心关键技术 100% 依靠欧美，现在就成了一个“卡脖子”的问题。

为此，在智慧建设中我们希望厂家和企业重视起来，实现我们自己研发制造，完成智能共享。

10.3.1　国内油气田行业设备与技术现状

在油气田领域，各类设备、装备供应商众多，据不完全统计，物探类供应商至少 85 家、钻井类供应商至少 300 家、测井类供应商至少 122 家、采油环节供应商至少 444 家、修井环节供应商至少 259 家、增产环节供应商至少 576 家、地面工程环节供应商至少 715 家、海洋油气工程环节供应商至少 28 家，如图 10.13 所示。这些供应商与油气田企业的关系较为复杂，传统的设备生产制造、油气田服务等工作往往存在资源分配不均衡、生产效率低、设备质量良莠不齐、运维管理滞后等一系列问题，如表 10.1 所示。

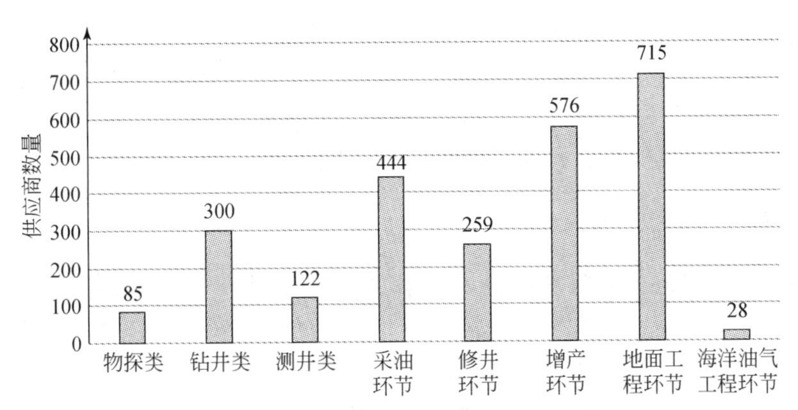

图 10.13　国内油气田各类供应商数量

表 10.1　油气田领域供需方存在问题

项目	功能	问题
配件商	提供原料或零部件给制造方	①存在大量库存或库存不足；②依赖制造方；③推广费用昂贵，受众范围小；④受合同约束
设备商	①从配件商处购买零部件；②有设备设计方案；③提供设备给油气田，企业；④提供服务；⑤有一批技术人才（IT、物联网、硬件）	①设备销售依赖油气田需求，存在大量库存或库存不足；②推广费用昂贵，受众范围小；③产品费用过高，油气田企业负担不起；④产能也受零部件供应影响；⑤受合同限制

续表

项目	功能	问题
油气田企业	①设备的最终使用和受益者；②提供大量的业务需求和设备使用反馈；③有大量油气田专业领域人才；④资金充足	①想以低价格采购高质量的设备、产品；②需求变化快，需求升级周期逐渐缩短；③部分油气田业务无法自动化完成；④传统的竞价购买业务流程时间长、手续多

10.3.2 油气田数智共享制造的目的和意义

1. 油气田数智共享制造目的

"碳达峰""碳中和"不是要消灭油气资源和能源，而是对油气资源开发利用提出了更高的要求。我们预测在油气资源开发利用的技术与产品制造上，将走向更先进。

2030年碳达峰，我们还承担着"一带一路"智慧油气田建设示范和数字经济主战场中的跨国合作，实行共商、共建、共享与共赢。

为此，在油气田装备（设备）研发、制造方面，急需优化配置、高附加值与品牌化构建产业集群，拉动全国企业创新互动，在国内形成技术、产品、应用快速优化配置的模式；在研发制造上实现智能共享制造；在应用上能拥有国家级品牌技术与产品应用；在国际上完成"一带一路"相关技术与产品，包括数字油气田、智能油气田建设与模式推广，"提供中国建设方案，贡献中国建设智慧"。

2. 油气田数智共享制造的意义

智慧油气田建设的共享制造是一个市场巨大，可以达到"万亿级市场、千万家企业联动、百万家企业受益"的大事业，拉动与此相关的所有产业，包括原材料、元器件、原配件和厂家、厂房、设备等，涉及信息、数字、智能、智慧、算力、算法、区块链、大数据、云计算等IT和DT企业以及油气田企业经济发展。为此，它的意义在于：

（1）形成巨大的产业集群。智能制造巨大产业集群和研发中心将形成一个巨大的市场中心、集散中心和研发中心，可以给社会带来巨大的经济收入与税收。

（2）形成巨大的产业链与石油大数据产业集群。石油大数据包括油气田大数据和智能共享制造大数据，是一个巨量的产业化的集群。与之相关的研究、研发和产业化可成为当前和未来巨大的大数据产业。利用大数据与人工智能技术，结合油气田业务才能解决问题。

（3）形成"双循环"的技术与产品中心。上述两个集群建立起来，完成研发制造和产业链后，加上所在地区的区位优势，就构成了石油能源数字、智能装备（设备）研发制造的中心。

通过智能"共享制造""油联"网平台，将数千万家企业信息集联与共享，打通各种通道，翘起桥梁，实现优质科学配置，具有"万亿级市场"也就自然形成了。

3. 创建“一带一路”石油能源领域的新模式

构建一种跨国数字经济的新形态。我国倡导的“一带一路”是一种非常好的方式，是实现人类命运共同体建设的最好路径。但现在遇到了一定的困难，我们必须采用数字货币、数字贸易、数字经济的方式，打造“一带一路”的智慧油气田建设的新模式。

10.3.3　油气田数智共享制造建设内容

数智共享制造是针对油气田数字、智能与智慧建设过程中的软件、硬件与系统组成，实现国内大平台式的线上调动生产过程而实施的一种新型制造关系操作。

1. 总体设计架构

总体设计架构是以数据建设为中心，以智能搜索为关键技术，以技术中台与微服务为主要开发的完整系统，在建设统一规范的数据的基础上，围绕数据和业务，提供智能服务，形成一个服务中台，支撑上层应用模块的微服务开发，实现一站式的智慧大脑模式（图 10.14）。

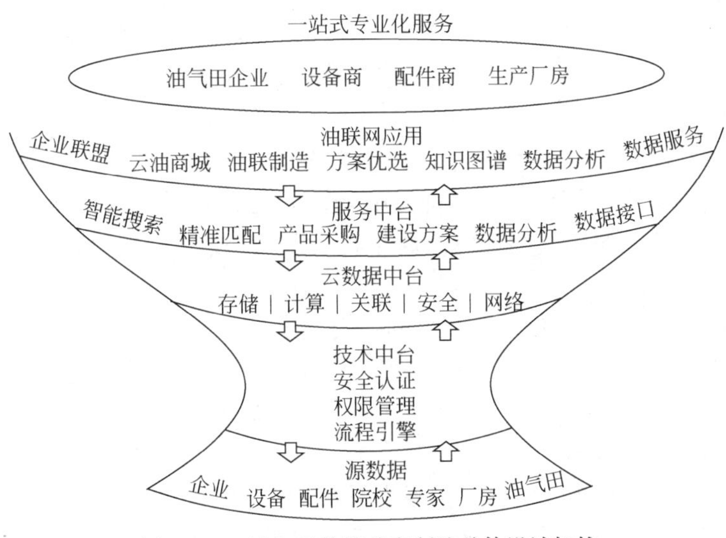

图 10.14　油气田数智共享制造总体设计架构

（1）源数据。油联网（是指油服企业构成的网络体系）共享制造平台的源数据，主要有企业类数据、设备类数据、配件类数据、厂房类数据、油气田类数据、院校类数据（专家类数据等）。每类数据种类繁多，相互关联，并在平台上实现精准匹配、关联和数据分析，解决油气田与企业在设备生产制造过程中的问题。

（2）技术中台。为平台底层基础服务，面向技术。这些底层技术包括安全认证、权限管理、流程引擎等。这些组件通常与业务关联度不大，属于每个应用都需要使用的功能。

（3）云数据中心。云数据中心是平台建设的基础，是为平台上层应用提供数据存储、计算、关联、安全等功能，建立数据与数据之间的关系，形成数据网络。

（4）服务中台。为使平台上层应用具有灵活性、实用性、易用性，平台设计了服务中台，为应用提供智能搜索、精准匹配、产品采购、数据分析、建设方案、数据接口等数据应用服务。

① 智能搜索服务。主要为使用平台的用户提供搜索产品或联盟成员的服务，用户可以通过模糊查询或精细查询的方式，查找联盟成员、设备和配件等信息。除此之外还包括搜索产品的相关产品及零配件的结果（图10.15）。

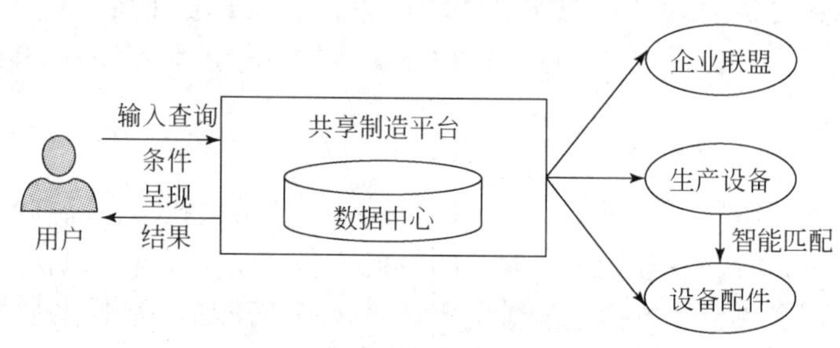

图10.15　智能搜索匹配服务流程

② 精准匹配服务。该服务涵盖平台多个应用，主要是将装备设备、原材料、配件、功能、厂商、制造商、油气田需求信息等各类数据进行匹配关联，实现数据的精准、快速匹配。

③ 产品采购服务。主要为使用平台的用户提供产品和服务购买的功能。用户可以根据需求购买设备或相关配件，整个操作流程类似淘宝、京东等购物流程，能够让用户以熟悉的方式快速利用平台购物功能，降低学习成本，提升订单完成效率，进而提升油气田生产效率。

④ 数据分析服务。对平台上所产生的各类数据进行业务分析，提供相应的分析算法，并将分析结果提供给应用层。以采购为例，订单完成后买卖双方会被赋予评价权，对彼此和本次购物服务进行评价，写下自己对产品或服务的主观客观感受，并对宏观指标进行整体评价（百分比或星级评价）。平台会根据关键词识别好、中、差评进行分类显示，并对买卖双方、设备、配件、服务进行画像，向用户推送服务好、产品质量佳的厂商和设备、配件。同时，平台根据大量的评价数据分析某一产品或服务，给出较客观的打分，防止商家评论作假。精准推送服务，如可对某一产品的需求等信息全掌握，并可快速推送。

⑤ 建设方案服务。该服务主要针对油气田企业。在智能化发展的大趋势下，油气田可以根据其自身的特点，如地理位置、数字化程度、气候特征等，筛选出适合自己的建设条件，平台根据所选条件与数据中心中设备、厂商等信息进行智能匹配，并按照相应的模版将建设方案提供给油气田用户，免去油气田企业在建设方案中硬件部分的需求调研工作，缩短方案编写周期，让适合的方案和设备快速投入生产运行，提升油气田行业的智能化水平，帮助油气田智能化快速转型。

⑥ 数据接口服务。为第三方服务商提供开放的数据接口，第三方只需按照接口规

范进行调用数据，即可实现其相应的功能。

（5）油联网应用。油联网共享制造平台的应用模块包含企业联盟、云油商城、油联制造、方案优选、数据服务、知识图谱和数据分析等七个应用。

企业联盟的目的是搭建油气田设备制造业领域内的最大企业交流平台，共享信息；同时采用“3D 云展馆”的形式，实现用户足不出户就可以在线浏览设备产品，如图 10.16 所示。

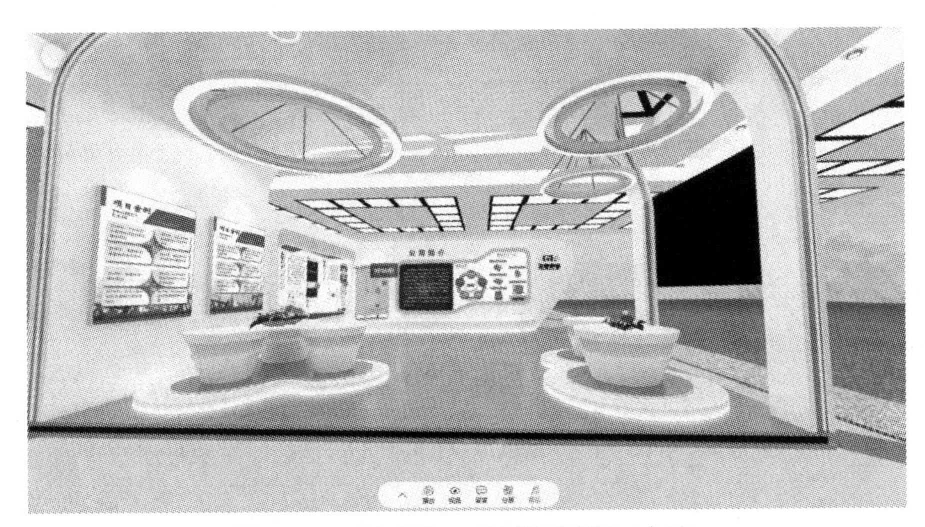

图 10.16　云油商城 3D 云展厅示意图（全局）

2. 总成平台模型

总成平台要集成智慧油气田建设中的所有产品与资源，包括所有企业情况，平台总的设计与开发做得好不好直接影响到共享制造的程度。其总成平台模型如图 10.17 所示。

<table>
<tr><td rowspan="6">智慧共享制造安全监控审计运维系统</td><td colspan="2">多入口
(APP/微信/钉钉/web)　多管理
(资源/用户、应用)　多引擎
(消息/主数据)</td><td>入口连接层</td></tr>
<tr><td colspan="2">微服务中心(面向共享,精准服务)
资源调配　人才优化　配件调配　设备配置　需求共享　……
大数据分析与建模　人工智能判识与决策</td><td>微服务层</td></tr>
<tr><td rowspan="4">集成化应用开发工具与服务</td><td>中台供给中心
数据中台　技术中台　基础中台　业务中台　知识中台　……
通信中心 | 智能搜索 | 用户中心 | 统一身份 | 统一权限 | 应用中心 | 消息中心 | 决策中心 | ……</td><td>共享服务层</td></tr>
<tr><td>集成与服务化
服务总线　数据总线　消息总线　身份服务总线　……</td><td>集成服务层</td></tr>
<tr><td>后台应用与保障
通用应用　生态应用　集团应用　合作共享　……</td><td>应用提供层</td></tr>
<tr><td>工业互联网建设/云计算(Laas/Paas/Saas)</td><td>基础建设层</td></tr>
</table>

图 10.17　油气田数智共享制造总成平台模型

总成平台共分为六层两大系统，主要突出在底层的技术支撑、中台技术与数据提供和前台的微服务开发同“精准服务”最佳契合。

3. 总成平台建设技术路线

油气田数智共享制造总成平台建设的技术路线，如图 10. 18 所示。

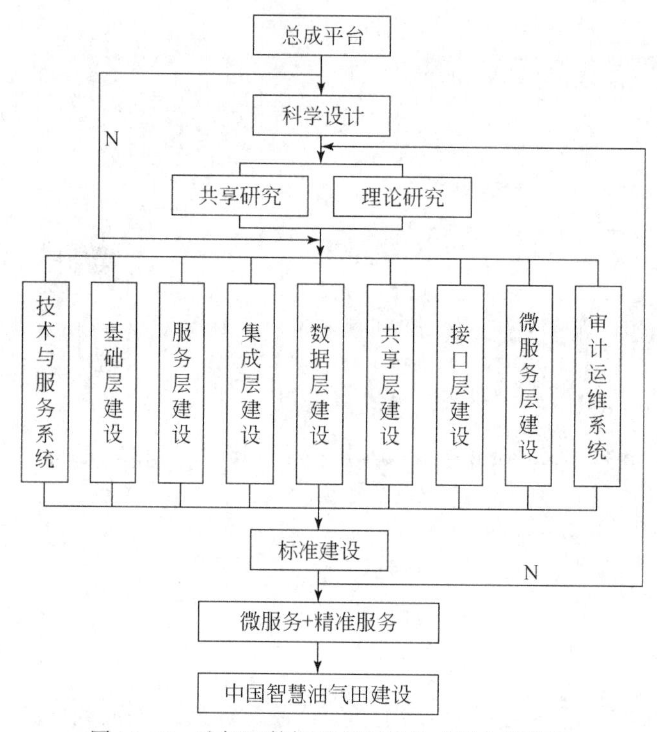

图 10. 18　油气田数智共享制造总成平台路线图

首先，需要进行科学的设计。对智能制造、2022、2025 国家要求，共享制造要有一个科学的态度，做好一个总体的设计。

其次，需要对整个智慧油气田设备、装备技术、产品与资源调动流程、物质流通、支付体系、信任机制和标准化做一个科学的研究，更重要的是对共享制造在平台上如何做、做什么进行科学的研究。这样才能找到建设的重点内容与着力点。

再次，反馈，需要做两次判断：第一次在完成了共享制造与技术流研究之后，要研判设计是否科学、合理，否则就要返回重新设计；第二次是在标准建设后的一个研判，如果发现问题要及时返回对各项建设项做相应的调整。标准包括平台标准和各种零配件调配、优化配置标准等。

需要强调的是，数智共享制造作为智慧工程的一个重要组成部分，二者并不割裂，而是一个整体，且数智共享制造技术与产品还要服务于整个智慧油气田建设。

10.4　本章小结

智慧工程和共享制造是智慧油气田建设中需要研究的一个重要内容，它与智慧采油、智慧联合站、智慧井区、智慧油气藏、智慧油气田知识图谱等构成智慧油气田建设中的重要模块或组成部分。

（1）智慧工程与智能制造在数字油气田建设初期基本属于空白，主要原因在于当初的各种技术与通信等还不够发达。随着技术大发展与成熟，现在已经基本具备这些条件。

（2）5G 智慧工程车解决了油气田工程过程监管不到位、数据时效性差的问题，通过撬装形式，将 5G 模块、北斗模块、智能高清摄像机、智慧工程驾驶舱等先进技术进行集成，利用 5G、北斗、大数据分析等先进技术进行业务监管和分析研究，实现了远程施工监管、业务分析等功能，现场施工将达到“四升一降”的效果，即安全性提升、规范性提升、施工数据时效性提升、施工质量提升，事故率下降。

（3）数智共享制造为油气田服务商设备研发与制造提供精准匹配、快速生产的新模式，可提升设备的生产效率、质量合格率和零部件利用率，同时为油气田企业提供可靠的硬件设备和配套服务，保障油气田各项业务的有序开展，为智慧工程车生产与智慧油气田建设的装备、设备、软件的设计和制造提供了条件。

总之，智慧工程建设与智能设备共享制造是一个具有创新性的建设，虽有难度，但前景很好。

第11章　智慧油气田知识图谱

前面各章对智慧油气田建设做了详细的研讨，但还有一件重要内容需要研究，这就是知识图谱问题。本章将结合知识与图谱理论，以探讨智慧油气田建设中的知识图谱，构建智慧油气田知识图谱的理论、方法与模型，并希望未来能对智慧油气田建设发挥作用。

11.1　知识与图谱

我们通过研究发现，人类从传统油气田、数字油气田到智能油气田，再到智慧油气田，数据始终处于核心地位，即油气田是一个数据的油气田。人们充分利用数据变现，即基于数据洞察，创造智能服务与赋能，从而不断地跨越时空，构建应用场景，获得各种成果。同时，按照数字、数据、信息、知识、智慧的规律，信息的汇集、融合、发现的成果都会成为知识。但有一点却不能忽视，这就是知识的作用与价值。为此，研究智慧油气田建设，我们不能忘了对知识的研究。

11.1.1　关于知识与知识管理

1. 知识的概念

关于“知识”，其实难住了很多学者，现在也没有确定的定义。其实，知者为知道、晓得、明了，识者为辨别、认得与能力，合起来就是知道了的东西与能力。于是，可以这样定义知识，即：知识是指关于对已知“东西”的认知。

那么问题就来了，这个“东西”是什么？其实“东西”是指物质与事物。显然，按照我们现在的认识水准与能力，人们将整个社会中的认识发展过程归结为一个金字塔模式，如图11.1所示。

从图11.1中我们不难看出，知识的地位处在信息之上，智慧之下。按照数据科学原理，数据过程是一个转化的过程，就是从物质、事物开始，通过一定的技术与方法采集信号，然后信号转化为数字，数字转化为数据，数据转化为信息，信息转化为知识，这就是为什么信息之后是知识的原因，其演化过程如图11.2所示。

为什么信息之后是知识？当人们对数据研究之后形成或做成图件及其他，这时就是将数据的成果转化为信息。然后利用信息发现物质、事物中的未知，解决问题，称之为实践。在实践之后形成一定的成果，包括论文、成果报告、图件、讲座或著作等，就是

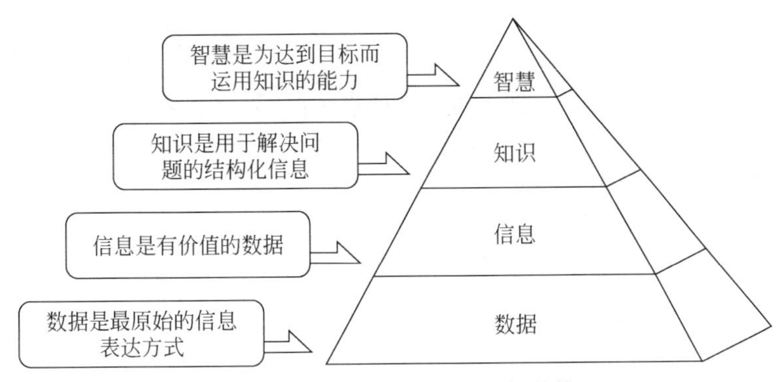

图 11.1　数据、信息、知识、智慧模型

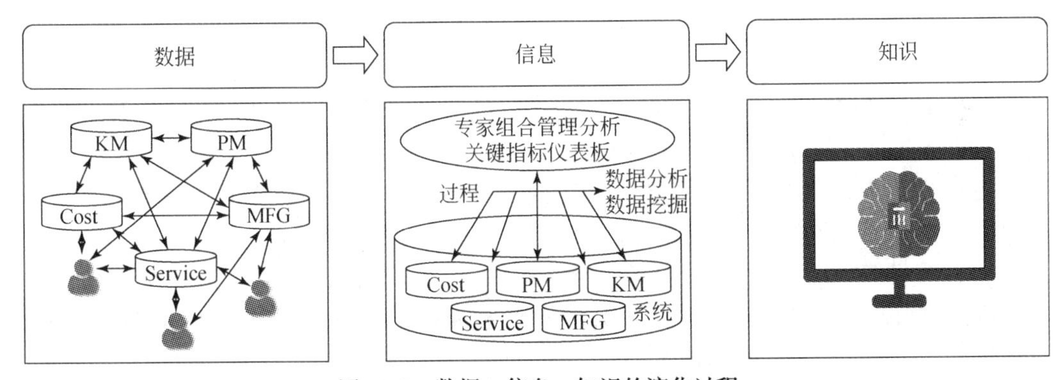

图 11.2　数据、信息、知识的演化过程

知识。知识提供给人们学习、检验、验证与实践，最后形成智慧与决策能力。

由此可以看出，知识在智慧这个阶段属于基础过程，可以提供很多学习要素与材料。知识中大量的东西都是经验、教训、可行性的总结。所以，我们对知识是关于已知“东西”认知的这个定义具体化，就是：知识是指人们对物质、事物探究和实践形成认识与判断后，形成能够提供给未来人们学习的成果，并构成智慧的基本源泉。

2. 知识的生产与价值

知识是如何生产的？这是一个非常重要的课题。按照人们现在的认识能力，知识的生产过程非常复杂。我们都知道“知识就是力量”这句话，但知识是如何给我们力量的，知识是从哪来？还有“知识改变命运”，是如何改变的，为什么能够改变等，这是一个科学问题。

一般人认为知识是从学习与实践中得来的。当然这没有错，我们每一个人从出生起一直都在学习，小学、中学、大学，甚至学到老，这是获得知识最有效的途径和主要的办法。不过，还有践行，就是具体活动、操作与社会实践，这也是知识获取、增长才干最好的办法。

而知识的生产主要来源于信息。从信息中发现未知，然后进行总结、提炼、概括，形成知识载体的文字报告与著作等。然而信息生产知识的道理，估计大多数人不能接受或者不知道。但不要紧，我们可以作为一个问题放在这里，希望以后有更多的人来研究。

关于知识的价值不言而喻。前面我们说知识是人类在实践中认识客观世界的成果与认知，就是一个信息获取、加工、概括的过程。它包括事实与对信息的描述或在教育和实践中获得的技能等。

由此可见，知识具有启迪、获取、判断的价值，而判断价值就在于实用性、获得性、挖掘性，让人类增长才干、发现未知、创造新的价值。

3. 知识的特征与管理

人们对知识的研究由来已久，“知识启迪人生”“知识改变命运”等耳熟能详的说法非常多。主要是知识具有非常明确的特征，从而决定了知识的作用与价值。

知识的特征非常的多，如隐性特征、行动导向特征、动态特征、倍增特征等，但最为关键的是以下三个：

（1）心智接受特征。是指知识必须经过人的心智内化，真正理解，才能被准确运用，更重要的在于可以转化成智慧，是智慧的基本源泉。

（2）生命特征。知识的生命特征在于说明，知识是有产生和实效的过程，有生命长短，但不是永久有效的。

（3）价值特征。我们每一个人都在生产知识，无论以什么样的方式，如生产实践、科学研究或言传身教等，都在生产知识，更重要的是这些知识生产后其本身具有价值，然后传导给别人，使得价值增值。

当然，知识是需要管理的，于是就形成了知识管理科学。

知识管理是挖掘并组织个人及相关知识以提高整体效益的一种目标管理流程。在当前社会技术背景下，知识管理是信息管理的延伸，是信息管理发展的新阶段，是将信息转换为知识，并用知识提高特定组织的应变能力和创新能力。知识基础论认为，企业实际上是一个知识系统，一切组织活动实质上都是知识的获取、转移、共享和运用的过程。

知识管理有以下几种方式：

（1）人工方式。最早的知识管理主要依靠人工构建，代价高昂、规模有限。例如，我国的词林辞海是上万专家花了十多年时间编撰而成的，但是它只有十几万词条。随着信息技术和互联网技术的持续发展和不断变革，人类先后经历了以文档互联为主要特征的“Web 1.0”时代与数据互联为特征的“Web 2.0”时代，正在迈向基于知识互联的崭新“Web 3.0”时代，知识的数量和种类越来越多。

（2）互联网数据库方式。在大数据时代，知识互联的目的是要获取知识，使数据产生智慧。然而，由于万维网上的内容多源异质、组织结构松散，给大数据环境下的知识互联带来了极大的挑战。因此，人们需要依据大数据环境下的组织知识原则，探索既符合网络信息资源不断变化规律，又能切合适应用户认知需求的知识互联方法，使其更加深刻地展示整体而相互关联的人类认知世界。

（3）知识图谱方式。知识图谱就是在这样大的背景下产生的一种丰富直观的知识表示与管理的方式。

因此，知识图谱是大数据时代知识管理的一种新型方式。

11.1.2　关于图谱

当我们了解了知识之后，就需要了解一下“图谱”。

1. 图谱的概念

关于图谱一词我们认为来源于家谱。对图谱的考证非常困难，没有人做过深入的研究，主要原因为图谱是近几年来才出现的产物，还没有太多的应用。

我们知道，家谱又称族谱、宗谱等，是一种以表谱形式记载一个家族的世系繁衍及重要人物事迹的史书。在中国，家谱是一个具有普遍的家族史编制过程与方法。

家谱也是一种非常特殊的文献。就其内容而言，是中华文明史中具有平民特色的文献史书，它记载的是同宗共祖血缘集团世系人物和事迹等方面情况的历史图籍。

家谱属于珍贵的人文史料，对于历史学、民俗学、人口学、社会学和经济学的研究，均有其不可替代的意义。

家谱的编撰主要是一种以图索骥的方式。什么是“以图索骥”？就是以一种图形，如树状结构的方式，一点一点地追溯根源，直至追索到自己家族的老祖宗追不到为止，即形成一种世系表，如图 11.3 所示。

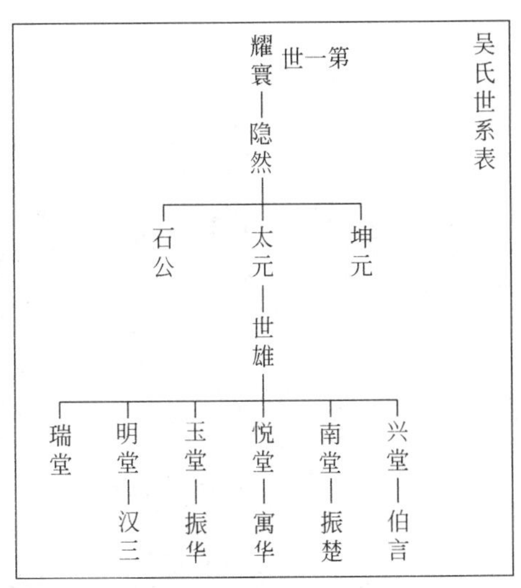

图 11.3　族谱（家谱）世系表模式［资料来源：盐城吴氏宗谱（第一·二卷），延陵堂］

这种勾画或记载，可以给人一种非常清晰、具有条理性并容易记忆的感觉，其主要特点是层级非常清楚，线索来源有根有据，世代关系与族内关联关系非常清晰。所以，这种方式是一种非常好的历史的记忆方式。于是，被很多人用以知识学习，并成为引入知识记忆的好办法。

这样我们可以给图谱一个定义，即图谱是指按照类而制成的图集（世系表），是知识结构化的关系图构建过程。

2. 图谱的制作

图谱是通过图像更好地了解事物的一种形式，即能够有系统地分类编辑并可用来说明事物的图表或者图形、图集。它的主要依据是根据具体的实物进行描绘或摄制而成。

在现代最为突出的就是基因图谱。基因图谱是综合了各种方法绘制而成的基因在染色体上的线性排列图。我们知道，生物的性状是千差万别的，对于研究基因的人或科学家来说非常困难，而决定这些性状的基因又是成千上万个，如何将这些形状排列清楚，还能做到一目了然，这是一个更大的难题。

生物科学家告诉我们说，这些基因成群地存在于遗传物质的载体即染色体上。在这种情况下，基因定位成了一个关键。所谓基因定位就是要确定基因所在的染色体的基位，并测定基因在特定染色体上的线性排列顺序和相对距离。于是，通过测定重组率得到的基因线性排列图，可以帮助我们清晰地找到关系，将其做成一种图形或结构化的表达方式，称为遗传图谱。

这是一种非常特殊的图形结构或表达方式，人们将遗传重组值作为基因间的距离，将所得到的线性排列图称为连锁图谱，然后用其他一些方法确定基因在染色体上的实际位置制成的图谱，称之为物理图谱。

图谱的制作方式有很多，有树状结构法、有线状链接法、图片绘制法，还有非常特殊的方法，如基因组图谱法等，如图 11. 4 所示。

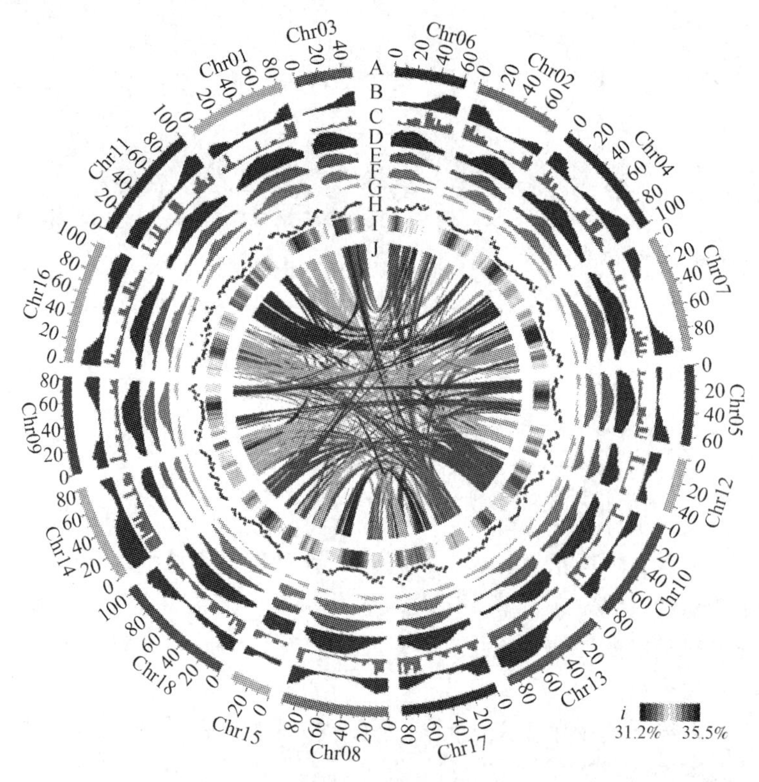

图 11. 4 橡胶树基因组图谱及其特征（资料来源：中国科学院昆明植物研究所等）

其实，图谱的制作或编制方法有很多，主要是根据问题的复杂性来选择编制的方法。不一定非要好看，只要能够说明问题就好。

3. 图谱研究的意义

研究图谱主要为了研究图谱生成或制作的方法，它的意义在于：

（1）研究图谱具有其普遍的科学意义，其能够比较清晰地梳理各种复杂的科学问题。例如，我们对地球科学的知识进行归纳、整理与条理化，利用知识图谱法是一种比较好的办法。它的基本特征就是关联关系与对维度的表达。

我们知道，从学科知识体系到地球知识图谱是科学知识研究的一次革命性跃迁，其中既包括一系列的原创性科学研究，也包含体系化的知识图谱建设工作。它可以融合跨时空维度的地球科学知识，利用图谱表示模式，实现在统一时空维度下对地球科学多学科知识的内在逻辑关联与结构化表达。除此之外采用别的方式很难做到，或者说很难做好。

所以，研究图谱和构建图谱是科学研究过程中梳理复杂问题的最好的办法之一。

（2）在大数据时代，基于知识图谱的高度智能搜索是一个采用超算智能最好的办法。同时，还能通过搜索引擎获得简单的推理能力。

例如，采用知识图谱可以理解查询意图，不仅可以返回更符合用户需求的查询结果，还能更好地匹配其他信息，增加搜索引擎的受益。因此，知识图谱对搜索引擎而言是一举多得的重要资源和技术。

下一代智能搜索引擎就是一个可以理解用户问题，从网络数据中抽取事实，并最终选出一个合适答案对答用户的搜索引擎，将人类带到信息获取的制高点。如知识图谱的重要应用之一就是作为自动问答的知识库，特别是在面对近似脑筋急转弯的问题，来展示其知识图谱的强大推理能力的时候，在智能搜索中就显现出图谱与知识图谱的重要性。

虽然大部分用户不会这样拐弯抹角地提问，但无论是理解用户查询意图，还是探索新的搜索形式，毫无例外地都需要进行语义理解和知识推理，而这需要大规模、结构化的知识图谱的有力支持。因此，知识图谱成为各大互联网公司的必争之地。

（3）图谱的系统工程过程。图谱编制的过程是一个系统化的过程，人们必须将复杂、凌乱、毫无关系的知识，通过图谱的方式实现系统化，这个过程就是一个巨大的系统工程过程。

系统工程过程需要系统论的指导，就是如何将这些具有关联性的知识系统后找到它们之间的必然关联关系，这是一个非重要的过程。在智慧建设中，知识是一个重要的基本要素，必须给智慧建设提供支持。

总之，研究图谱的意义十分重大。

11.1.3　智慧建设与知识图谱

智慧建设是将更多的智慧完成“大成智慧集成”。知识是智慧的基本源泉之一，即智慧的大部分源于对知识的储备、归纳、总结与实践。智慧建设中的“智能协同”“智慧汇聚”等建设中的核心是将存储在很多人、物、数据中的知识挖掘出来，以获得更大的智慧。

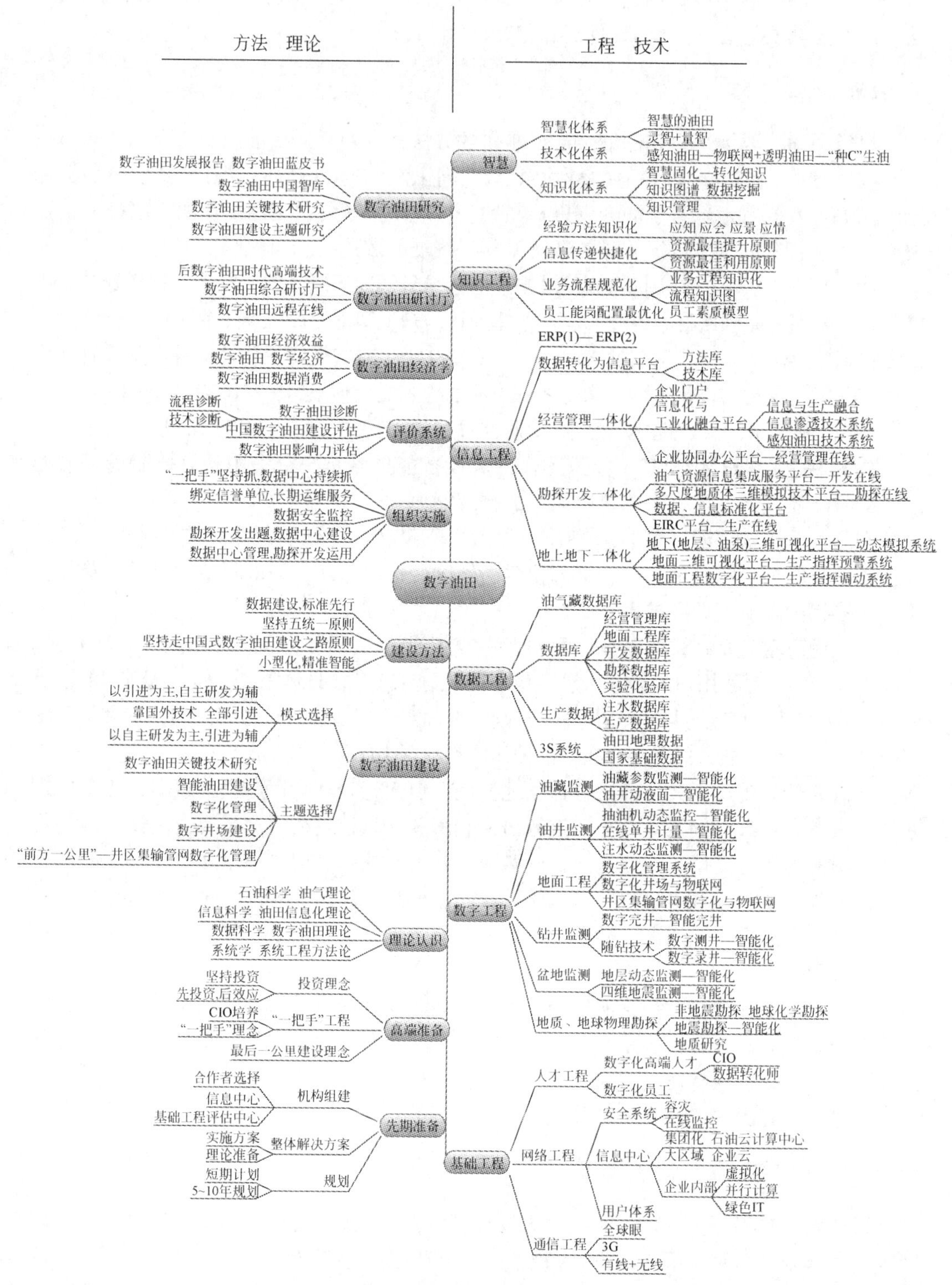

图 11.5 数字油田建设总图（资料来源：高志亮，2010 年修订）

1. 数字油田研究中的知识图谱

2005 年长安大学数字油田研究所成立，当初我们认为在研究中可以说是两眼一抹黑，对于什么是数字油田，数字、数据、信息、知识、智慧是什么关系，数字油田建设到底包含了什么等这些问题几乎一无所知。所以，我们研究所研究的主要任务与过程就是梳理了各种关联关系，从而我们于 2010 年绘制了《数字油田建设总图》，这就是一种数字油田建设的知识图谱，如图 11.5 所示。

需要说明的是，这一图谱中的很多内容现在都不过时，特别是关于数字、数据、信息、知识、智慧工程建设的思想，正在指导人们开展数字化、智能化与智慧油气田建设。图谱发挥了很好的作用，至少对我们数字油田研究起到了很好的指导作用。

2. 智能油气田建设图谱

智能油气田建设更需要构建知识图谱，如智能协同就是智慧建设中必不可少的内容之一。它包含三个重要的研究内容：①“群智”研究与“群智”群体层次划分。包括某一学科领域“群智”知识与科学家们的权威性知识、权威性科学家智慧等。②“协同”研究。包括标准制定、平台模型架构、科学知识的时间轴、空间分布的复杂知识逻辑关系与“群智”知识关联，形成集联、融合、汇聚标准化的协同机制。③知识图谱平台研发。知识图谱平台有群智上云、模型云化等，包括顶层设计、中台技术、模块设计与大协同、大系统、云平台开发。

3. 智慧建设中的知识图谱作用

实际上，关于知识图谱的研究对智慧建设有着非常重要的意义。智慧建设就是要将“群智”汇聚，“群智”采用知识图谱的方式实现智能搜索，完成对智慧决策过程的帮助。为此，知识图谱的构建与应用在智慧建设中的作用十分重大，尤其在“超脑”的开发与精准决策过程中，需要大量的知识、经验、教训与历史的帮助，人们将这些都以知识图谱的方式管理和使用，更加有利于给“超脑”快速工作提供支持。

11.2　智慧油气田建设中的知识图谱

11.2.1　知识图谱的概念与分类

知识图谱是指以图的形式将数字信息表达成接近人类认知世界的形式，提供了一种更好的知识组织、管理、理解与海量信息的能力。它是一种基于图的数据结构，由节点（实体）和标注的边（实体间的关系）组成，本质上是一种揭示实体之间关系的语义网络，可以对现实世界的事物及其相互关系进行形式化地描述。

1. 知识图谱的概念与要素

为了方便大家理解知识图谱的基本概念，我们需要对知识图谱的基本构成与关键环节有一个基本的了解，其大体上包含以下几点：

（1）实体。实体是指有可区别性且内于其自身而独立存在的某种事物。实体是知识图谱中的最基础元素，图 11.6 中的勘探开发研究院、中国石油、北京。在知识图谱中，同一个实体在全局中用唯一的 ID 号来标识。

（2）关系。关系存在于不同实体之间，描述实体之间的联系。例如，中国石油勘探开发研究院隶属于中国石油，位于北京。

（3）概念。概念定义了知识图谱中的实体的类型、每个类型的属性，主要指集合、类别、对象类型、事务的种类等。如勘探开发研究院和中国石油都属于机构，北京属于城市（图 11.7）。同样，概念间也是存在关系的，概念间关系定义了概念之间可以存在的关系，如机构位于城市等。

（4）属性。属性主要指对象可能具有的特点、特征及参数，属性值指对象特定属性的值。如图 11.6 中北京的邮编 100000，中国石油成立年份为 1998 年。

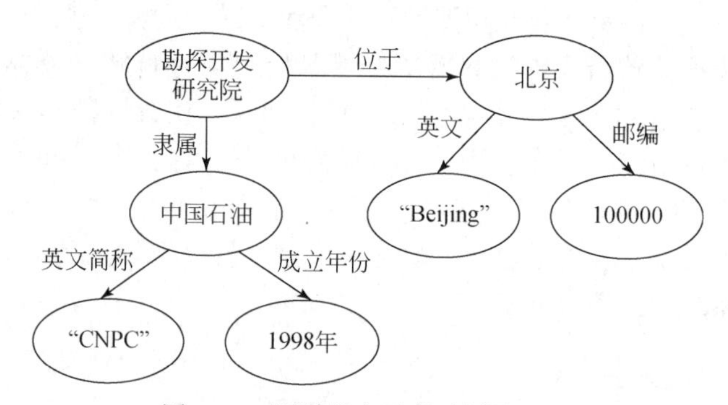

图 11.6　图谱基本要素示例图（1）

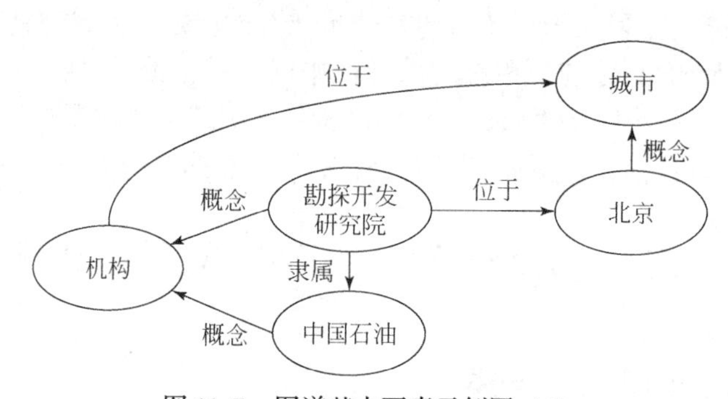

图 11.7　图谱基本要素示例图（2）

（5）三元组。三元组是知识图谱的一种通用表示形式，由两个具有语义连接关系的实体和实体间关系组成，是知识的直观表示，即

$$G=(\text{head}, \text{relation}, \text{tail}) \tag{11.1}$$

式中，head 为三元组中的头实体；tail 为三元组中的尾实体；relation = $\{r_1, r_2, \cdots, r_n\}$，是知识库中的关系集合，共包含 n 种不同关系。三元组的基本形式主要包括实体 1、关系、实体 2，以及概念、属性、属性值等。三元组的存在表示一个已有的事实，

即实体处于给定类型的关系中，从图 11.6 中可以抽取出三元组，如：

①<勘探院，位于，北京>；<机构，位于，城市>

②<中国，首都，北京>；<主语，谓语，宾语>。

(6) 本体。本体在知识图谱的概念中也总是被提及。本体最初用来研究世界上各种事物以及代表这些事物的范畴的形式特性，并对其进行分类、建立规范，后来在计算机科学中，“知识本体”有了科学定义，表示概念体系的明确规范，使其概念明确、形式简单、容易共享，如石油勘探领域知识本体就是石油勘探领域知识的抽象。构造本体的目的是为了实现一定程度的知识共享和重用。

以上六个基本要素构成了构建知识图谱的基本环节，其中特别需要强调的是一个也不能少。由此而构成了知识图谱的基本内涵，即知识图谱是一种将复杂的、凌乱的知识进行结构化的知识体系。这一概念是非常重要的基本理念与思维。

2. 知识图谱的分类与特征

知识图谱的分类从不同的维度考虑会有不同的分类标准。大体上有以下几种分类：

(1) 按照研究内容的覆盖范围可分为通用知识图谱和行业知识图谱。通用知识图谱面向全领域通用知识，呈现“结构化的百科知识”，强调广度，关注实体本身，用于面向互联网的搜索、推荐等。

(2) 行业知识图谱面向某一特定领域，基于行业数据构建，数据模式多样复杂并需要融合，构建难度更大，强调深度和完备性，关注实体的属性，用于面向业务场景的问答、分析和决策支持。

(3) 行业知识图谱需要考虑从不同的业务场景和使用人员，所以实体的属性与数据模式比较丰富。本书所探讨的油气田知识图谱就属于行业知识图谱。

对知识图谱分类的研究，有利于对知识图谱更好的认识与理解，特别是有利于在智慧建设中分类选择与构建。

11.2.2 知识图谱构建

知识图谱构建是一个非常重要的关键环节，无论对哪一个专业领域或者应用都非常重要。

1. 知识图谱构建思想

对于海量结构无序、内容片面的碎片化信息，以文本、图像、视频、网页等不同模态的形式高度分散存储在不同数据源中，把这些碎片化的信息整理成有关联关系的有序图谱，就是知识图谱的构建过程。

知识图谱构建的主要目的是将知识价值最大化，让知识发挥最大的作用，尤其在智慧建设中，采用智能搜索会更加便利与准确。

2. 知识图谱构建方法

知识图谱构建主要包括自底向上和自顶向下两种方式。自底向上就是先获得知识图谱的实体数据，再构建本体，即先得到具体再得到抽象的概念；自顶向下的方式则是先定义或得到本体的数据，再逐渐将具体的实体加入到知识图谱中。

不论是自底向上还是自顶向下构建知识图谱，其全生命周期都必须包括知识建模、知识存储、知识抽取、知识融合、图谱计算和图谱应用六个方面。知识建模是图谱建设的基础，联合行业专家和业务人员，建立知识图谱的概念模式，为知识组织和表示奠定基础；知识存储则是针对构建完成知识图谱设计底层存储方式，包括属性、关系、事件、时序等，其设计的优劣会影响图谱应用的效率；知识抽取是针对不同的数据源，对结构化、非结构化数据进行抓取，存入知识图谱的过程，包括网络爬虫、数据清洗和信息抽取等；知识融合是通过对不同来源知识进行对齐、合并，形成全局统一知识标识和关系，包括实体链接、属性映射和关系映射，构建实例图谱；图谱计算通过复杂网络计算的相关算法，进行图分析和图计算，如最短路径、最小生成树等；图谱应用通过知识图谱，支撑更多智能化应用：语义检索、智能问答、知识推荐和知识计算等。

我们将知识图谱的构建过程建立一个模型，以表达其生命周期，如图 11.8 所示。

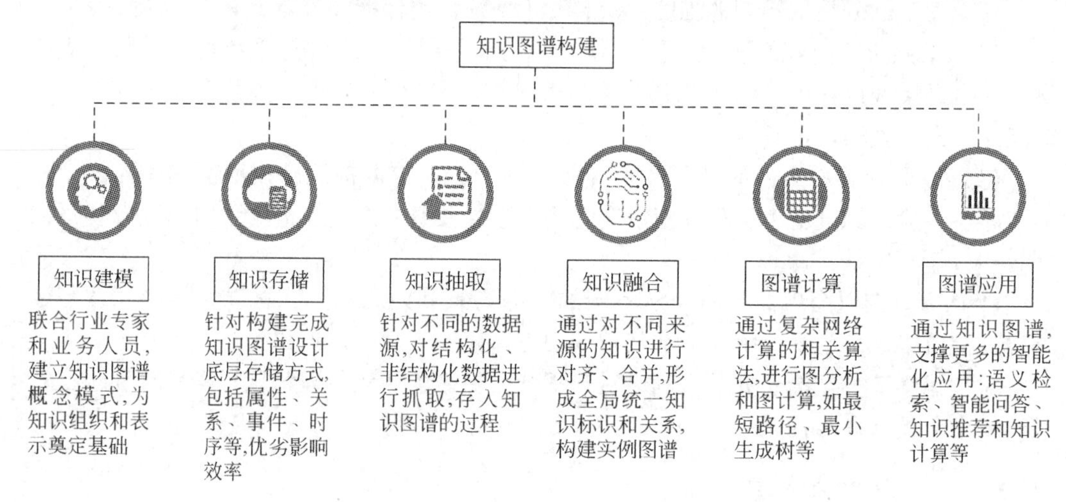

图 11.8　知识图谱的全生命周期

3. 知识图谱构建应注意的问题

知识图谱的构建要依靠专业软件，绘制知识图谱的技术工具比较多，其概况、功能及优缺点不是本书关注的重点，在这里不做详细介绍。但不论采用哪一种工具，构建过程中都要解决好以下几个问题：

（1）属性定义的方式要简练。要实现应用及可视化展现时的最低冗余。

（2）要具有可扩展性。随着技术的进步和生产的运行，知识图谱后续知识会不断扩展，概念体系以及属性也会调整。

（3）要在同一专业领域内实现知识表示的标准。做好规划和标准的制定，防止类似于“信息孤岛”“知识孤岛”的出现。

11.2.3　知识图谱的应用

知识图谱在我们的日常生活中有十分广泛的应用，如天眼查、百度搜索引擎、电商购物等，这些都是通用知识图谱的应用（图 11.9）。

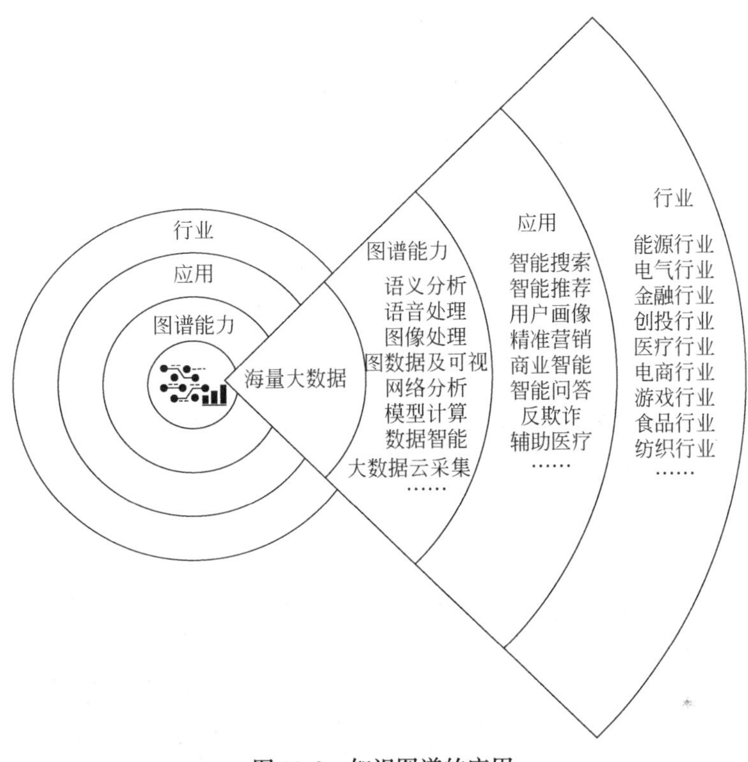

图 11.9　知识图谱的应用

知识图谱在知识库、信息检索、数据挖掘、知识表示、社交网络等研究方向的热度长盛不衰，在信息提取、查询问答、机器学习等研究热度逐渐上升。通用知识图谱整合分布式异构海量大数据，进行语义标注和链接，提供统一资源管理与服务，并能够通过人机信息交互，理解用户意图，映射为知识图谱的实体与关系集合，从知识库中获取需要内容的要素，并根据用户搜索的内容进行搜索推荐。如图 11.10 所示，用户搜索了“星际穿越”，系统会根据导演、题材、演员等相同性，智能向用户推荐《敦刻尔克》《三体》和《沉静的美国人》。

行业知识图谱主要用于构建智慧化知识密集型应用，从多源、异质、时变的大数据中分析挖掘碎片化知识并融合成为知识图谱，提升知识可用性和系统性，应用于各行业的专业数据挖掘、机器学习、深度学习、人工智能。如医学知识图谱技术在临床决策支持系统、医疗智能语义搜索引擎、医疗问答系统等方面有了十分广泛的应用。人工智能教父 Hinton 教授甚至谈到放射科医生会被深度学习取代，而知识图谱属于人工智能领域中知识表示的范畴，是人工智能的基础。

总之，知识图谱的应用十分广泛。随着智能与智慧建设的发展，知识图谱的应用会

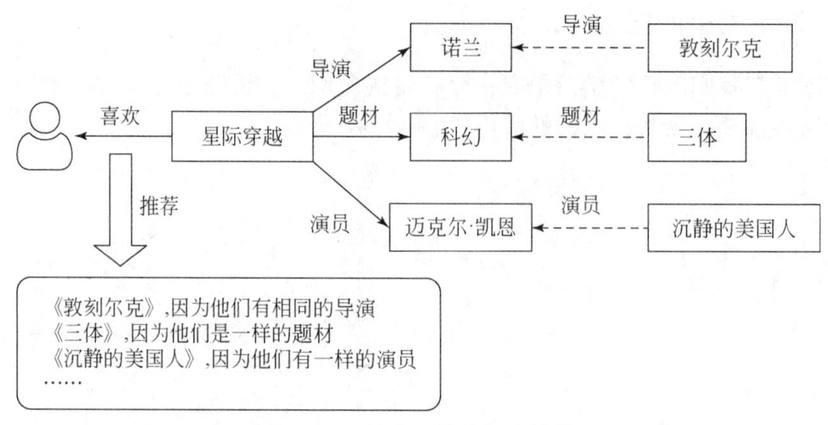

图 11.10 搜索引擎的智能推荐

更加广泛。

11.3 智慧油气田建设中的知识图谱构建

11.3.1 知识图谱在智慧建设中作用和意义

智慧油气田是在数字油气田建设的基础上发展而来的油气信息化管理新模式，是油气田建设的新阶段和新形态。智慧油气田建设的目标是通过信息化技术与油气开采业务的紧密结合，从业务、技术、组织三个维度构建全面感知、自动控制、智能预测、优化决策的生产体系，实现油藏管理、采油工艺、生产运营的持续优化（图 11.11）。

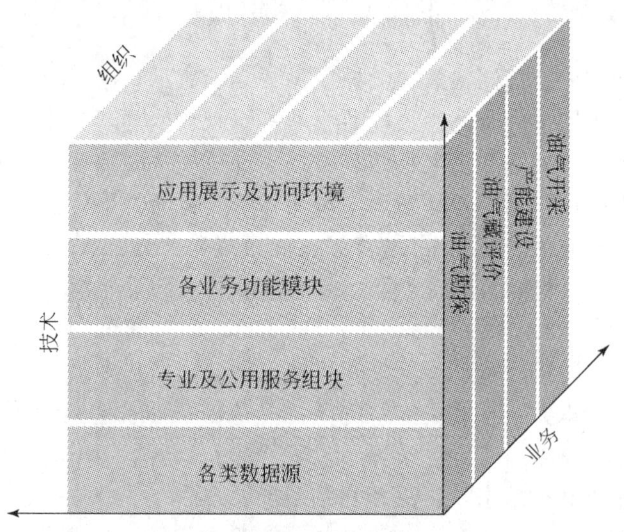

图 11.11 智慧油气田建设的目标

智慧油气田的架构与数字油气田的主要区别在于分析与决策。要实现智慧油气田，就要充分利用“互联网+”的开放性、互联性和创造性，打破过去油气开采过程中相对封闭的思维模式和管理模式，实现跨专业、跨部门、跨地域、跨行业的再连接、再融合、再创新，实现数据、信息、知识的实时共享和优化集成。

借助智能图谱技术，油气田企业能够快速有序地对企业内外部资源和生产要素进行聚合、集成和优化，改变勘探开发业务领域长期以来形成的“单兵作战”工作模式、条块分割的管理思维、消除信息孤岛、拆除协同藩篱，促进传统生产组织和营运方式的变革，形成油气田勘探开发业务管理“自动化、信息化、智能化”的新形态。

11.3.2　构建油气田知识图谱的可行性

1. 积累了海量的数据资源

油气田信息化建设几十年的积累，已经初步建成了一大批数字油气田信息化系统。以建设完整、准确、及时、唯一的数据库和管理数据库为主的信息化建设工作，初步实现了勘探开发工作过程中资料的快速收集、统计、查询及诊断预警，如图 11.12 所示。

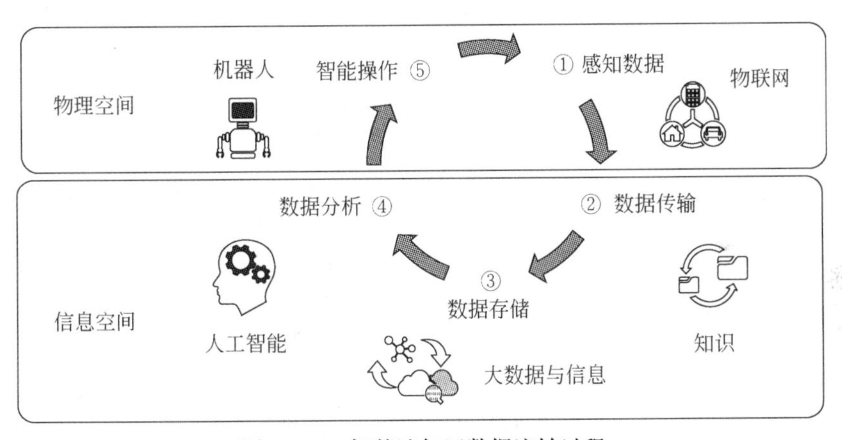

图 11.12　智慧油气田数据流转过程

智慧油气田重点应该是对数据的统计、分析、挖掘，寻找数据之间的关联，准确预测油井产量，有效支持油气田勘探开发工作。目前已经积累了大量的大数据与知识资料，且已经具备了一定的数据分析能力，已完全具备了构建和应用油气田知识图谱的条件。

2. 建立了大数据思维模式

大数据思维区别于传统思维。传统思维是针对问题，分析因果关系，获取数据，进而验证已形成的逻辑；大数据思维是通过数据分析，找到数据间的关联，来发现问题，如图 11.13 所示。

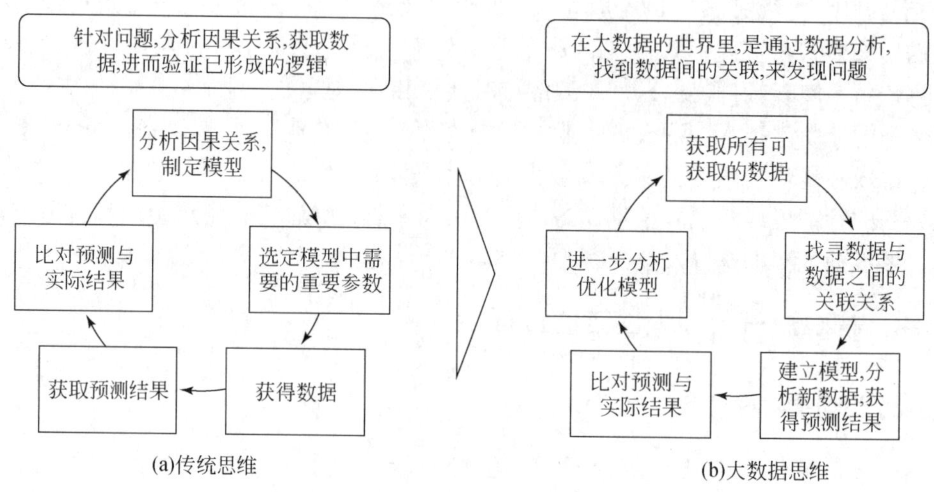

图 11.13 大数据思维与传统思维的区别

随着数据采集技术和高性能计算技术的提升石油勘探开发过程中获得了越来越多的数据，远超过了人脑的处理能力。基于最新的人工智能手段，运用好这些海量数据将对石油勘探开发工程带来革命性的改变。

11.3.3 构建油气田知识图谱的必要性

1. 油气开采行业的特点及传统发展模式的瓶颈迫切需要技术和管理上的变革

深埋数千米地下的石油天然气资源，从发现到成为产品，要经历勘探、钻井、试油、采集、输送、处理等过程，业务流程长、管理环节多。

过去主要采取集中计划决策逐级分解任务、直线控制推进的方式组织生产，各项职能以单链条、单方向传递的方式自上而下贯穿到基层，因此设置了较多的管理层级和职能部门，形成了错综复杂的业务管理和工作流程，容易产生管理盲区和职责交叉的问题。一项综合性工作不仅要逐级上报、请示，还要不同部门进行审批，由于各自都强调分管工作的重要性，缺乏横向交流和沟通，相互协作的程度低，导致组织、协调的任务相当繁重，决策、管理和执行的效率很低。

由于各个业务部门和生产环节相互共享的信息量有限、时效性差，制造了大量“沉睡”的数据库和信息孤岛，没有形成规律及知识发现的有效逻辑链条。同时，由于缺乏高效整合分散的技术力量和智力资源的统一平台，大量的预测和判断只能依靠领导或专家的个人经验进行，也难以实现对一线生产问题的远程会诊和指导解决，导致决策管理的风险高、现场处置的效率低。

数字油气田建设让油气田企业形成了数字化的形态，通过数据积累为大数据、人工智能应用指明了方向和路径。而知识图谱作为一种技术和管理方法，能够很好地对数据进行统计、分析、挖掘，寻找数据之间的关联，和其他专业技术相结合，更好地进行油气田生产规律分析与智能认知，从而有效提高生产水平与效率。

2. 石油行业大数据需要知识图谱技术进行管理和使用

石油行业大数据具有多源性、异构性、时空性、相关性、非线性、随机性、多解性等特点，数据管理难度大。

从图 11.14 可以看出，油气田勘探开发数据种类繁多，包括勘探、测井、钻井、录井、井下作业等 20 多个专业，各专业间关系错综复杂，数据格式多种多样。为了研究的方便，本书把勘探开发数据按照产生源头的不同分为两类（表 11.1）。一类是现场数据，具体包括：地质资料、井基础数据、动态生产数据、措施实施情况、特殊测试数据等；另一类是成果数据，是指研究人员在工作过程中，通过对原始数据的数值模拟、分析演算、专业软件设计、实验模拟等，实现了对原始数据的深度挖掘，产生了一批新的数据。我们认为，现场数据是属性数据或信息，而通过深度挖掘以后产生的成果数据，则演进成了知识或智慧。

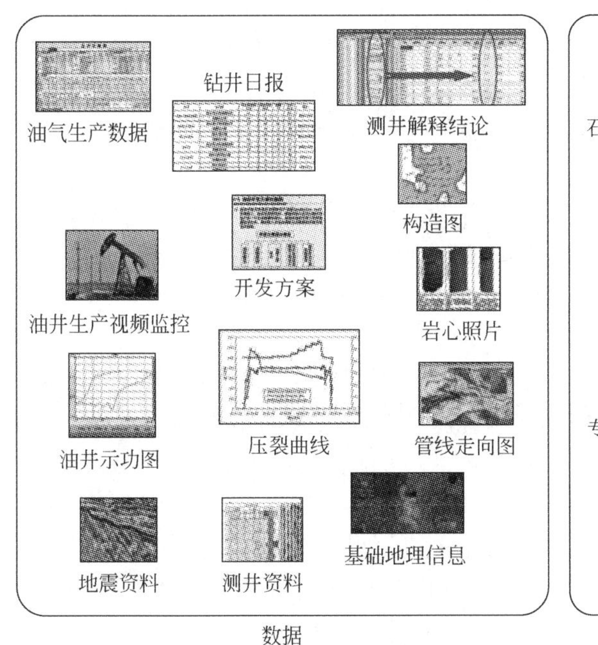

图 11.14　勘探开发领域主要数据和数据源

表 11.1　勘探开发数据分类表

数据分类	内容
现场数据	地质资料、井基础数据、动态生产数据、措施实施情况、特殊测试数据等
成果数据	数值模拟、分析演算、专业软件设计、实验模拟等得到的过程数据

国外石油公司在数据管理建设方面起步较早，在组织、制度层面上为数据管理提供了保障。同时信息技术的快速发展也为数据的采集、存储、管理和使用提供了便利，目前国外石油公司已经逐步实现了企业级勘探开发一体化专业应用数据管理和应用支持，

提高了公司内部信息共享能力和对专业应用无缝支持的能力。

与国外石油公司相比，国内油气田企业的数据管理建设起步较晚，呈现“逐渐重视、模式不一、程度不同”的特点，但整体管理滞后于大规模的勘探开发。直到21世纪初期，油气田信息化逐渐发展起来，大批结构化的历史数据逐步录入专业数据库，主要是一些现场数据。但由于信息化建设初期，基层单位、各部门分别依各自所需进行建模与开发，是一种分散独立管理模式，数据建设存在条块分割、数据冗余、标准不统一等问题，“资源共享”还只局限在专业数据库内部。对于成果数据而言，这些数据多数属于非结构化数据，数据主要存储在科研人员的个人工作机中，以施工方案设计、项目总结资料、成果申报材料等形式呈现，数据录入信息系统集中管理程度低、共享程度很低。

这两类数据种类和数量随着勘探开发建设的深入而不断增加，工作人员每年用于处理数据和搜索信息的时间也大幅提升。由于历史原因无论现场数据还是成果数据都存在种类不一的数据格式、各式各样的数据存储方式，互不相通的应用软件及不同的计算机用户界面等数据应用问题，影响了工作人员对这两类数据的共享使用，也带来了数据管理困难等种种问题。随着勘探开发工作向多学科综合集成方向发展，数据管理要向各学科间的信息交换、数据共享和综合集成方向转变，这就需要油气田企业探索这两类数据的科学管理和使用的新方法。

现在的问题是，我们如何将这些数据能够变成知识并图谱化，以提供给智能与智慧建设，这是一个重大课题，目前并没有人能够做到。

11.3.4 油气田知识图谱的构建与应用

油气田知识图谱属于行业知识图谱，构建油气田知识图谱的主要目的是抽取大量的、让计算机可读的油气田知识。国内油气田经历了20年的数字化建设，油气田知识大量存在于专业应用系统数据库的结构化数据、半结构化的表格以及非结构化的文本数据中。我们认为，油气田知识图谱的知识获取源除了内部产生和存储的这些知识资料，还应包含网页及专业文献数据库中的数据。但由于企业保密相关规定，很难把内部资料和外部资料实时融合在一起，因此，本章节油气田知识图谱的构建不考虑外部资料部分。

结合油气行业业务特点，采取自顶向下的方式构建知识模型，先为知识图谱定义好本体与数据模式，再将实体加入到知识库中，这种构建方式能够很好地利用现有的结构化数据库作为其基础知识库。

由于勘探开发业务流程复杂，数据量巨大，油气知识图谱的建设也是一个十分庞大的系统工程。所以，油气知识图谱的构建必须要有统一规划、统一设计、统一管理、统一标准，按照不同的应用场景进行分批建设。

对应知识图谱的全生命周期里知识建模、知识存储、知识抽取、知识融合、图谱计算和图谱应用这六个阶段里，知识建模和知识存储这两个阶段是需要统一标准的，统一抽象为<概念，关系，规则>。其中概念用来描述流程节点及节点，名称包括抽象概念和实体；关系用来描述关系节点之间的流程连接及安装关系，包括包含关系、连接关系、安装关系；规则是用来描述实体节点之间数据关联规则，包括约束规则和推理规则。

当标准和规则统一以后，可以分不同的主题分别进行建设。例如，在采油生产预警主题应用中，具体描述可以表示如下：

抽象概念：油井、水井、站库、流量计、分离器、泵、罐等生产节点类型。

实体：采油生产流程节点上的设备、设施名称，如油井史 127-1 井、注水井史 112-5、转郝西联合站 1 号外输泵等。

包含关系：描述抽象概念中包含的具体采油生产实体节点设备、设施名称，如某管理区油井包含史 127-1 井、史 127-5 井等。

连接关系：描述生产实体节点之间拓扑连接关系，如史 127-1 井、史 127-5 井与史 127 计量站连接转。

安装关系：描述数据监测设备在实体上的安装位置，如史 127-1 井的井口温度传感器安装在史 127-1 井的井口流程上。

约束规则：知识图谱遵守的规范，如温度传感器 ID 编码规范等。

推理规则：以机理、经验等为驱动，定量化和定性相结合描述生产节点之间关联关系，异常问题对应的数据关联变化规则等。

按照生产流程将井筒到地面采油生产全过程进行关联描述和定义，将整个生产过程中可能发生的预警事件与实体建立关系，构建形成采油生产预警知识本体，如图 11. 15 所示。

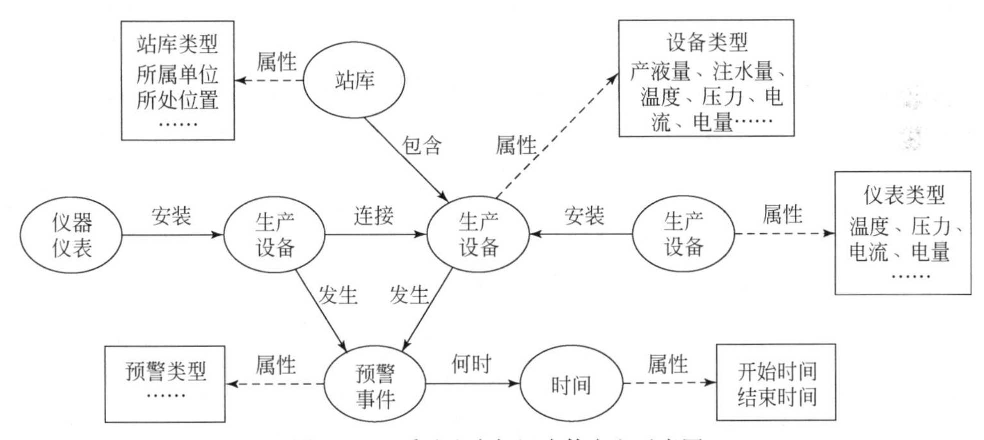

图 11. 15　采油生产知识本体定义示意图

知识抽取和融合则可以按照不同的应用场景，建立主题应用数据库，将原始自动采集数据、预处理生成数据，以及其他人工采集的动态、静态相关数据进行分类组织，建立主题应用数据库。

将图 11. 15 中的知识图谱中各实体节点与主题应用数据进行连接，进行实体的提取及融合，建立属性数据连接，构建成虚拟化的采油生产系统，可实时展示整个采油生产过程的实际运行情况。

接下来是图谱计算和图谱应用。根据生产需要制定预警推理规则，针对知识本体属性，建立推理计算引擎，执行推理过程并给出推理结果，实时给出预警推理结果，给技术人员推出预警提示信息。

正如前面章节所提到的，在油气知识图谱构建过程中，一定要重视标准的统一问题。

知识图谱在油气行业尚未大规模使用，所以从油气行业知识图谱规划和构建的初期，就要做好标准制定的问题，防止类似于“信息孤岛”“知识孤岛”的出现。

我国各个领域经历了40多年的信息化建设，导致了一大批阻碍信息共享的“信息孤岛”，其根本原因是领域没有给予标准化足够的重视。这些“信息孤岛”严重泛滥，阻碍领域信息共享。多年来，领域耗费巨资来整合这些“信息孤岛”。无独有偶，40年后的今天，领域又一次无法回避知识表示中的标准化难题！

最后，智能搜索作为一项关键技术不能或缺，它将以最快速度为超脑决策提供支持。

11.4 油气田知识图谱的应用前景

知识图谱通过不同知识的关联性形成一个网状的知识结构，以结构化的形式描述客观世界中概念、实体及其关系，提供了一种更好地组织、管理和理解互联网海量信息的能力。将知识图谱特有应用形态与领域数据和业务场景结合，能够有效助力领域业务转型。目前知识图谱已经应用于各个行业的搜索、智能问答、推荐系统及可视化决策支持等方面。

知识图谱在石油勘探开发领域尚未大规模使用，但根据在其他行业的使用经验，可以建设不同工作环境下的智能应用场景，加速人工智能在勘探开发中落地，从而推动智慧油气田的发展，催生一批油气田领域的颠覆性技术，解决油气勘探开发的技术需求，提升油气田勘探开发的经济和社会效益。

11.4.1 具有智能搜索和问答功能的石油专家系统

石油专家系统是通过存储现存的知识来实现对用户的搜索和提问进行求解的系统。石油知识图谱是石油专家系统的核心，通过对学术期刊论文、石油勘探开发百科全书、成果专利、各专业数据库结构化数据等不同来源的知识信息进行对齐、合并，形成全局统一知识标识和关系，通过复杂网络计算的相关算法进行图谱计算，较为全面地获取石油专业技术知识和信息。

知识图谱是石油专家的“大脑”，在系统功能上属于人脑仿生系统。人的大脑是一种分布式的系统，由神经元连接，连接越多越聪明，对新激励的反馈通过记忆碎片拼接整合而成。知识图谱也是越大越强，可以根据需要创作知识。在提供智能应用时，图谱进行复杂指标的快速计算，最终以“一站式”智能搜索和智能问答的形式输出石油专家的功能。石油专家系统的系统架构示意如图11.16所示。

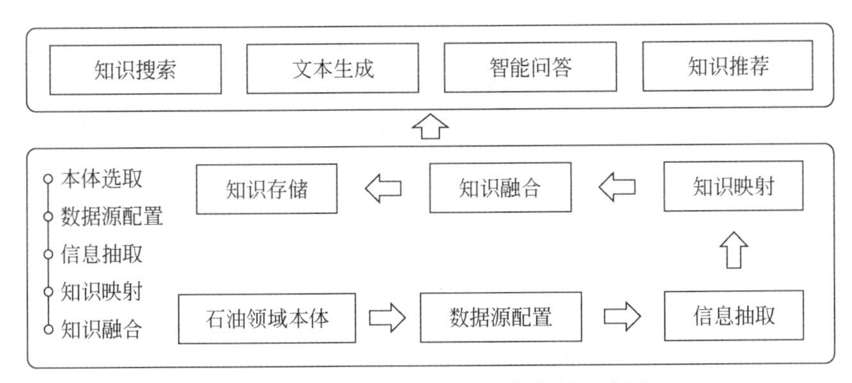

图 11.16　石油专家系统的系统架构示意图

“一站式”搜索不仅是基于关键词的搜索，而是分析和理解用户的真正需求，把所有不同种类信息连接在一起，对知识进行更有序、规律的组织，提供更加智能的信息获取和管理。

例如，输入“柴达木盆地”，石油专家系统就会基于关联关系进行业务扩展搜索，把搜索到的信息分类推送给用户，如盆地的石油地质条件、盆地的相关研究对象等。在石油地质条件下，再进行细分，包括盆地概况、盆地的资源、储量、产量分布等。

“一站式”搜索能够打破信息孤岛，实现内容汇聚，既省时省力、提高检索效率，又有利于新手快速上岗，还能够帮助用户系统地梳理知识条理。

智能问答是一种拟人化的功能，能够准确理解用户意图，全面获取相关知识，快速进行复杂指标计算。问答的内容可以是生产数据，如顺北油田蓬 1 井的施工单位是哪家？孤岛中一区馆 5 稠油区块的油气藏类型？2020 年 8 月塔河油田产油量是多少？类似于这类提问，石油专家能直接搜索给出答案。也可以是复杂指标计算：如普光气田 * * 井 3 月产气量比上月增加了多少？这就需要快速计算给出结果。还可以使专业技术知识，如造成油水井堵塞主要有哪些方面的原因？哪些因素会造成钻井中出现垮塌？钻井过程中怎样预防溢流？这就需要进行复杂的知识融合形成一条条的问答对，给用户输出答案。虽然融合复杂，但是速度极快。

石油专家系统还可以根据用户的搜索和提问历史记录，精准地掌握用户关注的知识点和对象，向用户推送感兴趣的资讯信息，实现更为智能的知识推荐服务。

11.4.2　具有智能预测和优化决策功能的智能生产体系

建立全面感知、自动控制、智能预测、优化决策的生产体系是智慧油气田的建设目标之一。借助先进的工业互联网技术，国内油气田在数字化油气田阶段已经实现了全面感知和自动控制，并积累的海量的勘探开发数据。而最终引起油气勘探开发领域颠覆性变革的，将是具有智能预测和优化决策功能的智能生产体系。

建立油气勘探开发智能生产体系需要大数据、知识图谱、人工智能技术与能源的深度融合，在各项技术中，知识图谱将起到关键性的作用。一方面它能够把海量的数据进行属性标定，通过生产流程的模拟；另一方面它能够实时追踪参数关联，实时追踪问题发生的苗头，异常问题超前预警，指导技术人员主动管理、超前优化、超前处置和预测性维护，最大程度上避免异常问题发生，降低生产成本。

智能生产体系在压裂工况实时预警、油水井工况等方面均可以开展一些探索性应用。

1. 智能工况诊断

大多数油气田采用人工举升采油方式，由于井下工况复杂，抽油机井容易出现各种故障，不仅会造成石油开采不能有序进行，影响进度目标，严重时还会造成安全事故，因此，需要实时准确地对抽油机井故障进行针对和趋势预测。

在传统模式下，主要依靠人工通过分析各种参数的变化并结合物理模型，来判断油井是否出现故障，主要依赖专家经验。

后来随着信息技术的发展，逐步开发了基于示功图的工况定性诊断（图 11.17）。示功图由专门的仪器测出，画在坐标图上，被封闭的线段所围城的面积表示抽油机驴头在一次往复运动中抽油机所做的功。建立常见故障示功图矢量链，把实际泵示功图的矢量特征进行识别，并和标准故障矢量链进行逐一对比，最终给出诊断结论。

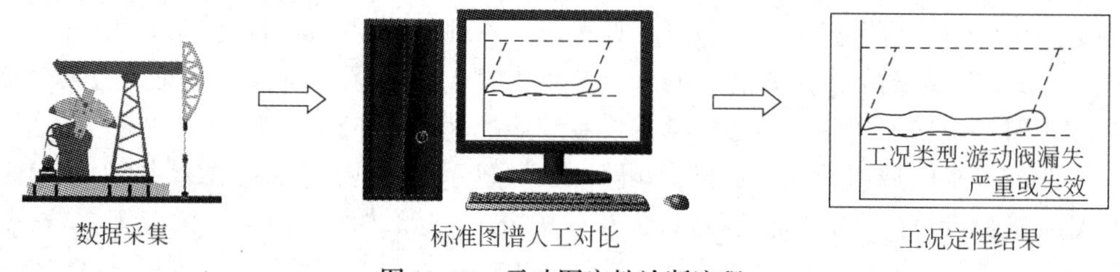

图 11.17　示功图定性诊断流程

智能化工况诊断将“示功图定性诊断模式”变为“智能量化诊断新模式”。把各个节点实体属性数据按生产流程相互关联，按照经验规则进行 AI 计算，从而实现定量分析，提高诊断准确率，并能够智能预测工况变化趋势，为动态优化抽油机井措施提供决策依据（图 11.18）。并进一步逐渐形成中国石油针对不同数据、不同地区工况诊断专家经验模型库，沉淀专家知识，减少对专家经验的依赖。

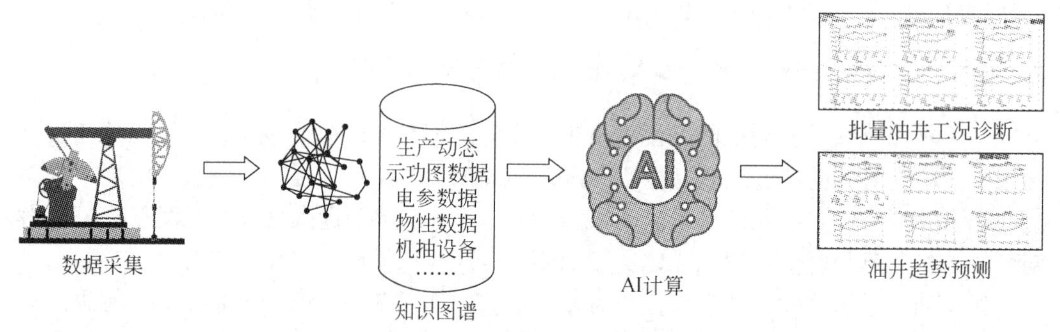

图 11.18　智能化工况诊断流程

2. 智能测井解释业务分析

油气层识别是测井解释的一项主要工作，它以油藏物理学为基础与测井学和流体力学相结合，目前主要采用统计学理论的常规识别方法。

测井评价专业性强，严重依赖专家经验地质、开发人员短时间内很难掌握。地质、测井、化验资料无法快速匹配，解释周期长。涉及资料繁多，前期基础数据整理烦琐、工作量大、效率低。并且存在传统岩石物理模型不能有效解决岩性复杂多样、非均质性强的储集层的参数计算和流体识别问题，如图 11.19 所示。

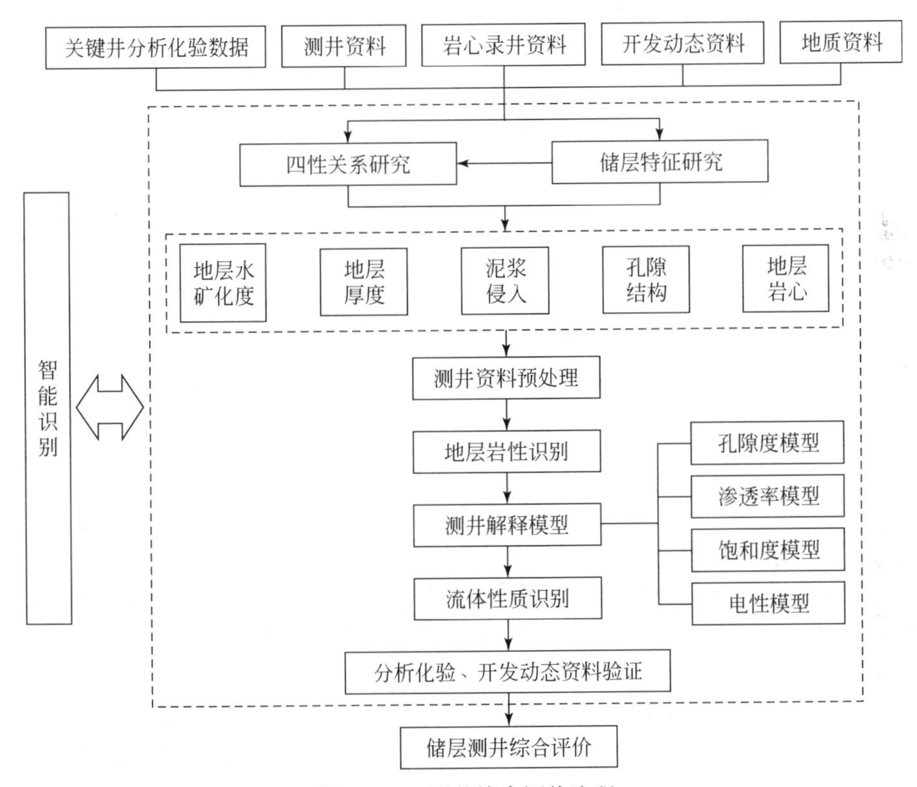

图 11.19　测井综合评价流程

以测井油气层识别业务为例，传统测井油气层识别工作流程如图 11.20 所示，流程复杂，特别是四性关系研究、参数模型和流体性质标准建立，工作量大、周期长。

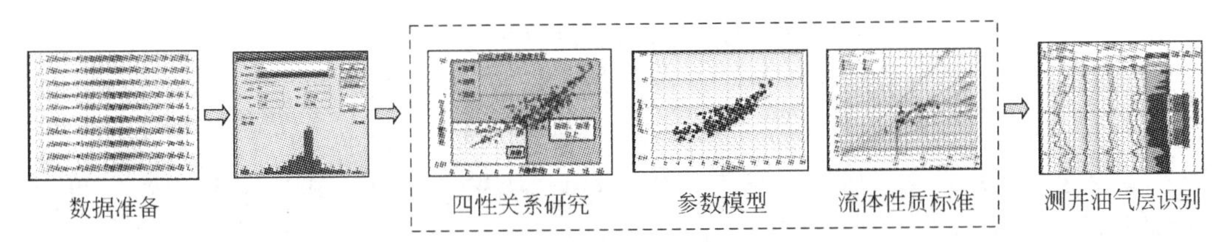

图 11.20　传统测井油气层识别流程

智能测井油气层识别技术，能够改变“人机交互解释”为“知识驱动的智能解释”新模式，建立了适应性更强、精度更高的参数预测和油气层识别模型，提高解释精度。还能够不断传承专家知识，减少了对专家经验的依赖，改变工作模式，提高了工作效率，为地质工程师提供了AI个人助理，如图11.21所示。

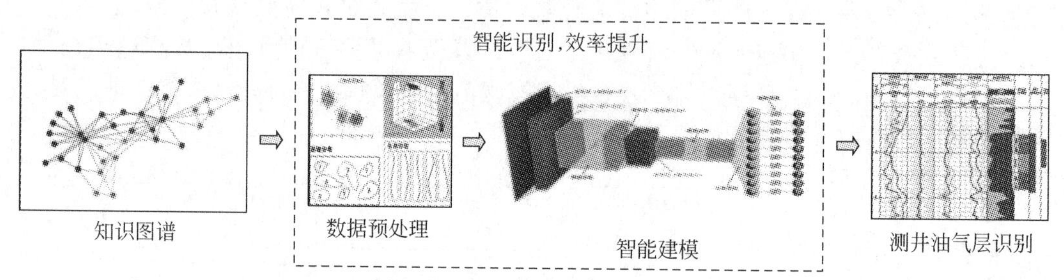

图11.21　智能测井油气层识别流程

3. 压裂工况实时智能预警

压裂是低渗透油气田增产的主要技术手段，如何保证压裂措施效果是油气田开发技术人员面临的重要问题。压裂效果取决于压裂工艺技术的完善程度，包括对储层的认识、优良的入井液体及支撑剂材料、优化的设计，以及施工工艺、质量等。

在以往油气田压裂施工的过程中，技术人员在现场的压裂仪表车内监测实时动态数据，指挥压裂施工作业，同时指派专业监督人员到现场进行工程监督。由于压裂作业通常在环境较为恶劣的野外施工，区域地形和地质条件复杂多变，作业区域相距较远，交通和信息交流不便，现场决策和指导成本高效率低。

物联网和数据库技术能够把压裂现场的实时参数数据采集并传输至油气田办公网，结合其他专业数据，利用油气知识图谱建立压裂工程工作场景，能够对压裂工况进行实时预警。

最容易实现的是利用数据关联变化规律进行预警。用趋势和阈值定义数据的变化规律，趋势分为上升趋势、下降趋势、持续上升、持续下降、变化率、稳定趋势，用变化率定量化描述变化的幅度；阈值分为超上限、超下限、稳定区间、等于、不等于，建立了各种趋势和阈值判定的算法。

如对施工压力，砂浓度等关键参数，可以指定以下阀值：

(1) 施工压力低于当前排量×X（X默认0.95），维持Y（Y默认30）s以上，并且排量大于Z（Z默认值2.00）m^3/min，则进行参数预警；

(2) 砂浓度在X（X默认30）s内下降幅度超过Y（Y默认100）kg/m^3，但未降至Z（Z默认10）kg/m^3以下；

(3) 油压或套管压力值大于最高限压X（X默认65）MPa×Y（Y默认0.95），维持Z（Z默认10）s以上；

(4) X（X默认5）s内压力骤变Y（Y默认10）MPa；

(5) 破压值低于X（X默认35）MPa。

随着技术的不断进步，也可以利用专家经验，把专家经验转换成 AI 计算程序，自动计算推断出预警信息。

在条件成熟的区块，可以尝试大数据预警。根据压裂施工工艺和排量的不同，分类建立不同工艺方案的标准样本库进行样本曲线进行机器学习，利用大数据分析预测并绘制出了施工压力的预测曲线和报警包络面。

根据当前井的区块、层位及施工方案，进行实际施工曲线、预测曲线和方案曲线的实时对比，当实际施工曲线超过报警包络面时，则给出实时预警。这样技术人员不用到井场，就可以决策于千里之外，提高研判的效率。

11.5　本章小结

知识图谱最大的价值在于能够让人工智能具备认知能力和逻辑能力。知识图谱、人工智能技术与能源的深度融合，将在油气田勘探开发等多个环节发挥重要作用。在这些技术的推动下，油气田的智慧化水平将会越来越高，这既是油气田“降本、提质、增效”的有效途径，也是油气技术发展规律的必然趋势。

(1) 重点研究了知识、图谱与知识图谱的基本概念，以建立起在智慧油气田建设中知识图谱应用的基本理论与方法，揭示了知识图谱能够将复杂的知识完成结构化的表达。

(2) 知识图谱构建是一种技术，知识图谱表达是一种知识结构化的方法。知识图谱能够完成最优化的构建，将有利于在智慧油气田建设中对各种知识、经验、教育与大成智慧的汇聚、集成、群智协同等完成高端智能搜索和应用。

(3) 智慧油气田建设需要知识图谱的支持，才能让智慧建设更加科学与有效。如何将领域知识图谱有效应用于油气田勘探开发的各类应用场景，特别是推荐、搜索、问答之外的应用，包括解释、推理、决策等方面的应用仍然面临巨大挑战。

随着知识图谱构建技术的成熟与加速，油气田勘探开发领域构建知识图谱的进程将得到极大的加速。在油气行业知识图谱构建的初期，一定要做好总体规划，高度重视标准，避免将来再现大量的“知识孤岛”。

参考文献

埃里克・布莱恩约弗森，安德鲁・麦卡菲 . 2016. 第二次机器革命：数字化技术将如何改变我们的经济与社会 . 蒋永军译 . 北京：中信出版社
毕思文，许强 . 2002. 地球系统科学 . 北京：科学出版社
陈迎，巢清尘，等 . 2021. 碳达峰、碳中和 100 问 . 北京：人民日报出版社
东尼・博赞，巴利・博赞 . 2015. 思维导图 . 卜煜婷译 . 北京：化学工业出版社
范内瓦・布什，拉什・D 霍尔特 . 2021. 科学：无尽的前沿 . 北京：中信出版社
付登坡，江敏，任寅姿，等 . 2020. 数据中台：让数据用起来 . 北京：机械工业出版社
高志亮，等 . 2011. 数字油田在中国——理论、实践与发展 . 北京：科学出版社
高志亮，付国民，等 . 2017. 数字油田在中国——油田数据学 . 北京：科学出版社，
高志亮，高倩，等 . 2015. 数字油田在中国——油田数据工程与科学 . 北京：科学出版社
高志亮，梁宝娟，等 . 2013. 数字油田在中国——油田物联网技术与进展 . 北京：科学出版社
高志亮，孙少波，等 . 2019. 中国数字油田 20 年回顾与展望 . 北京：石油工业出版社
何生厚 . 2006. 油气开采工程师手册 . 北京：中国石化出版社
华为公司数据管理部 . 2020. 华为数据之道 . 北京：机械工业出版社
黄欣荣 . 2006. 复杂性科学的方法论研究 . 重庆：重庆大学出版社
斯蒂芬・霍金原 . 2013. 图解时间简史 . 王宇琨，董志道编著 . 北京：北京联合出版公司
江苏省科普作家协会，赍德 . 2018 大国重器：图说当代中国重大科技成果 . 南京：江苏凤凰美术出版社
杰夫・霍金斯，桑德拉・布莱克斯利 . 2014. 智能时代 . 李蓝，刘志远译 . 北京：中国华侨出版社
金毓荪，蒋其垲，赵世远 . 2007. 油田开发工程哲学初论 . 北京：石油工业出版社
蓝凌研究院 . 2011. 知识管理最佳实践——创造智慧工作 . 深圳：蓝凌研究院
李斌，张国旗，刘伟，等 . 2002. 油气技术经济配产方法 . 北京：石油工业出版社
李剑峰，肖波，肖莉，等 . 2020. 智能油田（上、下册）. 北京：中国石化出版社
李军 . 2014. 大数据：从海量到精准 . 北京：清华大学出版社
李颖川 . 2009. 采油工程 . 北京：石油工业出版社
李玉美，贺红霞 . 2011. 井下作业 . 北京：中国石化出版社
刘宝和 . 2008a. 中国石油勘探开发百科全书・工程卷 . 北京：石油工业出版社
刘宝和 . 2008b. 中国石油勘探开发百科全书・综合卷 . 北京：石油工业出版社
刘美欧 . 2018. 大庆油田中十六联数字化建设方案研究 . 大庆：东北石油大学硕士学位论文
鲁玉庆 . 2021. 油气生产信息化技术与实践 . 北京：中国石化出版社
罗杰・布特尔 . 2021. AI 经济：机器人时代的工作、财富和社会福利 . 杭州：浙江人民出版社
纳西姆・尼古拉斯・塔勒布 . 2019. 黑天鹅：如何应对不可预知的未来 . 北京：中信出版社
尼克 . 2021. 人工智能简史（第 2 版）. 北京：人民邮电出版社
上海交通大学钱学森研究中心 . 2015. 智慧的钥匙——钱学森论系统科学（第二版）. 上海：上海交通大学出版社
宋成立，王晓翠 . 2012. 油水井动态分析实例解析 . 北京：石油工业出版社
王根海 . 2008. 石油勘探哲学与思维 . 北京：石油工业出版社
王汉生 . 2019. 数据资产论 . 北京：中国人民大学出版社

王永庆.2006.人工智能原理与方法.西安：西安交通大学出版社
王众托.2004.知识系统工程.北京：科学出版社
吴晓波，王坤祚，钱跃东.2021.云上的中国：激荡的数智化未来.北京：中信出版社
许国志，顾基发，车宏安.2000.系统科学.上海：上海科技教育出版社
杨斌，匡立春，孙中春，施泽进.2005.神经网络及其在石油测井中的应用.北京：石油工业出版社
叶葆春.2011.知识管理2.0——组织知识管理实践.深圳：蓝凌研究院
尤瓦尔·赫拉利.2012.人类简史：从动物到上帝.林俊宏译.北京：中信出版社
尤瓦尔·赫拉利.2017.未来简史：从智人到智神.林俊宏译.北京：中信出版社
尤瓦尔·赫拉利.2018.今日简史：人类命运大议题.林俊宏译.北京：中信出版社
余谋昌.1990.地学与智慧.北京：地质出版社
周淑慧，王军，梁严.2021.碳中和背景下中国“十四五”天然气行业发展.天然气工业，41（2）：171～182
祝守宇.2020.数据治理：工业企业数字化转型之道.北京：电子工业出版社
Liu J，Shi C，Shi C C，*et al.* 2019. the chromosome-based rubber tree genome provides new insights into spurge genome evolution and rubber biosynthesis. Molecular Plant，13（2）：336～350

后　记

我国油气田企业正在接受着非常严峻的考验，一方面既要确保国家需要的油气安全底线，即无论多么困难也要保住2.0亿吨（标准煤当量）的油气生产；另一方面还要响应国家号召完成的“碳中和”任务，即到2060年达到“碳中和”并为此做出贡献。

这是两个似乎不可能同时完成的任务，按照目前人们的说法，油气的生产与使用是一个重要的碳排放之源。于是，有人提出应该少用油气或者不用油气，这就意味着不要生产油气。当然，这又是不可能的，现在人们就需要努力地来解决这一矛盾。

那么，如何才能让油气田企业做得更好？如何使这二者达到平衡？也许我们正在进行的数字、智能与智慧建设是个不错的办法：一方面，既要充分利用先进的数字、智能与智慧建设，改变油气生产过程中的碳排放量；另一方面，还要利用智慧解决油气中的碳利用及“碳中和”问题。

这就是一个科学问题。

本书主要论述了油气田的智慧建设问题，这是本书研究的主要任务。智慧建设是在数字油气田建设和油气田智能化程度非常高的基础上完成的，需要很多先进技术、方法与解决方案。然而，现在还没有成功的示范建设与建设成果可参考，唯一的办法就是研究与探索。

首先，我们面对的是智慧；其次，是智慧能否建设；再次，是智慧油气田到底怎么做？等等。对此我们基本作了回答，能否让所有读者感到满意，我们不知道，但我们尽了最大的努力，做了认真的探索。就智慧而言，会有很多不同的认识与注释，虽然我们做了论述，一再强调智慧不仅仅是意识形态或哲学，智慧是一种科学，智慧是可以建设的，但也一定会有很多质疑。

智慧在很多人看来认为是一种“聪明”，但智能也说是“聪明”，不过智慧的聪明与智能的聪明有所不同，我们认为，智慧的聪明主要是“悟”。

关于“悟”，人生有三悟。青少年时主要是“领悟”，或者叫“知悟”，就是通过对知识的学习，明白了，懂了，记住了，这就是领会、接受，晓知、启示；中年主要是“感悟”，就是要行万里路，感知天下事，一切未知都要依靠扎实的实践活动，结合青少年时期学习到的知识，来领略与发现未知；到老年后主要是“顿悟”，就是“立顿悟义”，可以不受时间与阶次限制，直接悟出真理。这是老年人们毕生经历和阅历的结果，是通过学习知识、科学实践与从各种经验教训与挫折中获得的悟，从而可以给出正确的判定或正确的决策。这些人生三悟汇聚到一起就是一个字即“慧”。

我们的智慧建设关键不在于“智”，而在于“慧”。就是要将人生中的所有“领悟”“感悟”与“顿悟”集成在一起，构建一种“智慧大脑”。这个慧包括数据聪明、设备聪明与人的聪明。所以，在智慧油气田建设中，无论是智慧采油、采气、智慧联合站、智慧井区，还是智慧工程与智慧油气藏建设，都要做好“集大成智慧”于一体，构建出依靠“全数据、全智慧”获得“全信息”的智慧大脑来。

在研究过程中，我们总在思考一个问题，这就是油气田犹如一个人体。人体中有很多器官，每个器官都具有各自的功能。它们在长期运行过程中会有磨损，磨损多了就会出现问题，这些问题就是病症。针对这些病症，需要到医院就医，而就医时西医与中医的诊疗办法是完全不同的。西医需要利用很多测试设备对人体进行检查，这实际上就是数字化。如我们手脚麻，虽然感知部位在手和脚，但病灶却并不在手和脚，而是心脑血管，手和脚只是一种反应。经过一番检查，即数字化后，然后得出结论是脑梗。所以，对人体检查的过程就是数字化的过程。

同样，在油气田我们为什么要进行数字化建设？为什么要安装很多设备或传感器？这其实就是为了发现油气田生产运行过程中的问题。在现实中，很多油气田企业非常重视硬件建设，安装了许多设备、仪表、传感器等，以为这样就是油气田数字化建设，其实不是，安装设备、建设网络等只是为了采集数据，我们还需要大批的“护士”、“医师”和“医生”来解读数据。例如，人体血糖有一定的标准，一般空腹血糖高于6.1mmol/L时，检查的医师就会在结论中注明“血糖偏高”，当检查结果传给医生，医生就根据这些数据开处方和给予治疗。

但是，智慧建设是要将这些过程“一气呵成”，用数据将数字、智能、智慧全过程构成一个链。即利用大数据分析、人工智能等技术，从发现问题、问题诊断、诊断评价、问题结论到治理决策，全部过程利用数据与智慧的大脑来完成。所以，这是一个非常巨大的工程，具有划时代的意义，建设难度非常大。

当然，我们不一定要像数字化建设过程那样做大系统、大平台，而是要做“小型化、精准智能”，然后集大成，这样就一定能做好，而且是能够完成建设的。

在撰写与研讨中，我们遇到最大的困难与挑战就是还没有办法进行验证。但是，我们在一些油气田中已经发现了智慧建设的亮点，也看到通过数字、智能建设以后出现了各种新的迹象，如倒逼油气田企业进行组织机构建设的改革，各种传统岗位的自然消失等，这些都为我们研究与撰写智慧建设提供了信息，增强了我们的信念。

不可否认，在数字、智能建设之后，一定要走向智慧建设，这是一种规律，也是一种必然。于是，我们的责任就是必须超前探索。我们写作的大部分都是三段式，即要论述好这个建设领域的业务与专业要素；要说明这个方面数字、智能建设解决了哪些事情，还存在什么问题，如果没有进行数字、智能油气田建设，高起点的智慧建设应该注意什么问题；然后就是给出智慧建设的基本思想、方法、技术与考核的指标等。

最后，在我们研究与撰写过程中，引入了很多油气田企业的先进案例，参考了很多学者的各种文献及图件，在这里我们再次表示衷心的感谢，如有疏漏没有在参考文献中列出，一定指正，我们将及时补登感谢。